集成电路基础与实践技术丛书

U0287640

SoC设计高级教程

——系统架构

Advanced SoC Design Tutorial

System Architecture

/ 张 庆 / 编著

电子工业出版社

Publishing House of Electronics Industry

北京 · BEIJING

内 容 简 介

本书是笔者结合多年的工程实践、培训经验及积累的资料，并借鉴国内外经典教材、文献和专业网站的文档等编著而成的。

本书首先介绍了 SoC 系统设计和评估、架构探索和芯片集成，然后介绍了 SoC 处理器子系统、存储子系统、互连子系统和接口子系统。本书特别注重介绍近年来出现的一些 SoC 设计新概念、新技术、新领域和新方法。

本书可供从事 SoC 设计的专业工程师及从事芯片规划和项目管理的专业人员参考，也可供集成电路设计相关专业的师生参考。

图书在版编目（CIP）数据

SoC 设计高级教程 ：系统架构 / 张庆编著. -- 北京 ：

电子工业出版社，2025. 1. --（集成电路基础与实践技

术丛书）. -- ISBN 978-7-121-49361-4

Ⅰ. TN402

中国国家版本馆 CIP 数据核字第 2024BZ9880 号

责任编辑：牛平月

印　　刷：三河市君旺印务有限公司
装　　订：三河市君旺印务有限公司
出版发行：电子工业出版社
　　　　　北京市海淀区万寿路 173 信箱　　　邮编：100036
开　　本：787×1092　　1/16　　印张：24.5　　字数：627 千字
版　　次：2025 年 1 月第 1 版
印　　次：2025 年 1 月第 2 次印刷
定　　价：128.00 元

凡所购买电子工业出版社图书有缺损问题，请向购买书店调换。若书店售缺，请与本社发行部联系，联系及邮购电话：(010) 88254888，88258888。

质量投诉请发邮件至 zlts@phei.com.cn，盗版侵权举报请发邮件至 dbqq@phei.com.cn。

本书咨询联系方式：niupy@phei.com.cn。

为何要写这本书

多年以来，笔者在担任项目和团队负责人期间曾做过一系列技术培训，缘由来自多个方面。一是一些优秀骨干员工被挑选担任新开项目或团队的负责人，他们具有良好的职业素养，在以往工作中也积累了不少 SoC（片上系统）的知识和经验，虽对一些 IP 或部分设计环节尤为熟悉，但普遍缺乏对 SoC 或子系统的完整理解，对 SoC 设计全流程认识不足，如何帮助他们尽快进入角色，具备把控 SoC 项目和团队的技术能力，成为加强团队建设和保证项目顺利进行的关键。二是每年都有从学校刚毕业的新员工加入团队，团队成员不断更新，为了维持团队运作和项目开展，需要进行人力资源的调度，相应的技术交流和培训非常必要，可以让员工了解自身负责的部分在整个芯片设计中的作用，清楚项目对相应工作的要求，以及前后相邻工作的协作关系，有助于员工发掘职业兴趣，激发工作热情，更快更好地适应新的工作任务，融入设计团队。三是通过专业培训，可以加强 SoC 设计方法学的传播，推广和落实设计流程规范，强化设计指导，尤其是一些案例的重点介绍，有助于员工加深印象，形成良好的设计习惯，保证团队设计风格的统一性。四是不同设计环节的团队往往使用不同工具和专业术语，经常会出现交流不畅甚至无法沟通的情形，较为明显的是前端设计工程师与后端设计工程师之间沟通困难，严重时会直接影响项目进度和质量，需要加强不同团队的技术沟通能力。技术培训提供了一种机会，通过传播各个主要设计环节的知识，可以帮助员工了解彼此的工作，熟悉对方使用的概念和方法，甚至使用对方的专业术语描述和讨论问题，提高团队工作的质量和效率。

部分技术培训注重基本概念、原理和方法，比较适合初中级员工。部分技术培训注重专题技术交流，比较适合中高级员工。还有一部分技术培训注重跨专业的知识介绍，除适合设计工程师外，还适合芯片架构师、芯片规划和管理人员。技术培训得到了广大员工的热烈回响，获得了很多积极反馈。

近年来，芯片产业蓬勃发展，许多公司和新项目急需大量优秀开发与设计人员，相关需求更加迫切，如新员工不断进入团队，很多都是跨越了原有的专业领域，必须进行技术培训，以便尽快适应新工作；新项目和新团队的负责人也需要增加专业知识，以便早日胜任重任。受到朋友和同事的鼓励，笔者在以往培训的基础上，结合多年的工程实践，通过整理、完善和充实资料，编写了本书。本书是一本系统化和专业化的设计教程。

内容选择和组织

由于目前市场上已经有很多 SoC 设计的专业书籍，各种期刊和网站上也可以找到大量文献，因此本书在内容的组织上，需要针对特定对象和领域，才能满足专业从业人员的需求。本书假定读者已具备基本的芯片设计知识和经验，阅读本书，可让读者对 SoC 设计有全面和深入的理解，为从事复杂 SoC 的开发打下坚实的基础。有必要澄清，本书注重专业培训和技术交流，并不是一本学术研究型专著。

第一，本书深入和全面地介绍了 SoC 设计，使读者尽可能多地获取芯片设计知识，满足芯片架构师、建模工程师、项目规划和管理人员、中高级设计工程师的需求。

第二，本书着重整理和介绍了 EDA（电子设计自动化）工具所依赖的基本概念和方法，避免成为特定工具的使用手册。

第三，本书介绍了多处理器系统、小芯片（Chiplet）技术、缓存一致性互连等 SoC 设计的新概念、新技术和新方法，特别介绍了 SoC 集成等传统文献很少涉及的工程领域。

第四，本书提供了大量的插图，配合文字叙述，帮助读者更易理解设计本意。

内容体系

本书共 6 章，分为两个部分。

第一部分包括第 1～2 章，主要介绍了 SoC 的系统和架构。第 1 章介绍了 SoC 的主要子系统和模块的设计要求和任务，讨论了 SoC 系统评估和架构探索。第 2 章介绍了 SoC 集成的基本原理和方法，涉及模块化设计、标准化设计和自动化设计，重点讨论了模块级集成、低速外设模块的架构和集成、芯片级集成。

第二部分包括第 3～6 章，分别介绍了 SoC 的各个主要子系统。第 3 章介绍了处理器子系统，包括现代处理器微架构、多处理器系统、内存访问、多处理器通信和多处理器同步，讨论了处理器性能评估。第 4 章介绍了存储子系统，其中内存部分涉及内存控制器、物理层接口、多通道内存和内存性能评估，Flash（闪存）部分涉及 Flash 访存和系统启动等。第 5 章介绍了互连子系统，包括互连、交叉矩阵、NoC（片上网络）和一致性互连，讨论了互连的延迟和带宽。第 6 章介绍了接口子系统，讨论了信号完整性和接口信号的基本概念、串行解串器的关键技术和结构，重点介绍了小芯片技术。

本书有 2 个附录：一个是专业术语的中英文对照；另一个是设计术语索引。

在阅读和学习本书的过程中，建议读者同步查阅其配套书籍《SoC 设计高级教程——

技术实现》，以便获得更全面和深入的知识。

有关 SoC 设计的基本概念和方法已在《SoC 设计基础教程——系统架构》和《SoC 设计高级教程——技术实现》中介绍，建议读者先行阅读。

鉴于本书覆盖范围较广，读者可以按章节顺序阅读，也可以根据兴趣和需要挑选阅读。

补充阅读

各种中外文专业网站上有很多专业介绍、心得、总结和翻译，有些是经典的专业文献，覆盖了几乎所有 IP、EDA 工具和设计环节，笔者列出了在成书过程中所参考的大量资料，供有兴趣的读者进一步阅读。

本书读者对象

本书的读者对象是具有初步设计经验的专业工程师、芯片规划和项目管理的专业人员。通过阅读本书，SoC 架构设计师和芯片级设计工程师，能加深对 SoC 和 SoC 设计全流程的了解，IP 设计工程师可以增进对全芯片和其他模块设计的深入了解。此外，本书为从事芯片规划和项目管理的专业人员提供了深入的技术细节。

部分内容也可以作为大学和研究院的教材和培训资料，供研究生、老师和科研人员参考。

结语

虽然笔者在动笔时充满了热情和勇气，但是在写作过程中不断遭遇挫折甚至感到痛苦，以致有点难以为继：一方面，工作量超出了笔者最初的估计，有些内容超出了笔者的认知和经验；另一方面，在写作期间的工作变动和任务调整影响了写作进度，有些内容只能忍痛舍弃。所幸终于成文，笔者非常感谢所有予以支持的家人和友人。鉴于此，书中难免存在不足，欢迎广大读者指正。

致谢

本书初稿曾供小范围阅读，一些读者提出了不少意见。在修改稿的基础上，多位技术专家认真审阅了全文，并提出了很多修改意见。本书的审阅专家是何铁军（第 1 章）、田宾馆（第 1 章）、徐华锋（第 2 章）、刘少永（第 3 章）、张斯沁（第 4 章）、彭亮（第 5 章）、夏茂盛（第 5 章）、于鹏（第 6 章）。另外，众多朋友花费时间，帮助制作了大量插图，他们是（以笔划为序）马腾、王一涛、王利静、王魏、巨江、田宾馆、刘洋、刘浩、孙浩威、李季、李涛、李敬斌、杨天赐、杨慧、肖伊璠、张广亮、张珂、陆涛、周建文、胡永刚、柳鸣、韩彬、焦雨晴、谭永良、樊萌、黎新龙等。没有他们的付出，本书难以出版，笔者在此向他们表示敬意和感谢。

在本书选题和撰写过程中，笔者得到了电子工业出版社牛平月老师的大力帮助和支持，在此特别致以衷心的感谢。

本书包含两个附录，附录 A 为专业术语的中英文对照，附录 B 为设计术语索引。请扫码获取。

本书参考文献和延伸阅读请扫码获取。

附录

参考文献和延伸阅读

目录

第 **1** 章

SoC 系统和架构设计

SoC 有针对的目标市场和应用场景，其产品定义描述了功能和性能，如对处理器的性能要求，对多种外设的需求，以及整个芯片的频率、面积和功耗指标等。

基于场景分析，SoC 由处理器、存储、互连、外设和应用等子系统组成，并且包含芯片管理设计、低功耗设计、可测性设计等模块，系统设计将确定各个子系统和模块的硬件特性。处理器子系统至少包含一个微控制器或微处理器，也可以包含 CPU（中央处理器）、GPU（图像处理器）等同构或异构的计算单元。存储子系统会采用只读存储器、随机访问存储器和 Flash 中的一种或多种。互连子系统分为星形连接、环状连接和网状连接，以及基于多种总线拓扑的混合连接。外设子系统包含系统外设和不同标准的 I/O 接口。芯片管理设计包含稳压器等电源管理设计、振荡器和锁相环等时钟管理设计，以及复位管理设计。低功耗设计的目的在于降低芯片整体的静态和动态功耗。可测性设计是指在保证功能的前提下，加入特殊的测试结构，以便芯片制造完成后进行测试，筛选出有瑕疵的芯片。

架构设计一般分为微架构设计和 SoC 架构设计。微架构设计偏重于模块级的架构，一般用于 IP 或小型系统的架构设计。SoC 架构设计狭义上是指 SoC 的软硬件架构设计，包括计算架构、总线互连架构、存储架构等；广义上则包括 SoC 的工艺和封装选型、PPA（性能、功耗和面积）估算、需求确认和分解、IP 选型、软硬件划分、硬件架构规划（总线、计算子系统、存储子系统等）、ESL（电子系统级）评估、低功耗方案设计、信息安全策略规划、可测性目标建议等。

为了设计出性能、功耗和面积最优的芯片，需要合理地设计软硬件架构和系统。例如，在芯片设计的早中期，借助 ESL 架构仿真，对设计架构进行探索和试错，并进行静态和动态评估，从而指导设计，规避性能风险，节省时间和人力成本。

一个多媒体应用的 SoC 如图 1.1 所示。

本章分为两个部分：第一部分将依次简要介绍处理器子系统设计、存储子系统设计、互连子系统设计、外设子系统设计、芯片管理设计、低功耗设计和可测性设计；第二部分将分别介绍架构评估和 ESL 设计。

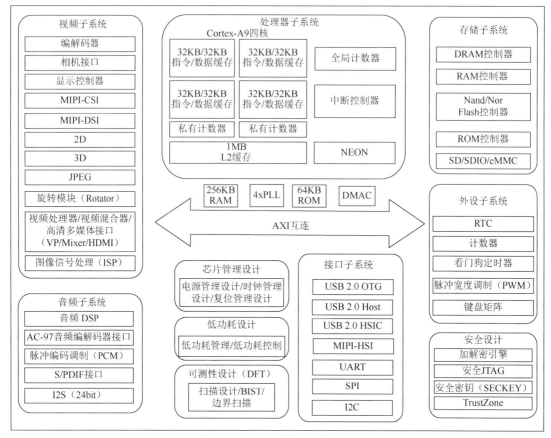

图 1.1　一个多媒体应用的 SoC

1.1　处理器子系统设计

1.1.1　多核处理器

多核处理器包含 CPU 内核、高速缓存、内存管理单元、总线接口单元、通用中断控制器、调试与跟踪单元、侦听控制单元、加速器一致性端口等。基于 ARMv8-A 架构的四核 Cortex-A57 如图 1.2 所示。

1. CPU 内核

CPU 的计算速度与主频、流水线（Pipeline）和总线等各方面的性能指标有关。主频是 CPU 内核的工作时钟频率，单位是兆赫（MHz）或吉赫（GHz）。流水线通常是多级的，几乎所有的冯·诺依曼型处理器都基于 5 个基本操作：取指（Instruction Fetch，IF）、译码（Instruction Decode，ID）、执行（Execute，EXE）、访存（MEMory access，MEM）和写回（Write Back，WB）。高性能 CPU 还会增加重命名、派发、发射操作，而低功耗 CPU 会合并某些操作。这些操作可以顺序执行，也可以乱序执行。总线频率影响 CPU 与外部的数据交换，总线带宽取决于总线频率和传输数据位宽。

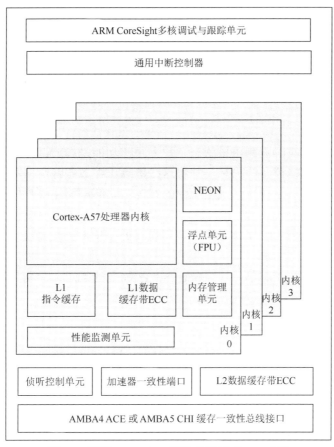

图 1.2　基于 ARMv8-A 架构的四核 Cortex-A57

2．缓存

目前，类似 ARM 处理器的通用处理器均采用片上多级缓存方式来解决处理器与内存之间的速度不匹配问题。

对于多处理器系统来说，如果共享内存，则存在缓存一致性问题，可以由软件或缓存一致性管理硬件来处理。

3．内存管理单元

内存中的每个单元都有一个唯一的编号，此编号即内存地址，或者称为物理地址。内存地址的集合称为内存地址空间或物理地址空间。源程序经过汇编或编译后形成目标程序，目标程序中的地址称为逻辑地址或虚拟地址，并且每个目标程序都是从 0 地址开始编址的。

内存管理单元（Memory Management Unit，MMU）负责将用户程序中指令或数据的逻辑地址转换为存储空间中的物理地址，这个过程称为内存映射。

4．总线接口单元

总线接口单元（Bus Interface Unit，BIU）负责处理器与外部总线、内存之间的数据传输，以实现高带宽和低延迟。

5．通用中断控制器

中断是芯片的重要功能。当产生中断时，处理器的中断处理函数可以打断主程序的执行，并在处理完成后重新交回主程序。

大多数处理器内置中断控制器。如果缺失或中断控制器不足，则可以外接中断控制器。通用中断控制器（Generic Interrupt Controller，GIC）提供了一种强大且灵活的方式，以实现处理器间通信、路由系统中断和优先级确定。

6．调试与跟踪单元

处理器运行时需要实时观测内核状态，片上跟踪功能是指通过专用硬件非入侵地实时记录程序执行路径和数据读写等信息，并将这些信息压缩成跟踪数据流，通过专用数据通道和输出接口传输至调试主机。调试主机中的开发工具解压缩跟踪数据流，恢复程序运行信息以供调试和性能分析。

较早期的处理器采用 JTAG 标准调试，但现在的 ARM 处理器统一使用内存映射方式进行调试。

多个处理器的调试与跟踪单元（Debug and Trace Unit）可以分别外连，或者内部以菊花链（Daisy Chain）方式连接后再连出。

7．侦听控制单元

侦听控制单元（Snoop Control Unit，SCU）维护多处理器内核与下级共享缓存之间的一致性，降低在各个操作系统驱动程序中维持软件一致性所涉及的软件复杂性。

8．加速器一致性端口

加速器一致性端口（Accelerator Coherency Port，ACP）是 ARM 处理器多核架构下定义的一种端口，用于管理不带缓存的外设，从而提高处理器运行效率并与外部数据源达成可靠的高速缓存一致性。

加速器一致性端口可用作标准的辅助端口，它支持所有标准读写事务，并且对连接的组件没有任何其他一致性要求。针对可缓存内存区域的任何读事务，该端口都会与侦听控制单元交互，以测试所需信息是否已存储在处理器高速缓存内。如果已经存储于其中，则将数据直接返回请求组件，否则转入下级缓存或内存。针对可缓存内存区域的任何写事务，在将写数据转发到内存系统之前，侦听控制单元会强制其保持一致性。

1.1.2 处理器子系统

处理器子系统拥有两个或多个紧密通信的处理器、共享总线、内存和外设等，主要关注缓存一致性和启动等。

1．多核处理器和多处理器

SoC 有多个处理器内核或多个处理器，以允许不同进程同时运行，提高系统速度。

具有多个内核的处理器被称为多核处理器（Multi-Core Processor）。一般而言，物理内核越多，性能越强。目前，主流的处理器是四核以上的，有些已经达到十六核。多处理器（Multi-Processor）是指芯片上包含两个或多个同构或异构处理器，分为单芯片多处理器

（Chip Multi-Processor，CMP）和片上多处理器系统（Multi-Processor System-on-Chip，MPSoC）两大技术类型。CMP 一般见于通用计算类型 SoC，如服务器芯片，而 MPSoC 一般见于复杂计算类型 SoC，如多媒体芯片。

2. 芯片启动源

一般 SoC 芯片启动时，会从内部 ROM（Internal ROM，IROM）中运行程序。某些芯片提供多种启动方式，当无法从 IROM 中启动时，可以从其他源启动，从而增强芯片的容错能力；有时基于不同需求而从不同源启动，如 Nor Flash 提供 XIP（eXecute In Place，就地执行）模式，程序可直接运行于其上。芯片在启动和运行时，通常需要使用内部 RAM（Internal RAM，IRAM）。

ROM 内部的数据是在制造工序中使用特殊方法烧录进去的，其内容只能读不能改，因此一旦烧录进去，用户只能验证写入数据的正确性而不能进行任何修改。

3. 异构处理器

随着 5G、AI 等新技术不断发展，计算场景变得丰富多样，异构处理器（XPU）的发展成为大势所趋。SoC 使用不同类型的处理器或可编程引擎的组合，根据各自的任务，对内存和通信进行优化。不过从处理器的角度来看，XPU 中的大部分都非真正的处理器。

图像处理器（Graphics Processing Unit，GPU）采用数量众多的计算单元和超长的流水线，以解决处理器在大规模并行计算中所遭遇的难题，提高数据处理速度。GPU 不能单独工作，必须由处理器控制调用才行。当处理器需要处理大量类型统一的数据时，可以调用GPU 进行并行计算。GPU 在图像处理方面的能力非常强，因为图像上的每一个像素点都有处理需求，而且处理过程和方式十分相似，所以可以并行计算。GPU 并不限于图像处理，目前还被广泛应用于科学计算、密码破解、数值分析和海量数据处理等需要大规模并行计算的领域。图 1.3 所示为 CPU 和 GPU 的微架构示意图。

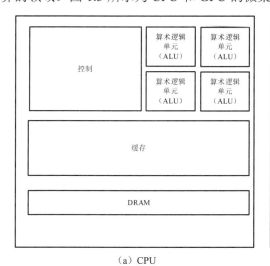
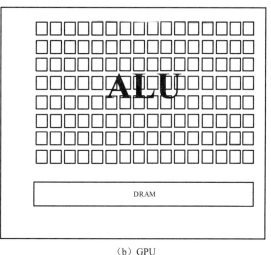

（a）CPU　　　　　　　　　　　　　　　（b）GPU

图 1.3　CPU 和 GPU 的微架构示意图

数据处理器（Data Processor）是面向数据处理的专用处理器。数据处理器正在取代CPU成为数据中心服务器的中央控制点，从而建立以数据为中心的计算架构。

深度学习处理器是基于深度学习算法的专用处理器，一般用于训练或推理。DLPU 可以运行开源的深度学习神经网络模型，这个过程通常需要专门的工具链进行适配，并需要针对不同的网络模型进行优化，以发挥出其最佳性能。

起初机器学习及图像处理算法大部分都在 CPU 和 GPU 上运行，它们作为通用型芯片，在效能和功耗上不能紧密适配机器学习算法，而且价格比较贵。张量处理器（Tensor Processing Unit，TPU）是谷歌专门为提高深度学习神经网络计算能力而研发的一款 ASIC，最早的 TPU 就比同期的标准 CPU 和 GPU 快 15～30 倍，效能提升 30～80 倍。

1.2 存储子系统设计

存储子系统可分为内（主）存和外（辅）存两类。内存是直接受处理器控制与管理，并只能暂存信息的存储器；外存则是可以永久性保存信息的存储器，外存中的程序必须调入内存才能运行。

存储子系统设计的总原则是满足处理器存取需求和芯片应用需求，主要关注存储结构、存储器件、存储器映射与重映射。

1.2.1 存储结构

SoC 的存储结构是分层次的，离处理器越近的存储器，速度越快，容量越小，如图 1.4 所示。

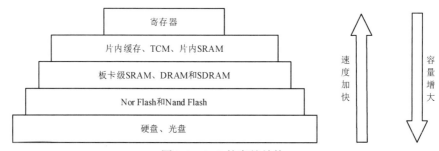

图 1.4　SoC 的存储结构

各级存储延迟如图 1.5 所示。

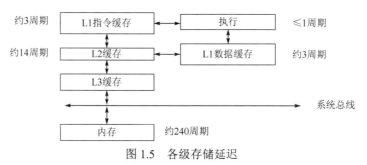

图 1.5　各级存储延迟

在通常情况下，处理器通过缓存和便笺存储器（ScratchPad Memory，SPM）访问内存，如图 1.6 所示。

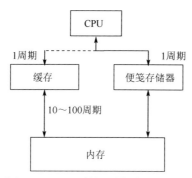

图 1.6　处理器数据缓存结构示意图

1. 缓存

缓存速度在一定程度上影响着系统性能。为了进一步提升系统性能，引入了多级缓存，即 L1 缓存、L2 缓存、L3 缓存。在图 1.7 中，L1 缓存为 CPU 专有，L2 缓存为多个 CPU 共享，L3 缓存则位于 L2 缓存与内存之间。缓存机制无法确保处理器所需数据一定位于缓存之中，一旦没有，就需要访问内存。

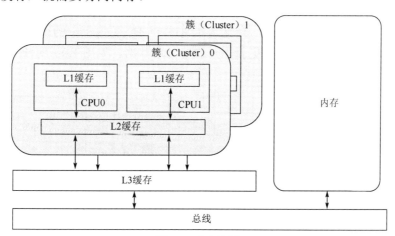

图 1.7　多级缓存

缓存行（Cache Line）是缓存与内存之间数据传输的最小单位。在缓存缺失（Cache Miss）的情况下，即使处理器试图加载 1B 数据，缓存也会从内存中一次性地加载整块内存数据到缓存行中。例如，缓存行的大小是 8B，即使处理器只读取 1B，当出现缓存缺失时，缓存也会从内存中加载 8B 的数据块来填充整个缓存行。

有些微控制器本身并不含有缓存机制，如果需要，可以设置外挂缓存，如图 1.8 所示。

2. 便笺存储器

便笺存储器（SPM）与内存统一编址，处理器可以直接对其进行访问，不会出现访问缓存时的缓存缺失现象。有些处理器提供专门的 SPM 接口，通过外部总线接口可以直接访问内部 SPM。指令 SPM 和数据 SPM 可以分开。

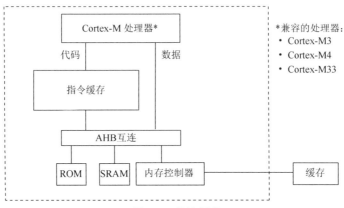

图 1.8　外挂缓存

SPM 由 SRAM 存储部件、地址译码部件和数据输出电路三个部分构成，使用总线与处理器连接。由于 SPM 不需要标记存储器（Tag RAM）就可以直接对其进行访问，其硬件构造相对比较简单，同一制造工艺下的面积一般仅为缓存的 65%，因此功耗低、速度快。

在理想情况下，如果处理器当前需要读写的数据已在 SPM 中，则可以实现快速存取数据、缓存命中的高效数据处理方式。如果待处理数据量很大，片上存储资源又十分紧张，无法将全部数据搬运至 SPM 中，则可以使用 DMA（Direct Memory Access，直接存储器访问）机制来实现 SPM 与内存的数据交互，即通过 DMA 将内存中的待处理数据提前送入 SPM，待处理完成后将其移出，并更新下一次待处理数据，如图 1.9 所示。

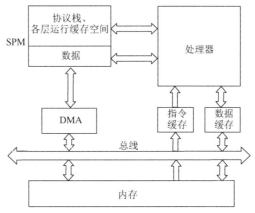

图 1.9　使用 DMA 机制传输数据

SPM 与缓存的最大差别在于使用场景不同。缓存主要针对的是用最小的面积代价解决大部分连续访问的效率问题，只要缓存命中，就不用去远处的内存中读取数据，从而使处理器性能得到保证，但是由于存在不命中的可能，因此数据存取的延迟存在不确定性，不太适用于一些对计算延迟敏感的场景。SPM 则主要针对实时计算的应用，常见于 DSP（Digital Signal Processor，数字信号处理器）及类似 ARM 处理器的 M 系列、R 系列的小处理器，如果处理器内核附近集成了 SPM，则读写延迟固定，计算时间相对可控，因此 SPM 适用于高精度工业控制、航空航天、汽车制动控制等实时性要求高的场景。

有些多核 DSP 在使用时，为了快速实现不同 DSP 内核之间的数据交换，使用了一些特殊设计，举例如下。

- 将需要共享的数据通过专用的接口写到其他 DSP 内核的内部 RAM 中。
- 将需要共享的数据写到外部的数据交换存储器（FIFO）中，其他的 DSP 内核可从该数据交换存储器中读取，如图 1.10 所示。其中，XLMI（Xtensa Local Memory Interface）是 DSP 本地存储器接口。

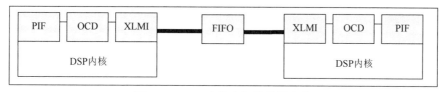

图 1.10　DSP 内核之间的数据交换

1.2.2　存储器件

缓存、SPM、内存都是按照应用场景来区分的，如果按照存储器件的类型分类，则可以分为静态随机访问存储器（Static Random Access Memory，SRAM）、动态随机访问存储器（Dynamic Random Access Memory，DRAM）、Flash、一次性可编程（One Time Programmable，OTP）存储器。

1. SRAM

SRAM 中的"S"（静态）是指只要不掉电，SRAM 中存储的数据就不会丢失，不需要刷新；"R"（随机）是指 SRAM 中的内容可以按任何顺序访问，与前一次访问的位置无关。

2. DRAM

DRAM 中的"D"（动态）是指即使在通电情况下，也只能使数据保持很短的时间，需要通过不断刷新来保证数据不丢失。

同步动态随机存取存储器（Synchronous Dynamic Random Access Memory，SDRAM）中的"同步"是指具有一个与 CPU 同步的时钟，内部的指令发送与数据传输都以其为基准。DDR SDRAM（双倍速率 SDRAM）是目前使用较多的存储器件，其可以在一个周期内读写两次数据，从而使数据传输速度加倍。

3. Flash

Flash 是一种长寿命的非易失性存储器，在断电情况下仍能保持所存储的数据信息。Nand Flash 和 Nor Flash 是两种主流的非易失性存储器。

Nand Flash 的容量较大，改写速度快，比较廉价，但用户不能直接运行存储于其上的代码。Nor Flash 可以通过处理器总线随机访问，其读取类似 SDRAM，但不支持随机写操作；提供 XIP 模式，应用程序可以直接运行于其上；成本较高，只有小容量 Nor Flash 获得的收益比较大。

4．OTP 存储器

OTP 存储器是芯片中的特殊存储器件，只允许一次性写入数据，一旦写入便不能修改，但其读取操作没有限制。OTP 存储器擦写和读取的速度都比较慢，其优势是数据一旦被写入，就不会再被改写，常用于存储芯片的标识符（ID）、批次（Lot）、版本、安全 Boot 密钥等不允许被改写的特定内容。OTP 存储器的内容一般在自动测试阶段通过机台写入，并于芯片启动后读取使用。

5．存储内容

SoC 存储系统用于程序和数据的存储。

各种 RAM（SRAM、DRAM、SDRAM）都支持随机读和随机写，而 ROM 和 Nor Flash 仅支持随机读，不支持随机写。程序可以存储于所有支持掉电保存数据的存储器（ROM、Nand Flash、Nor Flash）中，当需要被执行时加载其到相应的存储器中，所以需要安排 RAM 存储空间以执行 ROM 和 Nor Flash 上的程序。较大的程序可以运行在动态存储器中，如在多阶段启动中，会首先将操作系统从启动源闪存复制到 DRAM 中，然后启动 DRAM 中的操作系统。

通常芯片功能操作中的数据可以存储在片上 RAM 中，供快速读写。大批量的数据则存储在 DRAM 或 Nand Flash 中。

1.2.3　存储器映射与重映射

SoC 上集成了多种类型的存储器，通常会为每一个存储器分配一个数值连续、以十六进制表示的自然数作为其地址编码。这种自然数与存储器的对应关系称为存储器映射（Memory Map），又称为内存映射、地址映射（Address Map）。存储器映射是一个逻辑概念，在芯片上电复位后才建立起来。完成存储器映射后，用户就可以按照存储器地址访问对应的存储器。指令代码和数据都位于同一内存地址空间，但可以将它们限制在不同的特定地址范围；一部分内存地址空间开放，供系统外设使用，另一部分内存地址空间保留，供处理器内部使用。内存地址空间可分为可缓存区和非缓存区。需要维护可缓存区与处理器缓存之间的数据一致性，在不同工作场景下，同一内存地址空间可以在可缓存区与非缓存区之间转换。

存储器重映射是对此前已确立的存储器映射的再次修改，二者都是将地址编码资源分配给存储器，只是产生时间不同。存储器重映射发生在系统启动及运行过程中，并且与处理器异常（中断）处理机制紧密相关。芯片系统必须具备异常（中断）处理能力，当异常（中断）产生时，处理器在硬件驱动机制下跳转到预先设定的存储器，取出相应的异常（中断）处理程序的入口地址，并根据该地址进入异常（中断）处理程序。

1.3　互连子系统设计

互连子系统设计的总原则是满足系统延迟和带宽的要求，同时减少主要互连模块的接口数量和顶层高速信号的走线数量。

1.3.1　互连类型

1. 总线

总线是一组信号（连线）的集合，多个需要相互通信的主/从设备连接其上，如图 1.11 所示。共享总线通过分时复用机制实现不同设备之间的通信。当出现多个主设备同时访问一条总线的情况时，需要由仲裁机制来决定总线的所有权。总线的结构比较简单，硬件代价小，但其带宽有限且无法随设备的增多而扩展。

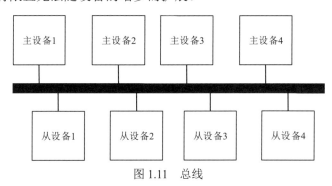

图 1.11　总线

2. 交叉矩阵

交叉矩阵保证了多路通信可以同时进行，如图 1.12 所示。其结构相对简单，互连部分延迟小，适用于数量不多的设备互连。但是随着设备数量的增加，交叉矩阵的规模呈几何级数增长，导致其内部走线非常多，不利于物理实现。

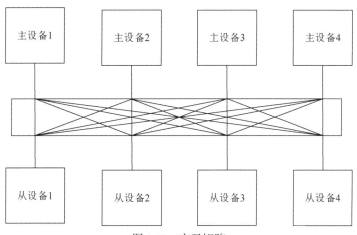

图 1.12　交叉矩阵

3. 片上网络

在基于报文交换的片上网络（Network on Chip，NoC）中，每个 IP（如处理单元等）与路由器相连，IP 之间的通信转换为路由器之间的通信，如图 1.13 所示。NoC 实现了更好的扩展性，在吞吐量和带宽方面尤为突出。但其设计相对复杂，需要考虑拓扑、路由、流量控制等方面的问题。

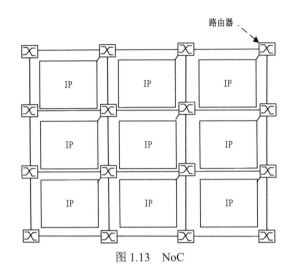

图 1.13　NoC

4. 缓存一致性总线

缓存一致性总线用于维护不同处理器之间的缓存一致性，如图 1.14 所示。其中处理器簇内部的 L2 缓存维护两个 L1 缓存之间的缓存一致性，而外部的缓存一致性互连（CCI）维护两个处理器簇之间的缓存一致性。

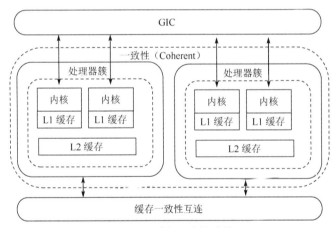

图 1.14　缓存一致性总线

1.3.2　互连层次

SoC 可以使用分层结构总线（Hierarchical Bus）来提高系统吞吐量，不同总线上可以有多个传输同时进行。在图 1.15 中，三条总线由两个（转换）桥连接。

1. 专用互连

一些重要、功能专一和面积较大的模块，如 ARM 处理器、内存控制器等，通常与互连模块直接相连，如图 1.16 所示。

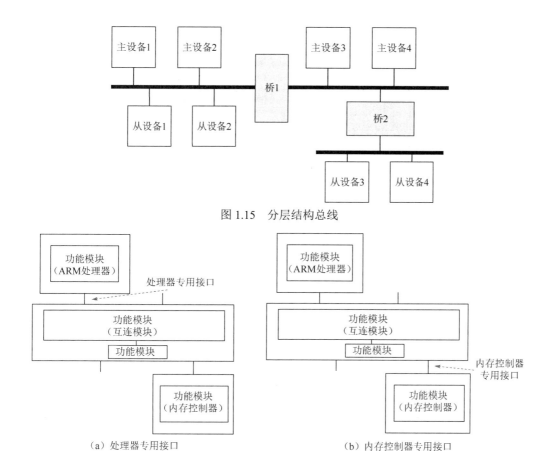

图 1.15　分层结构总线

（a）处理器专用接口　　　　　　　（b）内存控制器专用接口

图 1.16　专用互连

2．共享互连

为了减少总线接口的数量，可考虑使某些功能模块共享总线接口。

（1）物理布局位置接近的功能模块，可以共享总线接口。例如，图 1.17 中功能模块 1 和功能模块 2 是相邻功能模块，可以通过内部互连（桥/总线）共享与系统互连的接口。

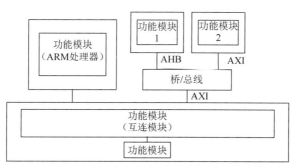

图 1.17　相邻功能模块共享总线接口

（2）接口协议相同的功能模块，可以共享总线接口。例如，图 1.18 中功能模块 1 和功能模块 2 都使用 AHB（高级高性能总线），可以通过内部互连共享与系统互连的接口。

（3）多个功能模块的寄存器总线，可以共享总线接口。例如，图 1.19 中功能模块 1～功能模块 4 共享 AHB 接口，功能模块 5～功能模块 8 则共享 APB 接口。

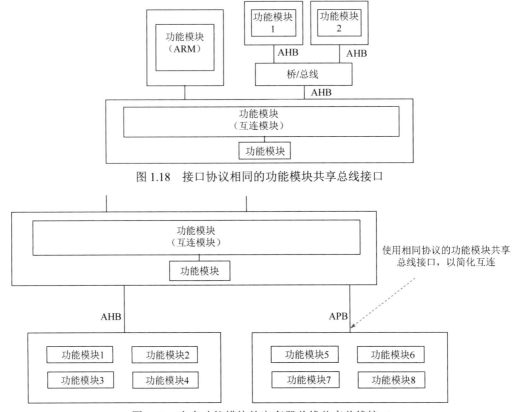

图 1.18 接口协议相同的功能模块共享总线接口

图 1.19 多个功能模块的寄存器总线共享总线接口

3. 低速互连

低速功能模块的工作频率较低，而总线频率较高，二者之间需要进行协议转换和时钟跨越。相应（转换）桥应靠近互连模块一侧，这样顶层连线少且运行频率低，如图 1.20 所示。

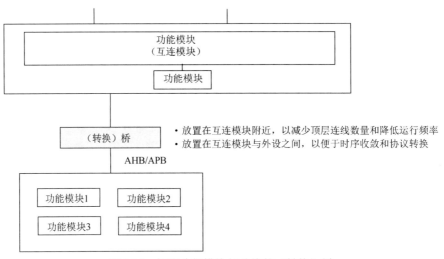

图 1.20 低速功能模块与总线的（转换）桥

1.3.3　互连模块的运行频率

虽然处理器可以工作在很高频率下，但互连模块的运行频率难以相应提高。由于各个功能模块布局在芯片各处，因此与总线的连线可能很长。如果采用展平式（Flatten）的物理实现，则互连模块将遍布全芯片，致使连线延迟占很大比例，时序收敛困难，如图 1.21 所示。

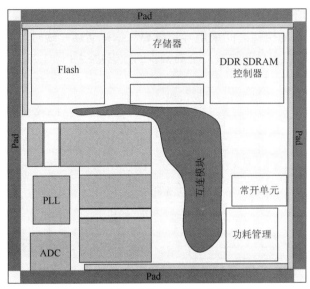

图 1.21　展平式的互连模块布局布线

将互连模块限制在较小区域，可以提高其运行频率，但需要外插一级或多级寄存器片（Register Slicc，RS）才能满足其时序要求，从而增大系统延迟，如图 1.22 所示。

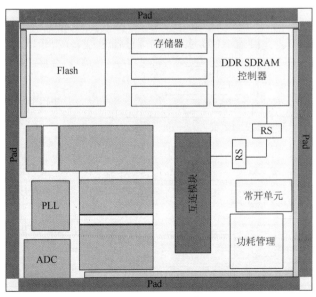

图 1.22　限定区域的互连模块布局布线

1.3.4 系统总线

系统总线通常包括数据总线（Data Bus）和寄存器总线（Register Bus）。

1．数据总线

对于规模较小的芯片，由于芯片尺寸小，主设备到从设备的距离短，且主设备及从设备的数量通常较少，互连模块一般都不大，因此尽量采用全局同步的策略，既简化设计，又能满足时序收敛的要求。但是对于大尺寸的芯片，互连模块的数量非常多，可能拥有多达数百万个单元和器件，采用全局同步的策略比较难以收敛时序，此时一般采用全局或局部异步的策略，在没有同步要求的接口之间采用异步隔离，这样后端实现时各时钟的时钟树（Clock Tree）相对较短，容易完成时序收敛。全局同步的数据总线如图 1.23 所示。

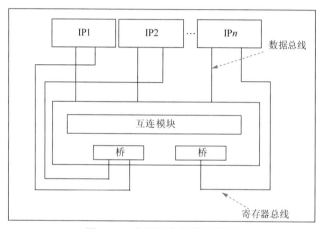

图 1.23　全局同步的数据总线

2．寄存器总线

寄存器总线用于模块的寄存器配置和状态读取。一些模块可以专享单一寄存器总线。但许多模块的寄存器总线工作频率较低，可以共享同一寄存器总线。例如，拥有 AHB 或 APB 协议的模块可以共享各自的 AHB 或 APB 寄存器总线，如图 1.24 所示。

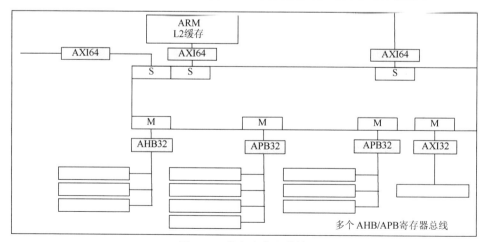

图 1.24　共享寄存器总线

从理论上来说，各个模块的寄存器总线可以是异步的，如图 1.25 所示。

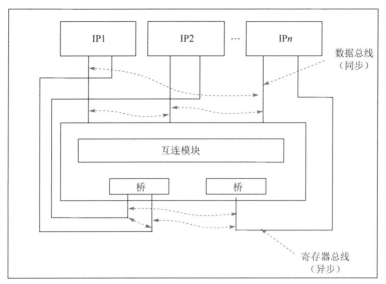

图 1.25　异步寄存器总线

3．全局同步的寄存器总线和数据总线

对于面积较小的芯片，比较简单的方案是采用全局同步的寄存器总线和数据总线，如图 1.26 所示。

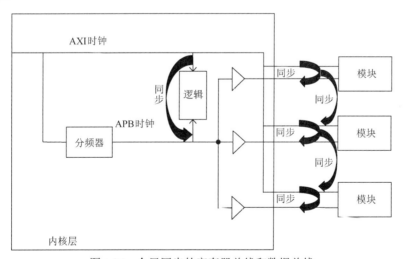

图 1.26　全局同步的寄存器总线和数据总线

4．数据总线同步，寄存器总线异步

当芯片中的模块较多，面积较大时，保持数据总线和寄存器总线全局同步的方案，在时序收敛上可能存在困难。数据总线同步而寄存器总线异步的方案如图 1.27 所示。

大尺寸芯片的数据总线是否采用全局同步的策略，需要根据互连模块的数量，以及后端实现时的芯片布局规划（Floorplan）决定，由前、后端一起评估时序收敛的可行性后，选择合适的同步或异步策略。

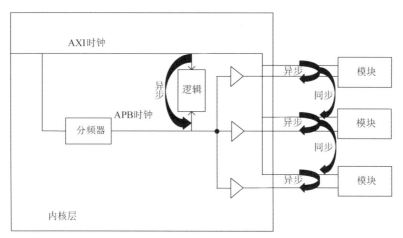

图 1.27　数据总线同步而寄存器总线异步的方案

5．内存交织访问

一些系统中只有一个内存控制器，当短时间内同时出现大量的内存读写访问时，后面的访问需要排队等待。为了突破此性能瓶颈，有些互连模块提供内存交织访问功能，在系统中集成了多个内存控制器（一般是偶数个）。以图 1.28 所示的互连模块为例，将某个主设备的读写访问分成两组，分别送至内存控制器 0、内存控制器 1，这样原本排在后面的内存读写访问不用再排队，能够减小访问延迟和提升访问带宽。

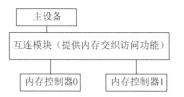

图 1.28　提供内存交织访问功能的互连模块

6．可靠性、可用性和可维护性

可靠性是指系统必须尽可能可靠，不会意外崩溃、重启甚至出现物理损坏。一个可靠性系统对于某些小错误必须能够做到自修复，而对于无法自修复的错误应尽可能进行隔离，以保障系统其余部分正常运转。可用性是指系统必须能够确保尽可能长时间工作而不下线，即使系统出现一些小问题也不会影响整个系统的正常运行。在某些情况下，甚至可以进行热插拔（Hot Plug）操作以替换有问题的组件，从而严格确保系统的宕机时间在　定范围内。可维护性是指系统能够提供便利的诊断功能，采用系统日志、动态检测等手段，以方便管理人员进行系统诊断和维护操作，及早发现并修复错误。作为一个整体，可靠性、可用性和可维护性（Reliability Availability Serviceability，RAS）的作用在于确保整个系统尽可能长期可靠运行而不下线，并具备足够强大的容错机制。

对 SoC 而言，RAS 主要处理内存上的错误、处理器上的错误、PCIe（高速外围设备互连）上的错误、芯片组的错误及平台硬件的错误。下面介绍内存 RAS、处理器 RAS 和 PCIe RAS。

1）内存 RAS

内存 RAS 的性能非常重要。服务器的程序都在内存中运行，一旦内存出错而没有被修复，就会导致程序崩溃，进而带来严重损失。随着内存频率越来越高，颗粒密度越来越大，容量越来越大，出问题的概率也越来越大，内存故障已成为数据中心最严重的问题之一。

在图 1.29 中，ECC（纠错码）功能位于 SoC 外，L2 缓存、片上 RAM、内存控制器都加大了信号宽度。数据缓存和指令缓存相对较小，不易发生软错误，而且需要高速运行，为了避免 L1 缓存读取时产生额外延迟，通常使用简单的奇偶校验方法。

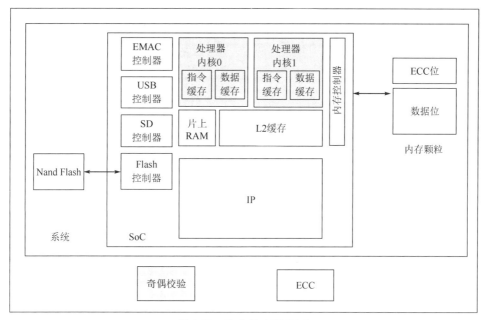

图 1.29　SoC 的内存 RAS

2）处理器 RAS

处理器 RAS 的性能非常关键。Intel 移植了原本只为 RISC 架构制定的机器校验架构（Machine Check Architecture，MCA）等特性，通过所有处理器电路间的错误检测和恢复机制，避免处理器错误带来的系统故障，并可保证处理器内部数据传输和存储的随机错误通过 ECC 纠正处理和指令重试技术恢复。即使发生不可恢复的错误，处理器也不会停止工作，而只会继续记录所有的错误信息，因此任何错误原因都能被迅速检测出来。

3）PCIe RAS

PCI 定义两个边带信号 PERR#和 SERR#来处理总线错误。其中，PERR#主要对应普通数据奇偶校验错误；SERR#主要对应系统错误。PCIe 取消了 PCI 中的这两个边带信号，采用错误信息的方式实现错误报告。PCIe 定义了两种错误报告，第一种是基本错误报告，所有的 PCIe 设备都支持；第二种是可选错误报告，又称高级错误报告（Advanced Error Report，AER），AER 通过一组专门的寄存器来提供更多、更详细的错误信息，以便软件定位错误和分析原因。

1.4　外设子系统设计

外设子系统设计的总原则是能够平衡各个部件的延迟和速度差异，达到最高带宽。外设子系统包括系统外设和 I/O 接口。

1.4.1 系统外设

系统外设主要指维持 SoC 正确运转的必需模块，包括定时器、计数器等。

早期的 ARM 处理器系统使用私有定时器和全局定时器，现在则使用通用定时器。

1. 私有定时器

SoC 中每一个处理器至少拥有一个私有定时器（Private Timer），该定时器能够在指定的计数值上产生中断，或者工作在自减模式下，即当计数值递减到 0 时产生中断。

私有定时器支持单次触发模式和自动重载模式。在单次触发模式下，计数值递减到 0 后，私有定时器停止；在自动重载模式下，计数值递减到 0 后，私有定时器将重加载寄存器的计数值复制到计数寄存器中，产生中断后继续执行递减操作。

2. 全局定时器

对于多处理器 SoC 来说，每一个处理器除各自拥有的私有定时器外，还拥有一个多处理器共享的全局定时器（Global Timer）。私有定时器和全局定时器如图 1.30 所示。

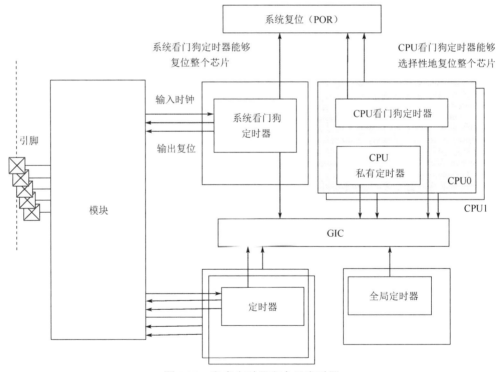

图 1.30　私有定时器和全局定时器

3. 通用定时器

通用定时器（Generic Timer）为 ARM 处理器内核提供了标准化的定时器框架，包括一个系统定时器和一组（单核）定时器，如图 1.31 所示。SoC 通常还含有用于报告时间和日期的实时计数器（Real Time Counter，RTC）。

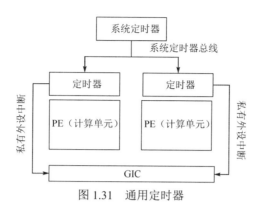

图 1.31 通用定时器

图 1.32 给出了 SoC 的定时器框架。

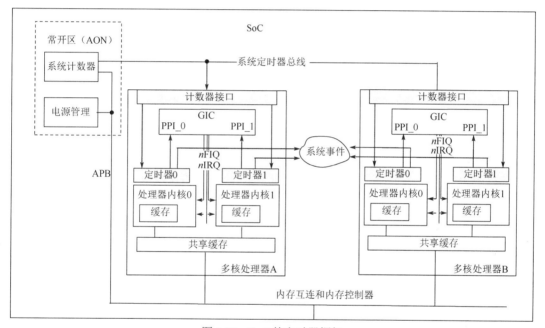

图 1.32 SoC 的定时器框架

系统计数器（System Counter）是一个全局唯一、共享和始终在线的设备，以一个固定频率递增。即使系统处于待机状态，所有处理器内核都被关闭，系统计数器仍然可以工作，当计数到最大值后会回滚。系统计数值将被广播到系统中的所有处理器内核，从而为处理器内核提供时间流逝的通用视图，即各个处理器内核的定时器应该看到相同的系统计数值。系统计数器和处理器工作在不同的时钟频率下，软件对处理器频率的修改不会影响系统计数器。系统计数器位于始终开启的电源域中，不受动态电压频率调节（DVFS）等电源管理技术的影响。在省电模式下，可以关闭各个处理器的供电，但仍可以保持系统计数器的供电，以保持系统时间。系统计数器需要反映时间的推进，但可以通过广播更少的计数器更新信息来降低功耗。例如，系统计数器可以每 10 个时钟周期更新一次。

每个处理器内核都有一组定时器。这些定时器的计数值会与系统计数器广播的系统计数值进行比较。软件可以配置定时器，以便将来在设定点产生中断或事件。系统计数器为所有处理器内核提供了一个通用参考点，可为软件提供时间戳。

除处理器内部的定时器外，还可以为处理器提供多个外部定时器，以便处理器执行更多的定时任务，如图 1.33 所示。外部定时器通过内存映射寄存器进行访问，其中断通常作为通用中断控制器的共享外设中断。

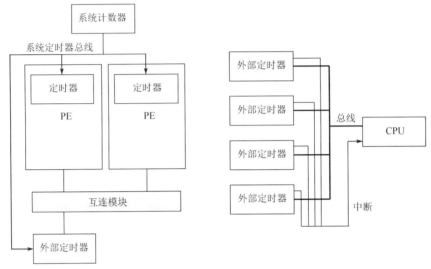

图 1.33　外部定时器

处理器内核通过专用接口或通用总线读取外部计数器的计数值。由于处理器内核与外部计数器之间可能存在频率差异，因此彼此之间需要同步机制。这种同步可以由异步桥或格雷码与二进制码的转换来实现，如图 1.34 所示。

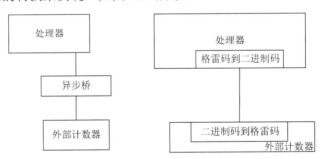

图 1.34　外部计数器的同步化

1.4.2　I/O 接口

数据传输（Data Transmission）是指依照适当规程，经过一条或多条链路，在数据源与数据宿之间传输数据的过程，也表示将数据从一处送往另一处的操作。

通常处理器并不直接与 I/O 设备进行信息交换，而要借助于 I/O 接口。各类信息通过 I/O 接口进入不同的寄存器，一般称这些寄存器为端口，通常有数据端口、状态端口和控制端口。处理器可以对内存和 I/O 接口进行统一编址或分别编址，如图 1.35 所示。

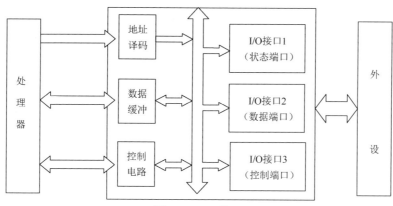

图 1.35 I/O 接口

1. 总体速度均衡

外设子系统的设计，首先需要考虑硬件的资源配比，达到总体速度均衡；然后增加队列（FIFO 队列），填补双方的时序空隙，促使所有硬件可以满负荷运行，队列越深，则效率越高，不过支持队列的乱序执行会导致控制及错误处理变得更加复杂。

外设中含有缓冲器，在数据链路上，数据以比特流的形式串行传输；在内部，数据则以字节（或多字节）为单位并行传输。在发送数据时，先以并行方式将数据写入发送缓存，再以串行方式从发送缓存中按顺序读出数据，发送到数据链路上。在接收数据时，先从数据链路上将串行传输的数据按顺序存入接收缓存，再以并行方式按字节（或多字节）将数据从接收缓存中读出，以便解决数据速率不一致的问题，如图 1.36 所示。标准数据缓存存在于发送和接收两方，两方分别有一个发送缓存和一个接收缓存，若进行全双工通信，则在每一方都要同时设有发送缓存和接收缓存。

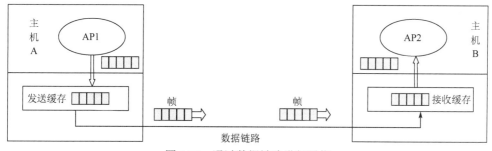

图 1.36 通过数据链路进行通信

FIFO 队列常用于接收数据和发送数据，其大小可单独进行编程设置。

很多外设都单独配备一个波特率发生器，可根据内部模块时钟或外部频率输入产生波特率。为了达到期望波特率，必须考虑两个标准：模块性能和应用环境。模块性能由模块的输入频率决定，尽管模块本身可达到的波特率较高（其取决于模块时钟和表示一个数据位所需要的模块时钟周期数），但实际可达到的波特率往往受限于应用环境。在大多数情况下，受驱动延迟、信号传输时间或电磁干扰（EMI）等因素的影响，应用环境会限制可达到的最大波特率。

2．GPIO 总线接口

GPIO 总线接口是通用 I/O 接口，可以连接键盘等低速设备。

3．协议类接口

协议类接口包括串行接口、并行接口、音频与视频接口。常见的低速外设接口有 I2C 接口、SPI 和 UART 接口等。其中，I2C 接口已经成为许多嵌入式控制器的必备模块，如实时时钟控制器；SPI 的作用为对外部芯片（如 LCD 内部控制器芯片、基带芯片等）进行初始化；UART 接口多用于开发过程中的调试，有时也用于数据输入。

4．连接性接口

连接性接口（Connectivity Interface）包括 USB 接口、PCI 接口、蓝牙接口、WLAN 接口、以太网接口等高速接口，需要控制器和专用 PHY（物理层接口）协同工作。

5．其他接口

其他接口包括键盘接口、电源接口、A/D 接口、D/A 接口和触摸屏接口等。

1.4.3　数据传输方式

CPU 与外设之间的数据传输方式有三种：程序控制方式、中断方式和 DMA 方式。

1．程序控制方式

程序控制方式可分为无条件传输和条件传输两种方式。

1）无条件传输

无条件传输也称为同步传输，主要用于简单外设。这类外设在任何时刻均处于已准备好发送数据或准备好接收数据的状态，因此在需要进行数据输入或输出时，程序可以不必检查外设的状态，直接执行输入或输出指令。一般当处理器与外设之间传输数据不太频繁时，采用无条件传输方式。

2）条件传输

条件传输也称为查询式传输，在开始传输数据前，必须要确认外设是否已经准备好接收数据。当处理器用于数据传输的时间较长且外设数量不多时，采用条件传输方式。

2．中断方式

在实时系统及多外设系统中，为了提高处理器的效率和系统的实时性能，通常采用中断方式进行数据传输。中断方式虽可大大提高处理器效率，但会占用处理器时间，对高速 I/O 设备及成组数据传输而言，速度仍然太慢。

中断源包括内部中断源和外部中断源，其中，内部中断源来自系统外设和数据外设，如 RTC、UART、定时器、I2C 设备和 SPI 设备等，外部中断源来自 GPIO 设备等。

中断触发类型有上升沿触发、下降沿触发、高电平触发、低电平触发。外部中断信号需要进行去除毛刺、寄存、同步到总线时钟等特殊处理。

中断控制器（INTerrupt Controller，INTC）可以对 SoC 系统中各个外设的中断进行管理和优先级排序。其内部至少有三种寄存器：中断使能寄存器、中断状态寄存器和中断屏蔽寄存器。ARM 公司先后推出了多代中断控制器，以适应不同类型处理器内核的需求，具体介绍如下。

1）向量中断控制器

芯片内部有许多中断源，向量中断控制器（Vectored Interrupt Controller，VIC）的作用就是控制哪些中断源可以产生中断，可以产生哪类中断，以及产生中断后执行哪段服务程序。

在图 1.37 中，VIC 接收到 32 个中断请求，ARM 处理器内核（ARMTTDMI-S）则接收到两个中断请求，分别为普通中断请求（IRQ）和快速中断请求（FIQ）。其中，FIQ 是一些特殊的中断源发出的中断请求，具有最高优先级。

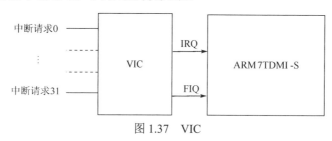

图 1.37　VIC

以 ARM7 处理器为例，中断请求在 VIC 中被设置为以下三类。

- FIQ：具有最高优先级。
- 向量 IRQ：具有中等优先级。
- 非向量 IRQ：具有最低优先级。

VIC 最多支持 16 个向量 IRQ，这些中断请求被分为 16 个优先级，VIC 为每个优先级制定一个服务程序入口地址。在发生向量 IRQ 中断后，相应优先级的服务程序入口地址被装入向量地址寄存器中，通过一条 ARM 指令即可跳转到相应的服务程序入口处，所以向量 IRQ 具有较快的中断响应速度。

任何中断源的中断请求都可以被设置为非向量 IRQ。非向量 IRQ 与向量 IRQ 的区别在于前者不能为每个非向量 IRQ 设置服务程序入口地址，而是所有的非向量 IRQ 都共用一个相同的服务程序入口地址。当有多个中断源的中断请求被设置为非向量 IRQ 时，需要在用户程序中识别中断源，并分别进行处理。所以，非向量 IRQ 的中断响应延迟相对较长。

2）嵌套向量中断控制器

嵌套向量中断控制器（Nested Vectored Interrupt Controller，NVIC）应用于 ARM 公司研发的 Cortex-M 处理器，负责所有的外设中断。其功能是优先级分组和配置、读中断请求标志、清除中断请求标志、使能中断、清除中断等。优先级分组与先占优先级和次占优先级有关。假设有两个中断先后触发，若正在执行的中断先占优先级比后触发的中断先占优先级低，则会先处理先占优先级高的中断；依次类推，如果又出现更高先占优先级的中断，则可以再次打断中断处理，这便是中断嵌套。次占优先级只在同一先占优先级的中断同时触发时起作用，若先占优先级相同，则优先执行次占优先级较高的中断，次占优先级不会造成中断嵌套。如果中断的两种优先级都一致，则优先处理在中断向量表中位置较高的中断。

此外，NVIC 还支持不可屏蔽中断（Non-Masked Interrupt，NMI）输入。在某些情况下，NMI 无法由外部中断源控制。NVIC 的工作原理如图 1.38 所示。

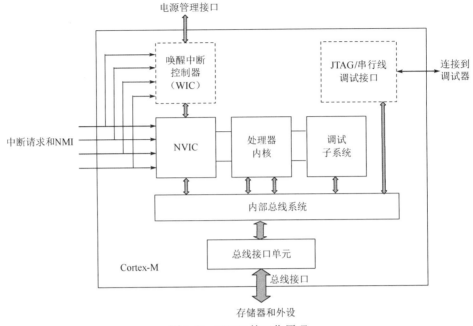

图 1.38　NVIC 的工作原理

3）GIC

进入多核时代以后，中断控制器由单一的模块分化成了两个部分，一部分直接连接中断源，由所有处理器共享；另一部分对接处理器，其数量通常等于处理器的数量。

GIC 是 ARM 公司研发的 Cortex-A 处理器内核中的一个中断控制器，可以接收硬件中断信号，通过一定的设置策略，分送给对应的处理器进行处理，其工作原理如图 1.39 所示。这样既能保证主任务的执行效率，又能及时获知外部的请求，从而处理重要的设备请求操作。此外，GIC 可以实现软中断，用于各处理器内核之间的通信。

GIC 由分发器（Distributer）和重分发器（Redistributer）构成。分发器负责收集来自外设或芯片内部的各种中断事件，并基于它们的中断特性（优先级、是否使能等）对中断进行分发处理。重分发器会将分发器派发来的中断送到其连接的 CPU 中。在 CPU 接口中，中断被统一归类为 IRQ 或 FIQ，触发 IRQ 中断或 FIQ 中断。

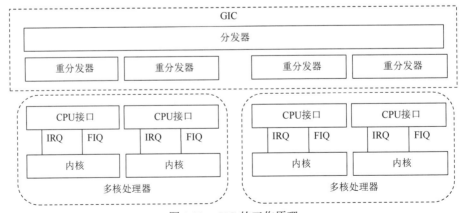

图 1.39　GIC 的工作原理

3．DMA 方式

如果 I/O 设备的数据速率较高，但 CPU 与外设按字节或字来进行数据传输，那么即使尽量压缩程序控制方式和中断方式中的非数据传输时间，也不能满足要求。为此需要改变传输方式，实现按数据块传输。DMA 的出现就是为了解决批量数据的 I/O 问题。

DMA 是指外设不通过处理器而直接与系统内存交换数据的接口技术，数据速率取决于存储器和外设的工作速度。通过 DMA，可将批量数据从一个地址空间复制到另一个地址空间。处理器初始化此传输动作，而 DMA 控制器（DMAC）实行和完成传输动作。

一个完整的 DMA 传输过程必须经历 DMA 请求、DMA 响应、DMA 传输和 DMA 结束 4 个步骤。其工作过程如下：首先，当要求通过 DMA 方式传输数据时，DMA 控制器向 CPU 发出请求，CPU 释放总线控制权，交由 DMA 控制器管理；然后，DMA 控制器向外设返回一个应答信号，外设与内存开始进行数据交换；最后，当数据传输完毕时，DMA 控制器将总线控制权交还给 CPU。在这种方式下，DMA 控制器与 CPU 分时使用总线。DMA 传输过程如图 1.40 所示。

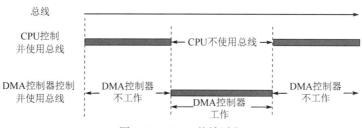

图 1.40　DMA 传输过程

DMA 控制器是一种在系统内部转移数据的控制器，能够通过一组专用总线将内存和外存与每个具有 DMA 能力的外设连接起来。通常只有数据流量较大（数据传输速率为 kbit/s 或更高）的外设才需要具有 DMA 能力，典型例子包括视频接口、音频接口和网络接口等。

一般而言，DMA 控制器拥有一个主（Master）端口，包括地址总线、数据总线和控制寄存器。每个源/目标外设对都需要一个通道，通道是指一个源外设和一个目标外设之间的读/写数据路径。DMA 控制器拥有一组 FIFO 缓冲器，在 DMA 控制器与外设或存储器之间起缓冲作用。DMA 硬件握手接口使用一组硬件信号来控制源外设与目标外设之间的事务。一个通道可以通过硬件、软件或外设中断接收请求。DMA 控制器如图 1.41 所示。

系统总线通常由 CPU 管理，在 DMA 方式下，希望 CPU 将这些总线让出来，由 DMA 控制器接管，控制传输的字节数，判断 DMA 传输是否结束，以及发出 DMA 传输结束信号。因此 DMA 控制器必须有以下功能：能向 CPU 发出系统保持信号，提出总线接管请求；当 CPU 发出允许接管信号后，负责对总线的控制，进入 DMA 方式；能对存储器寻址且能修改地址指针，实现对内存的读/写；能决定本次 DMA 传输的字节数，判断 DMA 传输是否结束；能发出 DMA 传输结束信号，使 CPU 恢复正常工作状态。

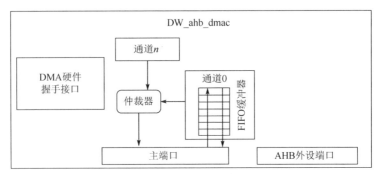

图 1.41　DMA 控制器

1）多通道 DMA 控制器

多通道 DMA 控制器可以用于外设发送方向或接收方向的数据传输，并且可以同时发起多个 DMA 传输。例如，如果多通道 DMA 控制器用于给外设的发送方向传输数据，则需要给该外设分配一个发送方向的 DMA 硬件握手接口（req、ack 等）；如果多通道 DMA 控制器用于给外设的接收方向传输数据，则需要给该外设分配一个接收方向的 DMA 硬件握手接口；如果外设的发送方向和接收方向都需要多通道 DMA 控制器传输数据，则需要给该外设的发送方向和接收方向单独分配 DMA 硬件握手接口。涉及外设的 DMA 数据传输，通常发生在存储器与外设之间。实际上，大多数的 DMA 控制器都能同时支持存储器到存储器、存储器到外设、外设到存储器的数据传输。多通道 DMA 控制器如图 1.42 所示。

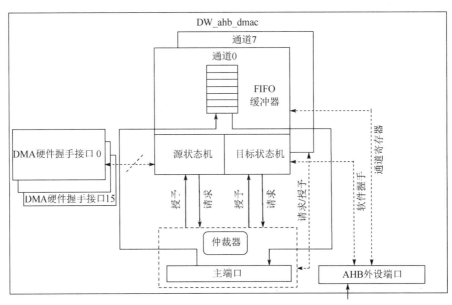

图 1.42　多通道 DMA 控制器

2）多端口 DMA 控制器

多端口 DMA 控制器利用多个标准端口传输数据，每个通道从一个端口（数据源）读数据、写数据到相同端口或另一个端口（目标端口）。端口读访问：传输来自源端口的数据到 FIFO 缓冲器；端口写访问：传输 FIFO 缓冲器中的数据到目标端口。在图 1.43 中，有 4 个标准端口，每个数据源（双端口 RAM、单端口 RAM、外存、外设）对应一个端口。每个多端口 DMA 控制器有多个 DMA 通道，以及多条直接与存储器组（Memory Bank）和外设连接的总线。

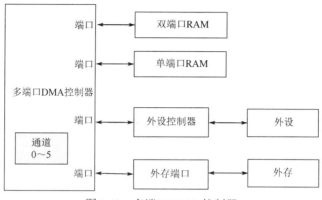

图 1.43   多端口 DMA 控制器

3）多 DMA 控制器

一个芯片上可以包含多个 DMA 控制器，如图 1.44 所示。

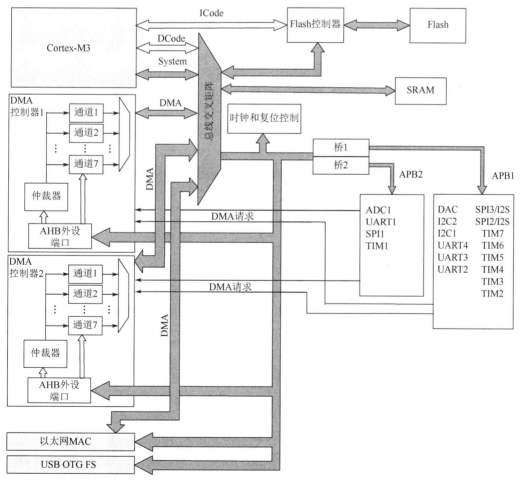

图 1.44   多 DMA 控制器

很多高性能处理器中集成了两种类型的 DMA 控制器：系统 DMA 控制器和内存 DMA（IMDMA）控制器。其中，系统 DMA 控制器可以实现对任何资源（外设和存储器）的访问；而内存 DMA 控制器专门用于内存之间的相互存取操作。

在图 1.45 中，DMA 控制器 1 的 AHB 外设端口虽连接到总线交叉矩阵，但缺少访问内存的通道，所以只有 DMA 控制器 2 能够执行内存到内存的数据传输。

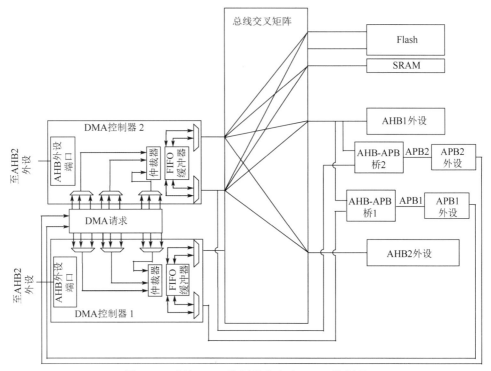

图 1.45　系统 DMA 控制器和内存 DMA 控制器

1.5　芯片管理设计

芯片管理设计主要包括电源管理设计、时钟管理设计和复位管理设计。

1．电源管理设计

1）电源需求

单个 SoC 的功能越来越复杂，包含的 IP 也越来越多，如处理器、射频模块、音/视频模块、内存控制器和外设等。不同功能和不同 IP 带来了多档电源的需求。为了满足低功耗的需求，SoC 通常被分为多个电源域，不同的电源域可以独立供电和进行上电/断电控制，需要根据芯片工作场景确定供电电压。

2）电源管理模块

电源信号可由外部直接输入，或者由片内电路产生。其中，SoC 外部的电源管理模块称为电源管理芯片（Power Management IC，PMIC）；SoC 内部的电源管理模块则称为电源管理单元（Power Management Unit，PMU）。

电源管理芯片具有高集成度，其将传统的多路输出电源封装在一个芯片内，使得多电源应用场景的效率更高，体积更小。电源管理单元将传统分立的若干类电源管理芯片，如直流/直流（DC/DC）转换器，集成到片上的电源管理单元中，从而实现更高的电源转换效率和更低的功耗，以及更少的组件数量。典型的 SoC 供电系统和内部电源管理单元如图 1.46 所示。

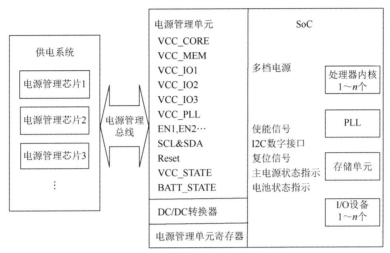

图 1.46 典型的 SoC 供电系统和内部电源管理单元

3）电压调节器

SoC 通常使用两种电压调节器，即低压差线性稳压器和开关稳压器，两种电压调节器的比较如图 1.47 所示。

低压差线性稳压器	开关稳压器
适合低压差、小电流场景	适合高压差、大电流场景
☆纹波小	纹波大
效率低	☆效率高
发热高	☆发热低
☆成本低	成本高
☆简单	复杂
☆静态功耗低	静态功耗高

图 1.47 两种电压调节器的比较

低压差线性稳压器可提供非常低的噪声和极其稳定的输出电压，其输入电压与输出电压之间仅有微小电压降，可以在极低的输入电压下工作，如图 1.48 所示。

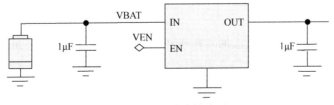

图 1.48 低压差线性稳压器

开关稳压器是将一个直流电压转换为另一个直流电压的有效器件，通过控制开关元件的关断/打开时间来得到稳定的输出电压，如图 1.49 所示。

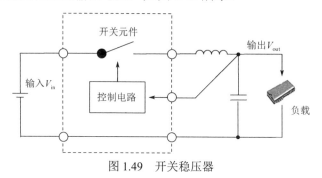

图 1.49　开关稳压器

2．时钟管理设计

1）时钟需求

根据芯片工作场景需要，确定所需时钟及频率等。

2）时钟源

时钟源信号可由外部直接输入，也可由外接晶体/陶瓷振荡器和内部时钟发生器产生。内部 RC 振荡器能够产生精度较差的系统时钟，而内部锁相环（PLL）可以产生高频、高精度的系统时钟。在实际设计时，可以灵活选择一个或多个时钟源。

3）时钟产生

芯片中使用的 PLL 需要提供所有必要的频率，如果可能，应减少其数量以节省面积。

时钟源信号经过片上时钟管理模块（包括分频电路、多路选择电路和门控电路）处理后，提供给片上的模块或器件。芯片内部有很多时钟域，可以按照功能要求对其实施开闭。

4）时钟分布网络

时钟树是常见的时钟分布网络，由许多缓冲单元或反相器对平衡搭建而成。

3．复位管理设计

1）复位源

复位源可以分为片外复位源和片内复位源。片外复位源一般有来自系统板上的上电复位、手动复位，以及电源管理芯片的电源复位、调试口复位、唤醒复位等，有时还可能有特定的功能复位，如 PCIe 总线提供的 PERST#等。片内复位源有上电复位、看门狗定时器复位、软件复位及其他硬件机制产生的复位等。

2）复位同步化

两级同步触发器可以有效消除由异步复位信号释放沿与时钟上升沿过于接近导致的亚稳态问题。

3）复位管理模块

SoC 的复位管理模块产生相应的芯片级和模块级复位信号。图 1.50 所示为典型的 SoC 复位结构，芯片级硬件复位信号与上电复位信号、手动复位信号、软件复位信号、调试口复位信号等有关，其与模块级软件复位信号一起被传送至各个模块。

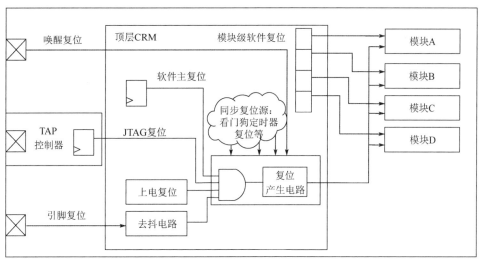

图 1.50　典型的 SoC 复位结构

4）复位网络

在芯片内部，复位信号往往使用复位网络来驱动众多触发器。图 1.51 所示为复位网络。

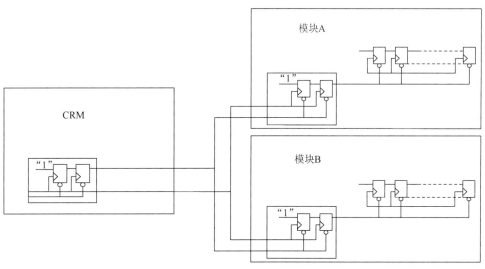

图 1.51　复位网络

1.6　低功耗设计

功耗已成为 SoC 的重要指标与约束。低功耗设计的总原则是根据芯片的应用场景，选择适当的低功耗设计策略和实现方法，降低芯片的运行功耗。

1.6.1 功耗目标的确定

功耗目标的确定需要考量芯片应用场景中功耗指标的商业价值、封装和制程的成本影响、低功耗设计实现的可行度和复杂度，以及设计风险和制程影响的评估。当选取参考值时，要根据同类产品、经验值和工具分析确定，并随着设计的深入而不断修正。

1. 优化模式

评估不同操作模式下的功耗，确定主攻的优化方向。低功耗 SoC 的主要操作模式有运行模式（Run Mode）、待机模式（Wait Mode）和休眠模式（Sleep Mode）。

在运行模式下，处理器和外设正常工作，在持续供电且不用考虑功耗的情况下，系统往往采用运行模式。在待机模式下，系统内核（System Core）以低速保持工作，部分组件则进入休眠状态，等待一个外部或内部的中断事件来唤醒。在休眠模式下，系统绝大部分组件（包括系统内核）都断电，以大幅度减少功耗。

2. 优化对象

针对具体的优化场景，分析模块的功耗情况，找出主要的耗能模块，如确认是内部模拟模块，还是数字模块。

芯片功耗分布在系统内核和 I/O 设备中。其中，系统内核功耗主要分布在存储器（RAM、ROM）、时钟树和逻辑电路中。

典型设计中的功耗分布如图 1.52 所示。

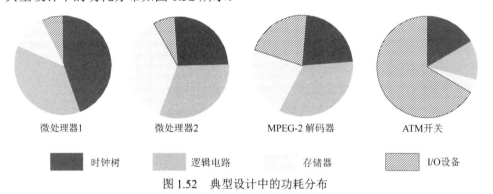

图 1.52　典型设计中的功耗分布

3. 优化策略

现代 SoC 非常复杂，设计时必须切分为若干层次，包括系统级、算法和架构级、RTL（寄存器传输级）、逻辑级、物理级。层次越高，降低功耗的效率越高。所以，降低功耗是一个系统工程，需要软件、硬件、电路、工艺等方面的统筹协调。各层次优化策略及优化效果如图 1.53 所示。

设计者可以根据特定应用，关掉整个模块或减少无效动作。在系统级，需要考虑如何将设定任务合理分配到各个模块，以及采用合适的功耗管理策略；在算法和架构级，采用流水线、算法优化、排序等技术，以达成最大效率；在 RTL，通过时钟门控（Clock Gating）等方法降低功耗；在逻辑级，利用综合（Synthesis）工具实现逻辑时序和功耗的优化；在物理级，通过晶体管选择、时钟树设计等手段，减少电路耗能。

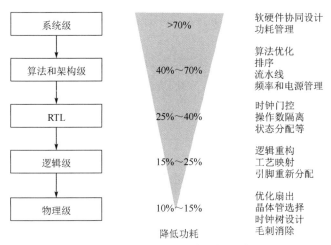

图 1.53　各层次优化策略及优化效果

1.6.2　架构级低功耗设计

架构级低功耗设计的主要任务是探索提高电源使用效率的架构，选择适当的频率和电压控制策略。

1. 频率控制

从芯片工作场景出发，选择若干工作频点进行频率控制。通过分频器和倍频器，可以实现频率可调。

2. 时钟门控

如果在特定场景下，某些模块完全可以停止工作，则可采用时钟门控的方法。即使触发器输出不变，也可以使其时钟失效，降低 5%～10%的动态功耗。

在典型的数字芯片中，时钟树由大量缓冲单元或反相器对组成，其功耗高达整个设计功耗的 40%。加入全局时钟门控电路，减少时钟树及所驱动寄存器时钟引脚的反转将降低功耗。在图 1.54 中，当时钟使能 CLK_EN 置低时，可以将右侧寄存器的时钟都关闭。在布局时将全局时钟门控电路摆放在时钟源 GCLK 附近，关闭时钟后，整个时钟树上的缓冲单元和时钟树驱动的模块都会停止反转。

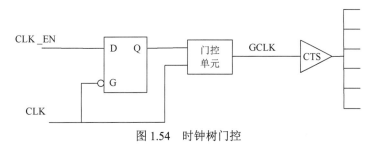

图 1.54　时钟树门控

3. 电压调节

通过电压调节技术，可调节 SoC 在不同工作模式下的工作电压，从而在保证性能的基础上降低功耗。

在多电压（Multi-Voltage）供电技术中，对不同模块按其性能要求不同而采用不同电压供电，如图 1.55 所示。

图 1.55　多电压供电技术

使用动态电压频率调节技术，针对运行中的芯片，依据不同的场景动态调节其供电电压和工作频率，实现计算性能和功耗之间的平衡。

4．电源门控

当某一部分电路处于休眠状态时，可使用电源门控（Power Gating）技术关闭其供电电源。SoC 经常需要设置一个电源常开区，负责内核停电期间的对外通信与低功耗管理，当唤醒信号到来后，负责重新打开内核电源。

1.7　可测性设计

可测性设计（DFT）通过在芯片设计过程中引入测试逻辑来控制或产生测试向量，从而达到快速筛选量产芯片的目的。DFT 的总目标是用最少的测试向量达到预期的测试覆盖率，以降低芯片的测试成本。

1．DFT 结构化设计技术

常用的 DFT 结构化设计技术有扫描设计、内建自测试和边界扫描。

1）扫描设计

扫描设计（Scan Design）通过扫描替换（Scan Replacement）和扫描连接（Scan Stitching），将时序电路模型转化为一个组合电路网络和带触发器的时序电路网络的反馈电路。扫描设计通过将系统内的寄存器等时序器件进行重新设计，使其具有扫描状态输入，可使测试数据从系统一端经由移位寄存器等组成的数据通路串行传输，并在数据输出端对数据进行分析，以提高电路内部节点的可控性和可观察性，达到测试芯片内部的目的，如图 1.56 所示。

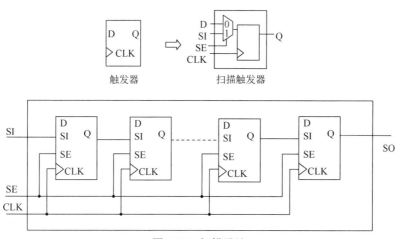

图 1.56　扫描设计

自动测试向量生成（Automatic Test Pattern Generation，ATPG）是指在测试中由程序自动生成测试向量的过程。测试向量按顺序加载到器件的输入引脚上，输出的信号被收集并与期望的测试向量进行比较，从而判断测试结果。

2）内建自测试

内建自测试（Build-In Self Test，BIST）是指在芯片设计中加入一些额外的自测试硬件，测试时仅需从外部施加必要的控制信号，通过运行内建的自测试硬件来检查待测设计的缺陷或故障，如图 1.57 所示。测试向量由内建的自测试逻辑自动生成，而非由外部的自动测试机台（Automatic Test Equipment，ATE）生成，这样可以简化测试步骤，但同时会增加芯片设计的复杂性。

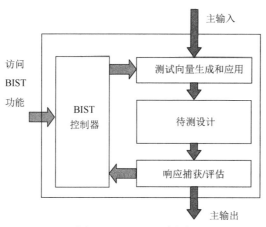

图 1.57　BIST 示意图

存储器内建自测试（Memory Built-In Self Test，MBIST）是测试嵌入式存储器的重要方法。MBIST 电路包括测试向量产生电路、BIST 控制电路和响应分析器三个部分。当测试控制模块接收到开始测试的指令后，首先会切换存储器的 I/O 引脚到测试模式，同时启动测试向量产生电路，开始产生和给出测试激励，并计算存储器的输出期待值；然后存储器接收到测试向量之后，会间隔执行写/读/使能的操作，遍历测试所有地址下每个比特单元的写/读功能；最后，将输出的读取值会与测试控制模块计算的输出期待值进行比较，从而判断测试结果，如图 1.58 所示。

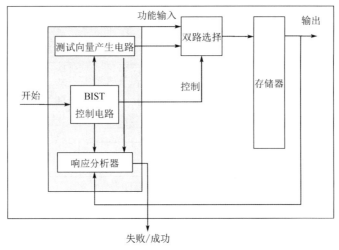

图 1.58　MBIST 示意图

3）边界扫描

在边界扫描（Boundary Scan）中，芯片的引脚通过菊花链方式连接到一起，构成边界扫描链。边界扫描利用边界扫描控制器向边界扫描链注入激励，通过检测边界扫描链输出端的响应，来判断芯片引脚间的连接是否有问题，如图 1.59 所示。

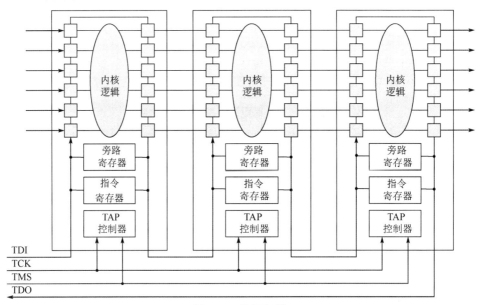

图 1.59　边界扫描

JTAG 是一种国际标准测试协议（与 IEEE 1149.1 兼容），主要用于芯片内部测试。其基本原理是在器件内部定义一个测试访问端口（Test Access Port，TAP），通过专用的 JTAG 测试工具对内部节点进行测试。JTAG 测试允许多个器件通过 JTAG 端口串联在一起，形成一个 JTAG 链，从而实现对各个器件的分别测试。

边界扫描一般可以与 JTAG 混称，但实际上除边界扫描外，JTAG 还可以实现对芯片内部某些信号的控制。

2．SoC 的 DFT

1）制定测试方案

测试方案的制定包括测试目标制定、测试方法和平台的选择、测试激励的生成和验证、测试覆盖率保证、成品率分析、测试成本估算及开发进度的保证等。

DFT 流程可以从架构级设计阶段开始引入，在 RTL 阶段开始 DFT 和验证，或者在网表阶段开始插入 DFT 相关设计。

2）SoC 测试实现结构

SoC 测试包含直流参数测试、DFT 测试（扫描设计、BIST 和边界扫描）、功能测试和静电放电（ESD）测试。

SoC 中不同逻辑和模块可能适用不同的测试方法，如标准单元适用扫描设计，存储器与模拟模块适用 BIST，硬化 IP 和软化 IP 适用 BIST 和扫描设计，封装与 I/O 设备适用边界扫描。

3）测试覆盖率的收敛

在 DFT 中，测试覆盖率及测试效率是重要的指标。理想的设计目标是测试能够遍及整个芯片的逻辑，但 100%这一理想值不易达到。测试覆盖率的收敛要考虑测试覆盖率的收集、提高测试覆盖率的方法，以及测试覆盖率对最后产品良率的影响。

1.8　架构评估

在每个设计阶段，如产品规划、架构制定、代码编写、综合、DFT 和物理实现等阶段，设计者都面临若干优化选择，如果能尽早（而非等到设计流程末尾）以定量方式获知选择结果，那么就可以有效缩短开发时间。

在设计早期，可以利用电子表格汇总数据，进行芯片的面积、功耗和静态性能估算。虽然估算不够精确，但可以帮助设计者做出初步设计决策。

1.8.1　面积估算

根据目标工艺库信息、设计要求、以往设计信息，以及部分 IP 的综合报告等，统计估算芯片面积。

1．利用率

由于芯片的时序、逻辑单元之间存在间隔及数据连线排布等原因，用于摆放标准单元的区域不能全部被填满。利用率（Utilization）是芯片中已利用面积占芯片面积的百分比。在规划设计的初始阶段，如果芯片尺寸未知，则利用率可作为设计的出发点。

1）芯片级利用率

芯片级利用率（Chip Level Utilization）是标准单元、宏模块（Macro）和 I/O 单元的总面积占芯片面积的百分比，可表示为

$$\frac{\text{Area(Standard Cell)} + \text{Area(Macro)} + \text{Area(Pad Cell)}}{\text{Area(Chip)}} \times 100\%$$

2）布局利用率

布局利用率（Floorplan Utilization）是标准单元、宏模块和 I/O 单元的总面积占芯片面积（减去子模块面积）的百分比，可表示为

$$\frac{\text{Area(Standard Cell)} + \text{Area(Macro)} + \text{Area(Pad Cell)}}{\text{Area(Chip)} - \text{Area(Sub Floorplan)}} \times 100\%$$

3）标准单元行利用率

标准单元行利用率（Cell Row Utilization）是标准单元面积占芯片面积（减去宏模块面积和堵塞面积）的百分比，可表示为

$$\frac{\text{Area(Standard Cell)}}{\text{Area(Chip)} - \text{Area(Macro)} - \text{Area(Blockage)}} \times 100\%$$

4）内核利用率

内核利用率（Core Utilization）是标准单元和宏模块的总面积占内核面积的百分比。

2．堵塞

对于硬化 IP（RAM、Analog IP 等），为了避免可能的拥塞（Congestion），防止外围环境的电气干扰等，会要求保留一定的空区域或电源环绕区域。在布局布线阶段，这部分所禁止的特定区域称为堵塞（Blockage），如图 1.60 所示。

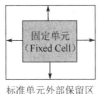

图 1.60　堵塞

3．收缩

收缩（Shrink）是一种工艺优化，其原理是光罩（Mask）等比例缩放后，晶体管尺寸会缩小一点，但芯片仍然能够正常工作，从而减小芯片面积，降低成本。在 40nm 和 28nm 工艺下，收缩一般可以将晶体管的尺寸缩小到原来的 90%，不过在 7nm 等先进工艺下，收缩比例则变为 1∶1。

芯片收缩由芯片制造厂完成，与芯片设计公司无关。工程师利用 EDA 工具设计完成的收缩前（Pre-shrink）版图由芯片制造厂生产时直接进行收缩，实际芯片面积按版图等比例缩小。因此，最后的芯片面积是收缩之后的面积，而非 EDA 工具所标注的版图面积。例如，设计版图尺寸为 10mm×10mm，而芯片制造完成后的尺寸是 9mm×9mm。

4．芯片切割

1）划片槽

在一个晶圆上通常有几百至数千个芯片，它们之间留有一定的间隔以便于划片。这些

间隔称为划片槽（Scribe Line）或者切割通道（Dicing Channel）、锯道（Saw Channel）、通道（Street）。

2）封装条

在划片槽上切割时，可能有应力作用于芯片内部，加封装条（Seal Ring）可以阻止切割时产生的裂痕损坏到芯片，同时可以屏蔽芯片外的干扰并防潮。

从晶圆角度来看，封装条是介于芯片和划片槽之间的（保护）环。划片槽和封装条如图 1.61 所示。

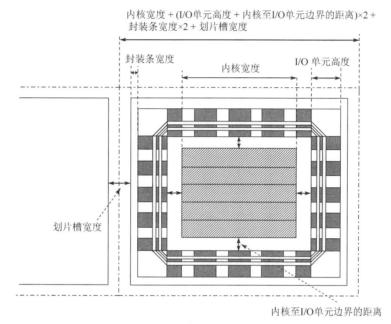

图 1.61　划片槽和封装条

5．面积估算方法

芯片面积主要由 I/O 单元、标准单元和宏模块的面积构成，如图 1.62 所示。

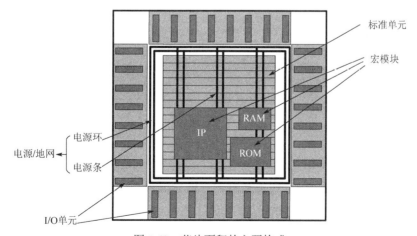

图 1.62　芯片面积的主要构成

1）软化 IP 面积获取

有多种途径可以获取软化 IP 面积，如通过对 IP 的综合而获取面积信息、由 IP 设计方提供面积信息、根据设计方提供的等效逻辑门数换算得到面积信息。

在综合时可以得到模块的组合逻辑面积、时序逻辑面积和 RAM 面积，但累加起来并不是一个模块的真实面积，还需要考虑 DFT 和利用率的影响。软化 IP 面积如图 1.63 所示。

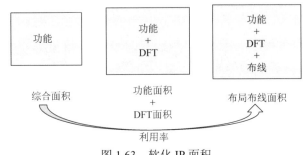

图 1.63　软化 IP 面积

首先，考虑 DFT 的影响，通常将寄存器调换为扫描寄存器后，单元面积增量为 5%，用于 DFT 扫描及压缩的逻辑所造成的面积增量为单元面积的 1%～2%。另外，MBIST 引起的面积增量视存储器容量、位宽和分组数量而定，通常造成的面积增量为单元面积的 5%～40%。其次，考虑物理实现的影响，需要乘以一个系数以计入利用率或堵塞所导致的面积增量，不过，不同的芯片类型，其参数差异比较大。

2）宏模块面积获取

通常，第三方 IP 设计方提供的 IP 文档中会有形状及面积信息，而存储器编译器（Memory Compiler）生成的文档中含有存储器的形状及面积信息。硬化 IP 面积需要考虑堵塞影响，即将宏模块的长宽分别加上两倍堵塞宽度后再相乘。

3）I/O 单元面积获取

目标工艺的 I/O 单元库文件提供了各种 I/O 单元的长宽及面积信息，可根据具体设计要求的 I/O 引脚选型和数量计算出其面积。

4）内核限制的芯片面积

芯片全部 I/O 单元紧密排列在周边，所围面积小丁内核面积，因此内核面积决定了芯片面积，即内核面积=RAM 面积+其他宏模块面积+标准单元面积。图 1.64 给出了一个在 28nm 工艺下，芯片内核面积的估算示例。

RAM 面积通常指 RAM 自身的面积，该数据可以从 lib/lef 文件中获得。但作为宏模块的一种，其实际面积还包含 Keepout、用于端口访问的存储器通道（Memory Channel），以及 MBIST 逻辑所占面积。其中，对存储器设置约 1μm 或更大的 Keepout，以避免内核逻辑与存储器之间产生物理设计规则违例；用于端口访问的存储器通道通常会占存储器自身面积的 5%～10%，具体情况会随存储器宽长比、位宽、功能类型、PG Grid 风格而变化；因支持 BIST 功能而增加的 MBIST 逻辑通常占存储器面积的 10%，该比例会随着 BIST 分组方式和 BIST 选用方法的不同而变化。

宏模块面积还包括 PLL、ADC 和 DAC 等模块的面积，需要预留 3%～5%的 Keepout 面积。

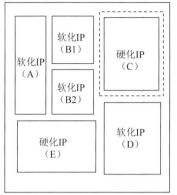

模块	数量	利用率	综合面积（μm²）	布局布线面积（μm²）	总布局布线面积（μm²）
A	1个	0.70	a_1	$a_1/0.70$	$a_1/0.70$
B	2个	0.70	a_2	$a_2/0.70$	$a_2/0.70\times2$
C	1个	0.90	a_3	$a_3/0.90$	$a_3/0.90$
D	1个	0.70	a_4	$a_4/0.70$	$a_4/0.70$
E	1个	0.90	a_5	$a_5/0.90$	$a_5/0.90$
不考虑I/O单元的总面积（收缩前）	—	—	—	—	$a_1/0.70+a_2/0.70\times2+a_3/0.90+a_4/0.70+a_5/0.90$

图 1.64　芯片内核面积的估算示例

标准单元面积的计算公式为：标准单元面积=(预估的门单元数×每个门单元面积)/利用率。其中，利用率与使用的工艺、金属层数和设计用途有关，在 16nm 工艺下，大多数金属层能达到 60%～70%或更高的利用率，但到了 7nm 工艺，普通逻辑区域只有 50%左右的利用率。如果设计的是多媒体芯片，则一般可以增加 3%～5%的利用率；如果设计的是网络芯片，则一般要减少 3%～5%的利用率。

5）I/O 单元限制的芯片面积

芯片全部 I/O 单元紧密排列在周边，所围面积大于内核面积，则裸片面积为 I/O 单元排列所决定的面积。

6）裸片面积

如果限制了在 I/O 环上不能摆放其他单元，估算时将内核当作正方形，则裸片面积为

$$\text{Size}_{\text{die}} = \left(\sqrt{\text{Area}_{\text{core}}} + 2W_{\text{ring}} + 2H_{\text{I/O}}\right)^2$$

式中，$\text{Area}_{\text{core}}$ 为内核面积；W_{ring} 为内核至 I/O 单元边界距离；$H_{\text{I/O}}$ 为 I/O 单元高度。

如果没有限制在 I/O 环上不能摆放其他单元，则估算时将内核面积与 I/O 单元面积（$\text{Area}_{\text{I/O}}$）相加，即可得到裸片面积为

$$\text{Size}_{\text{die}} = \text{Area}_{\text{core}} + \text{Area}_{\text{I/O}}$$

裸片面积估算的基本公式（以 28nm 工艺为例）如表 1.1 所示。

表 1.1　裸片面积估算的基本公式（以 28nm 工艺为例）

参数	内核宽度（μm）	内核高度（μm）	I/O 单元高度（μm）	芯片宽度（μm）	芯片宽度（收缩后，μm）	封装条宽度	划片槽宽度	裸片宽度（μm）	裸片面积（收缩后，mm²）
公式	C_{w}	C_{h}	P_{h}	$C_{\text{w}}+(P_{\text{h}}+$内核至I/O 单元边界距离)×2	芯片宽度×0.9	SR	SL	芯片宽度×0.9+SR×2+SL	裸片宽度×裸片高度

7）芯片面积

考虑划片槽和封装条的要求，整个芯片的面积就是裸片边长先加上两倍的封装条宽度，再加上划片槽宽度，最后平方。

$$\text{Size}_{\text{chip}} = \left(\sqrt{\text{Size}_{\text{die}}} + 2W_{\text{seal ring}} + W_{\text{scribe line}}\right)^2$$

式中，Area_{die} 为裸片面积；$W_{\text{seal ring}}$ 为封装条宽度；$W_{\text{scribe line}}$ 为划片槽宽度。

6. 裸片数量

每个晶圆上可以分割得到的裸片数量可以按下式计算。

$$\text{Die Per Wafer} = d \times \pi \left(\frac{d}{4+S} - \frac{1}{\sqrt{2 \times S}} \right)$$

式中，d 为晶圆直径（mm）；S 为裸片面积（mm²）。

测试过的裸片数量为

$$\text{Die Per Wafer (Test)} = d \times \pi \left(\frac{d}{4+S} - \frac{1}{\sqrt{2 \times S}} \right) \times \text{裸片测试率}$$

裸片数量的估算如图 1.65 所示。

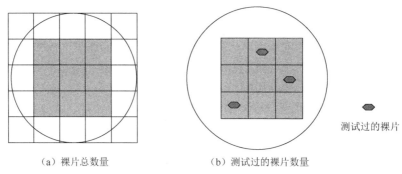

（a）裸片总数量　　　　　　（b）测试过的裸片数量

图 1.65　裸片数量的估算

1.8.2　功耗估算

功耗估算有助于确认芯片的功耗是否合理和满足要求。利用一些简便的方法和途径可以快速获取功耗信息。例如，芯片数据手册通常会提供功耗信息；依据参考设计，根据供电芯片的最大电流可以推测出被供电芯片或模块的电流；对于引线键合芯片来说，每一个电源引脚都是用键合线连接的，一般一个电源引脚的最大电流为 50mA，根据芯片电源引脚的数量，可以估算出该芯片的最大电流。对于其他封装形式的芯片，则需要参考芯片数据手册，如果芯片数据手册中没有直接写明，则可以参考其中的最大额定值、I/O 引脚参数等。

实际上，根本不可能人工计算实际的芯片功耗，往往需要借助 EDA 工具来分析。

1. 开关行为

图 1.66 所示为某节点的开关行为。

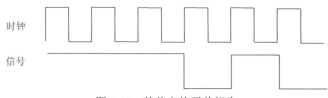

时钟

信号

图 1.66　某节点的开关行为

反转（次）数是指逻辑变化的次数，图 1.66 中信号的反转数为 3 次。反转率（Toggle

Rate）是电平反转数占时钟周期的百分比。在图 1.66 中，反转率为 3/6×100% = 50%（6 个时钟周期内反转了 3 次）。静态概率（Static Probability，SP）是指（节点）信号逻辑值为 1 的概率，图 1.66 中的 SP 为 4/6=2/3。

开关行为用反转率衡量。然而，只有在开关行为代表了芯片实际工作状态的情况下，任何层次上的功耗估算才有意义。

开关行为（反转率）可以直接用指令设置，也可以由仿真工具产生。常用的格式有 SAIF（Switching Activity Interchange Format，开关行为内部交换格式）、VCD（Value Change Dump）及 FSDB（Fast Signal Database）。其中，SAIF 文件是用于仿真器和功耗分析工具之间交换信息的 ASCII 文件（美国信息交换标准码文件），而 VCD 文件或 FSDB 文件是通过仿真得到的 ASCII 文件，包括设计中的节点活动、结构连接性、路径延迟、时序和事件方面的信息。

2．功耗估算方法

功耗估算主要使用两种方法：无向量估算法和向量估算法。

无向量估算法通过指令定义节点的反转率以估算功耗。实际上，只需要设置起点的反转率，因为内部节点的反转率可以通过传播得到。当需要比较精确的估算值时，通常使用向量估算法，即通过电路仿真得到 SAIF 文件和 VCD 文件。其中，VCD 文件通过相关指令转换成 SAIF 文件，而后使用 SAIF 文件进行功耗估算。

3．功耗估算流程

功耗估算可以在设计流程的各个阶段进行，对应设计表征的不同形式。功耗估算的 4 个阶段如表 1.2 所示，每个阶段所估算的功耗精确度随增补设计和可利用的库信息的增加而提高。越早的阶段，层次越高，估算的功耗精确度越差，但可以越早反馈给设计者。

表 1.2 功耗估算的 4 个阶段

何时进行功耗估算	门电路功耗	负载功耗	工具
① 设计/库开发	粗略	未知/待定义	电子数据表
② 预综合/早期综合	粗略	利用线负载模型估算	Design Compiler、Power Compiler
③ 综合后	准确	利用线负载模型/SPEF 估算	Power Compiler、Physical Compiler、PrimePower
④ 布局后	精确	利用提取寄生参数后的 SPEF 估算	PrimePower

在进行软件级功耗估算时，首先选择系统将执行的典型程序。典型程序通常会有上百万个机器周期，进行一次完整的 RTL 仿真可能需要数月的时间，这是不现实的。比较实用的方法是根据特定的硬件平台，统计出每条指令对应的功耗数据，进行指令级仿真。

在进行行为级功耗估算时，由于物理电路单元尚未建立，因此难以得到电容与反转率的数值。理论估算是根据电路复杂度得到电容，由信息理论估算反转率，而实验是通过快速综合得到 RTL 原型，进而估算电容与反转率。

在进行 RTL 功耗估算时，首先通过静态分析电路结构或动态仿真，收集电路反转率数据，得到各个组件的功耗；然后将所有组件的功耗求和，得到总功耗。

在进行门电路级功耗估算时，因为功耗数据是通过电路仿真获取的，所以其结果更精确。

在进行晶体管与版图层功耗估算时，所有连线的电容、单元负载和驱动信息都已获得，根据晶体管和连线模型的电压、电流方程，可以算出精确的功耗数据。

RTL 功耗估算和门电路级功耗估算是常用的选择。实际功耗估算必须借助工具，如 RTL 功耗估算采用 Power Compiler，门电路级功耗估算则采用 PrimePower。

1）RTL 功耗估算

在设计流程早期，可对设计的芯片的功耗进行粗略估算。由于尚未选择单元库，因此此时进行电子数据表（Spread Sheet）分析可找出最佳的单元库和设计架构。电子数据表中包含了大致的门电路数和每个模块的反转率、功耗速度比及相关的功耗估算数据。

为了使用电子数据表分析方法，有必要对每个模块的门电路数（每种类型的库单元数）和活动水平进行估算，同时需要知道每种类型的门电路在开关时所耗费的能量，库供应商手册中的数据可用于确定功耗速度比。

每种类型的门电路的动态功耗可由下式计算。

$$动态功耗 = 门电路数 \times 功耗速度比 \times 反转率 \times 频率$$

将一个模块内所有不同类型的门电路的功耗加在一起，就可得出该模块总的动态功耗估算值。例如，在工艺条件 1GHz@TT/0.8V/85℃下，模块的动态功耗为 200mW，当在 3GHz@TT/1.0V/85℃工艺条件下时，可计算其动态功耗，得到

$$200 \times 3 \times 1.25^2 = 937.5mW$$

在综合前，可根据所选择的体系架构和对设计本身的理解来对门电路数进行估算。例如，根据总线宽度、字长、控制层和存储器深度等可得出大致的门电路数。选择单元库后，模块的门电路数可以利用综合工具的初期综合方法获得。

设计中的门电路都具有不同的活动水平，通过仿真确定开关行为或不进行仿真直接进行估算均可，推荐进行仿真来确定开关行为。

2）门电路级功耗估算

综合完成后，根据实际门电路数和仿真得到的反转率，使用工具（Power Compiler 等）可以获得相当精确的功耗估算值。此时估算的不准确性来自反转率及布局前的线负载值。

布局完成后，门电路级仿真能够生成 SAIF 文件或 VCD 文件，精确度可以得到改善。必须强调，只有在仿真向量代表真实的应用行为时，反转率才准确。物理设计工具可以提供含有寄生电阻、电容估算值的寄生参数（SPEF）文件。

如果芯片 I/O 引脚数量众多，则在高速状态下切换开关并驱动很长的线路，有可能造成功耗估算不精确。当希望得到精确而非最坏情况下的功耗估算值时，采用 I/O 引脚的集总负载模型可能会产生过分悲观的估算结果。若想获得更为精确的结果，则可以在关键的 I/O 单元类型中利用精确的分布阻抗模型进行 HSPICE 仿真。

图 1.67 所示为功耗估算流程。

技术库是包含功耗信息的工艺库，由代工厂提供。比较精确的技术库里面还应该包含状态依赖路径延迟（State Dependent Path Delay，SDPD）信息。当进行功耗估算时，输入设计文件是设计的门电路级网表文件，可以通过综合得到。寄生参数包括寄生电阻等，通常由后端寄生参数工具提供。开关活动包含设计中每个节点的开关行为情况，如节点的反转

率或可以计算出节点反转率的文件。完成功耗估算后，工具可以报告单元、模块和芯片的功耗，包括动态功耗（内部短路功耗、开关功耗）和静态功耗（泄漏功耗）。

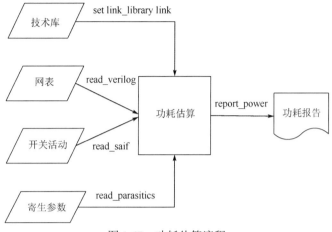

图 1.67　功耗估算流程

1.8.3　静态性能估算

图 1.68 所示为一个 SoC 的系统框图。其中，Cortex-A73（四核）的工作频率为 3GHz，Cortex-A53（四核）的工作频率为 1.6GHz，Mali G71 全一致性 GPU 的工作频率为 850MHz，Mail-DP550 显示模块和 Mali-V550 视频模块均为 4K 分辨率（4096 像素×2160 像素），支持 TrustZone，内存带宽为 25.6GB/s，总线则工作在 800MHz 的频率下。

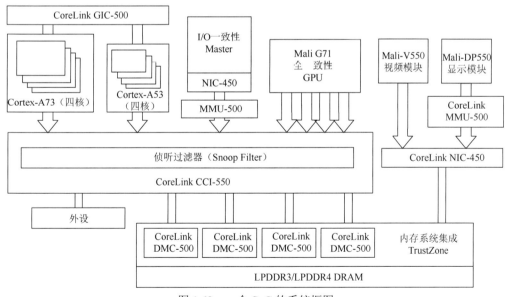

图 1.68　一个 SoC 的系统框图

1. 数据流特征

- 对于 CPU，先保证其延迟，再保证其带宽。

- 对于 GPU，先保证其带宽，再保证其延迟。
- 对于视频模块，带宽相对来说不大，要保证其实时性，间接需要保证带宽。
- 对于显示模块，其实时性要求更高，这是因为不希望应用过程中出现跳屏。
- 其余的模块可以放在相对靠后的位置考虑。

2. 带宽需求分析

- CPU 簇×2，理论上每个总线接口提供的读写带宽均为 43.2GB/s。
- GPU 运行曼哈顿（Manhattan）场景时，每一帧需要 370MB/s 带宽（读加写，未压缩），850MHz 下可以完成 45 帧，带宽接近 17GB/s，压缩后需要的带宽为 12GB/s。
- 显示模块需要 4096（列）×2160（行）×4B（数据位宽）×60（帧）×4（图层）的输入，未压缩时共需要 8GB/s 的带宽，压缩后需要的带宽约为 5GB/s。
- 视频模块解压缩后需要的带宽为 2GB/s。

当然，上述模块并不会同时运行。在复杂的场景下，视频模块、GPU、CPU、显示模块在工作，带宽需求非常高。

内存控制器的物理极限带宽为 25.6GB/s，考虑到带宽利用率只有 70%，因此只能提供约 18GB/s 的带宽，低于带宽需求。不能无限制地增加内存控制器和内存通道，因为内存颗粒成本高，增加内存颗粒会导致功耗上升，所以必须设法提高带宽利用率。

3. 系统静态延迟

系统各模块的延迟如图 1.69 所示，图中单位均为 ns，百分比由工具自动计算得出，可能存在相加不为 100% 的情况。

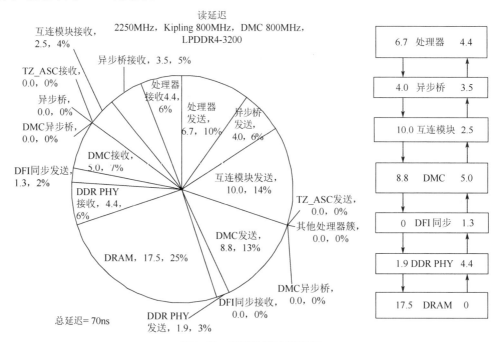

图 1.69　系统各模块的延迟

从图 1.69 中可以算出，系统静态延迟，即访问 CPU 之外的总线和 DRAM 颗粒所花时间，总共需要 58.9ns。通过提高时钟频率和减少路径上的模块，可以缩小此延迟。

1）处理器延迟

处理器拥有 L2 缓存，访问时间为 10～20 个总线时钟周期。

2）异步桥延迟

CCI-550 与 CPU 之间使用异步桥来处理时钟、电源和电压域的跨越。异步桥延迟较大，来回需要 7.5ns，即 6 个总线时钟周期，只能通过提高总线频率来缩小延迟。如果异步桥两侧模块的工作频率相差整数倍，如内存控制器与 CCI-550 工作频率相同，则可以省略。

3）互连延迟

在图 1.70 中，总线使用 CCI-550（图 1.70 中用 CCI 简单表示），一个可共享（Shareable）传输从进入到出去需要 12.5ns，即 10 个总线时钟周期。

虽然 CCI 和 NoC 都可以进行交织，但是它们的交织粒度不同（CCI 的交织粒度大于 NoC），常见的是 CCI 直接连接 DDR SDRAM 进行交织，或者 CCI 不交织，让 NoC 进行交织。常用的交织策略如下。

（1）对于没有缓存一致性要求的主设备，可直接将其挂载到 NoC，通过 NoC 的交织功能提升内存颗粒访问效率。

（2）对于有缓存一致性要求的 IP，如 CPU、GPU，可以通过 CCI/CMN 等缓存一致性互连组成一个子网，挂载到 NoC，与其他主设备一起通过 NoC 访问内存颗粒。

（3）CCI/CMN 本身支持交织功能，但是需要注意其与 NoC 的交织方式是否相同，考虑不同情况下是否需要进行集成适配，同时考虑两级交织时交织粒度的选择。

在图 1.70（a）中，将 CCI 及其上的 CPU 和 GPU 作为一个子网挂在 NoC 下，由 NoC 连接到 DMC，此架构的优点是由 NoC 负责交织和调度，当然会增加额外的一层总线延迟（10～20ns），CPU 测试跑分会降低 2%～4%。在图 1.70（b）中，考虑到所有主设备都需要访问内存颗粒，因此交织由 CCI 直接完成，而调度交给了 DMC。由于没有采用两层总线的连接方式，因此省去了两层异步桥，减少的 12 个总线时钟周期已接近整个通路静态延迟的 1/5。通常，主流的总线拓扑都是将 CCI 直接连接至 DMC 的。如果 DMC 端口足够多，也可以考虑直接将 CPU 连接至 DMC，不过此时系统架构就不是硬件支持的对称多处理架构了，这在功能上可能不被允许。

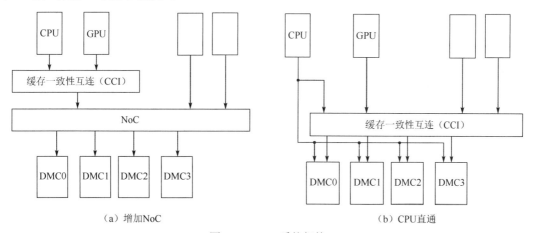

图 1.70　SoC 系统架构

当 CPU 和其他主设备访问内存系统时，交织导致自身的连续内存地址实际访问了不同内存颗粒，但通过 CCI，保证了数据访问的一致性。如果某个 CPU 直连到某内存颗粒，而其他主设备依然通过 CCI 且交织访问多个内存颗粒，那么在 CPU 对直连内存颗粒的连续地址访问与其他主设备对相同地址的访问中，将无法保证访问数据的一致性。一种解决方法是设定 CPU 对直连内存颗粒的某个地址访问空间为内存非缓存区，而其对内存缓存区的访问仍通过 CCI，从而与其他主设备保持缓存一致性；另一种解决方法是在其他主设备访问直连内存颗粒的指定地址空间内，取消互连的交织功能而同样专访该内存颗粒。

4）内存延迟

DMC 和 DDR PHY 的延迟为 21.4ns，约 17 个总线时钟周期，这部分延迟很难被缩小。如果要实现 TrustZone，那么还要加上 DMC 与 CCI 之间的 TZC400 延迟。至于内存颗粒间的延迟，则可以通过准确的 DMC 预测和调度来缩小。

4．系统带宽评估

1）处理器带宽评估

处理器带宽受限于两个方面：处理器内核带宽（包括读带宽、写带宽、内核总线接口单元带宽）、处理器接口带宽。

总体上，写带宽主要受限于内核总线接口单元，而读带宽受系统延迟影响，受限于处理器接口。

假定处理器 ACE 接口的传输数据位宽均为 64B，系统延迟为 60ns，同时支持 48 个可缓存读请求，则处理器总线接口可提供读操作的带宽为 48 × 64B/60ns= 51.2GB/s。

2）互连模块带宽评估

CCI 与 CPU/GPU 之间使用 ACE 接口，数据读或写位宽均为 128bit（16B）。如果 CCI 工作在 800MHz，则单口的理论读或写带宽均为 12.8GB/s。

在图 1.70（b）中，CCI 共有 4 个出口，每个出口带宽为 2 × 12.8GB/s，总共约为 100GB/s。但是外接内存最多提供 25.6GB/s 的带宽。

对于处理器与互连模块之间的通信，瓶颈通常在于互连模块带宽。可以增加互连模块的数据位宽，但这样会导致互连模块的最大频率降低等负面效应，因此需要通盘考量。

对于互连模块与内存之间的接口通信，瓶颈一般在于内存带宽。

3）内存带宽评估

以 LPDDR4-3200 为例，其理论带宽为 25.6GB/s。但是通常带宽利用率只有 50%～70%，即至多只能提供约 18GB/s 的带宽。

内存带宽取决于 4 个因素：DRAM 时钟频率、每时钟周期的数据传输次数、内存总线带宽、内存通道数量。

对于存储系统，通常需要在延迟和带宽之间进行权衡：较小的延迟有利于指针追逐代码（Pointer-chasing Code），如编译器和数据库；较高的带宽有利于简单、采用线性访问模式的程序（如图像处理和科学程序）。内存技术的进一步改进及更多层次的缓存，有助于解决内存墙问题。

由于内存按块进行数据传输，缓存缺失是阻塞处理器的主要潜在原因，因此内存的传输速率至关重要。使用更好的内存颗粒，增加内存存储阵列组（Bank）数量、加宽总线可以增加带宽。但更宽的总线意味着更昂贵的主板，在安装方式上有更多的限制，以及更高的最低内存配置。

1.9　电子系统级设计

在早期架构探索与优化阶段，电子系统级（Electric System Level，ESL）设计可快速搭建精确的架构概念模型，通过动态仿真来验证系统性能和功耗设计目标的可实现性，帮助设计者确定全面均衡的架构，消除芯片设计后期更改的风险，提前发现问题并提高开发效率。

1.9.1　ESL 设计方法学

ESL 设计对硬件的描述，自顶向下分为 4 个级别，即系统级、行为级、RTL 和物理级，如图 1.71 所示。

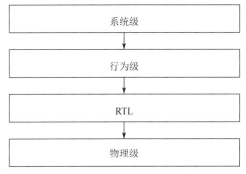

图 1.71　ESL 设计对硬件的描述

在进行芯片设计时，一般首先利用 RTL 代码来描述硬件行为，然后通过 EDA 工具将 RTL 代码转换为更低层次（门电路级、普通电路级等）的描述，最后产生用于芯片生产的 GDSII 描述。当设计比较简单或者没有太多软件开发工作时，RTL 设计方法就可以满足要求，这是芯片设计方法发展早期常见的情况。

系统级的架构设计在项目开发流程上早于 RTL 设计，其主要关注较粗粒度的性能，而软件开发只需要构建模型，并不需要关注硬件实现的细节，因此使用 RTL 描述并不合适。以前的架构设计主要靠经验，很少通过建模仿真进行定量分析，软件开发和调试则主要在硬件设计完成之后，基于 FPGA 或样片来进行。

ESL 设计利用 SystemC 等高级语言，在一个新的层次（系统级）上通过软件模型（ESL 模型）描述硬件，实现快速的系统建模和仿真分析，由于放弃了不必要的细节，因此 ESL 模型的仿真速度往往比 RTL 模型快几个数量级，从而提高了系统软硬件设计的效率。ESL 设计为 SoC 系统提供各种级别的软件模拟平台，为 SoC 系统架构验证和嵌入式软件开发提供一种可运行的验证环境，有效支撑 SoC 系统的迭代开发。采用 ESL 设计不仅使设计者能够及早进行软件开发，实现快速设计和派生设计、快速硬件验证及快速软硬件协同验证，还提供了下游 RTL 实现的功能测试平台。

ESL 架构设计流程如图 1.72 所示。

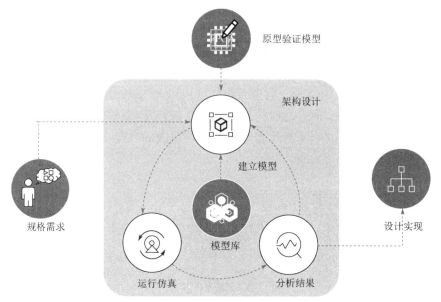

图 1.72　ESL 架构设计流程

1．ESL 设计的主要目标

ESL 设计的主要目标如下。

1）架构确认

架构确认是 ESL 设计最重要和最基本的作用，可分析和验证架构性能、成本、功耗及关键系统功能，进而提高芯片（微）架构的设计质量。

2）验证重用

完成的 ESL 仿真用例可以被 RTL 设计方法验证重用，提高了 RTL 验证效率。

3）协助软件开发

功能完备的 ESL 模型可以集成到 SDK 中，协助驱动/开发微码或提前调试。

4）辅助样片/FPGA 测试

通过 ESL 平台，分析和仿真芯片测试中涉及的架构问题。

2．ESL 设计的主要应用

ESL 设计的主要应用如下。

（1）系统级设计（System-Level Design）：将芯片设计和系统设计结合起来，以系统需求驱动芯片设计。

（2）软硬件协同设计（HW/SW Co-Design）。

（3）架构探索（Architecture Exploration）：实现定量的架构探索和分析。

（4）虚拟原型（Virtual Prototype）：在没有实际硬件时进行软件开发。

（5）协同仿真/验证（Co-Simulation/Verification）。

（6）高级综合（High-Level Synthesis，HLS）：不通过 RTL 设计，直接使用高级语言

（SystemC）来描述硬件，由工具自动生成硬件设计。

进行 ESL 设计需要体系结构知识和软件编程能力，以及一些应用层的相关知识和底层实现的 RTL 知识。如果芯片规模小，模块功能不复杂，那么通过分析和静态计算就可以完成设计。只有规模大、模块功能复杂的芯片才需要通过 ESL 建模和仿真来完成设计。

1.9.2　ESL 模型和设计平台

1．事务级模型

事务是指模块之间的数据和事件的交互。其中，数据可以是一个或多个字，也可以是一种数据结构，同步或中断等则属于事件。事务级模型（Transaction Level Model，TLM）可以分为三种：无时序信息的模型、周期近似的模型和周期精确的模型。与 RTL 模型的仿真速度相比，无时序信息的模型快 1000～10000 倍，周期近似的模型快 100～1000 倍，周期精确的模型则快 10～100 倍。基于 TLM 的仿真如图 1.73 所示。

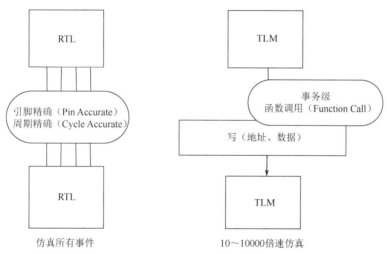

图 1.73　基于 TLM 的仿真

在图 1.74 中，总线模型连接模块并处理所有时序，总线上的事件用于触发外设动作。模块之间的通信通过函数调用的方法来实现。

图 1.74　事务级建模过程

2．系统级描述语言

1）SystemVerilog 语言

SystemVerilog 语言为 C++语言和 Verilog/VHDL 的混合体，极大地扩展了抽象结构层次的设计建模能力，还将设计和验证融为一体，将硬件描述语言（HDL）与高级语言相结合。作为主要 EDA 供应商支持的 IEEE 标准，SystemVerilog 语言实质上是硬件设计和验证的首选语言。

2）SystemC 语言

SystemC 语言是在 C++语言中加上硬件类库和仿真核而形成的语言。利用 SystemC 语言可以在不同抽象层次描述系统，从系统级、行为级到 RTL，不仅可以描述待开发系统本身，还可以描述系统的测试平台，从而为系统仿真提供测试信号。

3. ESL 设计平台

由于大多数现代设计都从平台开始，因此需要基于平台的设计环境，以便将 IP 集成到总线上，并促进诊断和测试。在整个项目周期中，可以通过基于平台的设计工具来驱动协同验证和仿真，以实现真正的硬件和软件并行开发。利用平台，软件工程师可以移植操作系统，编写驱动程序并开发芯片上特定的应用程序，以便在 RTL 代码可用时，软件也可用。ESL 设计平台的主要工作是模型生成和平台集成。

1）模型生成

模型生成主要是指生成抽象的各个部件模型。部件模型可以使用专门的 ESL 模型，也可以由 RTL 代码转化而成。

2）平台集成

平台集成主要负责各个部件模型的例化和连接，以及参数配置；如果使用处理器，那么还需要负责地址映射和软硬件协同验证。

平台集成使用两种方法：一种是通过工具直接连接，但每次修改都需要手动完成，工作量大且容易出错；另一种是通过脚本来完成，维护和修改比较容易。ESL 平台集成如图 1.75 所示。

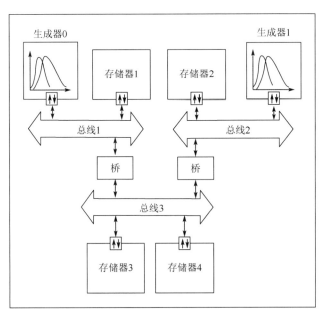

图 1.75　ESL 平台集成

EDA 工具 Platform Architect（PA）为架构和系统设计人员提供 SystemC TLM 工具和高效的方法，用于 SoC 架构的早期分析和优化，以做出正确有效的架构权衡决策，消除芯片设计的后期更改风险，提升性能和降低功耗。该平台支持市面上广泛使用的多种模型，包括用于 SoC 架构探索和验证的预装式 SystemC TLM 模型。

1.9.3　架构探索

　　架构探索是指在搭建的平台上，仿真不同的数据流，分析带宽和延迟，找到符合芯片系统需求的架构和参数，如图 1.76 所示。

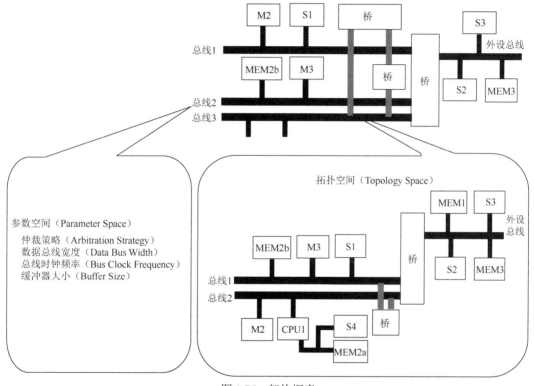

图 1.76　架构探索

　　使用基于事务的建模和基于 C 语言的仿真，可以在不考虑硬件实现或目标设备架构的情况下对功能行为进行建模。工程师可以快速仿真、分析和修改设计，而不必关注实施细节。从 C 语言源代码开始，可以快速探索不同的系统架构，在投入编写 RTL 代码之前根据关键系统标准对其进行评估。除此之外，还可以使用基于 C 语言的综合工具，以自动生成高质量的 RTL 代码，消除现今流程中通常需要的数周/数月的设计工作，从而快速实现特定应用所需的面积、性能和功率的最佳平衡。一旦架构确定，就可以进行软硬件协同验证了。

　　架构探索涉及仿真用例和平台需求、关键性能指标、仿真度量指标及结果总结报告，其基本设计方法如下。

　　（1）定义应用实例。

　　（2）明确与应用实例相关的仿真用例需求，并将仿真用例需求转换为关键性能指标。

（3）建立硬件平台。

（4）建立系统仿真模型。

（5）仿真，收集和分析测量指标。

下面通过一个实例来说明如何实现 ESL 建模和仿真。

1．应用实例

图 1.77 显示了一个多媒体实例数据流图。首先读取 SD 卡中存储的视频，然后通过 G2V3 或 G1V6 实现硬件解码，接着配合 GPU 进行必要的渲染，最后经过显示模块后在 HDMI 设备上实现视频图像显示。

- SD 卡：存储 H.264、H.265、MP4 等视频。
- G2V3：H.265 视频解码模块。
- G1V6：H.264 视频解码模块。
- GPU：图像处理器。
- 显示模块：进行显示后处理。
- HDMI：高清多媒体接口。

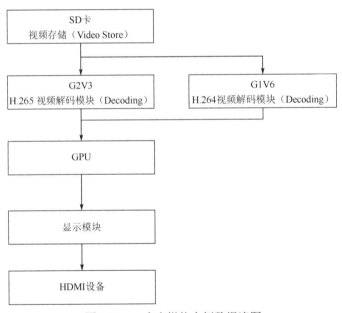

图 1.77　一个多媒体实例数据流图

2．性能指标

为每个处理阶段中的相关任务指定参数，以便正确配置动态仿真模型，主要包括存储器读写访问参数，如数据块大小和数量、内存地址和内存访问模式；处理参数，即任务执行所需延迟等。

通过表格可以描述不同处理阶段之间的数据流和指定阶段的处理延迟等性能指标，如表 1.3 所示。

表 1.3　性能指标

模块	读带宽（MB/s）	频率（MHz）	延迟	写带宽（MB/s）	总体带宽（MB/s）
SD 卡	50×1				50
G2V3	992×2	500	1000 个时钟周期	284×3	2836
GPU	1424×4	500		949×5	10441
显示模块	1279×6		1249 个时钟周期		7674

3. 硬件平台

图 1.78 所示为硬件平台的框图。除系统仿真模型外，该硬件平台构成了制定芯片系统架构规范的基础。

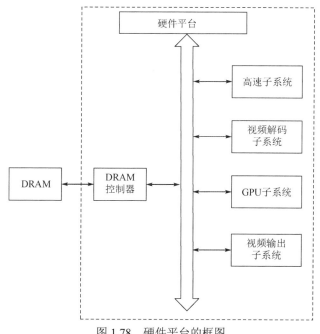

图 1.78　硬件平台的框图

4. 系统仿真模型

前面已定义了应用实例和硬件平台，接下来需要将应用实例映射到硬件平台，即明确硬件平台运行应用实例的具体任务。

图 1.79 所示的系统仿真模型构成了应用实例和硬件平台探索的动态性能模型。在仿真过程中，会遍历应用实例中的所有节点。

5. 仿真

图 1.80 显示了在单次遍历应用实例期间的每项任务的持续时间，整个链的持续时间定义为仿真用例延迟。可视化地显示硬件平台、应用实例和时间视图，有利于直观观察和分析。

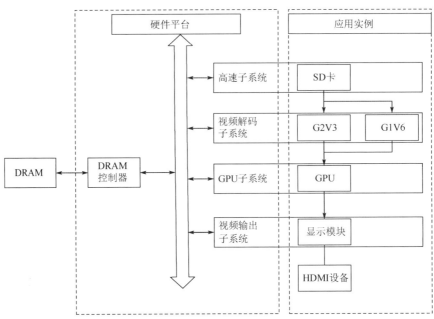

图 1.79　系统仿真模型

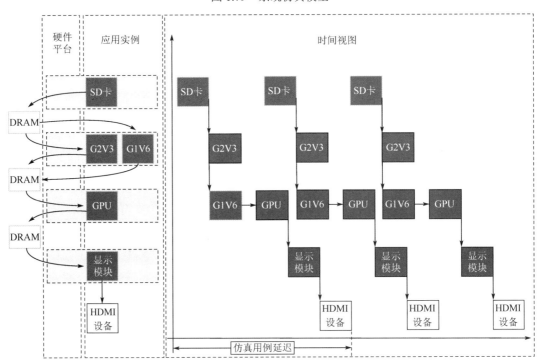

图 1.80　应用实例运行的时间视图

单次遍历未必有效，通常需要进行多次且全面的架构探索，即需要进行多次遍历。图 1.81 所示为架构探索的主要环节和工作。

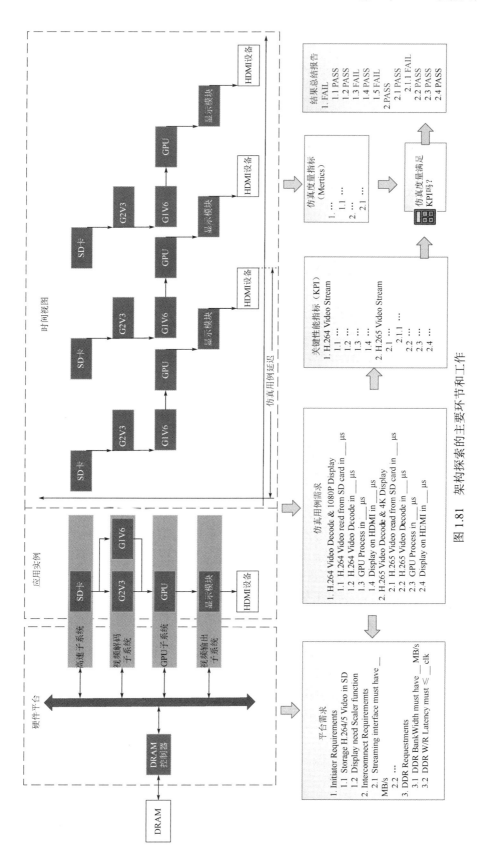

图 1.81　架构探索的主要环节和工作

1.9.4 虚拟原型技术

硬件和软件集成变得日益复杂，如果单纯借助硬件辅助技术来加速验证和开发 SoC，则会在开发板调试和等待开发结果上耗费大量时间。虚拟原型技术是 SoC 设计的核心技术，其主要目的是验证系统级芯片软硬件设计的正确性、系统级芯片软硬件接口的功能和时序，以及在芯片流片回来前开发应用软件。由于实现了软硬件并行开发，因此软件工程师可以较早地在硬件模型上调试软件，硬件工程师则可以利用软件进行硬件验证，从而缩短设计周期，减少设计投入。

1. 虚拟原型

虚拟原型是高抽象级的硬件模型，由于并不需要硬件描述细节，因此其仿真速度较 RTL 仿真速度快了几个数量级，从而使得硬件工程师和软件工程师可以更快地进行硬件和软件开发。IP 开发商提供了众多 IP 虚拟原型，包括经过性能优化的处理器模型、互连模型、存储器模型和外设模型等。借助设计工具也可以自行创建虚拟原型。

目前，业界推广建立抽象层次的 TLM，主要支持语言为 SystemC 语言。由 SystemC 语言实现的虚拟原型可以通过高级综合（HLS）工具转换为 RTL 或门级网表，也可以集成到设计和验证环境中，先行完成某些验证任务，后续被替换为 RTL 模型。

2. 虚拟原型平台

在基本模型的基础上，使用专门的工具快速集成并建立系统的虚拟原型平台供软件开发，包括结构设计和评测、软硬件之间的权衡分析、早期性能和功耗评估、软件集成和测试、为 RTL 验证提供参考模型。

不同的 EDA 厂商提供的虚拟原型平台有 First Encounter（Cadence）、Vista（Mentor）、Platform Architect（Synopsys）、VDK（Synopsys）。

Platform Architect 适用于大型 SoC 架构探索、分析和设计，其灵活的映射算法和高的数据吞吐量使架构师能够分析、选择、优化、调节算法和架构，以满足性能和功耗要求。

VDK 是一套软件开发工具包，其中包含特定设计的虚拟原型，以及调试、分析工具和样本软件。VDK 对 RTL 设计没有依赖性，因此可在设计早期开始软件开发，且适用于所有类型的软件开发，包括器件驱动开发、操作系统移植和中间件开发。

3. 协同设计和协同验证

在传统开发流程中，软件开发往往需要等到硬件设计制造完成后才能开展。利用虚拟原型技术，通过硬件和软件紧密协作的方式，如协同设计、协同验证，可以在早期发现设计缺陷，并在相对容易实施的阶段完成缺陷修改。例如，在多核应用中，需要将不同的任务合理分配到多个内核上以取得较好的性能，这种软件层面的评估就可以在虚拟建模阶段完成。

协同设计是指将虚拟原型集成到现有设计中以替代一部分设计，要求虚拟原型的边界接口具有合适的时序，以便与相邻模块达成时序一致性。协同验证是指将虚拟原型作为参考模型集成在验证环境中。

（1）软件算法和硬件结构的协同验证：主要利用软件算法验证在硬件结构上实现设计

的可行性。利用高级语言（C 语言、C++语言或 SystemC 语言）进行算法级的仿真，同时进行软件和硬件部分的划分，明确软件和硬件需完成的工作。

（2）代码和 HDL 的协同验证：主要对 SoC 中 CPU 的虚拟原型和利用 HDL 或网表模拟出来的硬件系统进行协同验证。这个阶段主要应用 C 语言和 HDL 进行交互和仿真。

（3）软件代码和实时硬件模拟系统的协同验证：对系统设计原型的 FPGA 硬件模拟系统进行验证，主要对芯片的功能和硬件的实时性进行仿真验证。

4．软硬件协同验证

在传统的串行开发模式中，先硬件设计后软件开发，而软硬件协同验证是一种在硬件设计交付制造之前，验证软件在硬件上能否正确运行的过程。软硬件协同验证的基本框架如图 1.82 所示，由一个软件运行环境和一个硬件运行环境组成，通过事件和指令，使用一些机制在两个环境间进行控制和信息交互。在软件方面，通过编译器、调试器和仿真器来建立系统中处理器的虚拟原型；在硬件方面，将软件调试验证正确的应用程序作为测试向量加入硬件测试平台，并最终采用硬件加速器来完成整个验证过程。软硬件协同验证可以使软件工程师尽早接触到硬件设计，从而使硬件设计和软件开发并发进行，大大缩短项目的开发周期。在实际项目中，要根据需要，综合考虑速度、性能、成本、资源等诸多因素，选择一种或多种方案。

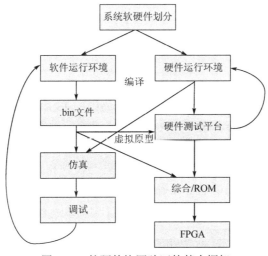

图 1.82　软硬件协同验证的基本框架

目前，软硬件协同验证方法包括带有逻辑仿真器的主机代码模式（Host-Code Mode with Logic Simulator）方法、带有逻辑仿真器的指令集仿真器方法（ISS with Logic Simulator）、C/C++仿真方法、CPU 的 RTL 模型仿真方法、CPU 的硬件模型仿真方法、带有逻辑仿真器的评估板在板验证方法、电路仿真（Circuit Simulation）方法、FPGA 原型（FPGA Prototype）方法等。软硬件协同验证方法各自有其长处和不足，如何应用与设计规范、验证工具、验证环境，以及协同验证关注的性能（速度、准确性、适用性）等有关。实际主要使用三种软硬件协同验证方法：ISS（Instruction-Set Simulator，指令集仿真器）方法、CVE 方法和硬件辅助加速验证方法。

1）ISS 方法

ISS 方法采用 ISS 来代替处理器执行软件，并通过接口与外设及内存通信，如图 1.83 所示。ISS 是软件仿真器，利用软件来模拟处理器硬件，包括指令系统、外设、中断控制器、定时器等，可以加载应用软件进行调试。ISS 可以达到指令级精确。外设模型一般用 C 语言建立，但如果所有外设模型都是 C 语言模型，则整个系统无法达到时钟级精确。

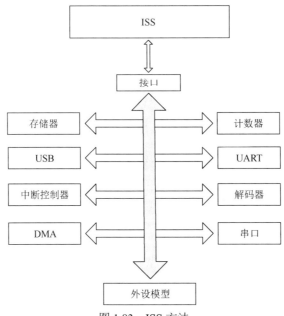

图 1.83　ISS 方法

简单的 ISS 可以仿真处理器的指令系统，而高档的 ISS 可建立一个较大的实时系统模型，仿真处理器的每一个细节甚至不存在的硬件。因此，软件工程师可以在硬件还未设计时就进行软件开发，并验证软件的正确性和实时性等指标。ISS 可以并行开发软件和硬件，发现和定位应用程序的逻辑错误，甚至可纠正某些与硬件相关的故障，以评估产品的设计性能。但 ISS 运行速度慢，只能进行正确性仿真而无法进行系统性能仿真，适用于软件算法的验证。ISS 仿真如图 1.84 所示。

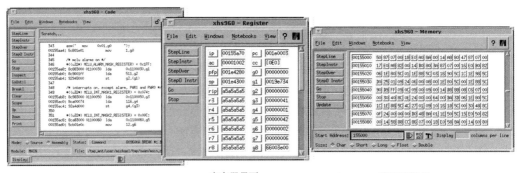

图 1.84　ISS 仿真

2）CVE 方法

CVE 方法以 CVE 软件为基础，使用两个仿真器进行仿真，如图 1.85 所示。CVE 软件通过自身的一个内核将软件仿真与硬件仿真结合，支持多处理器模型，具有高效的软件调试能力，可以单步执行处理器指令，随时查看寄存器和内存的情况；同时提供了强大的信号观测能力，可以通过设置断点、触发条件等进行有效调试。

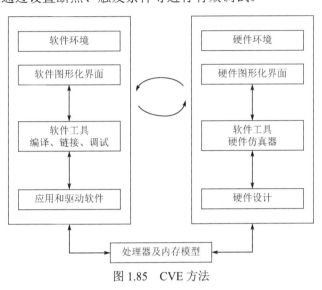

图 1.85　CVE 方法

3）硬件辅助加速验证方法

目前，业界主要使用两种硬件辅助加速验证方法：FPGA 原型验证方法和硬件加速验证方法。FPGA 原型验证方法主要为软件开发提供平台，硬件加速验证方法则用于软硬件协同验证及整个系统的测试。

软硬件协同验证方法比较如表 1.4 所示。

表 1.4　软硬件协同验证方法比较

	ISS 方法	CVE 方法	硬件辅助加速验证方法
验证速度	中等	慢	快
时间精度	指令级精确	时钟级精确	时钟级精确
调试性能	一般用于验证系统在算法级上的正确性，对硬件调试帮助不大	具有强大的调试性能，支持软件的单步执行，随时查看寄存器、内存状态，还可以使用硬件仿真器生成波形以调试硬件	调试性能比较差，一般在经过仿真器仿真后进行原型验证。调试时需要增加 JTAG 之类的工具才能观察到内部状态
准备工作	需要外设的 C 语言模型，可通过经验积累或其他途径获得	只需配置软硬件，工作量较少	需要将硬件下载到 FPGA 中，只有少量的准备工作
价格成本	成本不高，需要一个 ISS 和一些外设模型	需要购买 CVE 软件，比 ISS 方法成本高	硬件费用很高
适用范围	比较适合算法验证，具有一定程度的硬件系统调试能力	适合软硬件的联合调试	适用于经过仿真器验证无误之后的原型验证

小结

- 多核处理器包含 CPU 内核、高速缓存、内存管理单元、总线接口单元、通用中断控制器、调试与跟踪单元、侦听控制单元、加速器一致性端口等。
- 内存地址空间可分为可缓存区和非缓存区。需要维护可缓存区与处理器缓存之间的数据一致性。在不同的工作场景下,同一内存地址空间可以在可缓存区与非缓存区之间转换。
- 互连子系统设计的总原则是满足系统延迟和带宽的要求,同时减少主要互连模块的接口数量和顶层高速信号的走线数量。
- 外设子系统设计的总原则是能够平衡各个部件的延迟和速度差异,达到最高带宽。外设子系统包括系统外设和 I/O 接口。
- 功耗已成为 SoC 的重要指标与约束,需要确定其优化模式、对象和策略,根据芯片的不同应用,管理芯片内部各个模块的电源和时钟供给及工作频率,从而降低芯片的整体功耗。
- DFT 已经成为芯片设计的关键环节。DFT 的基本原则是可控性和可观察性。DFT 结构化设计技术包括扫描设计、BIST 和边界扫描。
- 在芯片设计的早期准确估算芯片的性能、面积和功耗,可以顺利推进设计流程,有效组织设计团队,实现芯片设计目标。
- ESL 设计利用高级语言,通过软件模型来模拟硬件行为,为 SoC 系统提供软件模拟平台,帮助工程师尽早验证系统功能行为、评估和选择合适的设计架构,有效支撑 SoC 系统的迭代开发,并为嵌入式软件的早期开发提供了一种可运行的环境。ESL 设计依托工具和平台进行,包括事务级建模、仿真、软硬件协同验证、性能分析和优化等。

第 2 章

SoC 集成

SoC 通常可被划分为处理器、存储、互连和外设等多个子系统（功能模块），从而构成特定功能的产品。基于模块的标准化及相应的自动化快速集成，将众多功能模块和芯片管理模块组合在一起，形成完整的芯片硬件系统。

本章首先介绍 SoC 集成的基本原理和方法，包括模块化设计、标准化设计和自动化设计，然后介绍模块级集成、低速外设模块的架构和集成、芯片级集成。

2.1 模块化设计

SoC 可被划分为若干子系统或功能模块，根据不同的系统规格和应用场景评估和复用 IP，通过仿真和计算来确定整个芯片的系统架构。

2.1.1 IP 的选择与维护

SoC 设计基于 IP 复用，在设计初期，需要寻找、评估和整合 IP，以保证芯片开发质量，缩短开发周期。

经过多年的发展，目前的 IP 市场已经趋于成熟，设计者可以找到支持各类协议标准的 IP 产品，以及同一 IP 产品的诸多供应商和解决方案。在选型时，不仅需要考虑 IP 产品的功能、性能和价格，还需要特别关注其成熟度、兼容性和可复用性。

SoC 流片失败的原因中超过 40% 的与 IP 相关，如产品本身设计错误、与需求不匹配、版本错误等。选择合适的 IP 不仅事关功能正确性，更决定了产品的性能、功耗、成本和生命周期风险控制。

IP 可以来自第三方 IP 平台或公司内部的 IP 平台，这些平台由于被大量用户重复使用，因此质量有保证，而且成本较低。IP 也可以来自内部或外部的定制开发，以满足特定功能和性能要求，但这种方式研发周期较长，质量有待检验。

1．IP 选择

IP 选择通常需要考虑性能、功耗、面积、成熟度、成本，以前项目的应用体验、设计文档的完备性、与当前项目需求是否吻合。如果是首次使用，那么 IP 的开发进度与 SoC 的开发进度是否契合也是重要的考量。

当选择 IP 时，需要关注 IP 产品的完整性，考虑其与 SoC 设计流程的匹配性，即是否能满足 SoC 的设计流程及对前端、综合、DFT 和后端设计工具的需求。

2．IP 验证

获取 IP 之后需要再次进行 IP 的质量检查和验证。对于一些不太知名或第一次合作的 IP 供应商（包括企业内部自研团队），在使用其 IP 之前，必要的质量检查环节非常重要。SoC 集成时发现问题或 IP 本身错误而导致的设计延迟甚至流片失败等，都会影响 IP 用户的体验。

3．IP 版本跟踪

IP 版本跟踪是项目的重要里程碑，特别是流片检查，需要与 IP 供应商反复确认 IP 版本是否正确。

2.1.2 布局布线模块

IP 集成人员并不一定直接参与 IP 开发，如何快速、正确地理解 IP 并将其顺利集成到 SoC 上，是系统芯片设计的一项关键问题。IP 供应商不同，其命名、接口、总线、时钟、复位处理、测试等都有差异。对于芯片设计者来说，需要施行标准化处理，即按照特定的集成规范和指引，为各个 IP 配上一定的包装，形成标准化的布局布线模块（Layout Block，LB），并用作基本的顶层集成单元或潜在的物理布局规划和时序收敛模块。

图 2.1 所示为多个功能模块构成的 SoC。

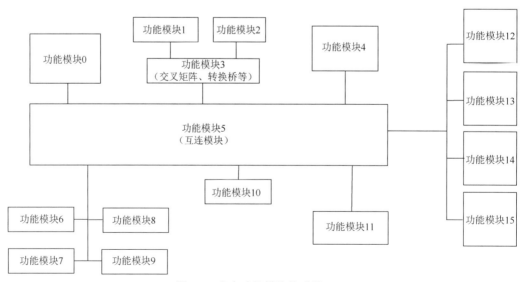

图 2.1　多个功能模块构成的 SoC

1．布局布线模块划分

对于功能复杂且规模较大的芯片，需要进行布局布线模块的划分（Partitioning）。下面是一些推荐的划分准则。

（1）按独立功能划分：USB、内存控制器+PHY、处理器等都是具有一定规模的独立功能 IP，可单独划分为单一模块，如图 2.2 所示。

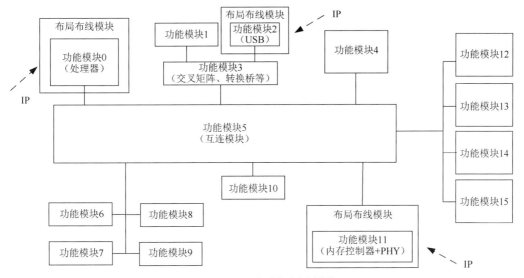

图 2.2　按独立功能划分模块

（2）按设计的规模大小和复杂度划分：很多不同功能的低速外设模块，规模不大，可以组成一个或多个模块，如图 2.3 所示。

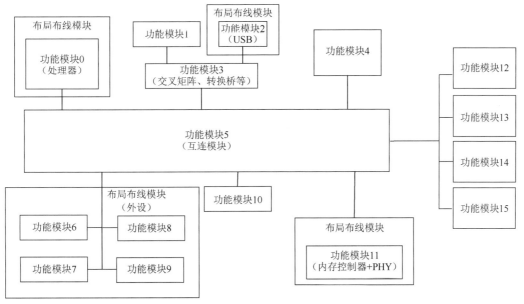

图 2.3　按设计规模大小和复杂度划分模块

有些功能模块的规模非常大，综合时所需资源太多，且运行时间很长，需要适当切分。一般来说，根据现有的计算机资源并综合软件的计算速度，按所期望的周转时间（Turnaround Time），将模块划分的规模定为 1～2.5M 个的例化单元（Instance），或者 2.5～7.5M 个的等效门（Gate），如图 2.4 所示。例如，编解码器、GPU 等，虽然都是多媒体功能模块的一部分，但面积较大，可以各自成为单独的模块。

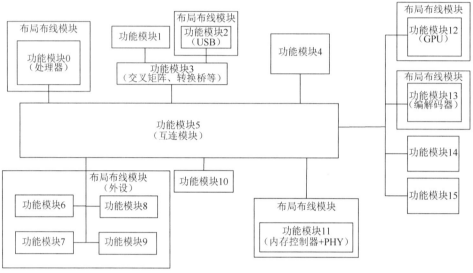

图 2.4　大模块单独划分

（3）按低功耗设计要求划分：根据芯片应用场景，由于有些功能模块需要控制其供电电源的开关，因此需要被设置成独立模块，如图 2.5 中的功能模块 4 所示。

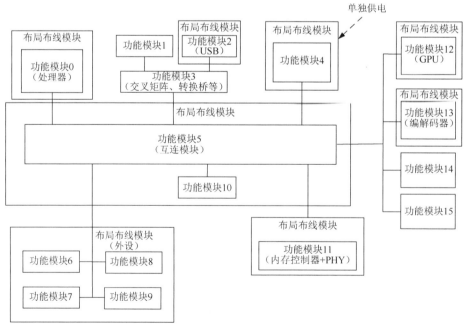

图 2.5　按低功耗设计要求划分模块

（4）按物理位置划分：基于芯片版图设计、I/O 引脚位置等，有些模块需要被特别摆放，在图 2.6 中，功能模块 10 与互连模块放在同一模块内，两个不同的显示模块（功能模块 14 和功能模块 15）因相邻而合在同一模块内。

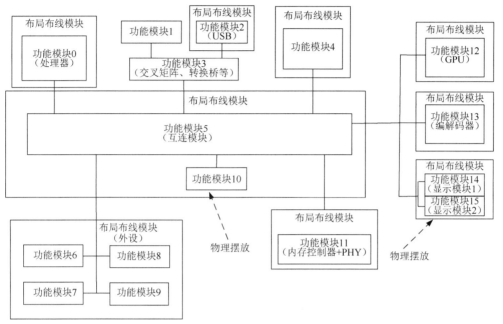

图 2.6　按物理位置划分模块

（5）按设计再使用要求划分以重复使用继承性模块，如图 2.7 中的功能模块 1 所示。

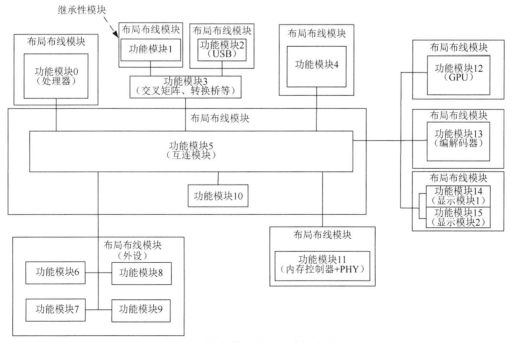

图 2.7　按设计再使用要求划分模块

好的模块划分还应考虑时序收敛。图 2.8 所示模块的输出边界是寄存器（REG）的输出端，由于组合电路之间没有边界，因此可将其输出端连接到寄存器的输入端，这样可以充分利用综合工具对组合电路和时序电路的优化而获得最优结果，同时简化设计约束。

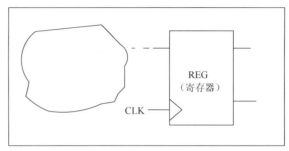

图 2.8　考虑时序收敛的模块划分

2．硬化模块

面积大、性能高的专用 IP，可以单独实现硬化，即单独完成物理设计，形成硬化模块（Harden Block），然后提供给物理版图进行顶层集成，如图 2.9 中的 PLL、ADC、GPU 所示。

图 2.9　硬化模块

2.1.3　设计层次

设计层次的确定原则是有利于芯片设计（包括集成、验证、综合、DFT 和物理实现）的标准化和自动化，主要关注模块划分、模块接口和引脚复用等。

通常将内核逻辑（Core Logic）、I/O 单元和 JTAG 电路分开，放置到不同的层次。SoC 设计一般采用三层架构：顶层（Top-level）、内核层（Core-level）和模块层（Block-level），如图 2.10 所示。

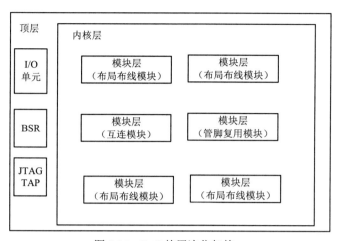

图 2.10　SoC 的层次化架构

在低功耗 SoC 设计中，可以专门设立一个电源常开区，还可能设立一个或多个可开关电源区，分别如图 2.11 和图 2.12 所示。

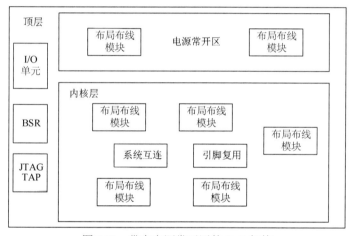

图 2.11　带有电源常开区的 SoC 架构

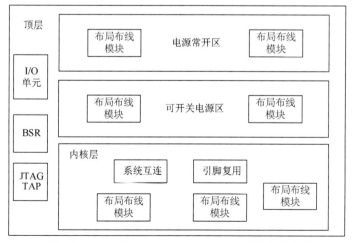

图 2.12　带有电源常开区和可开关电源区的 SoC 架构

在内核层中可以设立可开关电源区，如图 2.13 所示。

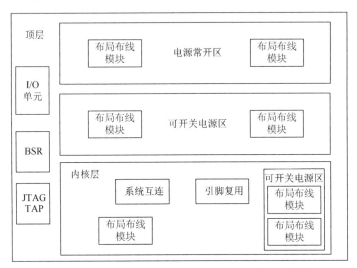

图 2.13　在内核层中设立可开关电源区的 SoC 架构

2.1.4　转换桥

当模块与总线工作在不同频率（时钟域）、协议和数据位宽时，需要在二者之间添加转换桥，如图 2.14 所示。

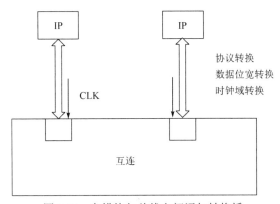

图 2.14　在模块与总线之间添加转换桥

1．按功能分

1）协议转换桥

在主设备与互连模块或互连模块与从设备之间，添加 AXI-to-AHB、AHB-to-APB 等协议转换桥，以实现设备（模块）之间的接口协议转换，如图 2.15 所示。

2）数据位宽转换桥

在主设备与互连模块或互连模块与从设备之间，添加数据位宽转换桥，包括窄位宽到宽位宽的转换桥，如 32bit-to-64bit、16bit-to-32bit 等，以及位宽从宽到窄的转换桥，如 64bit-to-32bit、32bit-to-16bit 等，以实现设备（模块）之间的接口数据位宽转换，如图 2.16 所示。

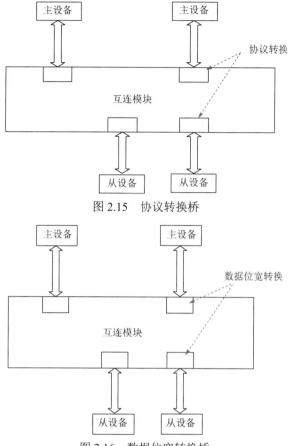

图 2.15 协议转换桥

图 2.16 数据位宽转换桥

3）时钟域转换桥

当主设备与互连模块或互连模块与从设备工作在不同时钟域时，需要添加时钟域转换桥，如使用寄存器片或异步桥切断长时序路径，使用同步升频或降频桥进行频率切换，从而实现设备（模块）之间的接口时钟域转换，如图 2.17 所示。

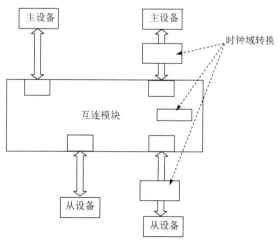

图 2.17 时钟域转换桥

当主/从设备与互连模块工作同步但频率不同时，同步降频桥（Synchronous Down Bridge）可以使用外部提供的分频时钟或相位信号，如图 2.18 所示。

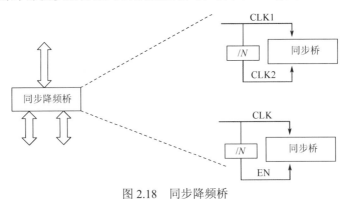

图 2.18　同步降频桥

当主/从设备与互连模块之间的路径较长时，可能存在时序问题，有必要添加寄存器片以防止可能的长时序路径问题，同时保持原有协议，如图 2.19 所示。

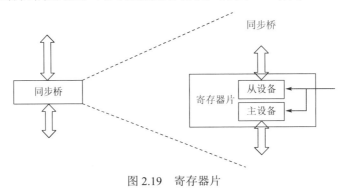

图 2.19　寄存器片

当主/从设备与互连模块工作异步时，需要在中间插入异步桥（Asynchronous Bridge）。通常使用一体式异步桥，也可以将该异步桥拆分成两个子模块，分别靠近相连的主/从设备和互连接口，如图 2.20 所示。

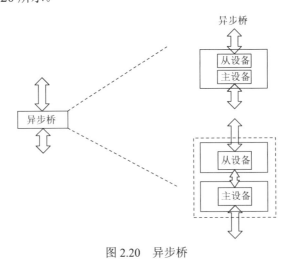

图 2.20　异步桥

2．按逻辑实现分

1）组合逻辑电路桥和时序电路桥

转换桥可以由组合逻辑电路或时序电路来实现，其中基于地址译码的组合逻辑电路实现简单，但会引入长路径，而时序电路通过引入流水（打拍）机制来切断可能的长路径。组合逻辑电路桥和时序电路桥如图 2.21 所示。

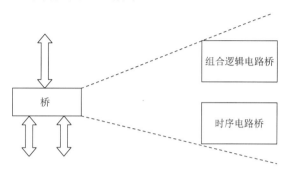

图 2.21　组合逻辑电路桥和时序电路桥

2）一对多转换桥

单一主设备到多个从设备的连接可以利用一对多转换桥，该桥的主接口总线可以完全分离，或者共享某些信号，如图 2.22 所示。

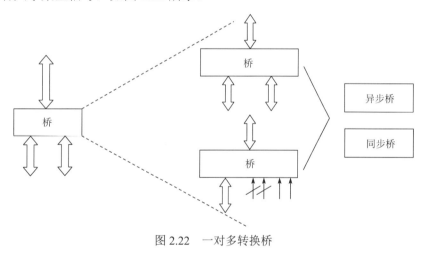

图 2.22　一对多转换桥

2.2　标准化设计

布局布线模块设计需要遵循一定的规范，以便实现一定程度的标准化，有利于后续的自动化设计和维护。图 2.23 所示为一个标准化模块的基本构成，除功能模块外，还包含一些集成相关的基本模块，如集成相关逻辑、复位同步器、时钟分频和门控电路、中断控制器、数据总线转换桥、寄存器总线转换桥和 DFT 控制器等。

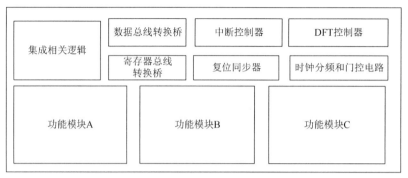

图 2.23　标准化模块的基本构成

2.2.1　布局布线模块架构

1. 功能模块

布局布线模块内部可能包含一个或多个功能模块，如图 2.24 所示。

这些功能模块可以是全数字的，也可以是数模（数字的与模拟的）混合的。需要特别注意的是，数字逻辑（包括数模混合模块中的数字逻辑与其他模块的数字逻辑）之间存在一定的时序关系，如图 2.25 所示。

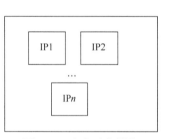

图 2.24　多个功能模块

（a）数字模块+模拟模块

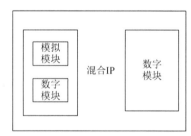

（b）数字模块+数模混合模块

图 2.25　数模混合模块

将模拟模块集成到 SoC 上会带来一系列新问题。模拟布线需要在匹配寄生、最小化耦合效应和避免过度的 IR 压降方面进行特殊考虑。例如，对模拟模块布线采用多种屏蔽技术、平衡走线、设置返回信号路径，以及使用差分信号等，如图 2.26 所示。

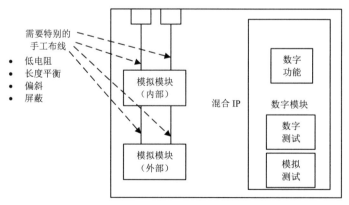

图 2.26　模拟模块布线

含有数模混合模块的芯片的物理实现有两种策略：一种是使用数字设计工具，将数模混合模块放置其中，适合于"大 D（数字）小 A（模拟）"芯片；另一种是使用模拟设计工具，将其他数字模块放置其中，适合于"大 A 小 D"芯片。

2．总线结构

通常 IP 总线可分为寄存器总线和数据总线，但一些低速 IP 仅使用单一总线。

1）寄存器总线结构

在模块级应尽量保留单一寄存器接口。当模块内部存在多个功能子模块时，可使用层次化的寄存器总线结构，在图 2.27（a）中，次级 APB 转换桥沉浸到相应子模块中，而图 2.27（b）中所有 APB 转换桥都处于模块顶层。

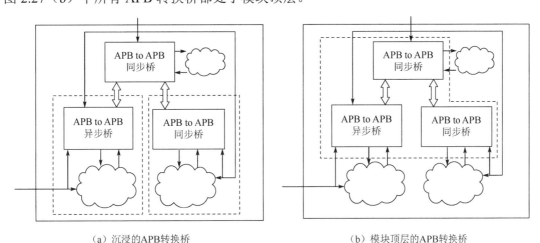

（a）沉浸的APB转换桥　　　　　　　　　　　　（b）模块顶层的APB转换桥

图 2.27　层次化的寄存器总线结构

寄存器总线转换桥可以由组合逻辑电路实现，也可以由同步或异步的时序电路实现，如图 2.28 所示。

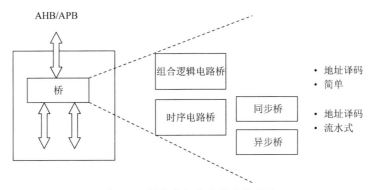

图 2.28　模块内部寄存器总线结构

2）数据总线结构

对于数据总线接口，应根据功能需求保留单个或多个数据总线接口，如图 2.29 所示。特别指出，顶层同一时钟信号沿不同路径进入模块后，不应假定彼此仍保持同步关系，如在图 2.29（b）中，CLK1 和 CLK2 虽然都源自 CLK，但彼此可能是同步或异步关系。

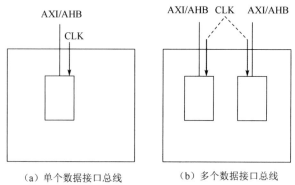

（a）单个数据接口总线　　　　　（b）多个数据接口总线

图 2.29　数据总线接口

复杂模块的内部可通过互连总线连接多个 IP，如图 2.30 所示。

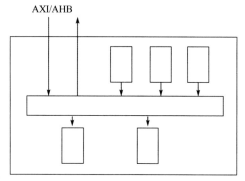

图 2.30　内部连接多个 IP

模块的寄存器总线接口与数据总线接口之间，可以是同步的，也可以是异步的，具体情形需要参考 IP 设计手册。

3．时钟结构

通常，模块会具有功能时钟、数据总线时钟、寄存器总线时钟，如图 2.31 所示，有时还会有特殊用途的时钟。

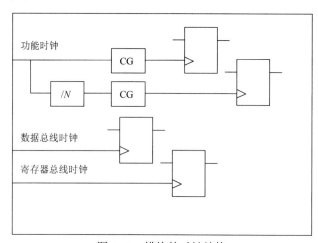

图 2.31　模块的时钟结构

原则上，模块所需时钟应从外部输入。如果在特殊情况下需要从内部产生，则应重新进行外部复位的同步化控制，以及有关的 DFT。

4．复位结构

顶层复位信号（硬件复位信号和软件复位信号）进入模块后需要重新同步，同步时可能需要添加模块内部的本地软件复位信号。为维护方便，通常使用相同的复位同步化集成模块。

5．DFT 结构

模块内部的 DFT 结构在《SoC 设计高级教程——技术实现》第 6 章可测性设计中详细讨论。

6．低功耗结构

1）时钟门控

在某些应用场景下，如果整个模块都可以停止使用，则其时钟门控最好在模块外部进行，以减小时钟树功耗。如果模块内部的子模块需要分别停用，则可以在内部分别设置时钟门控。时钟门控如图 2.32 所示。

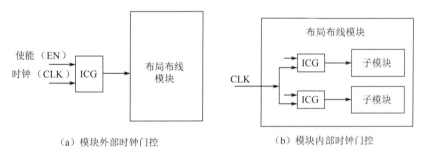

（a）模块外部时钟门控　　　　　　　（b）模块内部时钟门控

图 2.32　时钟门控

2）电源门控

如果整个模块需要完全关闭电源，则其电源门控结构如图 2.33 所示。

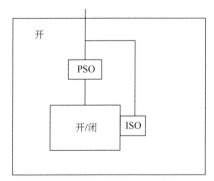

图 2.33　电源门控结构

7．中断处理

模块内部可能产生多个中断信号。如果需要，则可以在模块内部设置一个中断处理逻辑模块，其中具有中断产生、屏蔽、清除、触发和极性控制等功能，如图 2.34 所示。

中断可以由不同极性的电平或边沿触发，触发机制和极性如图 2.35 所示。

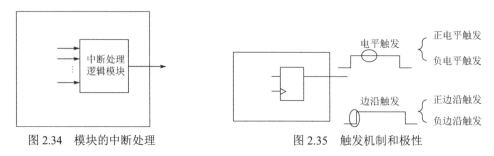

图 2.34　模块的中断处理　　　　图 2.35　触发机制和极性

模块内部多个中断信号可以组合成单一信号输出，或者以总线形式多路输出，如图 2.36 所示。

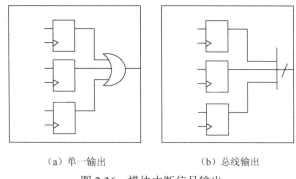

（a）单一输出　　　　　　（b）总线输出

图 2.36　模块中断信号输出

中断信号一般是异步信号，需要持续足够长的时间以便外部采样。此外，采样侧可能需要进行同步化处理。中断信号的采样如图 2.37 所示。

图 2.37　中断信号的采样

2.2.2　布局布线模块接口

1．标准化布局布线模块接口

标准化布局布线模块接口（Standardized Layout Block Interface）一般包括以下内容。

- 时钟信号（数据总线时钟、寄存器总线时钟、功能时钟、测试时钟）。
- 复位信号（硬件复位、模块软件复位）。
- 标准总线（CHI、ACE、AXI、AHB、APB）。
- 协议信号（I2C、UART、SPI 等）。
- DFT 信号（Scan、MBIST、JTAG）。
- 低功耗信号（REQ/ACK）。
- 其他信号（中断信号等）。

其中，DFT 信号和低功耗信号可分别由专门的 DFT 团队和低功耗设计团队维护。

通常模块输出需要打拍，如图 2.38 所示，模块输入则可视情形而定。

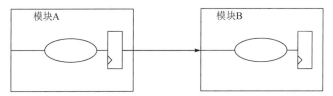

图 2.38　模块输出需要打拍

2. 模块接口间的同步时序

（1）同步：跨越两模块的信号路径为单周期信号由外部时钟同步，如图 2.39 所示。

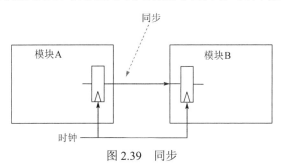

图 2.39　同步

（2）源同步：发送端模块同时提供时钟和信号，接收端模块利用该时钟采样信号，如图 2.40 所示。

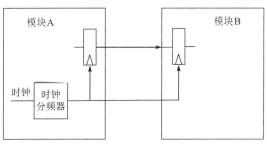

图 2.40　源同步

（3）同步多周期：当相邻两模块存在倍频关系时，最好将多周期路径设置在发送模块内部，而模块间仍保持单周期同步方式，如图 2.41 所示。

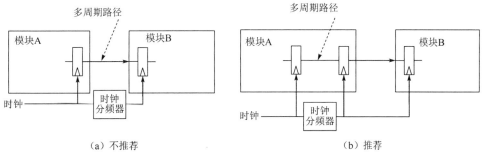

（a）不推荐　　　　　　　　　　　　　　　（b）推荐

图 2.41　同步多周期

（4）流水化处理（Pipelining Mechanism）：当模块间隔较远，连线较长时，可能存在时序问题，可以考虑在中间加插同步单元，以切断长时序路径，如流水化寄存器（Pipelining Register）、同步桥、微流水逻辑（Micro-pipe Logic）和寄存器片等，如图 2.42 所示。

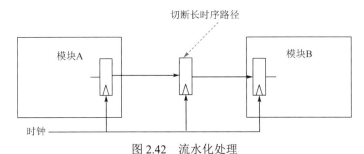

图 2.42　流水化处理

3．模块接口间的异步时序

异步：相邻两模块工作在不同频率下，构成异步路径，如图 2.43 所示。

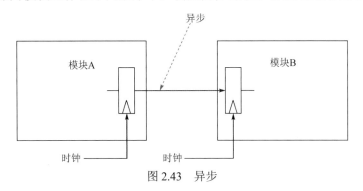

图 2.43　异步

利用异步桥可以实现同步机制，如图 2.44 所示。

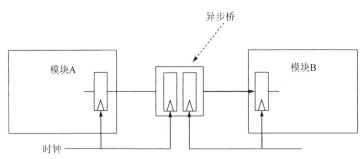

图 2.44　异步桥实现同步机制

通常，异步桥不能切分，必须例化以接近一侧，不过这样会导致另一侧时钟域内存在很长的同步时序路径。虽然系统可以异步运行，但互连会妨碍高速运行。

一种解决方案是，将主/从逻辑完全分离并放置在每一侧，这样便于各自时钟域内的时序收敛，如图 2.45 所示。

另一种解决方案是，将异步桥放置于一侧，而在另一侧的长路径上添加流水线机制，如图 2.46 所示。

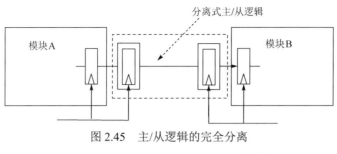

图 2.45　主/从逻辑的完全分离

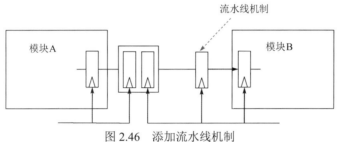

图 2.46　添加流水线机制

2.2.3　集成 IP 单元库

在功能设计中，经常需要产生某些具有特定功能的电路，如时钟分频和门控电路等。为了保证设计质量，防止出错，同时统一设计风格，便于脚本搜索和利用，通常由专人负责创建和维护这些电路，形成集成 IP 单元库，使用者可选择适合的单元例化，而非各自独立编码。

集成 IP 单元内存在仿真、FPGA 和 ASIC 等多个分支，由配置文件中的宏变量加以区分。其中，仿真分支使用行为级描述，供 RTL 仿真模式下使用；在 FPGA 分支下，时钟分频等处理需要采用直通方式；ASIC 分支则供综合等使用，通过设置宏变量或变量传递方式来区分不同工艺库，模块功能则直接采用标准单元库单元例化连接而实现。时钟分频电路集成 IP 单元的代码如图 2.47 所示。

一般集成 IP 单元的代码库包含时钟分频电路、时钟多路选择电路、时钟门控电路、复位电路、同步电路和 DFT 相关电路等的代码，如果需要，可以添加更为复杂的特定功能电路的代码。

1. 时钟分频电路

时钟分频电路的基本思想是，利用计数器进行计数分频，按照分频系数是否可调可分为固定系数分频电路和可调系数分频电路。表 2.1 列出了一些常用的时钟分频电路集成 IP 单元。

```
module crm_ckstmux_2
#(parameter TECH_NODE=12)
( input  sel ,
  input  clk0,
  input  clk1,
  output clkout
);
wire clk_sel;

`ifdef FPGA
  assign clkout =clk0;
`else SIM
  assign clkout = sel ? clk1:clk0;
`else //ASIC
generate
  if(TECH_NODE ==12)
begin:TSMC_12
`CRM_CKMUX
    u_ckmux(
      .I0(clk0),
      .I1(clk1),
      .S(sel),
      .Z(ckout)
  );
end
else if(TECH_NODE==22)
begin:TSMC_22
`CRM_CKMUX
  u_ckmux(
    .A(clk0),
    .B(clk1),
    .S0(sel),
    .Y(ckout)
  );
end
 endgenerate
`endif
endmodule
```

图 2.47　时钟分频电路集成 IP 单元的代码

表 2.1　时钟分频电路集成 IP 单元列表

模块名称	说明	图例
分频器	分频器有单路时钟输入，一路或多路时钟输出，不用的输出时钟可以悬空，分频系数为 2^N。通常单独提供二分频器、四分频器、八分频器和十六分频器	《SoC 设计基础教程——技术实现》1.3.1 节
单沿驱动的时钟分频器	可通过参数传递的方式实现任意偶数分频，若分频系数为奇数，则分频时钟的占空比不满足 50%	
双沿驱动的时钟分频器	可通过参数传递的方式实现任意整数（大于或等于 2）分频，且分频时钟的占空比为 50%。除非有必要，一般不建议使用	
带使能的固定分频器	主要用于多时钟周期设计，使能（CLKEN）与分频时钟具有一定的关系	《SoC 设计基础教程——技术实现》图 1.47
可调偶数分频器	分频系数可调，支持 1 分频，带使能（CLKEN）	《SoC 设计基础教程——技术实现》图 1.42
可调整数分频器	分频系数可调，支持 1 分频	
小数分频器	时钟双沿驱动，支持分频系数大于或等于 2 的分频	《SoC 设计基础教程——技术实现》图 1.52、图 1.53

2. 时钟多路选择器

若电路需要工作在不同时钟频率下，则可以通过时钟多路选择器来选择不同时钟，时钟多路选择器有静态和动态之分。时钟多路选择器集成 IP 单元列表如表 2.2 所示。

表 2.2　时钟多路选择电路集成 IP 单元列表

模块名称	说明	图例
静态时钟多路选择器	多选 1 静态时钟多路选择器，切换时可能会产生毛刺。通常单独提供 2 选 1、4 选 1、8 选 1 和 16 选 1 静态时钟多路选择器	《SoC 设计基础教程——技术实现》图 1.58
动态时钟多路选择器	多选 1 动态时钟多路选择器，切换时不会产生毛刺。通常单独提供 2 选 1、4 选 1、8 选 1 和 16 选 1 动态时钟多路选择器	《SoC 设计基础教程——技术实现》图 1.62、图 1.63

3. 时钟门控电路

时钟门控电路用于开关时钟，时钟门控电路集成 IP 单元列表如表 2.3 所示。

表 2.3　时钟门控电路集成 IP 单元列表

模块名称	说明	图例
门控单元	对门控使能信号进行同步处理	《SoC 设计基础教程——技术实现》图 1.71
	没有对门控使能信号进行同步处理	《SoC 设计基础教程——技术实现》图 1.69
	对门控使能信号和复位信号都进行同步处理	《SoC 设计基础教程——技术实现》图 1.71
自动时钟门控单元	当 APB 或 AXI 总线上没有数据变化时，自动关闭时钟	《SoC 设计高级教程——技术实现》图 3.14 和图 3.15

4．复位同步电路

复位同步电路集成 IP 单元列表如表 2.4 所示。

表 2.4　复位电路集成 IP 单元列表

模块名称	说明	图例
复位同步电路	复位信号同步化	《SoC 设计基础教程——技术实现》图 2.12
时钟延迟和门控的复位同步电路	外部输入复位信号有效后，等待 M 个同步时钟周期才关闭时钟输出；外部输入复位信号撤销后，等待 P 个时钟周期才使能时钟输出	《SoC 设计高级教程——技术实现》图 2.58

5．逻辑功能电路

经常将一些常用逻辑功能电路设计成集成 IP 单元，逻辑功能电路集成 IP 单元列表如表 2.5 所示。

表 2.5　逻辑功能电路集成 IP 单元列表

模块名称	说明	图例
单比特指示信号单元	当监测到多比特数据的变化时，单比特指示信号会发生反转	《SoC 设计基础教程——技术实现》图 1.42
去毛刺电路	一般用于外部复位输入，通过去毛刺电路过滤毛刺	《SoC 设计基础教程——技术实现》图 2.15、图 2.16 和图 2.17
脉冲同步器	先将源时钟域下的脉冲信号转化为电平信号，然后进行同步，接着将同步完成之后的电平信号再转化为脉冲信号	《SoC 设计基础教程——技术实现》图 3.20 和图 3.21

6．模块模型

除 RTL 代码外，还需要提供多种标准化模块模型，以满足和方便不同的设计环节需求。模块模型如图 2.48 所示。

- 总线功能模型（Bus Function Model，BFM）包括寄存器总线模型和数据总线模型，可用于连接性仿真。
- Stub 模型（Stub Model）含有接口信息和简单配置，可用于集成和等效性检查。
- 接口模型（I/O Model）：仅含有接口信息，可用于综合。

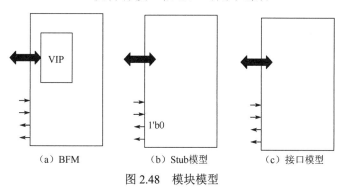

（a）BFM　　　（b）Stub模型　　　（c）接口模型

图 2.48　模块模型

2.3 自动化设计

1. 基于标准化模块的自动化集成

需要开发多种脚本或利用专门的工具来实现常见代码的生成和模块的集成,具体如下。

- 代码集成脚本。
- 引脚复用脚本。
- 模块模型生成脚本(BFM、Stub 模型、接口模型)。
- 低速模组(子系统)代码生成和验证脚本。
- 寄存器读写代码生成脚本。
- 芯片寄存器信息收集和列表脚本。
- 低功耗设计电源意图格式生成脚本。

2. 代码集成脚本

代码集成脚本需要支持初始集成、手工增删、列表增删、固定代码等操作,还需要支持一对一连接、一对多连接(全连接/部分连接)、多对一连接、输入接口连接、输出接口连接等集成方式。代码集成如图 2.49 所示。

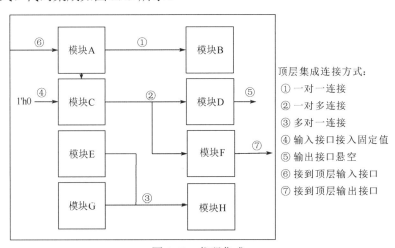

图 2.49 代码集成

当集成开始时,基本原则是接口匹配,最简单的方式是,将指定模块的相同命名接口直接相连。由于不同模块的相同作用接口,其命名可能各不相同,因此一般需要经过一定的映射以转换成所指定的相同命名。进一步,可以将接口成组形成特定协议或含义的总线,如 AMBA 总线(APB、AHB、AXI、ACE、CHI)、DFT 总线等,集成时直接指定特定模块间的总线互连,总线内部的多个接口则隐含在脚本内部。

后续集成代码的更新采取"增量方式",即以当前版本为基础进行增加或减删。可以在当前版本上直接手动进行代码修改,或者读入以一定方式提供的连接关系列表。此外,还应考虑代码的保留或注释。有些模块的接口列表中采用包含(Include)、宏变量和变量传递等代码风格，由代码集成脚本予以支持。

代码集成脚本还应具备一定的检查功能，当发现"输入接口悬空""多输出接口驱动"等情况时，发出位置信息或报警信息。此外，代码集成脚本还可以考虑生成多种模块模型。

3. 引脚复用脚本

引脚复用脚本包括引脚复用逻辑脚本、引脚复用控制逻辑脚本、引脚连接关系生成脚本和引脚复用逻辑验证脚本。在引脚复用脚本列表中支持：输出引脚复用，包括多路输出（如 8 路）到单一 I/O 引脚和同一输出到多个 I/O 引脚；输入引脚复用，包括同一输入来自多个 I/O 引脚；引脚分区，包括分布分区和电源分区。引脚复用脚本将生成引脚复用（PinMUX）逻辑代码、引脚控制寄存器（pin_cfg_register）代码，而引脚复用逻辑模块与引脚复用控制逻辑模块和功能模块相连，也与引脚模块（pad_IO）相连。在图 2.50 中，①表示引脚复用控制逻辑模块与引脚复用逻辑模块的连接，②表示功能模块与引脚复用逻辑模块的连接，③和④分别表示引脚复用逻辑模块与引脚模块的连接。引脚复用脚本还需实现引脚模块的例化。

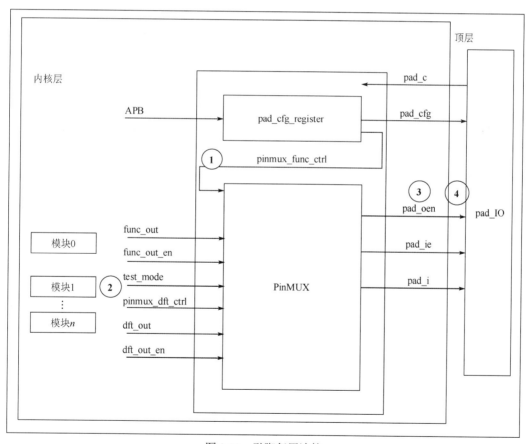

图 2.50　引脚复用连接

引脚复用列表需要指定 I/O 引脚的属性、类型、复用关系和控制寄存器信息。表 2.6 给出了一个引脚复用列表示例。

表 2.6　引脚复用列表示例

引脚名称	I/O 属性 input/output/inout	上挂/下拉属性 pull down/pull up/no	驱动强度 (A)	驱动电压 (V) 3.3/1.8	施密特触发器 yes/no	复用分区 A/B/…/N	功能复用 yes/no	功能复用信息（可扩展）	DFT 复用 yes/no	DFT 复用信息（可扩展）SCAN_MODE/MBIST MODE/DDR_TEST_MODE/SERDES_TEST_MODE	复用控制寄存器	I/O 控制寄存器
TEST_MODE	input	pull down	8	3.3	no	A	no		no			
RST_SEL	input	pull down	8	3.3	no	A	no		no			
RSTN	input	pull up	8	3.3	yes	A	no		no			
XTALI	input	no	8	1.8	no	A	no		no			
JTAG_TCK	inout	pull down	8	3.3	no	A	yes		yes	pmux_test_jtag_trst		
JTAG_TRSTN	inout	pull up	8	3.3	no	A	yes		yes	pmux_test_jtag_tdo		
JTAG_TDO	inout	pull down	8	3.3	no	A	yes		yes	pmux_test_jtag_tms		
JTAG_TMS	inout	pull up	8	3.3	no	A	yes		yes	pmux_test_jtag_tdi		
JTAG_TDI	inout	pull up	8	3.3	no	A	yes		yes	pmux_dft_test_pll_pd		
I2C0_SCL	inout	pull down	8	3.3	no	B	yes		yes	pmux_dft_test_pll_lock		
I2C0_SDA	inout	pull down	8	3.3	no	B	yes		yes	pmux_dft_edt_update		
I2C1_SCL	inout	pull down	8	3.3	no	B	yes		yes	pmux_dft_cfg_chain_si		

（1）引脚类型：名称、选用的 I/O 单元。

（2）引脚属性：输入、输出、双向；上挂、下拉、开漏；驱动强度、驱动电压，是否带有施密特触发器功能。

（3）复用关系：是否功能复用，是否 DFT 复用，是否要分区及分区号是多少。

（4）功能复用信息：复用信号，I/O 属性，复用信号输入默认值，如图 2.51 所示。

（5）DFT 复用信息：DFT 复用信号，I/O 属性，复用信号输入默认值。

（6）复用控制寄存器信息：名称、默认值和地址。

（7）I/O 控制寄存器信息：名称、默认值和地址。

图 2.51　功能复用信息

依据引脚复用列表，可以生成引脚复用验证环境和用例。

4．寄存器读写代码生成脚本

根据寄存器列表生成寄存器读写代码和相应文档。需要填写每个寄存器的名称、所占用比特位、信号名、读写属性（只读、只写、读写）、默认值、偏址、信号描述。表 2.7 给出了一个寄存器列表示例。

表 2.7　寄存器列表示例

寄存器名称	比特位	信号名	读写属性	默认值	偏址	信号描述
TEST_REG_0	31:0	test_reg_0	R/W	32'b0	0x0	test_reg
TEST_REG_1	31:0	test_reg_1	R/W	32'hffffffff	0x4	test_reg
FLASH_CRM_REG	3	aclk_sw_rst_b	R/W	1'b1	0x10	aclk_sw_rst_b:0 active
FLASH_CRM_REG	2	aclk_en	R/W	1'b1	0x10	aclk_en: 1 active
FLASH_CRM_REG	1	pclk_sw_rst_b	R/W	1'b1	0x10	pclk_sw_rst_b:0 active
FLASH_CRM_REG	0	pclk_en	R/W	1'b1	0x10	pclk_en:1 active

脚本产生下述 RTL 代码。

```
module ctrl_reg (
        pclk,                       //I,1
        preset_b,                   //I,1
        paddr,                      //I,16
        psel,                       //I,1
        penable,                    //I,1
        pwrite,                     //I,1
        pwdata,                     //I,32
        prdata,                     //O,32
        pready,                     //O,1
        pslverr,                    //O,1
        test_reg_0,                 //O,32
        test_reg_1,                 //O,32
        aclk_sw_rst_b,              //O,1
        aclk_en,                    //O,1
        pclk_sw_rst_b,              //O,1
        pclk_en                     //O,1
        );

//------------------------------------------------------------------
// ports defination
//------------------------------------------------------------------
input           pclk;               //I,1
input           preset_b;           //I,1
input   [15:0]  paddr;              //I,16
input           psel;               //I,1
input           penable;            //I,1
input           pwrite;             //I,1
```

```
input       [31:0]    pwdata;                 //I,32
output      [31:0]    prdata;                 //O,32
output                pready;                 //O,1
output                pslverr;                //O,1

output      [31:0]    test_reg_0;             //O,32
output      [31:0]    test_reg_1;             //O,32
output                aclk_sw_rst_b;          //O,1
output                aclk_en;                //O,1
output                pclk_sw_rst_b;          //O,1
output                pclk_en;                //O,1

//-------------------------------------------------------------------
// variables(reg/wire/parameter) declaration
//-------------------------------------------------------------------
reg         [31:0]    prdata;                 //O,32
reg                   pready;                 //O,1
reg         [31:0]    test_reg_0;             //O,32
reg         [31:0]    test_reg_1;             //O,32
reg                   aclk_sw_rst_b;          //O,1
reg                   aclk_en;                //O,1
reg                   pclk_sw_rst_b;          //O,1
reg                   pclk_en;                //O,1

wire                  apb_write;        //apb bus write condition
wire                  apb_read;         //apb bus read condition
wire                  pslverr;          //apb bus error indication

wire                  addr_sel_test_reg_0;      //reg sel
wire                  addr_sel_test_reg_1;      //reg sel
wire                  addr_sel_flash_crm_reg;   //reg sel

//define the reg name REGISTER_NAME
parameter             TEST_REG_0          = 16'h0;
parameter             TEST_REG_1          = 16'h4;
parameter             FLASH_CRM_REG       = 16'h10;

//generate the apb bus write and read condition
assign  apb_write           = penable && pwrite && psel;
assign  apb_read            = (!penable) &&(!pwrite) && psel;
assign  pslverr             = 1'b0;

assign  addr_sel_test_reg_0 = (paddr[15:0] == TEST_REG_0) ? 1'b1: 1'b0;
assign  addr_sel_test_reg_1 = (paddr[15:0] == TEST_REG_1) ? 1'b1: 1'b0;
```

```verilog
assign addr_sel_flash_crm_reg = (paddr[15:0] == FLASH_CRM_REG)? 1'b1: 1'b0;


//---------------------- WRITE --------------------------------
//config TEST_REG_0 register 0x0
always @(posedge pclk or negedge preset_b)
    if (!preset_b)
        begin
            test_reg_0    <= 32'b0;
        end
    else if (apb_write & addr_sel_test_reg_0)
        begin
            test_reg_0    <= pwdata[31:0];
        end


//config TEST_REG_1 register 0x4
always @(posedge pclk or negedge preset_b)
    if (!preset_b)
        begin
            test_reg_1    <= 32'hffffffff;
        end
    else if (apb_write & addr_sel_test_reg_1)
        begin
            test_reg_1    <= pwdata[31:0];
        end


//config FLASH_CRM_REG register 0x10
always @(posedge pclk or negedge preset_b)
    if (!preset_b)
        begin
            aclk_sw_rst_b  <= 1'b1;
            aclk_en        <= 1'b1;
            pclk_sw_rst_b  <= 1'b1;
            pclk_en        <= 1'b1;
        end
    else if (apb_write & addr_sel_flash_crm_reg)
        begin
            aclk_sw_rst_b  <= pwdata[3];
            aclk_en        <= pwdata[2];
            pclk_sw_rst_b  <= pwdata[1];
            pclk_en        <= pwdata[0];
        end


//---------------------- READ --------------------------------
always@(posedge pclk or negedge preset_b)
```

```
    if(!preset_b)
        prdata <= 32'b0 ;
    else if(apb_read)
        case(paddr[15:0])
            TEST_REG_0:               //0x0;
                begin
                    prdata[31:0]  <= test_reg_0;
                end
            TEST_REG_1:               //0x4;
                begin
                    prdata[31:0]  <= test_reg_1;
                end
            FLASH_CRM_REG:            //0x10;
                begin
                    prdata[31:4]  <= 28'b0;
                    prdata[3]     <= aclk_sw_rst_b;
                    prdata[2]     <= aclk_en;
                    prdata[1]     <= pclk_sw_rst_b;
                    prdata[0]     <= pclk_en;
                end
            default:                  //default;
                    prdata[31:0]  <= 32'b0;
        endcase
    else
        prdata <= 32'b0;

always @(posedge pclk or negedge preset_b)
    if (!preset_b)
        pready <= 1'b0;
    else if(pwrite && psel &&(!penable))
        pready <= 1'b1;
    else if((!pwrite) && psel &&(!penable))
        pready <= 1'b1;
    else
        pready <= 1'b0;

endmodule
```

所生成的文档实例如下。

[0x0] TEST_REG_0

Table test_reg_0 Description

Bit	Sig_Name	R/W	Default	Description
31:0	test_reg_0	R/W	32'b0	test_reg

[0x4] TEST_REG_1

Table test_reg_1 Description

Bit	Sig_Name	R/W	Default	Description
31:0	test_reg_1	R/W	32'hffffffff	test_reg

[0x10] FLASH_CRM_REG

Table flash_crm_reg Description

Bit	Sig_Name	R/W	Default	Description
31:4	reserved	R	28'b0	reserved
3	aclk_sw_rst_b	R/W	1'b1	aclk_sw_rst_b:0 active
2	aclk_en	R/W	1'b1	aclk_en: 1 active
1	pclk_sw_rst_b	R/W	1'b1	pclk_sw_rst_b:0 active
0	pclk_en	R/W	1'b1	pclk_en:1 active

2.4　模块级集成

按照架构设计，一个或多个 IP 将集成在一起构成单一集成模块，并提供给顶层实现集成。

2.4.1　IP 设计检查指南

在集成前后，除进行功能仿真外，必须进行适当的检查以保证 IP 设计正确。常见的 IP 设计检查如下。

- 跨时钟寄存器设计检查。
- 接口信号处理设计检查。
- 时钟复位处理设计检查。
- 双端口 RAM 设计检查。

1. 跨时钟寄存器设计检查

跨时钟设计电路的目的是，消除电路中的"亚稳态"并保证跨时钟信息传递的准确性。表 2.8 所示为常见跨时钟寄存器设计类型及使用要求。表 2.9 所示为常见跨时钟寄存器设计类型及仿真要求。

从设计角度，需要列出设计中所有的跨时钟寄存器，分析其类型，排除可能存在的错误设计；确认输入输出数据信号与时钟信号之间的关系，如输入数据信号是否需要用采样时钟进行同步处理，输出数据信号是否对应同步时钟下的寄存器输出。

从约束角度，根据跨时钟寄存器类型，确认其约束是否设置正确，确认未进行同步处理的异步输入信号是否有约束要求，确认未用同步时钟寄存器的输出信号是否有约束要求。

从验证角度，确保在仿真验证时，异步时钟源的频率没有倍数关系等。

表 2.8 常见跨时钟寄存器设计类型及使用要求

	约束要求	仿真要求	图例
单比特数据跨时钟域	可能导致毛刺产生、多路扇出问题，使用时应仔细评估和检查	见表 2.9	《SoC 设计基础教程——技术实现》3.1.2 节
基于多路选择（MUX）的多比特数据跨时钟域	可使用"1 个最快的异步时钟周期"的 max_delay 约束设置	网表仿真需要检查其时序是否满足要求，从而确认约束和设计的正确性	《SoC 设计基础教程——技术实现》图 3.45
基于有效（Valid）的多比特数据跨时钟域			《SoC 设计基础教程——技术实现》图 3.40
基于握手方式的多比特数据跨时钟域			《SoC 设计基础教程——技术实现》图 3.43
多比特数据直接跨时钟域	只能静态使用，不建议使用		
格雷码	可使用"1 个最快的异步时钟周期"的 max_delay 约束设置		《SoC 设计基础教程——技术实现》图 3.53
异步 FIFO 数据跨时钟域	可使用"1.5 倍最快的异步时钟周期"的 max_delay 约束设置	网表仿真需要检查其时序是否满足要求，从而确认约束和设计的正确性	《SoC 设计基础教程——技术实现》图 3.52

表 2.9 常见跨时钟寄存器设计类型及仿真要求

检查项	检查子项	描述
跨时钟域处理	单比特数据跨时钟域	源时钟、目的时钟比例关系全部覆盖
		目的时钟（或源时钟）相对于源时钟（目的时钟）在相位上存在延时
	多比特数据跨时钟域	跨时钟域信号高低电平的占空比覆盖所有场景
		源时钟、目的时钟比例关系全部覆盖
		目的时钟（或源时钟）相对于源时钟（目的时钟）在相位上存在延时
		构造抖动场景，并比对数据正确
		构造抖动超出容忍范围而进行调节的场景，并比对数据正确
		构造目的时钟（源时钟）相对于源时钟（目的时钟）的相位向右偏移导致抖动并进行调节的场景
		构造目的时钟（源时钟）相对于源时钟（目的时钟）的相位向左偏移导致抖动并进行调节的场景
		全部覆盖 RAM、FIFO 数据的读写范围
		构造源（目的）时钟有一侧时钟停止反转再恢复的场景
		构造源（目的）时钟有一侧时钟频率错乱再恢复的场景

2. 接口信号处理设计检查

- 对于时钟信号，确认相互之间的同步或异步关系。

- 对于输入信号，确认是否需要进行跨时钟处理及处理类型。
- 对于输出信号，确认是否为同步时钟域的寄存器输出，如果不是，则需要添加约束要求。在图 2.52 中，输出信号 apb_prdata 并不是 apb_pclk 时钟域的寄存器输出，但在对接端将被 apb_pclk 时钟采样，此时需要设置其 max_delay 约束。

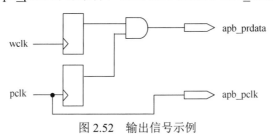

图 2.52　输出信号示例

3．时钟复位处理设计检查

确认时钟复位电路使用集成 IP 单元库中的单元，并确认例化和连接是否正确。常见时钟复位处理设计检查类型及使用要求如表 2.10 所示。

表 2.10　常见时钟复位处理设计检查类型及使用要求

	约束要求	仿真要求	图例
时钟门控信号未同步到待控时钟域	错误设计		《SoC 设计基础教程——技术实现》图 1.70
复位信号未同步到待控时钟域	错误设计		《SoC 设计基础教程——技术实现》图 1.70
时钟门控信号同步到待控时钟域，使能寄存器的复位信号也同步到待控时钟域	检查时钟门控信号和复位信号的时序	设置时钟门控开关	《SoC 设计基础教程——技术实现》图 1.71
分频时钟之间出现相差	错误设计	检查时钟之间的相位	《SoC 设计基础教程——技术实现》图 1.49
静态时钟切换	无	设置时钟切换场景	《SoC 设计基础教程——技术实现》图 1.58
动态时钟切换	检查内部同步器时序	设置时钟切换场景	《SoC 设计基础教程——技术实现》图 1.62、图 1.63
多时钟周期采样（从快时钟域到慢时钟域）	设置多时钟周期检查	RTL 仿真数据采样，检查网表仿真时序	《SoC 设计基础教程——技术实现》3.3.1 节
多时钟周期采样（从慢时钟域到快时钟域）	无特殊约束	RTL 仿真数据采样，检查网表仿真时序	《SoC 设计基础教程——技术实现》3.3.2 节
带相位的采样（从快时钟域到慢时钟域）	无特殊约束，按单时钟周期检查	RTL 仿真相位时序是否正确	《SoC 设计基础教程——技术实现》图 1.48（a）
带相位的采样（从慢时钟域到快时钟域）	无特殊约束，按单时钟周期检查	RTL 仿真相位时序是否正确	《SoC 设计基础教程——技术实现》图 1.48（b）
锁存器影响时序分析	检查是否为门控设计	无	
复位同步器输出用作数据端输入	错误设计		《SoC 设计高级教程——技术实现》2.2.4 节

续表

	约束要求	仿真要求	图例
跨复位域导致时序违例	错误设计		《SoC 设计高级教程——技术实现》2.2.4 节
复位同步器第一级寄存器	跨时钟域寄存器	不检查网表仿真时序	
复位同步器第二级寄存器	第一级寄存器和第二级寄存器要靠近摆放，需要检查之间时序，可设置时钟周期的20%为 max_delay	检查网表仿真时序	《SoC 设计基础教程——技术实现》图 2.13

4．伪双端口 RAM 设计检查

伪双端口 RAM 如图 2.53 所示，如果 CLKB 和 CLKA 同步，则 PrimeTime 工具默认会将 CLKB 当成数据，将 CLKA 当成时钟信号，进行 recovery（setup）检查；相反，会将 CLKB 当成时钟信号，将 CLKA 当成数据，进行 recovery（setup）检查。

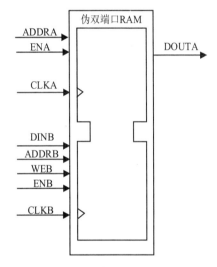

图 2.53　伪双端口 RAM

常见跨时钟域寄存器设计类型及使用要求如表 2.11 所示。

表 2.11　常见跨时钟域寄存器设计类型及使用要求

	约束要求	仿真要求	图例
读写时钟同步，前写后读	使能从写时钟域到读时钟域的时序检查	RTL 仿真数据读写顺序，检查网表仿真时序	《SoC 设计基础教程——系统架构》图 3.23（b）
读写时钟同步，前读后写	使能从读时钟域到写时钟域的时序检查	RTL 仿真数据读写顺序，检查网表仿真时序	《SoC 设计基础教程——系统架构》图 3.23（c）
读写时钟同步，先写后读	关闭从写时钟域到读时钟域的时序检查	RTL 仿真数据读写顺序，检查网表仿真时序	《SoC 设计基础教程——系统架构》图 3.23（d）
读写时钟同步，先读后写	关闭从读时钟域到写时钟域的时序检查	RTL 仿真数据读写顺序，检查网表仿真时序	《SoC 设计基础教程——系统架构》图 3.23（e）

续表

	约束要求	仿真要求	图例
读写时钟异步，读写间隔至少 2 个周期	逻辑保证功能，可不检查时序	RTL 仿真数据读写顺序，检查网表仿真时序	《SoC 设计基础教程——系统架构》图 3.23（f）
读写时钟异步，读写间隔 2 个周期以下	错误设计		《SoC 设计基础教程——系统架构》图 3.23（g）

2.4.2　模块集成规范

通常项目组或设计团队会建立一个模块集成规范，强制性地约束各个模块的集成，方便检查和脚本使用。该规范可修改和补充，但原则上同一项目应保持稳定。此外，还可设立若干设计指南，推荐或不推荐某些电路或设计的使用。

1．标准单元替换规范

IP 里面如果使用标准单元，则不能直接调用工艺库单元，而必须例化集成 IP 单元。该集成 IP 单元由项目组专人维护，统一进行工艺库的配置，从而方便芯片 FPGA 原型验证版本构建和工艺库的统一替换。

2．中断设计规范

（1）模块中断输出属性需要统一，如都设定为高电平有效。

（2）中断信号命名要符合规范。

（3）原则上一个模块只能有一个中断输出，如果有多个中断输出，则需要在模块顶层以总线形式输出，如下所示。

```
    .eth_sbd_perch_tx_intr(eth_sbd_perch_tx_intr),        //4bit 输出
```

3．DMA 设计规范

（1）DMA 请求和清除信号需要统一，如都设定为高电平有效。

（2）DMA 信号命名要符合规范。

（3）如果有多个 DMA 请求输出，则需要在模块顶层以总线形式输出，如下所示。

```
    .lsp_dma_tx_ack(lsp_dma_tx_ack),        //8bit 输入
    .lsp_dma_tx_req(lsp_dma_tx_req),        //8bit 输出
```

4．Memory 替换规范

（1）RAM 如果需要拆分，则需要依 2 的整数幂生成，以避免复杂的地址译码逻辑和产生锁存器等。

（2）ROM 如果需要拆分，则需要使用不同的 Module 名称，且每个 Module 在模块中只能例化 1 次，如图 2.54 所示。

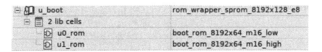

图 2.54　ROM 拆分示例

（3）当 RAM 替换时，DFT 输入信号使用固定值。

（4）当 RAM 替换时，物理特性参数信号需要使用典型值，如下所示。

```
rf_sp_hde_svt_128×128_m2   u_rf_sp_hde_svt_128×128_m2 (
       .Q            (rd_data      ), //read data output
       .CLK          (clk          ), //clock input
       .CEN          (ceb          ),
       .WEN          (bit_mask     ), //bit write enable, active low
       .A            (addr_in      ), //address input
       .D            (wr_data      ), //write data input
       .GWEN         (web          ),
       .EMA          (3'b011       ), //slow down memory access
       .EMAW         (2'b1         ),
       .EMAS         (1'b0         ), //enables the bitline keeper
       .RET1N        (1'h1         ), //Retention mode 1 enable
       .WABL         (1'h0         ),
       .WABLM        (1'h0         ),
       .RAWL         (1'h0         ),
       .RAWLM        (1'h0         ));
```

5. IP 接口信号集成规范

当硬化 IP 集成时，其电源和地信号的集成需要遵循一定规范，以下是一些常用方法。

（1）硬化 IP 的电源信号（带 Pad），无论是数字电源地还是模拟电源地，都需要连接至顶层电路，该电源信号在模型（lib/lef）文件中定义为 Inout 信号，综合时则需要设置为 Don't_touch。

（2）硬化 IP 的电源信号（不带 Pad），无论是模拟电源还是数字电源，在集成时不需要例化，该电源信号在 lib/lef 文件中定义为 Power/Ground 属性，而在仿真模型中不可见，不需要集成。

（3）硬化 IP 的模拟信号，在 RTL 集成时需要例化，如果需要引出并连接 Pad，则连接关系由前端定义，经后端讨论后确定。通常遵循下列原则。

- 集成时不能改变端口 I/O 属性。
- 如果自带 Pad，则集成时要引出到芯片顶层 I/O 单元上。
- 如果不带 Pad，且该信号需要使用，则需要外接 Pad，并引到顶层 I/O 单元上。
- 如果不带 Pad，且该信号不需要使用，则可直接悬空处理。

（4）软化 IP（任何数字模块），其电源信号，在 RTL 集成时均不需要例化，电源连接关系通过电源意图描述格式（UPF 或 CPF）描述清楚。

6. 连接固定值集成规范

当输入信号为固定值时，可统一要求在第一次集成例化时，就连接好固定值，而不要引出到上层。

7．代码注释规范

（1）在集成时输入信号连接固定值的情况下，必须详细说明原因。

（2）在集成时输出信号悬空的情况下，必须详细说明原因。

2.4.3　模块集成

模块集成包括 IP 配置、参数配置、存储器替换、数模混合模块集成、DFT 和低功耗接口集成及其他集成模块的集成。

1．IP 配置

模块集成需要重点关注 IP 的配置是否正确，包括 FIFO/RAM 大小配置、内核的数量配置、支持的模式配置和综合所需配置。

2．参数配置

模块内部的一些配置参数（如时钟门控、分频系数等），统一由芯片顶层的配置模块配置，其寄存器默认值必须能使模块正常工作。

3．存储器替换

依据运行频率选择合适的 RAM 库，如果频率较高，则需要考虑替换成高速库或进行拆分。例如，某 256K×64bit RAM 单元的最大时钟频率为 333MHz,而项目要求达到 400MHz,可以将此 RAM 进行拆分，如用 2 个 256K×32bit 的 RAM 单元进行拼接，而每个 RAM 的最大时钟频率可达 434MHz,满足项目要求。RAM 替换完以后，需要进行相应的功能验证。

4．数模混合模块集成

优先考虑将模拟电路与相关的数字逻辑封装在一起，将二者之间的接口信号局限在模块内部，其中涉及的布局和低功耗设计等需要与后端设计团队讨论确定。例如，PHY 的模拟部分一般与数字部分集成在一起后，再提供给模块集成。

5．DFT 和低功耗接口集成

通常 DFT 和低功耗设计由专门的团队负责，模块接口信号和内部逻辑可采用"Include"代码方式包含在模块接口和内部，以便于修改和维护。

6．集成互动

模块集成既与 IP 紧密相关，又与顶层集成关联，模块集成时的人员互动如图 2.55 所示。因此，需要了解集成规范，使用共同技术术语；了解 IP 相关内容，特别是集成说明手册；了解所有输入信号的来源，输出信号的使用情况；了解模块验证、综合、DFT 等设计计划和进度，及时沟通；与顶层集成保持良好的互动。

7．集成检查与输出

模块集成代码在输出前，必须进行一系列集成检查，包括以下内容。

（1）Verdi 检查，要求没有错误，警告减到最少且可以合理解释。

（2）NCSim/VCS 检查，要求仿真能运行，没有错误，警告得到确认。

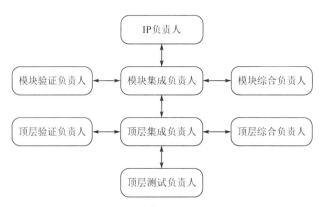

图 2.55　模块集成时的人员互动

（3）nLint 检查，要求错误和警告都得到确认。

（4）Spyglass 检查，包括 Lint、Constraints、CDC、DFT、Power、RDC（跨复位域）检查等，要求错误和警告都得到确认，且与预期相符。

（5）DC 编译检查，最好运行模块编译，要求错误和警告都得到确认。

模块级集成检查与输出如图 2.56 所示。

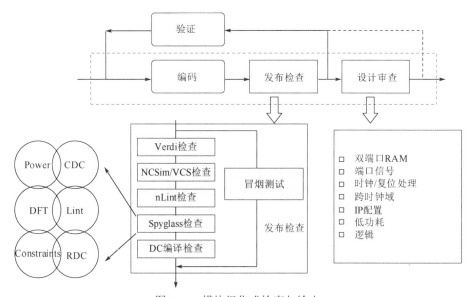

图 2.56　模块级集成检查与输出

原则上所有检查报告需要详细确认，后续只要检查差异处即可。在一般情况下，Verdi 检查、NCSim 检查和 Lint 检查必须通过后才能上传集成代码；紧急情况下也必须通过 Verdi 检查。

2.5　低速外设模块的架构和集成

SoC 的低速外设模块种类繁多，常用的有定时器、看门狗定时器、实时计时器、I2C、

SPI、UART 等。它们都使用单一的 APB，通常可以集成在同一模块中。

1．模块架构

模块内例化各种低速外设模块，根据总线地址选通相应 IP，低速外设模块的架构如图 2.57 所示。

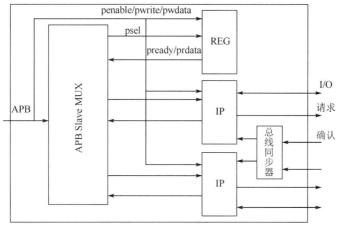

图 2.57　低速外设模块的架构

2．时钟和复位架构

模块 APB 的时钟和复位信号，需要在内部进行复位同步化和时钟门控后，再送至各个外设 IP，低速外设模块的时钟和复位架构如图 2.58 所示。其中，模块的复位输入有硬件复位输入和软件复位输入，各个 IP 还可以利用模块内部寄存器实现本地复位；各个 IP 的时钟门控是通过模块内部寄存器来实现的。

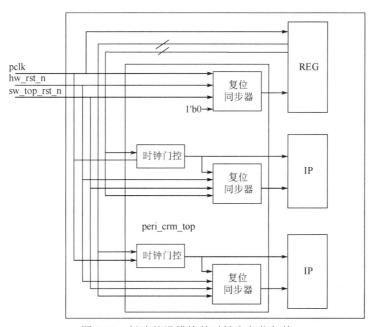

图 2.58　低速外设模块的时钟和复位架构

3．DMA 传输

一些通用外设模块利用中断来实现 DMA 传输，其中握手信号可能需要同步化处理。在图 2.59 中，IP 产生的请求信号（REQ）在 DMA 模块内部进行同步化，而 DMA 发回的确认信号（ACK）在完成同步化后进入 IP。

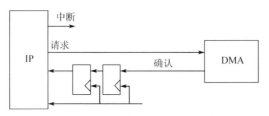

图 2.59　DMA 传输的握手信号同步化

可将所有来自 DMA 模块的应答信号在低速模块内实现同步化，如图 2.60 中的子模块（peri_bus_sync）所示。此外，当 IP 数量较多时，DMA 总通道数可能超出 DMA 控制器的最大通道数，因此需要在芯片内核层和顶层分层使用。

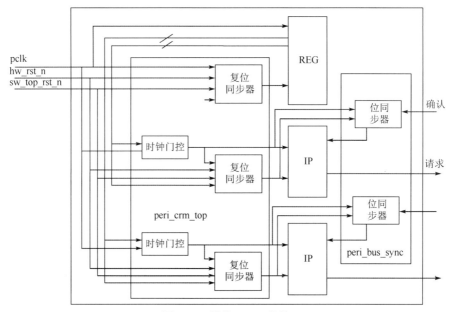

图 2.60　模块 DMA 传输

4．I/O 接口复用

各 IP 通过 I/O 接口与外部通信，受限于芯片引脚数量，所有 IP 的 I/O 接口可能需要利用引脚复用逻辑连接到芯片引脚。

5．架构扩展

有些基于 APB 的自研模块，如芯片的时钟和复位模块、引脚复用模块、系统参数配置模块等，也可以外挂到低速外设模块的 APB 上，不过需要在其内部自行处理时钟门控和复位同步化。外挂模块的集成如图 2.61 所示。

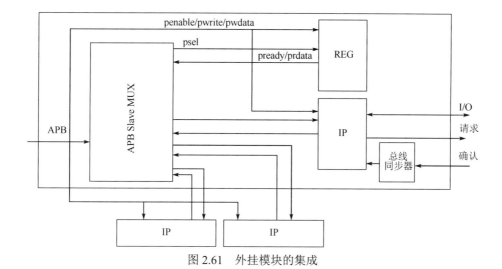

图 2.61 外挂模块的集成

6. 外设模块分组

外设模块通常分布在裸片（Die）的周边，当其数量较多且芯片较大时，外设模块可能遍布四周并导致时序收敛困难。可以考虑分设 2 组甚至多组外设模块，而每一模块主要包含芯片相邻区域的外设 IP，如图 2.62 所示。

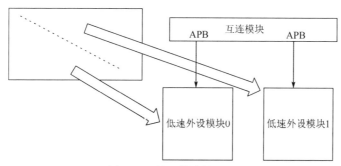

图 2.62 外设模块的分组

7. 自动化集成

低速外设模块数量和种类较多，但各 IP 的接口相当稳定和规范，因此使用脚本实现模块的自动化集成具有可实现性，有利于提高设计效率，节省设计时间和人力投入。脚本应考虑外设模块种类、外设模块数量（包括内部模块数量和外挂模块数量），以及外设模块地址分配。

2.6 芯片级集成

芯片级集成主要包含顶层集成、中断集成、引脚复用集成、DMA 传输集成、引脚模块集成等。

1．顶层集成

顶层的 RTL 代码在芯片级和内核级集成。需要特别指出，应该避免在此两个层次上出现胶合逻辑，如果需要可设法沉浸到相关模块中。

芯片级集成（Chip Level Integration）包括例化内核、I/O 模块和 JTAG 等。

内核级集成（Core Level Integration）包括例化标准功能模块、时钟和复位模块（Clock and Reset Module，CRM）、引脚复用和控制模块（PinMUX Module）、电源管理单元（Power Management Unit，PMU）、低功耗控制单元（Low Power Control Unit，PCU）、系统配置和状态模块（System Configuration and Status Module）等。

1）代码结构

整个芯片的代码结构如图 2.63 所示。

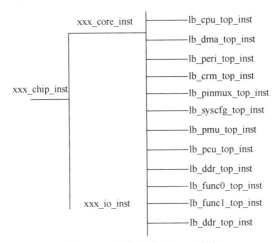

图 2.63　整个芯片的代码结构

2）内核级集成步骤

内核级集成可按以下步骤进行。

（1）模块例化。

（2）总线连接。

（3）时钟和复位信号的连接。

（4）DMA 传输通道和中断的连接。

（5）引脚复用连接。

（6）低功耗相关的连接。

（7）DFT 相关的连接。

（8）其他信号的连接。

3）代码检查

在交付代码前需要运用工具和脚本检查代码，发现和防止例化模块缺失、模块总线位宽不匹配、输入信号悬空、多驱动输出等问题，主要内容如下。

（1）需要收集和分析跨时钟域信息，提供给仿真和综合团队。

（2）需要收集和汇总低功耗信号，确认电源门控隔离时的钳位值，提供给仿真和低功耗团队。

（3）需要确认中断信号类型，提供给仿真和软件团队。

芯片级集成检查与输出如图 2.64 所示，芯片级集成和验证如表 2.12 所示。

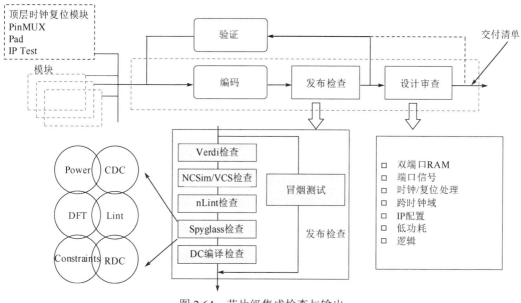

图 2.64　芯片级集成检查与输出

表 2.12　芯片级集成和验证

芯片级集成	芯片级验证
模块例化	对于数字模块，通过基本功能来覆盖其例化的连接，并通过检查覆盖率来确保连接完全覆盖；对于模拟模块，则强制（Force）源端反转，通过检查目的端反转来确保连接正确
总线连接	主设备对从设备发起总线读写访问，从设备返回相应的总线反转以确保连线正确。需要覆盖各个主设备与对应的从设备，总线的各种宽度、长度和 Outstanding Transaction 等，以及从设备的各种返回模式
时钟和复位信号的连接	通过配置寄存器遍历时钟选择、分频、开关、复位和释放，自上而下检查连线直至模块的时钟复位，验证时通过配套的断言语句，与整个系统时钟树相绑定
DMA 通道的连接	由各个外设模块发出 DMA 请求，确保通道的连接正确，如果使用 DMA 通道聚合，还需要确认外设的使用场景，确保同时使用的模块不会在同一通道聚合
中断连接	通过强使各个模块的中断输出线，配置中断初始化所对应的中断号，确保中断连线正确，还需要验证中断优先级、中断触发类型、中断响应机制
引脚复用连接	软件配置遍历复用关系，在每种复用关系下，强使源端反转，通过检查目的端反转来确保连接正确，还需要确保当前复用关系下，其他复用信号不会反转
低功耗相关的连接	通过仿真不同的低功耗流程，确保电源、地的连接关系，检查各个电源域的隔离值是否正确
DFT 相关的连接	通过各个 IP 测试来检查 DFT 相关的连接

2. 中断集成

1）中断信号的收集与整理

收集源自各个模块的中断信号，区分不同类型和不同优先级，确认各个中断信号的目标处理器。建立中断源信号与目标处理器之间的映射关系，并整理成文档。

2）中断信号的集成

在 SoC 顶层，存在两种集成方式：直接连接到处理器或使用通用中断控制器。

如果处理器内部已带有通用中断控制器，则可以直接将中断信号从源模块连接到目标处理器，如图 2.65 所示。

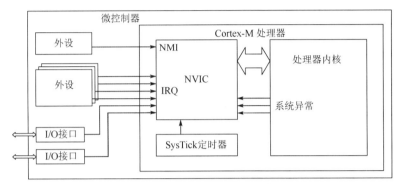

图 2.65　中断信号的直接连接

对于多处理器系统，通常会在顶层使用通用中断控制器。通用中断控制器处理来自外设的中断信号，根据优先级排序，将中断信号分配给合适的处理器。图 2.66 显示了一个通用中断控制器接收来自多个不同外设的中断信号，并将它们分配给两个不同的处理器。

图 2.66　通过通用中断控制器连接中断信号

3）中断类型

中断控制器的输入存在不同的中断源，其输出到达处理器的则只有 IRQ（Interrupt Request，中断请求）和 FIQ（Fast Interrupt Request，快速中断请求）两种，其转换需要运用一些复杂规则。

（1）硬中断。

硬中断（Wired-based Interrupt）通常指外设产生的中断（又称外设中断），其中私有外设中断（Private Peripheral Interrupt，PPI）是指仅用于指定处理器的外设中断，而共享外设中断（Shared Peripheral Interrupt，SPI）是指可以用于任何处理器组合的外设中断。传统上，外设发送到中断控制器的是专用中断信号。硬中断如图 2.67 所示。

（2）软中断。

软中断（Software-Generated Interrupt，SGI）是指用户软件编程产生的中断。该中断由某一处理器产生，而后发送至其他处理器，用于进行处理器间通信。

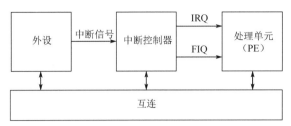

图 2.67　硬中断

（3）消息中断。

在 SoC 系统中，外设需要通过中断线向中断控制器发送中断信号。如果外设需要添加中断信号，则必须添加中断线，然后将其连接到中断控制器，因此设计需要不断进行迭代。

ARM CoreLink GICv3 增加了一种信号机制：消息中断（Message Signaled Interrupt，MSI）。外设不是通过专用中断线，而是通过向中断控制器的寄存器写值而发送中断消息的，不需要专门的信号，如图 2.68 所示。

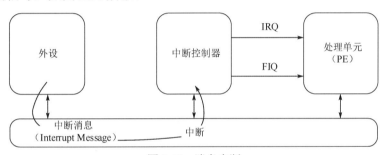

图 2.68　消息中断

（4）虚拟中断。

外部的物理中断可以在中断控制器内部产生虚拟中断信号，这种中断称为虚拟中断（Virtual Interrupt），如图 2.69 所示。

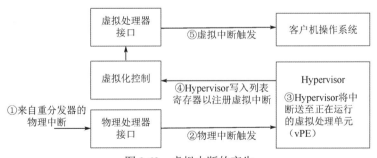

图 2.69　虚拟中断的产生

中断控制器的物理处理器接口和虚拟处理器接口是等同的，区别只是一个发送物理中断信号，另一个发送虚拟中断信号。中断控制器接口如图 2.70 所示。

（5）跨片中断。

在小芯片（Chiplet）技术中，多个裸片通过跨片封装集成在一起。一个裸片上的中断可能需要传递到另一个裸片上。裸片间的中断传递如图 2.71 所示。

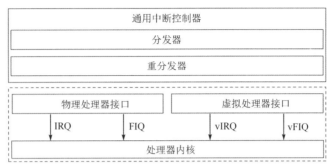

图 2.70　中断控制器接口

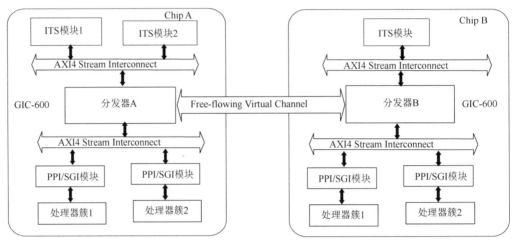

图 2.71　裸片间的中断传递

4）中断控制器

中断控制器是中断源与处理器之间的桥梁，进入多核时代以后，单一的中断控制器分化成了两部分，一部分直接连接中断源，如 x86 中的 I/O APIC，另一部分则与处理器相连接，如 x86 中的本地（Local）APIC，如图 2.72 所示。

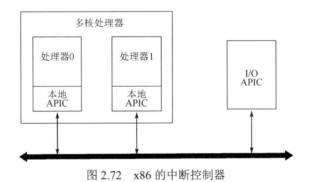

图 2.72　x86 的中断控制器

ARM 的通用中断控制器（General Interrupt Controller，GIC）由分发器和重分发器两部分构成，其中，分发器类似于 I/O APIC，根据处理器的配置，将到来的中断源派发到处理器对应的重分发器；而重分发器类似于本地 APIC，将分发器派发来的中断送到其连接的处理器，如图 2.73 所示。

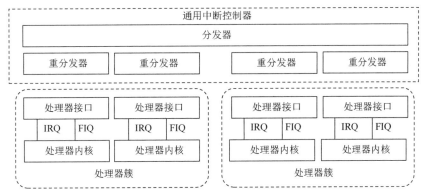

图 2.73　ARM 的通用中断控制器

需要选择合适的通用中断控制器以支持所需的不同类型中断。

（1）GICv2 的中断控制器。

GICv2 的中断控制器与 ARM 处理器的连接如图 2.74 所示。

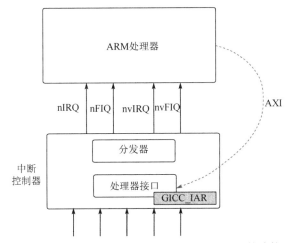

图 2.74　GICv2 的中断控制器与 ARM 处理器的连接

ARM 处理器有四根用于接收中断的连线：nIRQ、nFIQ、nvIRQ、nvFIQ。其中，nIRQ 接收物理正常中断，nFIQ 接收物理快速中断；nvIRQ 接收虚拟正常中断，nvFIQ 接收虚拟快速中断。当虚拟化未启用时，只能查看 nIRQ 和 nFIQ。

SoC 中的所有中断都连接到 GIC，GIC 将 nIRQ、nFIQ、nvIRQ 和 nvFIQ 四个信号输出到处理器内核；处理器内核收到中断信号后，通过 AXI 总线读写 GIC 寄存器而获知中断信号。

（2）GICv3 的中断控制器。

GICv3 的中断控制器包括分发器、重分发器、处理器接口和 ITS（中断翻译服务）组件。GICv3 的中断控制器与外设和处理器的连接如图 2.75 所示。

ARM CoreLink GICv3 添加了 LPI（本地外设中断）模式以支持消息中断。当外设需要添加中断时，只需利用 LPI 模式即可传输中断而无须修改 SoC 设计。引入 LPI 模式后，ITS 组件也可添加到 GICv3 中。ITS 组件解析接收到的 LPI，首先将其发送到相应的重分发器，然后将其发送到处理器接口。可以将ITS 组件置放在中断控制器外部，产生 LPI 并直接注入中断控制器，如图 2.76 所示。

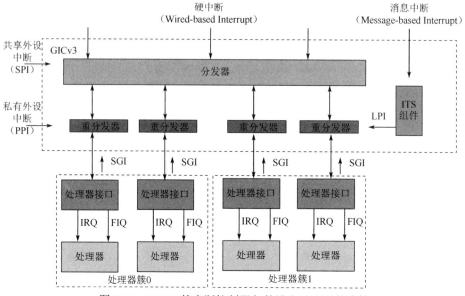

图 2.75 GICv3 的中断控制器与外设和处理器的连接

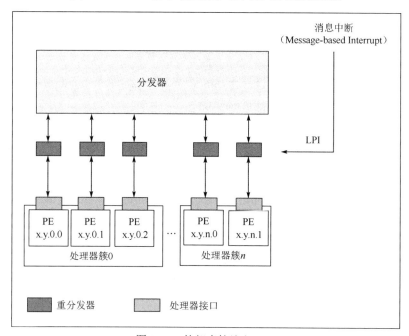

图 2.76 外部直接注入 LPI

（3）GICv4 的中断控制器。

在 GIC 参与直通设备的中断重映射后，虚拟机在处理中断效率上有了明显提升，但是与宿主机上普通物理中断相比，总是多了一步由软件虚拟机监控程序（Hypervisor）参与的操作。因此，以上方式为间接注入中断。为了进一步提高处理中断的效率，在 ARM CoreLink

GICv4 中，增加了对虚拟机直接注入虚拟中断的支持，如图 2.77 所示。

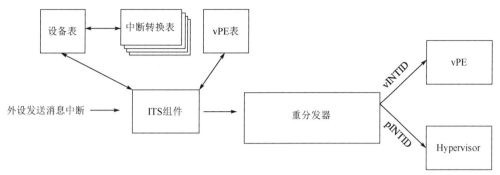

图 2.77　虚拟中断的直接注入

3．引脚复用集成

首先需要明确在各种工作模式下的引脚复用要求，然后选择合适的逻辑结构，由脚本产生实现代码，包括引脚复用逻辑、引脚复用控制逻辑，以及引脚复用的连接关系。

1）基于工作场景的引脚复用

原则上，引脚复用是基于芯片工作场景而定的，如图 2.78 所示。

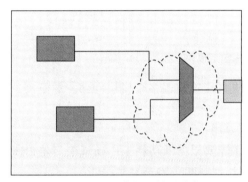

图 2.78　基于工作场景的引脚复用

（1）高频信号（如高于 100MHz 的信号）不参与引脚复用。

（2）模拟信号使用专用引脚，不参与数字信号的引脚复用，如图 2.79 所示。

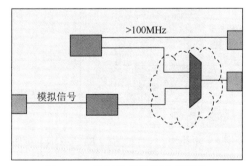

图 2.79　模拟信号使用专用引脚

（3）有些 IP 自带引脚，需要满足特定时序和功耗要求，不参与引脚复用。

2）基于物理布局的引脚复用

（1）中心化引脚复用模块。

通常芯片设计单一的引脚复用模块，负责全芯片的引脚复用功能，即中心化引脚复用模块，如图 2.80 所示。

（2）分布式引脚复用模块。

当芯片引脚较多，复用程度较高，但模块布局较分散时，可以设计多个引脚复用模块，分布在模块内部或顶层，以方便时序收敛。

例如，四个引脚复用模块可分布在芯片四角，各自负责对应区域的模块引脚复用，如图 2.81 所示。

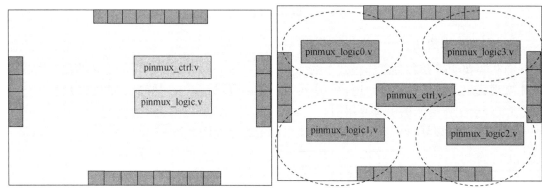

图 2.80　中心化引脚复用模块　　　　图 2.81　四个引脚复用模块

也可以将引脚复用模块直接置放于多个模块内部，即沉浸式分布式引脚复用模块，如图 2.82 所示。

3）基于电源域的引脚复用

当存在不同电源域时，需要根据低功耗工作场景决定是否复用引脚，在图 2.83 中，常开区（AON 区）的引脚与其他区的引脚不会复用。

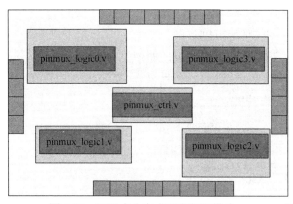
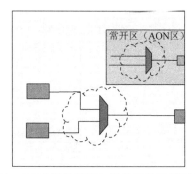

图 2.82　沉浸式分布式引脚复用模块　　　图 2.83　AON 区的引脚与其他区的引脚不会复用

4）引脚复用逻辑

引脚复用逻辑如图 2.84 所示。引脚的输出使能信号（Output Enable）复用逻辑与此相同。

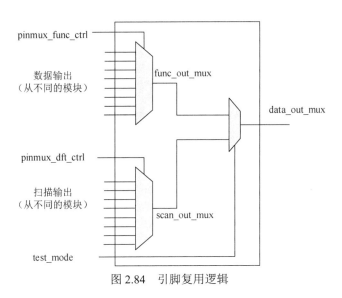

图 2.84　引脚复用逻辑

5）引脚复用控制逻辑

图 2.85 所示为引脚复用寄存器设置。其中引脚配置域（pad_config）为 9bit 位宽，控制相应引脚；通道选择域（pinmux_func_ctrl）为 3bit 位宽，选择相应的引脚复用八路选择器的输入通道。

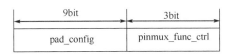

图 2.85　引脚复用寄存器设置

对于图 2.86 所示的双向引脚，可以设置多种模式，如上拉、下拉和开漏等，可通过每个引脚对应寄存器的引脚配置域来选择。

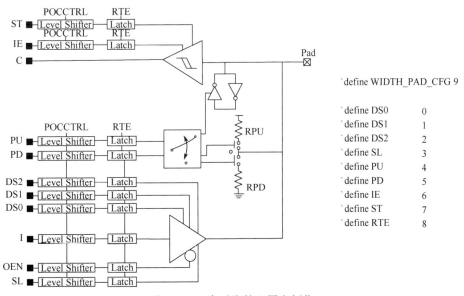

图 2.86　双向引脚的配置和例化

```
//双向引脚
`define BIDIRECTION_PAD_CFG       `WIDTH_PAD_CFG`b0_0_1_0_0_0_0_1_1   //{RTE, ST, IE, PD, PU, SL, DS2, DS1, DS0}
//双向引脚（下拉）
`define BIDIRECTION_DN_PAD_CFG `WIDTH_PAD_CFG`b0_0_1_1_0_0_0_1_1   //{RTE, ST, IE, PD, PU, SL, DS2, DS1, DS0}
//双向引脚（上拉）
`define BIDIRECTION_DN_PAD_CFG `WIDTH_PAD_CFG`b0_0_1_0_1_0_0_1_1   //{RTE, ST, IE, PD, PU, SL, DS2, DS1, DS0}
//双向引脚（开漏）
`define I2C_PAD_CFG               `WIDTH_PAD_CFG`b0_0_1_0_0_0_0_1_1   //{RTE, ST, IE, PD, PU, SL, DS2, DS1, DS0}
```

```
XXX_H pad_gpio_inst(.PAD(GPIO0)),
                  .I(i_gpio0)
                  .C(c_gpio0),
                  .IE(gpio0_cfg[`IE]),),
                  .ST(gpio0_cfg[`ST]),
                  .RTE(gpio0_cfg[`RTE]),
                  .OEN(oen_gpio0)
                  .PU(gpio0_cfg[`PU]),
                  .PD(gpio0_cfg[`PD]))
                  .DS0(gpio0_cfg[`DS0]),
                  .DS1(gpio0_cfg[`DS1]),
                  .DS2(gpio0_cfg[`DS2]),
                  .SL(gpio0_cfg[`SL]);
```

图 2.86 双向引脚的配置和例化（续）

对于图 2.87 所示的输入引脚，也可以设置多种模式，可通过每个引脚对应寄存器的引脚配置域来选择。

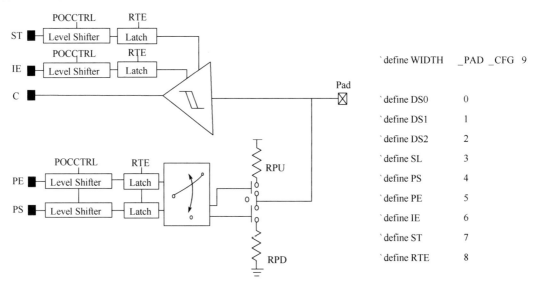

```
//输入引脚
`define INPUT_ONLY_PAD_CFG    `WIDTH_PAD_CFG`b0_0_1_0_0_0_0_0_0
```

```
YYY_H pad_primary_clk_inst(.PAD(PRIMARY_CLK)),
                       .C(c_primary_clk),
                       .IE(primary_clk_cfg[`IE]),),
                       .ST(primary_clk_cfg[`ST]),
                       .RTE(primary_clk_cfg[`RTE]),
                       .PE(primary_clk_cfg[`PE]),
                       .PS(primary_clk_cfg[`PS]));
```

图 2.87 输入引脚的配置和例化

4．DMA 传输集成

1）通道聚合

来自各个 IP 的 DMA 通道总数，可能超过 DMA 控制器所能服务的最大通道数，因此需要根据应用场景进行合适的分层。由于主要的 DMA 传输来自低速外设，因此此分层可以在该模块内部进行，也可以在芯片内核层与其他模块的 DMA 传输一并考虑，如图 2.88 所示。

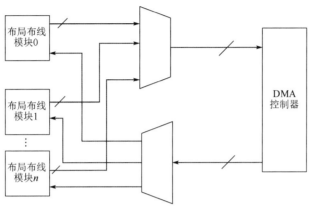

图 2.88　DMA 通道聚合

2）握手信号同步化

DMA 传输利用握手信号进行。如果接收方内部没有进行同步化处理，则需要外部进行；同理，DMA 模块的应答信号在送至 IP 时，也需要实现同步化。

5．引脚模块集成

根据确定的引脚类型和数量，利用脚本例化所有引脚。引脚模块集成如图 2.89 所示。

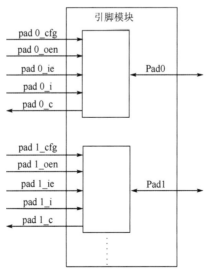

图 2.89　引脚模块集成

图 2.90 中①所示为引脚模块与内核层模块的连接，②所示为引脚模块与芯片引脚相连。此外，芯片级顶层可能含有其他模块，如 JTAG 模块。

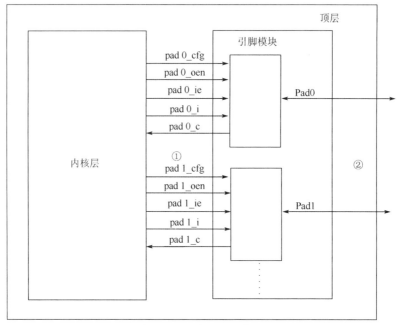

图 2.90 芯片级顶层集成

小结

- SoC 设计基于 IP 复用。根据应用需求，评估和选用合适的 IP，并按照特定的集成规范和指引进行包装，以形成标准化的布局布线模块，用于芯片的总体集成。
- 层次化设计有利于芯片设计（包括集成、验证、综合、DFT 和物理实现）的标准化和自动化，主要关注模块划分、模块接口、引脚复用等。
- 芯片级集成主要包含顶层集成、中断集成和引脚复用集成等，应该充分利用工具和脚本，使集成过程快速、准确和自动化。

第 **3** 章

处理器子系统

中央处理器（Central Processing Unit，CPU）是 SoC 的核心，主要由控制器、计算器、存储器和连接总线构成，其中控制器和计算器组成 CPU 的内核。内核从存储器中提取数据，根据控制器中的指令集解码数据，通过计算器中的微架构进行计算，将执行结果写入存储器，如图 3.1 所示。

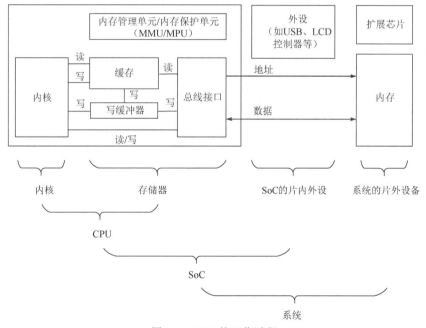

图 3.1　CPU 的工作过程

CPU 发展出三个分支，分别是微处理器（Micro Processing Unit，MPU）、微控制器（Micro Control Unit，MCU）和数字信号处理器（Digital Signal Processor，DSP）。微处理器是以计算性能和速度为特征的通用结构处理器，微控制器为不同的应用提供控制功能，而数字信号处理器特别适合处理数字滤波、时频分析、语音和图像信号等高速数字信号。多个计算内核（Computing Core）集成到同一处理器上构成多核处理器（Multicore Processor），多个处理器组合在一起则构成多处理器系统（Multiprocessing System）。

处理器内核的基础是指令集和微架构。指令集又称指令集架构（Instruction Set Architecture，ISA），是计算机体系结构中与程序设计有关的部分（包含基本数据类型、指令、寄存器、寻址模式、存储体系），并规定了处理器可执行的所有操作（包含中断、异常处理及外部输入/输出），微架构则是完成指令操作的电路设计。

多核处理器在单芯片上聚合多个内核来提高计算能力，其发展源自三个方面的驱动。第一，半导体工艺的发展保持了摩尔定律的有效性，使芯片上所集成的晶体管数量每隔 18 个月就翻了一倍，目前的主流处理器工艺已达 5～14nm，但是摩尔定律不可能永远延续，工艺升级带来的性能、成本和功耗好处已经不大；第二，单芯片上的大量晶体管产生了功耗墙问题，为此，处理器设计演化出两种方向，一种是在单个芯片上设计更为复杂的单个内核，另一种是在单个芯片上设计多个内核。受工艺限制，继续制造高性能的单个内核将不再现实，因为随之带来的功耗与散热问题难以解决，因此制造功耗更低、性能更均衡的多核处理器可提高处理器的综合性能；第三，多处理器系统并行计算的长期发展为研制多核处理器打下了很好的技术基础，其并行处理结构和编程模型等可以直接借鉴和应用。

多处理器系统共享内存，需要解决缓存一致性和内存一致性问题。

本章首先介绍现代处理器微架构，然后介绍多处理器系统，接着讨论内存访问，后面分别讨论多处理器的通信和同步、处理器性能评估、XPU。

3.1　现代处理器微架构

指令集是处理器中用于计算和控制的一套指令的集合，通常包括三类：计算指令、分支指令和访存指令。现阶段的指令集可被划分为复杂指令集（Complex Instruction Set）与精简指令集（Reduced Instruction Set）两类。

实现指令集的物理电路称为处理器的微架构。相同的指令集可以在不同的微架构中执行，但执行目的和效果可能有差异。优秀的微架构对处理器性能和效能的提升发挥着至关重要的作用。

3.1.1　高级流水线技术

指令调度技术、分支预测技术和推测执行技术是现代高性能处理器的技术基石，广泛应用于高端 ARM CPU、Power CPU 和 x86 CPU 中。

冯·诺依曼型架构处理器的基本流水线包含取指（Instruction Fetch，IF）、译码（Instruction Decode，ID）、执行（Execute，EXE）、访存（Memory Access，MEM）和写回（Write Back，WB），如图 3.2 所示。

图 3.2　冯·诺依曼型架构处理器的基本流水线

冯·诺依曼型架构处理器的基本流水线的指令是按序流出和按序执行的。如果一条指令因与相邻指令相关而受阻，那么其后的指令都将停顿，可能导致多个功能单元被闲置，从而限制流水线的性能。要想获得优化的设计，需要进行流水段的合并或拆分，如高性能处理器会增加重命名、派发、发射等流水段。

指令经过译码以后根据自身类型被送至对应的功能单元中执行的过程称为发射（Issue），发射可以单独使用一个流水段，如图 3.3（a）所示。在此阶段，指令会读取寄存器而得到操作数，同时根据指令的类型，将指令送到对应的功能单元中执行。进一步，还可以区分出派发（Dispatch）与发射流水段。其中，派发表示指令经过译码以后被发送到不同功能单元的发射队列中的过程，而发射往往表示指令从功能单元的发射队列中被发送到功能单元开始执行的过程，换句话说，指令被派发和存储在一个称为发射队列（Issue Queue，IQ）的缓冲器中，一旦指令的操作数准备好，就可以离开发射队列，被送至对应的功能单元中执行，如图 3.3（b）所示。

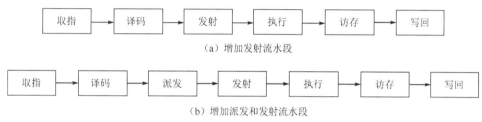

图 3.3　高性能处理器的流水线

1. 指令调度技术

相关性是程序固有的一种属性，反映了程序中指令之间的相互依赖关系。两条相关的指令不能并行执行或只能部分重叠执行。相关性的存在会引起流水线冲突，其中结构冲突由硬件资源相关引起，数据冲突由数据相关和名相关引起，控制冲突则由控制相关引起。某次相关是否会导致实际冲突的发生及冲突会带来多长的停顿，则与流水线有关。可以从两个方面来解决相关问题：一是保持相关但避免发生冲突；二是进行代码变换，消除相关。指令调度就是一种保持相关但避免发生冲突的技术。

1）静态调度

静态调度首先依靠编译器确定并处理程序中存在的相关指令，然后进行代码调度和优化。静态调度通过拉开相关指令的"距离"来减少可能产生的停顿，方法一是完全由编译器通过代码调度和插入空操作指令来消除所有相关，不需要硬件实现相关检测和进行流水线阻塞；方法二是先由编译器通过静态分支预测和代码调度来消除同时发射的指令间的内部依赖，再由硬件来检测相关并进行流水线阻塞。

编译器具有足够的存储空间，通过软件来分析整个程序，以获得更优的指令排布。但编译器需要深入了解体系结构的相关信息，如指令延迟和分支预测惩罚等，这降低了程序的可移植性。

2）动态调度

动态调度是指在程序的执行过程中，在保持数据流和异常行为的情况下，依靠专门的硬件对指令执行顺序进行重新安排，减少数据相关导致的停顿。

动态调度的优点是能够处理一些编译时情况不明的相关（如涉及存储器访问的相关），并简化编译器，能够使本来面向某一流水线优化编译的代码在其他动态调度的流水线上也能执行；缺点则是显著提高了硬件复杂性，增加了面积和功耗。

3）乱序执行

在顺序执行中，指令的执行必须遵循程序中指定的顺序。而在乱序执行中，指令在流水线中不再遵循程序中指定的顺序来执行，一旦某条指令的操作数准备好了，就可以将其送到功能单元中执行。乱序执行的关键在于使用一个指令缓冲器来开辟一个较长的指令窗口，允许在一个较大范围内派发和发射已译码的程序指令流，而发射流水段是流水线从顺序执行到乱序执行的分界点。

在经典的基本流水线中，不会发生先读后写（Write After Read，WAR）冲突和写后再写（Write After Write，WAW）冲突，但乱序执行后就可能发生这些冲突。

乱序执行带来的最大问题是异常处理比较复杂。在指令执行时，通常会有中断和异常产生，中断处理一般都是将处理器的指令寄存器压栈，先执行中断服务程序，再退回来执行中断后面的指令。以图3.4为例，XOR指令执行完后出现一个中断，但在乱序执行中，其后面的MOV指令、INC指令有可能已提前在XOR指令前面执行。动态调度致使指令乱序执行，大大增加了异常处理的难度。

图 3.4　中断例子

4）Tomasulo 算法

记分牌算法和 Tomasulo 算法是两种典型的动态调度算法。许多现代处理器都采用了 Tomasulo 算法及其变形。

每条指令包括操作码和操作数，其中操作码描述指令要做什么，以便处理器安排相应功能单元去执行，而操作数描述指令要处理什么数据。所以，指令执行依赖于两个条件，一是有空闲的功能单元去执行该指令，二是该指令的操作数已经准备好。只要满足这两个条件，指令就可以执行，而不需要等待前面的指令执行完。

Tomasulo 算法结合了以下两种技术以提高处理器的乱序执行性能：寄存器重命名以消除 WAR 和 WAW 两种冲突；操作数缓存以解决有效操作数相关引起的阻塞。基于 Tomasulo 算法的基本架构如图 3.5 所示。

来自指令部件的指令按序进入 FIFO（先进先出）缓冲器中形成指令队列，并按 FIFO 顺序流出。保留站用于保存已经派发并正等待所需功能单元执行的指令，包括操作码、操作数及用于检测和解决冲突的信息，每个保留站都拥有一个唯一的标识字段。所有功能单元的计算结果都被送到一条重要的数据通路，即公共数据总线（Common Data Bus，CDB），由其直接广播到需要该结果的各个部件，在具有多个执行部件且采用多发射方法（每个时钟周期发射多条指令）的流水线中，需要采用多条公共数据总线。加载缓冲器和存储缓冲器用于存放存储器读/写的数据或地址。

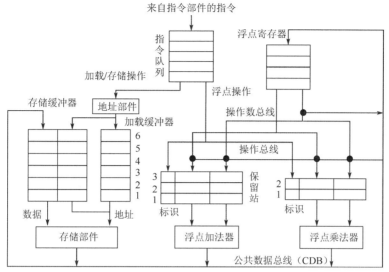

图 3.5 基于 Tomasulo 算法的基本架构

5）采用 Tomasulo 算法的指令执行步骤

在 Tomasulo 算法中，指令是顺序派发的，即指令按照程序中的顺序一条接一条地被派发，只要对应通路的保留站有空闲位置，就可将指令派发其中，同时将能读取的数据直接复制到保留站，这样就不用考虑 WAR 冲突。如果功能单元中有指令正在执行，或者指令缺少源数据，那么指令就留在保留站中并时刻监测公共数据总线，一旦该总线广播了所需数据，就立即复制下来，然后准备执行。一条指令只要完成执行就可以写回，写回的数据通过公共数据总线直通寄存器堆和各个保留站，但未必写进寄存器堆。

采用 Tomasulo 算法的指令执行步骤如图 3.6 所示。

图 3.6 采用 Tomasulo 算法的指令执行步骤

主要执行步骤描述如下。

- 重命名：为了在乱序执行中消除 WAR 和 WAW 两种冲突，需要对寄存器进行重命名，此过程可以在译码流水段完成，也可以单独使用一个流水段来完成。
- 派发：从指令队列中取出指令，如果保留站空闲，则会将指令派发至对应的保留站；派发流水段可以与重命名流水段放在一起，也可以各自单独使用一个流水段。
- 发射：如果操作数都已就绪，就将指令发射至功能单元。
- 执行：在功能单元中完成指令的操作。
- 写回：指令完成后，通过公共数据总线将结果写入所有等待的部件。

Tomasulo 算法需要复杂的硬件来实现相应功能，公共数据总线广播所带来的大容量和密集写操作受到该总线的制约。在单发射的处理器中，获益与代价不匹配。但对于多发射的处理器来说，随着发射能力的提高，寄存器重命名及动态调度技术变得越来越重要。由于在 Tomasulo 算法中，一旦指令进入发射流水段，原来指令在程序中的顺序就难以再保持，因此为了使程序的例外特征不变，如果一条分支指令还没有执行完毕，那么其后的指令就不允许进入执行流水段，分支预测（Branch Prediction）技术可用于解决此问题。

6）保留站

保留站（Reservation Station，RS）是 Tomasulo 算法提出的新结构，为每一条通路配置了一组缓冲器。保留站有多行，每一行都对应一条被派发进来的指令。完成寄存器重命名后的指令被放置在保留站中，等到操作数和功能单元都准备好时，才被发射出去执行。

译码后的指令并不直接被送至流水线，而是根据各自的指令种类被送至相应的保留站中缓存，以供乱序调度。在一条指令被派发进入保留站时，该指令所需数据存在多种情形：如果该指令的操作数已经可用，则马上提取并缓冲到保留站；如果操作数已经在寄存器中就绪，则提取到该保留站；如果操作数还在由前面的指令进行计算，则记录下将产生此操作数的保留站标识。保留站将操作数齐备、可执行的指令依次发射到流水线进行计算，而位于前面但操作数尚未准备好的指令，则不能开始执行，所以保留站中的指令执行顺序与程序并不一致（乱序）。另外，保留站会监测流水线的输出结果，如果恰好是等待中的指令的操作数，就将其读入，这样指令就可以执行了，而执行结束后的结果会被传送到公共数据总线上。

2．分支预测技术

对于控制相关的分支指令，在执行完之前不知道是否会发生跳转，也就是说，下一条指令的地址无法确定，因而就无法将其放入流水线中，只能等待分支指令执行完毕才能开始下一条指令的取指，这会导致流水线出现气泡（Bubble），从而大大降低流水线的吞吐能力。为了解决此问题，分支预测技术应运而生。采用分支预测技术后，当执行到分支指令时，不是白白等待指令执行完毕再给出下一条指令的地址，而是首先根据模型来预测分支是否发生跳转及跳转到哪里，然后将预测到的指令直接放入流水线，进行取指、译码等工作。当分支指令完成执行后的跳转结果与分支预测技术的预测结果一致时，流水线继续往下执行，如果发现预测结果错误，则需要清空流水线，将前面不该进入流水线的指令清空，并将正确的指令放入流水线重新执行。

1）动态分支预测

动态分支预测是指在程序运行时，根据分支指令过去的表现来预测其将来行为，为此，需要记录一个分支指令的历史信息，以根据历史信息来预测分支指令的去向，如图 3.7 所示。

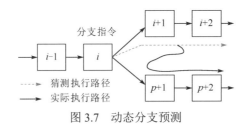

图 3.7　动态分支预测

2）分支预测缓冲器

最简单的动态分支预测方法是分支预测缓冲器（Branch Prediction Buffer，BPB）或称分支历史表（Branch History Table，BHT）。

常采用两个二进制位来记录历史信息以提高预测的准确度，两位分支预测如图 3.8 所示。研究表明，两位分支预测的性能与 n（$n>2$）位分支预测的性能差不多。

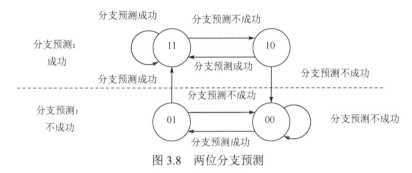

图 3.8　两位分支预测

当分支指令到达译码流水段时，根据从分支历史表中读出的信息进行分支预测。在执行流水段对预测结果进行比较，若预测正确，则继续处理后续指令，流水线没有断流；否则，作废已经预取和分析的指令，恢复现场，并从另一条分支路径中重新取指，并修改分支历史表的状态。

分支历史表中不含有分支目标地址，需要另行计算，只有在判定分支预测成功所需时间大于确定分支目标地址所需时间时，此方法才适用。

3）分支目标缓冲器

将过往分支预测成功的指令地址和其目标地址都保存到一个缓冲器中，即分支目标缓冲器（Branch Target Buffer，BTB），并用指令地址作为标识；在取指流水段，所有指令地址都与保存的标识相比较，一旦匹配，就认为该指令是预测成功的，其目标（下一条指令）地址就是保存在分支目标缓冲器中的分支目标地址。分支目标缓冲器如图 3.9 所示。

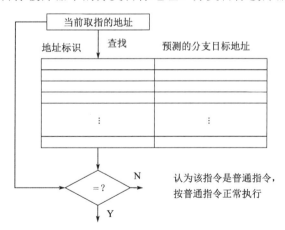

图 3.9　分支目标缓冲器

3．推测执行技术

1）顺序提交策略

在基于 Tomasulo 算法的乱序执行中，处理器会顺序取指、顺序译码、顺序派发，但是乱序发射和乱序执行，这为程序调试和分支指令的处理带来了巨大麻烦。

由于冯·诺依曼型架构的处理器会按照程序的顺序来执行指令，因此调试程序在停止某行代码时，希望其前面的指令全部执行完，而后面的指令都没有执行。控制指令、程序异常和外部中断会截断指令流，如果在乱序执行过程中就对异常进行处理，则会导致代码发生异常的位置与实际执行位置不匹配，打破乱序执行不得影响程序状态的规则，从而破坏冯·诺依曼型架构所承诺的编程原则，为此需要等到指令最后提交结果时才发起异常处理，确保异常之前的所有指令都执行完毕，而之后的所有指令都没有执行，然后处理器将异常发生时的处理器状态保存下来供程序调试，实现精确中断。此外，如果指令没有顺序提交，有分支预测且分支预测失败，则很难恢复处理器状态。

为此，设计人员提出了重排序缓冲的概念来改进 Tomasulo 算法，从而实现处理器的顺序发射→乱序执行→顺序提交。重排序缓冲的核心思想是记录下指令在程序中的顺序，一条指令在执行完毕之后不会立即提交，而是先在缓冲器中等待，直到前面的所有指令都提交完毕后才将结果提交到寄存器堆。重排序缓冲支持分支预测，因为指令总是顺序提交的，所以完全可以在分支指令提交的时候去检测分支预测结果，如果预测失败，则清除缓冲器中的所有指令即可。在图 3.10 中，分支预测单元预测 JNZ 指令跳转到 XOR 指令处执行，但乱序执行使 XOR 指令在 ADD 指令前面执行了。当处理器执行到 JNZ 指令时，发现分支结果预测错了，实际上应该执行 MOV 指令这个分支，按照顺序提交策略，JNZ 指令后面指令的结果都没有提交，可以直接抛弃，那么重新开始执行 MOV 指令即可。

图 3.10　顺序提交策略

2）推测执行

推测执行（Speculative Execution）的基本思想是在取指时，在局部范围内预先判断下一条待取指令最有可能的位置，保证取指部件所取的指令按照指令代码的执行顺序取入，而不是完全按照程序指令在存储器中的存放顺序取入。

推测执行在架构上是基于动态调度流水线架构而进行扩展的。在 Tomasulo 算法实现架构的基础上，增设分支目标缓冲器以实现动态分支预测，增设重排序缓冲器（ROB）以实现指令窗口和结果暂存功能。采用基于硬件的推测执行后，动态分支预测和 Tomasulo 算法动态调度得到了充分融合，实现了指令顺序派发和乱序发射、乱序执行而不写结果、顺序确认并写结果三步进行流水的调度方式。

当推测正确时，推测执行可显著提高性能，当推测错误时，需要有完备的取消机制防止执行流出错。通常推测执行能达到 80%～90%的推测正确率。推测执行和乱序执行对性能的提高都具有显著的影响力，在模拟器上的验证表明，关闭乱序执行大约会损失一半的性能，关闭分支预测则会将处理器的最大指令吞吐能力的理论上限倒退几十年。

推测执行的基本架构如图 3.11 所示。与基于 Tomasulo 算法的基本架构相比，该架构主要有三点改动：一是增设了 ROB；二是公共数据总线不再直通寄存器堆，而是直通 ROB；三是指令的源数据可以从寄存器堆、公共数据总线和 ROB 中取得。

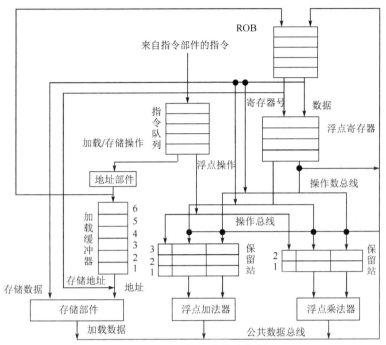

图 3.11　推测执行的基本架构

在推测执行中，指令能否派发主要取决于保留站和 ROB 是否都空闲，如果都空闲就可以派发。派发之后指令会分别占据保留站和 ROB，并用 ROB 的编号标记寄存器结果状态表。一旦指令的源数据准备完毕就开始执行，执行可能需要很多个周期，此时其他指令就需要在保留站中等待。指令执行完毕后源数据就被写回到 ROB，同时由公共数据总线广播出去，但不会更新寄存器堆。只有当一条指令成为 ROB 中最 "老" 的指令时，该指令才可以提交，并在提交周期结束时更新寄存器堆。

3）推测执行的指令执行步骤

推测执行将 Tomasulo 算法加以扩充，在写回流水段后增加一个提交流水段。在写回流水段，将推测执行的结果写入 ROB，并通过公共数据总线传送给需要使用的指令；而在指令确认时，等分支指令的执行结果出来后，对相应指令的推测执行结果给予确认。如果推测执行结果正确，便将 ROB 中的结果写到寄存器或存储器，否则不予确认，并从正确的分支路径中开始重新取指并执行。

推测执行的指令执行步骤如图 3.12 所示。

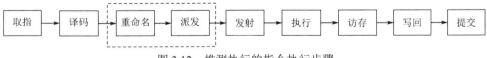

图 3.12　推测执行的指令执行步骤

主要执行步骤描述如下。

- 重命名：为了在乱序执行中消除 WAR 和 WAW 两种冲突，需要对寄存器进行重命名，此过程可以在译码流水段完成，也可以单独使用一个流水段来完成。
- 派发：从指令队列中取出指令，如果保留站空闲，则会将指令派发至对应的保留站，派发流水段可以与重命名流水段放在一起，也可以各自单独使用一个流水段。

- 发射：如果操作数都已就绪，就将指令发射至功能单元。
- 执行：在功能单元中完成指令的操作。
- 写回：当完成指令后，将产生的结果连同对应指令的 ROB 编号上传到公共数据总线，经其写到 ROB 及所有等待该结果的保留站，并释放产生该结果的保留站。存操作指令在写回流水段完成，如果要写入存储器的数据已经就绪，则将其写入对应的 ROB，否则监测公共数据总线，直到数据就绪才将之写入 ROB。
- 提交：不同指令的处理不同。当除分支指令和存操作指令外的其他指令到达 ROB 队列的头部且结果已有效时，将结果写入该指令的目标寄存器，并从 ROB 中删除该指令。如果是存操作指令，则处理与上面类似，只是将结果写入存储器。当预测错误的分支指令到达 ROB 队列的头部时，清空 ROB，并从分支指令的另一个分支重新开始执行；当预测正确的分支指令到达 ROB 队列的头部时，该指令执行完毕。

4）ROB

为了实现指令的顺序提交，处理器内部需要一套额外的缓冲硬件，称为 ROB，以保存那些执行完毕但未经确认的指令和结果。

ROB 可以理解成一个 FIFO 缓冲器，在派发时会按照顺序将指令送入保留站和 ROB 中，最后根据指针进行提交，后面的指令即便已经执行完成，只要还未排到就不会被提交。

完成寄存器重命名的每条指令都要送到 ROB 中按照初始顺序存放。如果指令不能从寄存器堆读取到所需数据，则会根据寄存器结果状态表来查询数据，此时存在三种情形：一是数据由正在执行的指令得出，此时指令需要在保留站中监测公共数据总线；二是数据正在 ROB 中但是没有提交，此时指令会从 ROB 中读出数据；三是数据正在公共数据总线上广播，此时指令便读取该数据。指令乱序执行后，只是修改了处理器内部的物理寄存器，并没有修改处理器的逻辑寄存器（汇编指令能看到的寄存器）；当指令提交时，按照 ROB 中的顺序修改处理器的逻辑寄存器。正在推测执行的指令之间通过 ROB 来传送结果，结果被确认前不能更新寄存器。

可以看到，在推测执行中，处理器指令顺序获取，执行结果顺序返回，二者都通过队列而实现。但是处理器内部指令的执行可能发生乱序，只要能在指令的译码阶段正确地分析出指令之间的数据依赖关系，此乱序就只会在互相没有影响的指令之间发生。即便指令的执行乱序，在计算结果最终写入寄存器或存储器之前，依然会进行一次排序，以确保在外部看来所有指令仍是顺序完成的。

推测执行需要额外的 ROB 来计算和存储指令间的相关及执行状态，等到安全时才将其中的结果写回寄存器或存储器。由此带来的额外面积可以占到处理器内核的 40%，虽然提供了更高的并行度，但性能提升未必有 40%。顺序执行不需要 ROB，或者 ROB 结构非常简单。单线程程序存在很多数据相关，能利用的指令并行度有限，再大力度的重排序缓冲也消除不了真正的数据相关，所以功耗敏感的处理器还是使用顺序执行策略比较好。

3.1.2 多指令发射技术

在基本流水线（单发射流水线）中，取指部件和译码部件各设置一套，而操作部件可以设置成一个多功能部件，也可以设置成多个独立的操作部件，如定点算术逻辑部件（ALU）、取数存数部件（LSU）、浮点加法部件（FAD）、乘除法部件（MDU）等。单指令发射流水线和指令流如图 3.13 所示。

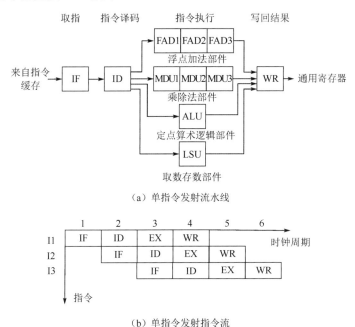

（a）单指令发射流水线

（b）单指令发射指令流

图 3.13　单指令发射流水线和指令流

一次性取出多条指令，分发给多个并行的指令译码器进行译码，并交给不同的功能单元去处理。这样，在一个时钟周期里，能够完成的指令就不止一条。这种技术称为多指令发射（Multiple Issue）或多指令流出技术，如图 3.14 所示。

多指令发射技术的基本前提是具有足够多的硬件，即不存在结构竞争，如浮点计算和整数计算的指令可以同时执行且互不干扰。

多指令发射技术分为静态多指令发射技术和动态多指令发射技术两种，其中静态多指令发射技术主要依赖编译器对程序的重排序，执行时流出固定条数的指令，而动态多指令发射技术是指在程序运行期间由硬件自己决定流出指令的条数，可以是一条、两条或多条，甚至不流出指令。

多指令发射处理器可分为超长指令字处理器和超标量处理器两类，它们的不同之处在于并行发射指令的指定时间不一样。超长指令字处理器在编译阶段由编译器指定并行发射的指令，而超标量处理器在执行阶段由处理器指定并行发射的指令，因此超标量处理器的硬件复杂性更高。

多指令发射是指处理器在一个时钟周期内能够同时执行两条或多条指令。乱序是指处理器能够动态地调度指令，将程序规定必须后置执行但实际上并不存在执行冲突的指令提前执行。因此，乱序多指令发射被视为现代高性能处理器微架构的基石，可以对整个执行流程进行非常复杂、精细的控制和调度。

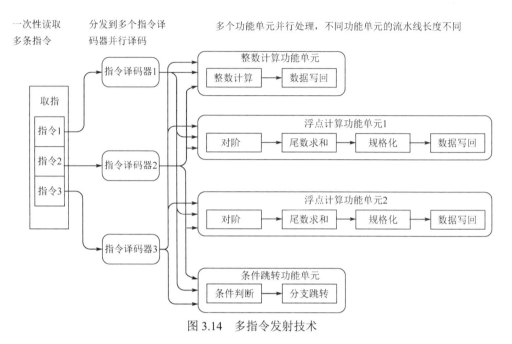

图 3.14　多指令发射技术

1．超长指令字处理器

超长指令字（Very Long Instruction Word，VLIW）是指每个时钟周期内流出固定条数的指令，从而构成一条长指令或一个指令包。超长指令字处理器的指令流如图 3.15 所示。

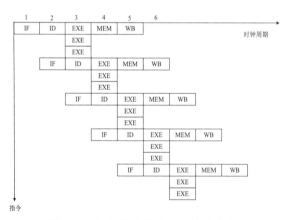

图 3.15　超长指令字处理器的指令流

在超长指令字中，多个操作按规定搭配顺序排列，即指令类型不能任意搭配，操作顺序不能任意颠倒。编译器完成超长指令字的组装，即由编译器进行静态调度，选择无相关性的指令按规定搭配顺序填入超长指令字。超长指令字处理器所需硬件较少，但多指令发射的能力有限，因此功能单元使用效率不高。必须有充足的可并行执行指令，才能充分发挥超长指令字处理器的功能单元的作用，为此编译器必须采用功能更强的全局调度技术。

2．超标量处理器

如果在一个时钟周期内能发射 N 条指令，则称该处理器为 N 发射的处理器。超标量处理器是指通过同时向不同功能单元发射多条指令，从而在同一时钟周期内执行多条指令的标量处理器。超标量处理器内有多个细粒度的功能单元，每个功能单元可以设计为多套，以支持并行执行多条指令，从而达到加快处理速度的目的。超标量处理器的指令流如图 3.16 所示。同时发射的指令按一定规律搭配，即有一定限制，如同时发射的指令必须是独立的，即无数据竞争。利用静态调度（编译器完成）或动态调度（硬件完成）方法来确定可同时发射的指令条数。

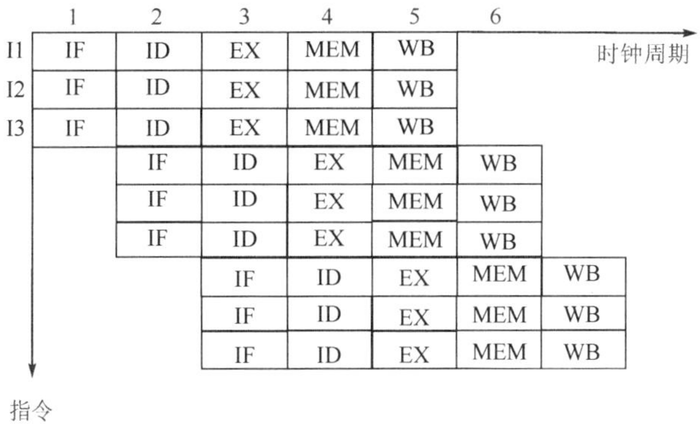

	1	2	3	4	5	6	
I1	IF	ID	EX	MEM	WB		时钟周期
I2	IF	ID	EX	MEM	WB		
I3	IF	ID	EX	MEM	WB		
		IF	ID	EX	MEM	WB	
		IF	ID	EX	MEM	WB	
		IF	ID	EX	MEM	WB	
			IF	ID	EX	MEM	WB
			IF	ID	EX	MEM	WB
			IF	ID	EX	MEM	WB

指令

图 3.16　超标量处理器的指令流

在超标量处理器中，不仅需要设置多套取指部件和译码部件，还要判断指令之间有无功能单元冲突，有无数据相关和控制相关等，另外，还要将几个指令译码器的输出送到多个操作部件中去执行。因此，超标量处理器的控制逻辑比较复杂。在某些超标量处理器中，操作部件的个数要多于每个时钟周期内发射的指令条数。例如，在每个时钟周期发射两条指令的超标量处理器中，通常有 4 个或更多个独立的操作部件，而有的超标量处理器中有多达 16 个的独立操作部件。

程序顺序是指由原来程序确定的、在完全串行方式下的指令的执行顺序。并不需要在所有存在相关的地方都保持程序顺序，只有在可能会导致错误的情况下才需要保持程序顺序。

当多条流水线同时工作时，指令的发射顺序和完成顺序对提高超标量处理器的性能非常重要。如果指令的发射顺序为程序中指令的排列顺序，则称为顺序发射（In-order Issue），否则称为乱序发射（Out-of-order Issue）。指令有两种执行方式，即顺序执行（In-order Execution）和乱序执行（Out-of-order Execution）。同样，如果指令的完成必须按照程序中指令的排列顺序进行，则称为顺序完成（In-order Completion），否则称为乱序完成（Out-of-order Completion）。

（1）基于静态调度的超标量处理器。

静态调度采用顺序执行策略，即按照程序计数器（Program Counter，PC）的取指顺序，一条一条地执行，遇到数据相关就停下等待，最终指令顺序完成。顺序执行不需要考虑 WAW 冲突和 WAR 冲突，即寄存器重命名部件可考虑不使用，而 RAW（先写后读）冲突是无可避免的，只能通过数据旁路来优化，以减少冲突所带来的气泡。

因为数据相关的问题，所以顺序执行最多使用双发射结构，否则硬件开销较多。同时，顺序执行不需要额外的监管部件，即指令都顺序执行，最后都顺序提交即可。在一些关注低功耗和低成本的处理器中，会采用顺序执行策略。

（2）基于动态调度的超标量处理器。

动态调度采用顺序取指、顺序译码、顺序派发的策略，其中没有相关性的指令可以先执行。

在多个功能单元的超标量设计中，一系列的功能单元可以同时执行一些没有数据相关性的若干条指令，只有需要等待其他指令计算结果的指令会按照顺序执行。当处理器允许将多条指令不按程序规定的顺序而分开发送给各相应功能单元进行处理时，为乱序执行。

（3）基于推测执行的超标量处理器。

基于推测执行的超标量处理器的指令处理过程如图 3.17 所示。指令进入指令窗口（发射队列、保留站）的顺序与程序顺序一致，即顺序派发。当所需功能单元可用且无冲突或无相关性阻碍指令执行时，指令就进入功能单元，即乱序发射和执行。先被执行的指令，其计算结果仍按照指令派发顺序写回最终的寄存器，即顺序提交。

图 3.17　基于推测执行的超标量处理器的指令处理过程

表 3.1 比较了不同的多指令发射技术，可以看出，静态超标量技术采用静态调度、顺序执行的方式，动态超标量技术采用动态调度、部分乱序执行的方式，而推测超标量技术采用动态调度、带推测的乱序执行的方式（这是主流处理器选择的方式）。超长指令字技术采用静态发射、静态调度、编译器分析冲突的方式来实现，基本只用于信号处理。但是目前很多 AI 芯片开始采用超长指令字处理器，因为其所运行的指令集基本没有跳转一类的控制指令，只是按顺序执行。

表 3.1　不同的多指令发射技术比较

技术	发射结构	冲突检测	调度	主要特点	处理器实例
静态超标量技术	动态	硬件	静态	顺序执行	Sun UltraSPARC II/III
动态超标量技术	动态	硬件	动态	部分乱序执行	IBM Power2
推测超标量技术	动态	硬件	动态	带推测的乱序执行	Pentium III/4、MIPS R10K、Alpha 21264、HP PA 8500、IBM RS64 III
超长指令字技术	静态	软件	静态	编译器分析冲突	Trimedia、i860

3. 超流水线处理器

超流水线处理器将每条指令的执行流程细分为尽可能多的流水线级别，并允许在不同阶段同时处理不同的指令。如果每个时钟周期完成一级流水线操作，那么每个时钟周期所进行的操作越少，其所需要的时间越短，而时间越短，频率就越高，从而加快指令执行速度。一般可以将流水线深度大于或等于 8 的流水线处理器称为超流水线处理器。

无论多么复杂的流水线，其基本上都是基于经典的 5 级流水线框架设计的，但流水线的有些功能段可以进一步细分，如 ID 功能段可以细分为译码、读第一操作数和读第二操作数三个流水段；有些功能段不能细分，如 WR 功能段一般就不再细分。图 3.18 所示的处理器采用超流水线结构，指令流水线有 8 级。取指和访问数据都要跨越两个流水级。处理器取第一条指令（IF）和取第二条指令（IS）两个流水级都要访问指令缓存，两个流水级为一个时钟周期。

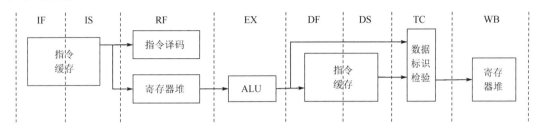

IF—取第一条指令；IS—取第二条指令；RF—读寄存器堆，指令译码；EX—执行指令；

DF—取第一个数据；DS—取第二个数据；TC—数据标识检验；WB—写回结果。

图 3.18　超流水线处理器

超标量处理器通过设置多套取指、译码、执行和写回等指令执行部件，能够在一个时钟周期内同时发射多条指令，同时执行并完成多条指令；超流水线处理器则把流水段进一步细分为几个流水级，或者说将一个时钟周期细分为多个流水线周期，由于每一个流水线周期可以发射一条指令，因此每一个时钟周期就能够发射并执行完成多条指令。对于每个时钟周期能发射 N 条指令的超流水线处理器来说，这 N 条指令并不是同时发射的，而是每隔 $1/N$ 个时钟周期发射一条指令，实际上该超流水线处理器的流水线周期为 $1/N$ 个时钟周期。超流水线处理器的指令流如图 3.19 所示。

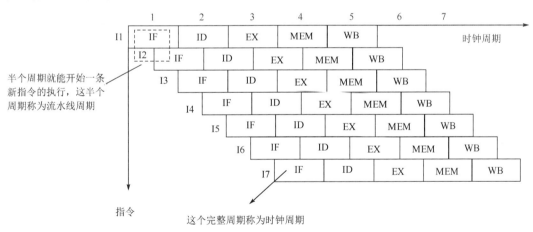

图 3.19　超流水线处理器的指令流

通常，超标量处理器要使用更多的晶体管，而超流水线处理器需要速度更快的晶体管及更精确的电路设计。为了进一步提高处理器的指令级并行度，可以将超标量技术与超流水线技术结合在一起，从而形成超标量超流水线处理器。

4．微操作

在处理器内核中，控制部件通过控制线向执行部件发出的控制命令称为微命令，执行部件接收微命令后进行的操作称为微操作。在一个处理器周期中，一组实现一定功能的微命令的组合构成一条微指令，而一系列微指令的有序集合称为微程序，微程序的综合可以实现整个指令系统。当完成宏操作时，原始的 ISA 指令可能会比较复杂。指令可以不直接送至执行引擎，而是由译码器将其分解为多个微操作，用微指令实现，每个微操作只完成一个基本操作。首先将多条微指令放进一个微指令缓冲器，然后派发到后面的超标量乱序执行流水线架构中，如图 3.20 所示。

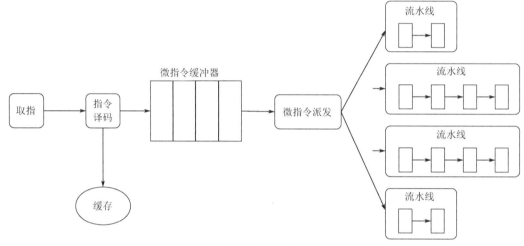

图 3.20　微指令派发

宏操作与微操作的发射数可能不同，在图 3.21 中，每个时钟周期内发射 6 个宏操作和 10 个微操作。

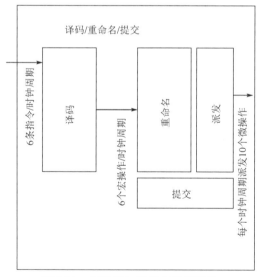

图 3.21　宏操作与微操作的发射数

5. 超线程处理器

超线程处理器是指在一个物理处理器内核中存在两个逻辑处理器内核的处理器。例如，在一个物理处理器内核中，存在双份的 PC 寄存器、指令寄存器等，可以维护两条并行指令的状态，仿佛有两个逻辑处理器在同时运行。所以，超线程技术也被称为同步多线程（Simultaneous Multi-Threading，SMT）技术。

不过，在处理器的其他组件上，无论是指令译码器还是计算单元，一个处理器内核仍然只有一份。超线程并不是真的同时运行两条指令，只是当线程 A 的指令在流水线上停顿时，如果线程 B 的指令对线程 A 的指令没有关联和依赖，就可以利用空出来的指令译码器和计算单元去执行指令。这样，通过很小的代价，处理器就能实现同时运行多个线程。

尽管乱序执行的初始目的是提高效率，但是某些优化会导致多线程程序产生意外。因此有必要采用一种机制来消除乱序执行带来的负面影响，也就是说，应该允许程序员显式地告诉处理器对某些地方禁止乱序执行。这种机制就是内存屏障，不同架构的处理器在其指令集中提供了不同的指令来发起内存屏障。

3.1.3　典型处理器架构

1. Cortex-A53 流水线

Cortex-A53 将性能和面积之间的平衡做得非常好，其流水线如图 3.22 所示。

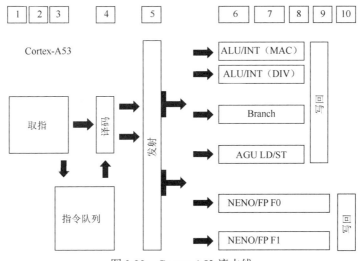

图 3.22　Cortex-A53 流水线

- 指令宽度：每个时钟周期取指 128bit（意味着 4 条 ARMv8-A 指令）。
- 译码宽度：每个时钟周期的译码宽度为 2 条指令。
- 发射宽度：每个时钟周期发射 2 条微指令。
- 顺序执行。
- 执行单元：6 个。
- 整个流水线深度：8～10 级。

2. Cortex-A77 流水线

Cortex-A77 的性能非常高，其流水线如图 3.23 所示。

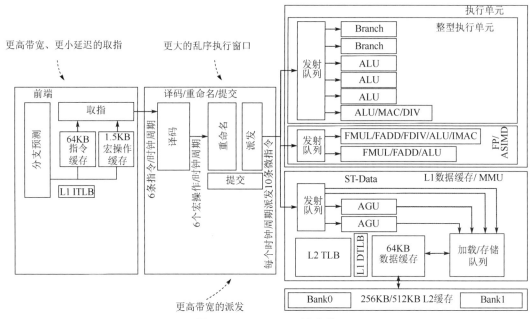

图 3.23　Cortex-A77 流水线

- 指令宽度：每个时钟周期取指 512bit（意味着 16 条 ARMv8-A 指令）。
- 译码宽度：每个时钟周期的译码宽度为 6 条指令。
- 派发宽度：每个时钟周期派发 10 条微指令。
- 乱序执行。
- 执行单元：8 个，其中 6 个整型执行单元，2 个浮点执行单元。
- 整个流水线深度：13 级。

3. Intel Sandy Bridge 处理器微架构

Intel Sandy Bridge 处理器主要包括 5 个组成部分：内核、环状互连（Ring Interconnect）、L3 缓存、系统代理（System Agent）和图像处理器（GPU）。Intel Sandy Bridge 处理器内核如图 3.24 所示。CPU 使用取指单元将代码段从内存中取出；通过译码单元将机器码按序转化为定长的微操作，发射到微操作译码等候区；乱序单元取出微操作，根据执行条件和依赖关系，重新排序后，发送到统一调度器；统一调度器将计算指令发送到计算单元得到计算结果，将内存读写指令发送给访存单元完成内存读写。

- 指令宽度：每个时钟周期取指 512bit。
- 译码宽度：每个时钟周期的译码宽度为 6 条指令。
- 派发宽度：每个时钟周期派发 4 条微指令。
- 发射队列：6 个。
- 乱序执行。
- 执行单元：12 个。
- 整个流水线深度：14 级。

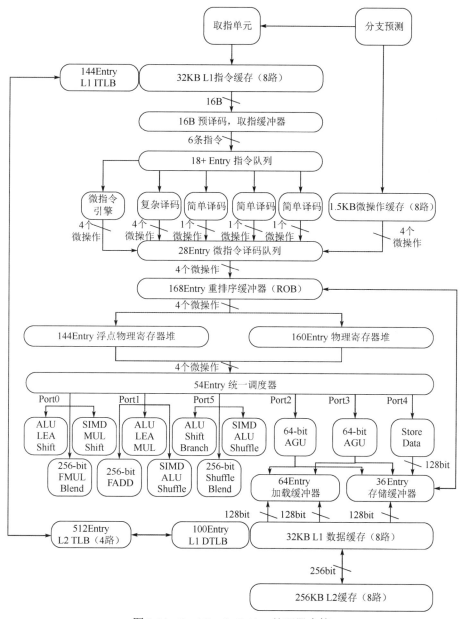

图 3.24　Intel Sandy Bridge 处理器内核

3.2　多处理器系统

　　最早时，一个处理器就是一个完整的物理处理单元，之后由于多核技术的发展，处理器的概念转变为一个容器（Container），而功能单元的内核变成了真正的物理处理单元，负责指令的读取和执行。一个处理器中可以有多个内核，各个内核之间相互独立且可以并行执行。具有两个或多个内核的单个处理器称为多核处理器，而两个或多个处理器构成多处理器系统。

费林分类法认为，计算机中的资讯流可分为指令流和数据流两种。根据指令流和数据流的数量，计算机可分为 4 种类型：单指令流单数据流（Single Instruction Single Data，SISD）计算机、单指令流多数据流（Single Instruction Multiple Data，SIMD）计算机、多指令流单数据流（Multiple Instruction Single Data，MISD）计算机和多指令流多数据流（Multiple Instruction Multiple Data，MIMD）计算机，如图 3.25 所示。

		数据流	
		Single	Multiple
指令流	Single	SISD 计算机：Intel Pentium4	SIMD 计算机：x86 SSE
	Multiple	MISD 计算机：无实例	MIMD 计算机：Intel Xeon E5345（Clovertown）

图 3.25　计算机分类

1．SISD 计算机

SISD 计算机是一种传统的串行计算机，其硬件不支持任何形式的并行计算，因此所有指令都串行执行，并且在一个时钟周期内，处理器只能处理一个数据流。SISD 的一个典型应用是冯·诺依曼型架构。

2．SIMD 计算机

SIMD 计算机采用一个指令流处理多个数据流，由于同一组数据中的不同部分在不同的处理单元上完成计算，因此实现了空间上的并行性。SIMD 在数字信号处理、图像处理及多媒体信息处理等领域非常有效，典型应用有向量处理器等。

3．MISD 计算机

MISD 计算机采用多个指令流来处理单个数据流。在一般情况下，一条指令中就包含对多个数据流的操作，而多个指令流中将包含对更多数据流的操作。MISD 计算机只是作为理论模型出现，并没有投入实际应用。

4．MIMD 计算机

MIMD 计算机可以同时执行多个指令流，分别对不同数据流进行操作。MIMD 的主要应用有多个处理器组成的单个计算机或多个计算机组成的计算机集群，如 Intel 和 AMD 的双核处理器等都采用 MIMD。

3.2.1　多处理器系统的分类

多处理器系统也称为并行系统（Parallel System），拥有两个或多个紧密通信的处理器，共享总线、内存和外设等，可以增加吞吐量和提高可靠性，主要应用于服务器、桌面计算机，以及智能手机和平板电脑等移动设备。

1．共享内存多处理器系统

在共享内存多处理器系统中，硬件保证所有处理器都可以访问和使用相同的内存，如图 3.26 所示。

（1）集中式共享内存多处理器（Centralized Shared-memory Multiprocessor，CSM）系统：所有处理器共享内存和外设，使用相同的总线来访问内存。

（2）分布式共享内存多处理器（Distributed Shared-memory Multiprocessor，DSM）系统：每个处理器都有专用内存，可以操作本地数据以执行计算任务。如果需要远程数据，则可以与其他的处理器通信或通过总线访问内存。

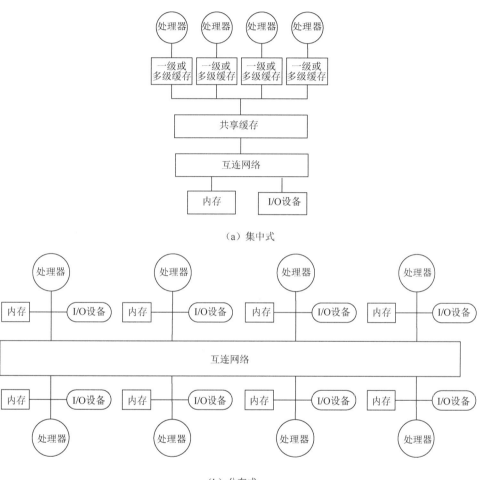

（a）集中式

（b）分布式

图 3.26　共享内存多处理器系统

根据处理器之间的不同关系，多处理器系统可以分为对称和非对称结构，其中在对称结构下，多个处理器的角色地位平等，没有主从之分，而在非对称结构下，不同处理器的角色地位不同，有主从之分。根据处理器访问共享内存所需时间，多处理器系统可以分为均匀内存访问结构和非均匀内存访问结构，其中在均匀内存访问结构下，所有处理器访问内存所需时间相同，而在非均匀内存访问结构下，有些处理器访问内存所需时间更长。集中式共享内存对应均匀内存访问，而分布式共享内存对应非均匀内存访问。

2．非对称多处理器系统

非对称多处理器（Asymmetric Multi-Processor，AMP）系统中存在多个处理器，每个处理器都有自己的独立内存和总线结构，多个处理器之间共享部分内存。虽然各个处理器可以运行不同的操作系统，但是需要通过一个操作系统来控制不同处理器之间的协同工作，该操作系统总是运行在某个特定的处理器（称为主处理器）上，而其他处理器（称为从处理器）用于执行用户程序和操作系统的使用程序。非对称多处理器系统如图 3.27 所示。主处理器管理其他从处理器，如果主处理器不能工作，则由第二候选处理器升级为主处理器。通过信息传递机制进行处理器之间的同步和通信。这种主从架构非常简单，一个处理器控制了所有存储器和 I/O 设备，因此可以简化冲突。但是，主处理器的失败将导致整个系统失败，而且主处理器必须负责所有的进程调度和管理，因此可能成为性能瓶颈。

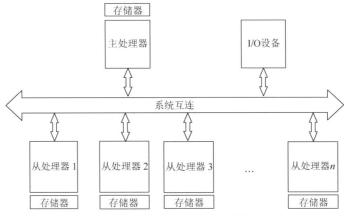

图 3.27　非对称多处理器系统

非对称多处理器系统可分为同构（Homogeneous）系统和异构（Heterogeneous）系统，其中，同构是指所有处理器具有相同的架构，运行同一种类型和版本的操作系统，而异构是指多个处理器具有不同的架构，各自运行不同类型或版本的操作系统。

3. 对称多处理器系统

对称多处理器（Symmetric Multi-Processor，SMP）系统内的所有处理器都是同构的，且共享全部资源，如总线、内存和 I/O 设备等，处理器之间通过共享内存机制来实现同步和通信。如果两个处理器同时请求访问同一资源，如同一段内存地址，则由硬件或软件机制来解决高速缓存一致性问题。在对称多处理器系统中，单一操作系统存在于内存中，系统内的所有处理器都可以访问，但不能同时访问，如图 3.28 所示。

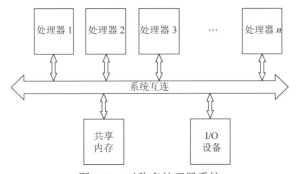

图 3.28　对称多处理器系统

在对称多处理器系统中，操作系统的内核可以在任何处理器上运行，并且每个处理器可以从可用的进程或线程池中进行各自的调度工作。对称多处理器方法增加了操作系统的复杂性，必须确保两个处理器不会选择同一个进程，并且要确保进程队列不会丢失，因此需要解决同步问题。现在的操作系统，如 Linux、Windows、MacOS 等，都采用对称多处理器方法。对称多处理器系统中的所有资源共享，这导致每个共享环节都可能成为扩展时的瓶颈，而最受限制的是内存。

非对称多处理器系统与对称多处理器系统的比较如表 3.2 所示。

表 3.2　非对称多处理器系统与对称多处理器系统的比较

序号	关键	非对称多处理器系统	对称多处理器系统
1	CPU	所有处理器的优先级都不相同	所有处理器的优先级都相同
2	操作系统任务	操作系统任务由主处理器完成	操作系统任务可以由任何处理器完成
3	通信开销	处理器之间没有通信开销，因为由主处理器控制	所有处理器都使用共享内存相互通信
4	进程调度	采用主从式方法	使用就绪的进程队列
5	成本	实现成本较低	实现成本较高
6	设计复杂度	设计容易	设计复杂

1）均匀内存访问

在对称多处理器系统中，每个处理器访问内存中的任何地址所需时间相同，因此被称为均匀内存访问（Uniform Memory Access，UMA）。由于每个 CPU 必须通过相同的内存总线访问相同的内存资源，因此随着处理器数量的增加，内存访问冲突将迅速增多，最终会造成处理器资源的浪费，使处理器性能大大降低。

2）非均匀内存访问

由于对称多处理器技术在扩展能力上的限制，人们开始探索可进行有效扩展、构建大型系统的技术，非均匀内存访问（Non-Uniform Memory Access，NUMA）技术就是其中之一。利用非均匀内存访问技术，可以将几十个甚至上百个处理器组合在一起。非均匀内存访问结构如图 3.29 所示。

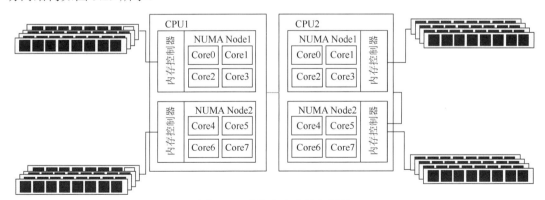

图 3.29　非均匀内存访问结构

非均匀内存访问结构的基本特征是具有多个 CPU，每个 CPU 由多个处理器（如 4 个）组成，并且具有独立的本地内存、I/O 接口等。由于其节点之间可以通过互连模块，如交叉矩阵，进行连接和信息交互，因此每个处理器都可以访问整个系统的内存，访问本地内存的速度将远远高于访问远地内存（系统内其他节点的内存）的速度，这也是非均匀内存访问的由来。为了更好地发挥系统性能，开发应用程序时需要尽量减少不同 CPU 之间的信息交互。利用非均匀内存访问技术，可以较好地解决原来对称多处理器系统的扩展问题，但由于访问远地内存的延迟远远超过访问本地内存的延迟，因此当处理器数量增加时，系统性能无法线性增加。

3.2.2　多核处理器

处理器的执行单元称为内核（Core），负责指令的读取和执行。具有一个内核的处理器称为单核处理器，而具有多个内核的处理器称为多核处理器。受半导体工艺限制，继续制造高性能的单核处理器不再现实，加之其带来的功耗与散热问题难以解决，因此越来越多的半导体厂商倾向于制造功耗更低、性能均衡的多核处理器（Multicore Processor，MP），以提高处理器的综合性能。多核处理器比单核处理器更加高效和低功耗。

多核处理器可进行不同分类：从内核的数量角度，可分为多核处理器和众核处理器；从内核的结构角度，可分为同构多核处理器和异构多核处理器；从适用及应用角度，可分为面向桌面计算机、服务器等应用的通用多核处理器，以及面向特定应用的多核处理器，如 GPU 可看作一种特定的众核处理器，它具有很高的浮点峰值性能。

高性能处理器可能拥有四核、八核或更多核，当处理器内核数量很多时（一般大于 64个），则称为众核处理器（Many-core Processor）。

图 3.30 显示了 ARM 单核、双核和四核处理器，其中每个内核都拥有自己的寄存器和本地缓存。

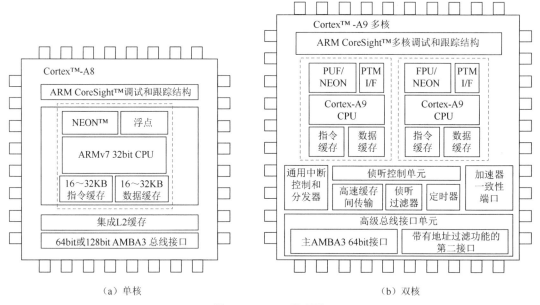

（a）单核　　　　　　　　　　　　　　（b）双核

图 3.30　ARM 处理器

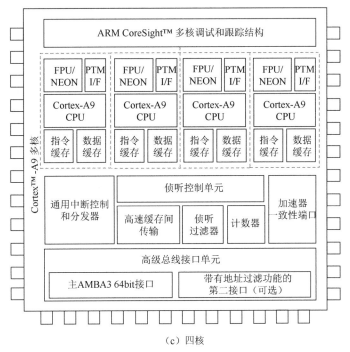

（c）四核

图 3.30 ARM 处理器（续）

多核处理器属于 MIMD 类型，不同的内核执行不同的线程（多条指令），并在内存的不同部分上运行。线程数是一种逻辑概念，即模拟出的处理器内核数量。例如，可以通过单个处理器内核模拟出二线程处理器，也就是说，此单核处理器被模拟成了一个类似双核的处理器。对于一个处理器，线程数总是大于或等于内核数量的，因此一个内核最少对应一个线程，但通过超线程技术，一个内核可以对应两个线程，即可以同时运行两个线程。

1．同构多核处理器

同构多核处理器（Homogeneous MP）是常见的通用多核处理器，如图 3.31 所示。每个处理器内核的结构完全相同，地位等同，可以共享相同代码，也可以各自执行不同代码。同构多核处理器可以通过共享存储器的方式进行互连，也可以通过缓存的方式进行互连。采用缓存进行互连就需要解决缓存一致性问题，通常加入侦听控制单元来实现。

2．异构多核处理器

异构多核处理器（Heterogeneous MP）中的内核具有不同的微架构设计和实现，分为主核和从核。主核的结构和功能较为复杂，负责全局资源和任务的管理及调度，并完成从核的引导加载。从核接受主核的管理，负责运行主核分配的任务，并具有本地任务调度与管理功能。在异构多核处理器中，根据不同内核的结构，各个内核可运行相同或不同的操作系统。ARM 的 DynamIQ 技术允许 Cortex-A75 和 Cortex-A55 CPU 内核混合在一个处理器簇（集群）中，从而获取更好的性能和成本效益。异构多核处理器如图 3.32所示。

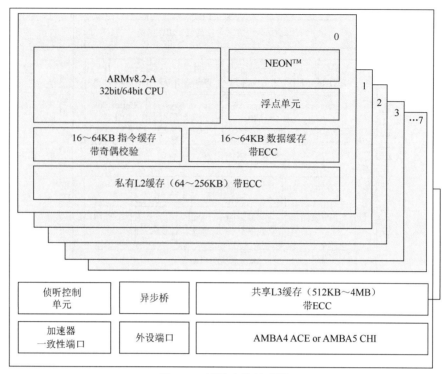

图 3.31　同构多核处理器

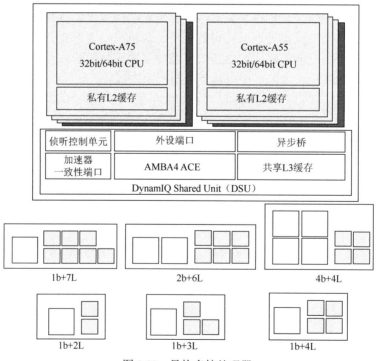

图 3.32　异构多核处理器

在异构多核处理器中，可以分别控制单个内核的供电电压和时钟频率，以节省功耗或暂时提高单线程性能。

3. 同步多核处理器

同步多核处理器（Synchronous MP）内的所有内核工作在相同频率和电压下，以最大限度地发挥性能，但同时会带来更高的功耗。

4. 异步多核处理器

异步多核处理器（Asynchronous MP）内的各个内核能够同时工作在相同或不同的频率和电压下，以处理不同任务，显著降低功耗。例如，在第一个内核未达到满载状态时，第二个内核首选执行其他任务或保持空闲（不启动），只有在第一个内核满载时，第二个内核才会分担其任务。

多核原是针对 CPU 而论的，但现在也针对系统芯片（SoC）而论。通常将具有多个独立的单核处理器或多核处理器或其他处理单元的单一芯片称为多核处理器（其实应该称为多处理器而非多核处理器）。由于起源不同、应用领域不同及研究者的学术背景不同等原因，多核处理器发展出了不同的技术路线。

5. 单芯片多处理器

单芯片多处理器的思想是将大规模并行处理器中的对称多处理器集成到同一芯片内，各个处理器并行执行不同的进程，主要用于工作站、服务器、云计算平台等通用计算设备，进行以科学计算、仿真模拟为代表的大数据量通用计算。对称多处理器已经被划分为多个内核来设计，而每个内核都比较简单，有利于设计优化。

6. 片上多核系统

片上多核系统（MPSoC）由 SoC 演进而来，结合了 SoC 技术和多核技术，将通用处理器、DSP、GPU 等异构计算单元集成到单一芯片中，可以更好地满足不同类型的任务需求。这类系统主要用作高端的嵌入式处理器，应用于通信、信号处理、多媒体处理等领域。在图 3.33 中，采用 GPU 来辅助主处理器的计算，GPU 被称为从处理器，这种结构在某些特殊场景下的性能会几倍甚至十几倍于通用处理器。例如，当运行 3D 游戏时，显卡上的 GPU 是从处理器，主处理器负责为 GPU 提供充足的数据进行计算/渲染，而 GPU 进行特定计算从而渲染出效果非凡的实时 3D 动画。

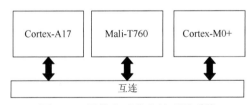

图 3.33　异构非对称多处理器系统

与追求高性能的通用计算不同，MPSoC 主要面临计算实时性问题。由于计算任务的不确定性更强，因此 MPSoC 的设计者和使用者必须精确地划分任务并对其进行合理分配，以应对各种挑战。由于 MPSoC 通常被划分成若干独立的子任务或子系统，因此各个内核相对独立，数据被某个内核独立处理后再传递给下一个内核处理，因而 MPSoC 大多采用任务并行的开发模式，一般不使用共享内存机制而依靠核间消息传递机制来直接完成数据交换。

7. 处理器亲和性

在对称多处理器系统上运行的操作系统，要通过加强处理器亲和性来保证其处理进程的效率。当进程在处理器中执行任务时，通常会建立缓存以多次利用处理器内的数据，从而减少重复工作，提高效率。但当进程在不同处理器之间迁移时，需要在原处理器中禁用缓存，在新处理器中重建缓存，这导致代价和开销急剧增加，工作效率下降。所以操作系统要尽可能保证进程只在一个处理器中执行任务，避免在不同处理器中多次迁移，这种措施称为处理器亲和。

处理器亲和策略有两种：一种是软亲和策略，操作系统尽可能使进程只在一个处理器中执行任务，但是不能保证不会迁移；另一种是硬亲和策略，强制一个进程只能在一个处理器中执行任务，不允许在不同处理器之间迁移，如 Linux 系统就采用了硬亲和策略。

8. 异构多处理器

在处理同等事务时，处理器的性能越高，其功耗就越高。然而，必须由高性能处理器来完成的事务所占比重非常小，以智能手机为例，大型游戏、高清视频播放等功能，很多用户可能从来都没有用过。

因此，在一个芯片里可以同时包含两种性能和功耗存在差异的处理器，图 3.34 所示为 ARM 提出的异构多处理器（Heterogeneous Multi-Processor，HMP）架构，一个芯片中集成两类 ARM 内核，一类为高性能内核，如 Cortex-A57，称为大核（Big Core），另一类为低性能内核，如 Cortex-A53，称为小核（Little Core），因此 HMP 架构也称作大小核（big·LITTLE）架构，其中，"big"是指性能更强，同时功耗更高的处理器（大核），而"LITTLE"是与之相对的性能略差，但功耗较低的处理器（小核）。

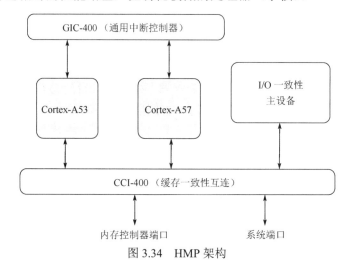

图 3.34　HMP 架构

在 ARM 的术语中，多核组合构成簇（Cluster）。多个同构大核构成大簇（Big Cluster），多个同构小核构成小簇（Little Cluster）；同一簇内除各个内核的私有缓存外，还有共享缓存，以支持缓存一致性。大小簇架构如图 3.35 所示。

大小簇中的处理器由同一操作系统调度，软件在执行任务时，可以根据负载情况，在大小核之间动态迁移任务，以提高灵活性，满足性能和功耗的平衡。大小核任务迁移如图 3.36 所示。

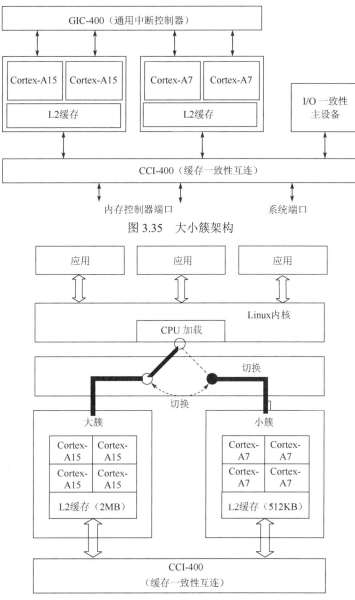

图 3.35 大小簇架构

图 3.36 大小核任务迁移

9．总线接口单元

多核处理器中不同内核通过 L2 缓存进行通信，而多处理器系统通过总线接口单元（Bus Interface Unit，BIU）与外部总线进行通信，如图 3.37 所示。

缓存不命中或访存事件都会对处理器的执行效率产生负面影响，而总线接口单元的工作效率会决定此影响的程度。当多个处理器内核同时要求访问内存，或多个处理器内核中私有缓存同时出现缓存不命中事件时，总线对多个访问请求的仲裁机制及对外部存储访问的转换机制决定了单芯片多处理器系统的整体性能，如通常将多核对内存的单字访问转换为更高效的突发访问。

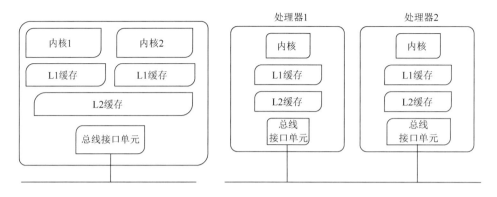

（a）多核处理器　　　　　　　　　　（b）多处理器系统

图 3.37　处理器的总线接口单元

3.2.3　多处理器系统的启动

多核处理器在加载和初始化时，会选定一个内核作为启动处理器（Bootstrap Processor，BSP）来运行代码，而余下的内核在此阶段被称为应用处理器（Application Processor，AP），应用处理器处于停止状态，直到启动处理器来激活。

对于对称多处理器系统，在正常运转时每个处理器的地位等同，但是在系统启动时，需要进行环境准备，包括获取系统各种信息，解压内核，跳转到解压的内核处并初始化必要的系统资源、数据结构及各子系统等。这些准备工作只能由一个处理器来执行，其他处理器必须处于停止状态。

当初始化过程完成后，启动处理器需要通知其他处理器启动。应用处理器将略过解压内核、内核初始化等相关代码，跳转到一段为其准备的特殊代码，进行处理器自身相关的初始化，包括设置相关的寄存器、切换到保护模式等，然后运行 0 号任务，等待其他任务到来。

多处理器系统启动如图 3.38 所示，其中，引导过程始于上电复位（POR）。在图 3.38（a）中，POR 释放复位后，所有处理器都开始启动。在图 3.38（b）中，硬件复位逻辑强制第一个内核（启动核）从片上 BootROM 开始执行，利用给定的引导选项及各种设置（FUSE、Strap 和 GPIO）来确定 SoC 的启动流程。

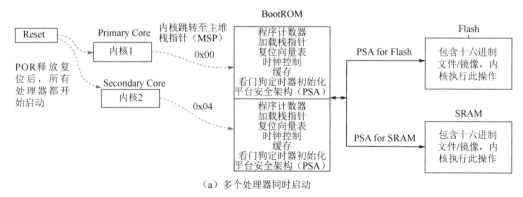

（a）多个处理器同时启动

图 3.38　多处理器系统启动

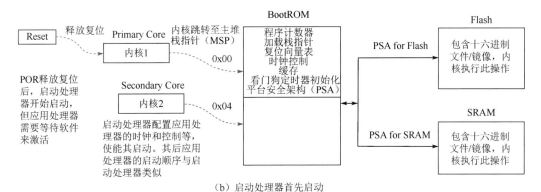

（b）启动处理器首先启动

图 3.38　多处理器系统启动（续）

如果异构非对称多核 SoC 中的不同内核使用不同复位向量，如图 3.39 所示，则各自的启动程序位于不同存储区域，复位释放后启动软件会选择相应启动程序。

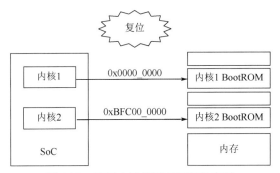

图 3.39　不同内核使用不同复位向量

如果异构非对称多核 SoC 中的不同内核使用相同复位向量，如图 3.40 所示，则需要进行地址转换，以确保每个内核都从其特定区域启动，一般需要通过 SoC 内部的硬件地址转换逻辑来实现。

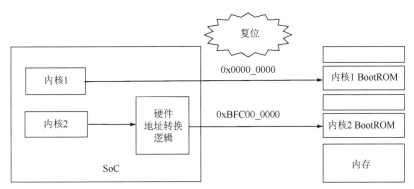

图 3.40　不同内核使用相同复位向量

在多处理器系统中，操作系统需要在多个处理器间协调操作，通常通过跨处理器中断（Inter-Processor Interrupt，IPI）来实现。

跨处理器中断是一种特殊的硬件中断，由某处理器发出而被其他处理器接收，用来进行处理器间的通信或同步。跨处理器中断通常并不直接通过中断请求线传递，而通过片上全局中断控制器来传递。

逻辑内核可以接收多个 I/O 中断和跨处理器中断。在启动时，所有 I/O 中断都传递给启动处理器。操作系统可以为每个中断指定处理内核，即将一个或多个中断服务程序绑定到特定的处理器上运行，称为中断亲和性（SMP IRQ Affinity）。利用中断亲和性，如果发现其他处理器处理该中断更加合理，则可以通过跨处理器中断机制将该中断传递到其他处理器，以便在多处理器系统中实现中断负载均衡，将重负载处理器上的中断迁移到较空闲的处理器上进行处理。

3.3 内存访问

内存访问的两个基本操作是读出和写入，内存与处理器之间的巨大延迟成为现代存储体系结构中的严重问题。在分级存储体系结构中，使用外存来满足大容量、低成本和非易失的要求；使用 DRAM 型内存来兼顾容量、速度和成本；使用高速缓存来减小处理器访问内存的延迟，高速缓存位于处理器内核与内存之间；使用 SRAM 型小容量快速存储器来存放处理器最近使用过或可能要使用的指令和数据。

3.3.1 分级缓存结构

大多数程序具有时间局域性和空间局域性。一个程序访问一块内存后，有可能会在不久的将来重新访问同一块内存（时间局域性），或者在将来需要访问该内存附近的其他内存（空间局域性）。时间局域性的利用方法是将最近访问的数据保存在缓存中，而空间局域性的利用方法是以缓存行为单位，整块地将数据载入缓存。随着处理器处理速度的不断提高，逐步出现了多级缓存结构。图 3.41 所示的多核处理器的缓存结构由一级缓存（L1缓存）、二级缓存（L2 缓存）和三级缓存（L3 缓存）构成。L1 缓存分成指令缓存（L1-I缓存）和数据缓存（L1-D 缓存）两种，而 L2 缓存和 L3 缓存不分指令缓存和数据缓存。缓存离处理器内核越近，容量越小，速度越快。在图 3.41（a）中，处理器内的多个内核各自拥有自己私有的 L1 缓存，多核共享的 L2 缓存则存在于处理器之外。在图 3.41（b）中，处理器内的多个内核仍然保留自己私有的 L1 缓存，但 L2 缓存被移至处理器内部，且 L2 缓存为各个内核私有，多个内核共享处理器之外的内存。在图 3.41（c）中，缓存结构与图 3.41（b）相似，都是片上两级缓存结构，不同之处在于处理器内的私有 L2 缓存变为多个内核共享 L2 缓存，多个内核仍然共享处理器之外的内存。对处理器的每个内核而言，内部私有 L2 缓存的访问速度更快，但在处理器内使用共享的 L2 缓存取代各个内核私有的 L2 缓存能够获得系统整体性能的提高。在图 3.41（d）中，L3 缓存被从处理器外部移至内部，在内部私有 L2 缓存结构的基础上增加内部多核共享 L3 缓存，从而使存储系统的性能有了较大提高。

各级缓存的容量大小和速度对处理器性能至关重要。其中最重要的是处理器内部容量很小但速度很快的 L1-I 缓存和 L1-D 缓存，容量为 8～64KB，大多数设计认为 32KB 是较为均衡的选择。L1 缓存的延迟仅为 2～4 个时钟周期。对于大多数软件而言，L1 缓存命中率约为 90%。大多数处理器都有一个大型的 L2 缓存，容量为几百 KB 到几 MB，可能还有容量更大、速度更慢的 L3 缓存，由所有内核共享，其容量大小主要取决于所运行的应用程序类型。表 3.3 所示为某品牌手机搭载的芯片的存储层次。其中，延迟是指从加载指令开始执行到可以使用结果所需要等待的处理器内核时钟周期。

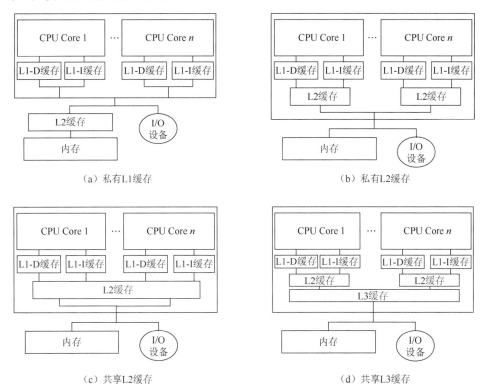

图 3.41　多核处理器的缓存结构

表 3.3　某品牌手机搭载的芯片的存储层次

存储层次	容量	延迟	物理位置
L1 缓存	128KB（指令）+128KB（数据）	3 个时钟周期	内核内部
L2 缓存	8MB	14 个时钟周期	内核附近
L3 缓存	16MB	10～30 个时钟周期	内存控制器附近
内存	4GB	数十到数百个时钟周期	单独的 SDRAM 芯片

　　如果缓存分三级，即 L1 缓存、L2 缓存和 L3 缓存，则它们依次远离处理器内核，查询数据的速度依次减慢。当处理器需要某一地址的数据时，会先去 L1 缓存查找；当 L1 缓存缺失该数据时，会去 L2 缓存查找；当 L2 缓存也缺失时，去 L3 缓存查找；如果还没有，就需要去内存查找。

　　按照所处位置，缓存可分为内部缓存（Inner Cache）和外部缓存（Outer Cache）。一般将属于处理器微架构中的称为内部缓存，如 L1 缓存和 L2 缓存，而将不属于处理器微架构中的称为外部缓存。

　　当下一级缓存包含上一级缓存的数据时，称为包含缓存（Inclusive Cache），否则称为排他缓存（Exclusive Cache）。例如，当 L3 缓存里有 L2 缓存的数据时，则称 L3 缓存为包含缓存。在不同的微架构中，上下级缓存的关系可以是包含，也可以是排他或其他类型，如图 3.42 所示。在图 3.42 中，包含是指上级缓存的数据完全包含于其下一级缓存，非包含（Non-Inclusive，NI）类型是指上级缓存的数据可以不在下一级缓存里，排他是指数据在某一级缓存里为独占，非排他（Non-Exclusive，NE）是指数据在某一级缓存里为非独占。目前处理器很多采用的是折中的 NI/NE 结构，即既非严格的包含，又非严格的排他。

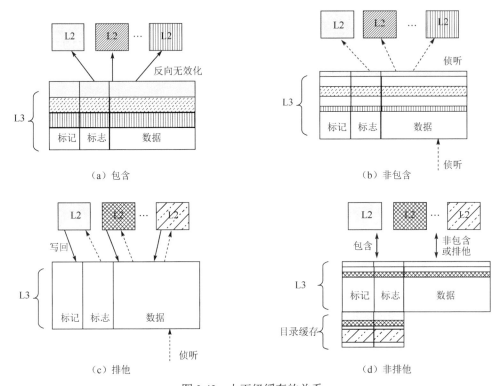

图 3.42　上下级缓存的关系

在包含结构中，L2 缓存必须复制 L1 缓存中的所有数据，假设 L1 缓存的大小为 32KB，L2 缓存的大小为 256KB，那么实际有效的缓存大小为 256KB。相比之下，在排他结构中，L2 缓存仅包含将被写回内存的 Victim 或 Copy-back 缓存块，即曾经被保存在 L1 缓存中，但随后被逐出以便为新的数据提供空间的缓存块，因此有效缓存大小为 L1 缓存和 L2 缓存的总和。

1）包含

当使用强包含（Strictly Inclusive）结构时，假如外部设备或处理器想删除某一缓存行，则只需检查 L2 缓存即可；但如果 L2 缓存中被替换的缓存行在 L1 缓存中有备份，则也需要从 L1 缓存中删除，从而导致 L1 缓存的高缺失率。

因此，当上级缓存中的数据需要被删除时，那么所有下级缓存中包含的该失效数据都需要被删除，同时需要验证其所相关的上级缓存中是否也存在需要被删除的数据。在多核系统中，还涉及不同内核之间的 MESI 协议处理，情形更加复杂。

2）排他

使用排他结构可以减少缓存空间的浪费，当上级缓存中存储着所需数据时，处理器不会查询次级缓存，所以可以存储更多数据，同时减轻缓存一致性的复杂度。不过，当发生 L1 缓存不命中而 L2 缓存命中时，则需要将 L2 缓存命中的缓存行与 L1 缓存中的某一行相交换，这与在包含结构下将 L2 缓存命中行直接复制到 L1 缓存相比，要完成更多工作。而且，缓存容量越大，会使用越大的缓存行以减小 L2 缓存标记的大小，但排他结构下需要 L1 缓存和 L2 缓存的缓存行大小相同以便进行替换。

3.3.2　缓存预取技术

缓存技术利用局部性原理，使速度更快的上级存储器成为下级存储器的缓冲器。数据如果存储在上级存储器中（命中），则可以直接对其进行读写，否则必须访问下级存储器。基于技术限制及成本考虑，上级存储器的容量要比下级存储器的容量小得多，随着应用规模的不断扩大，缓存不命中（缓存缺失）所占比例越来越大，成为影响缓存性能的主要因素。处理器的一次缓存缺失，其代价很大，需要等待很多个时钟周期以便将数据从内存搬移到缓存中，期间处理器的流水线很可能会停下来，因而如何减少缓存缺失成为一个关键问题，缓存预取技术是解决这个问题的办法之一，为高速缓存设计所广泛采用。

缓存预取技术利用模式匹配器去寻找指令地址中可能存在的某种规律，据此去推断下一次的指令地址并预取进来。在缓存可能会缺失之前便发出预取请求，将内存中的指令和数据提前存放到本地缓存，从而避免处理器停顿，加快处理器执行速度。

为了提高流水线的运行效率，处理器存取操作可以打乱进行，即依据内存数据相关性可以预测哪些指令具有依赖性或使用相关的地址，从而决定哪些加载/存储（Load/Store）指令可以提前。可以提前的指令先开始执行、读取数据到 ROB 中，这样后续指令就可以直接从中使用数据，从而避免访问 L1 缓存带来的延迟。

缓存预取对程序中有规律的数据采集和指令执行会发挥较大功效，而在随机访问事务中，缓存预取反而有害，预取进来的数据在接下来的执行中并不能有效利用，只是白白浪费了缓存空间和存储带宽。

一个理想的缓存预取机制应该具有高覆盖率（以最大限度消除缓存缺失）、高准确率（以不会增加过多的存储带宽消耗）、及时性（以完全消除缓存缺失延迟）。但此三个指标在某种程度上相互对立，激进的缓存预取可以提高覆盖率，但准确率会降低，保守的缓存预取只对准确预测的数据进行预取，可以提高准确率，但覆盖率会降低。对于及时性，缓存预取启用过早，可能在处理器使用该数据前就将该数据替换出缓存或预取缓冲器，"污染"了高速缓存；启用过晚，则可能无法完全消除缓存缺失延迟。

缓存预取可以在不同的地方启用并将预取数据放置到目的地址。缓存预取的数据通常保存在启用缓存预取的那一层，如启用缓存预取的高速缓存，或者保存在一个独立的预取缓冲器中，从而避免预取数据"污染"缓存。

缓存预取分为软件预取和硬件预取两类。

1）软件预取

软件预取（Software Prefetching）是指通过编译器分析代码，在程序编译过程中插入预取指令。在一些对性能要求极高的场合，也可以由程序员手动插入预取指令。有的处理器提供专门的预取指令，如在 ARM 架构中，如果数据不在 L1 缓存中，则可以用 PLD 指令提前把数据加载到 L1 缓存中。

2）硬件预取

硬件预取（Hardware Prefetching）是指处理器中有专门的硬件，监控正在执行中的程序所请求的指令或数据，推测处理器未来将要访问的数据地址，并预取到处理器中。硬件预取如图 3.43 所示。

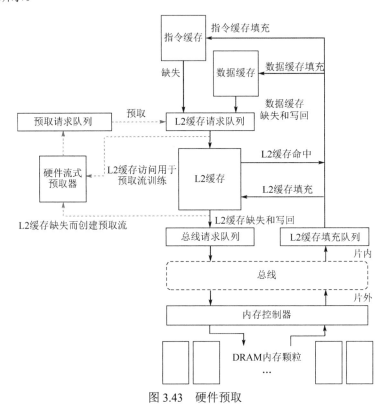

图 3.43　硬件预取

常用的硬件预取策略如下。

（1）顺序预取（Sequential Prefetching）：检测并预取对连续区域进行访问的数据。这是最简单的硬件预取策略，总是预取当前缓存行的下一行，硬件开销小，但是对访存带宽的需求高。

（2）步长预取（Stride Prefetching）：检测并预取与连续访问之间相隔一定步长的缓存数据块中的数据。硬件实现需要使用访问预测表，记录访问的地址、步长及访存指令的地址。

（3）流预取（Stream Prefetching）：按流访问特征进行预取。所谓流访问特征，是指一段时间内程序访问的缓存行地址所呈现的规律。流预取的硬件实现需要记录一段时间内访存的缓存行地址，并由预取引擎识别。

（4）关联预取（Association-based Prefetching）：利用访存地址之间存在的关联性进行预取。

硬件预取时不需要软件进行干预，不会扩大代码容量，不需要浪费一条预取指令，而且可以利用任务实际运行信息（Run Time Information）进行预测。但是预取结果有时并不准确，预取的数据并不为程序执行所需要，会出现缓存污染（Cache Pollution）问题。此外，采用硬件预取机制需要使用较多的系统资源，而在很多情况下，耗费的资源与取得的效果并不成正比。

在多处理器设计中，缓存预取设计尤为困难。如果预取过早，那么在一个处理器访问某数据块之前，可能会因为另一个处理器对该数据块的访问而导致数据块无效，同时，预取数据块可能替换了更有用的数据块，即使增大高速缓存的容量也不能解决问题。在极端情况下，不合适的缓存预取会给多处理器系统设计带来灾难，使缓存缺失更加严重，进而大大降低性能。

3.3.3 缓存一致性

在多级缓存架构下，每个处理器内核拥有私有的 L1 缓存，所有处理器内核共享 L2 缓存。在单处理器或单线程环境中，修改过某一变量后，在没有干涉的情况下再读取，应该得到修改过的值。但是当读和写不在同一处理器或同一线程时，情况难以预料。例如，内核 1 和内核 2 同时将内存中某个位置的值加载到自己的私有 L1 缓存中，如果内核 1 做了修改后却不更新内存，那么对于内核 2 来讲，永远看不到此修改值。这就是缓存一致性问题，其实质是如何防止读取脏数据和丢失更新数据。

为了解决缓存一致性问题，在硬件层面上使用两种办法：总线锁机制和缓存一致性协议，如图 3.44 所示。

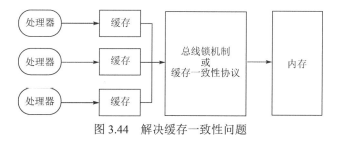

图 3.44　解决缓存一致性问题

1．总线锁机制

早期的处理器通过对总线加锁来实现缓存一致性。处理器与其他部件的通信都通过总线，每次当一个处理器修改某个变量对应的内存时，由于总线加锁，阻塞了其他处理器对内存的访问；只有等该处理器程序完全执行完毕之后，其他处理器才能从内存中读取到最新值，从而解决缓存一致性问题，但这种方法的效率非常低。

2．缓存一致性协议

缓存一致性协议（Cache Coherence Protocol）用于解决缓存一致性问题。从写操作所传递信息的内容出发，缓存一致性协议可以分为写更新（Write-update）一致性协议和写无效（Write-invalidate）一致性协议。从写操作所传递信息的方式出发，缓存一致性协议可以分为侦听一致性协议和目录一致性协议。表 3.4 所示为缓存一致性协议分类。

表 3.4　缓存一致性协议分类

	写更新一致性协议	写无效一致性协议
侦听一致性协议	写更新侦听一致性协议	写无效侦听一致性协议
目录一致性协议	写更新目录一致性协议	写无效目录一致性协议

3．侦听一致性协议

侦听一致性协议利用总线广播（Broadcast）机制而实现，是缓存一致性协议最早的实现方式，所有缓存控制器都需要侦听系统中的一致性消息，以此来确定是否存在一致性请求。侦听一致性协议的原理如图 3.45 所示。侦听一致性协议主要有 MSI 协议、MESI 协议、MESIF 协议、MOESI 协议，其中最基础的是 MSI（Modified、Shared 和 Invalid）协议，最经典的则是 MESI 协议。

每个处理器广播需要读取或写入的地址，其他处理器侦听广播，一旦看到数据地址为自己所占有，则可以采取写更新或写无效两个动作：如果广播处理器要读取数据，而侦听处理器拥有其最新副本，则侦听处理器返回数据；如果广播处理器已存储数据的最新值，则侦听处理器使自己的副本失效。

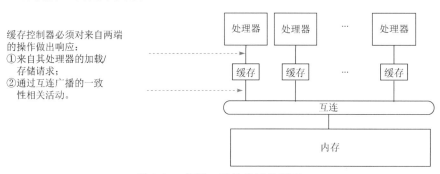

图 3.45　侦听一致性协议的原理

1）写更新侦听一致性协议

当一个处理器内核需要读取一个私有缓存缺失的存储单元时，就将读请求广播到整个系统的所有处理器和内存。系统中拥有此存储单元最新数据的设备（可能是内存或缓存），将响应此读请求。同样，当某个处理器内核需要修改一个存储单元时，如果该存储单元为自身独占，则可以直接修改，否则需要广播修改后的数据，促使其他拥有该存储单元的设备更新对应的备份数据，以保证系统中所有备份数据都相同。在图 3.46 中，三个内核都使用了内存中的变量 x，内核 0 将它修改为 5，其他内核就将自己对应的缓存行数据更新为 5。

在写更新侦听一致性协议中，缓存一致性数据维护都是缓存到缓存之间的直接交互，延迟很小。但所有通信都采用广播形式，带宽需求随处理器内核数量的增加呈指数级增长，可扩展性比较差。

2）写无效侦听一致性协议

本地高速缓存中数据被更新后，促使所有其他高速缓存中的相应备份数据无效。因为简单，所以大多数处理器都使用写无效策略，具体实现取决于不同的缓存一致性协议。在

图 3.47 中，三个内核都使用了内存中的变量 x，内核 0 将它修改为 5，其他内核就将自己对应的缓存行数据置为无效。

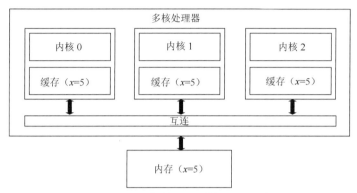

图 3.46 写更新侦听一致性协议的原理

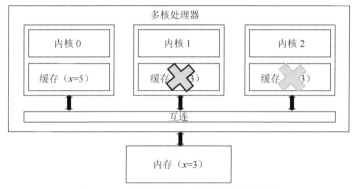

图 3.47 写无效侦听一致性协议的原理

4．MESI 协议

MESI 协议的核心思想是当处理器写数据时，如果发现操作的变量是共享变量，即其他处理器中存在该变量的副本，则会发出信号通知其他处理器将该变量的缓存行置为无效，因此当其他处理器需要读取该变量时，发现自己缓存中该变量所在的缓存行已经变为无效，便需要从内存中重新读取。

在单核处理器中，每个缓存条目使用 2 个标志：Valid（有效）和 Dirty（脏），来描述缓存与内存之间的数据关系，即数据是否有效，数据是否被修改。在多核处理器中，MESI 协议描述了共享数据的状态，每个缓存条目被标记为 Modified（M）、Exclusive（E）、Shared（C）和 Invalid（I）四种状态，如表 3.5 所示，在此基础上定义了一组消息用于协调各个处理器的读写请求。

表 3.5　MESI 协议中共享数据的状态

状态	描述	状态转换
Modified（修改）	该缓存行只被缓存在本缓存中，数据被修改过（Dirty），与内存中数据不一致	该缓存行需要在未来的某个时间点（允许其他处理器读取相应内存之前）写回内存。当被写回内存之后，该缓存行的状态会变成 Exclusive（独享）状态

续表

状态	描述	状态转换
Exclusive（独享、互斥）	该缓存行只被缓存在本缓存中，数据未被修改（Clean），与内存中数据一致	在任何时刻当有其他处理器读取该缓存行时变成 Shared（共享）状态。同样地，当处理器修改该缓存行中的内容时，该状态可以变成 Modified（修改）状态
Shared（共享）	该缓存行可能被多个处理器缓存，并且各个缓存中的数据与内存中的数据一致（Clean）	当有一个处理器修改该缓存行时，其他处理器中该缓存行可以被作废，变成 Invalid（无效）状态
Invalid（无效）	该缓存行是无效的（可能有其他处理器修改了该缓存行）	无

MESI 协议中的消息分为请求和响应两类。每个处理器在进行内存读写时，会向总线发出请求消息，同时会侦听总线中其他处理器发出的请求消息，并在一定条件下向总线回复响应消息，如图 3.48 所示。

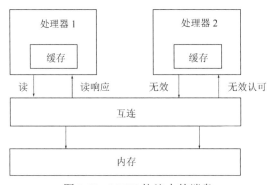

图 3.48　MESI 协议中的消息

（1）读（Read）：请求消息，通知其他处理器、内存，当前处理器准备读取某个地址的数据。

（2）读响应（Read Response）：响应消息，包含了被请求读取的数据，可能是内存返回的，也可能是其他高速缓存侦听到读消息后返回的。

（3）无效（Invalidate）：请求消息，通知其他处理器无效化所指定内存地址的数据，需要删除其数据副本，当然删除只是逻辑上的，其实就是更新缓存条目的标志。

（4）无效认可（Invalidate Acknowledge）：响应消息，接收到无效请求消息的处理器必须回复此消息，表示已经删除了其高速缓存内对应的数据副本。

（5）读无效（Read Invalidate）：请求消息，此消息为读消息和无效消息组成的复合消息，用于通知其他处理器当前处理器准备更新一个数据，并请求其他处理器删除其高速缓存内对应的数据副本。接收到该消息的处理器必须回复读响应消息和无效认可消息。

（6）写回（Write Back）：请求消息，包含了需要写入内存的数据和其对应的内存地址。

缓存一致性消息的传递需要时间，当广播处理器的缓存被切换状态时，其他侦听处理器的缓存从收到消息、完成自己的转换到发出响应消息需要时间，期间广播处理器需要一直等待所有缓存响应完成，由于转换延迟而可能出现的阻塞会导致各种性能和稳定性问题。

常用的解决方法有存储缓冲器（Store Buffer）、存储转发（Store Forwarding）和内存屏障（Memory Barrier）。

5. 目录一致性协议

由于侦听依赖基于共享总线的广播和监听，因此当处理器内核数量较多（大于 8 个）时，共享总线便成为性能瓶颈。目录一致性协议使用目录来全局记录缓存状态，包括数据的共享者列表、一致性状态等。所有一致性消息通过一个目录结构来转发处理，消息传递以点对点的方式进行，以有效降低对网络带宽的需求。

写无效目录一致性协议的基本交互过程如下。

当一个处理器内核需要读取一个本地私有缓存缺失的存储单元时，先将读请求发给存储单元对应的目录。目录记录了该存储单元所有备份数据的状态，目录将读请求转发给拥有最新数据的设备，由该设备响应此读请求。同样，当某个处理器内核需要修改一个存储单元时，如果该存储单元为非独占状态，则需要向目录发出写请求，目录根据记录的一致性信息向所有拥有该备份数据的设备发出无效指令，当收到所有的无效响应后允许处理器内核修改存储单元。

目录一致性协议最基本的硬件实现方式是为存储器的每个数据块分配一个目录条目，用以记录拥有该数据副本的缓存。一个典型的目录条目包含缓存块的状态、共享者列表、拥有者标识等信息。其中，共享者列表常采用位图的形式来实现，拥有者标识则为相应的处理器内核标识或节点标识。在图 3.49 中，目录条目{1000} M 显示，数据块 A 位于内核 0 的私有缓存中，状态为 Modified；目录条目{0110} S 显示，数据块 B 在内核 1 和内核 2 的私有缓存中都有副本，状态为 Shared。

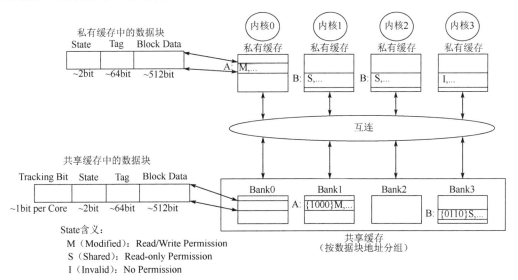

图 3.49　目录一致性协议的原理

相比侦听一致性协议，由于每一个共享存储单元的目录结构保存了其备份拥有者的信息，所以目录协议中用于维护数据一致性的信号不需要向所有处理器进行广播，而只需要向目录中所记录的相关处理器发送即可，因此每个处理器均不会接收到无用的操作信号，也避免了不必要的查询操作。目录一致性协议以精确的点对点方式避免了片上网络大量的一致性信号传递，减少了处理器查询相关信息的开销，但需要保存大量的目录信息，这会导致共享存储器面积和功耗的增加。

3.3.4 访存缓冲器

MESI 协议能够满足缓存一致性的需求，在单个处理器对指定地址的反复读写方面呈现出优异性能，但在某个处理器尝试修改在其他处理器缓存行中存在的数据时，需要发出无效消息并等待认可，解决此类不必要延迟的一种方案是在处理器与缓存之间加一个存储缓冲器。

同一个处理器的存储缓冲器与缓存之间的数据可能不一致，利用存储转发技术，处理器可以直接从存储缓冲器中加载数据。将收到的无效消息放入无效化队列后，返回无效认可消息，以帮助解决数据删除等待的问题。

存储缓冲器和无效化队列都是为了缩短处理器的等待时间，采用了空间换时间的方式来实现指令的异步处理。以存储操作为例，不需要等到缓存同步到所有处理器之后该操作才返回，可以先写入本地存储缓冲器，或者将无效消息发送到远程处理器，这样即便远程处理器还没有执行，本地的存储操作也可以返回。

此外，通过引入写缓冲器，可以将高速的处理器和缓存从对内存的低速读写中脱离出来。

1. 存储缓冲器

当某个处理器写一个内存变量时，往往先修改缓存，但这样可能会导致不同处理器内核之间的缓存数据不一致，为此引入了如 MESI 协议等，以解决缓存一致性问题。

在将数据写入存储缓冲器（Store Buffer）时，处理器的该次写操作其实已经完成，并不需要等待其他处理器返回读响应/无效认可消息就可以先继续执行其他指令；当接收到其他处理器的相关回复消息时，再将存储缓冲器内对应的数据写入相应的缓存行中。

以图 3.50 为例，假设 CPU0 要将数据写入内存，根据 MESI 协议，如果当前处理器的缓存中有目标数据的缓存行，并处于共享状态，那么 CPU0 只要发送无效认可消息给其他处理器即可；收到所有处理器的无效认可消息后，CPU0 当前缓存行可以转换为独享状态。如果当前处理器的缓存中没有目标数据的缓存行，那么 CPU0 需要发送读无效消息到所有处理器，拥有最新目标数据的处理器会将最新目标数据发给 CPU0，同时将自己的缓存行置为无效，并返回读响应/无效认可消息。总之，CPU0 需要等待其他所有处理器返回无效认可消息后才能安全操作数据，这样 CPU0 的等待将阻塞其后续操作。其实 CPU0 只是想将数据写入目标内存地址，并不关心该数据在别的处理器上的当前值。

为了避免等待而造成的写操作延迟，硬件设计引入了存储缓冲器。每次写数据时发送无效消息到其他处理器，同时将新写的数据内容放入存储缓冲器，接着就继续执行别的指令，等到所有处理器都回复无效认可消息后，再将对应缓存行数据从存储缓冲器中删除，这样就避免了因等待其他处理器响应而产生的空等待。当目标数据不在当前处理器缓存行，即写缺失（未命中）时，虽然一般需要等待数据从内存加载到缓存后，处理器才能开始写，但借助存储缓冲器，可以将新的写数据放入其中，不用等待而接着去执行别的操作，等数据加载到缓存后再将存储缓冲器内的新数据刷入缓存。

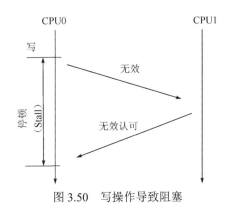

图 3.50　写操作导致阻塞

　　但是，由于只把数据写到存储缓冲器就去执行后续操作，其他处理器并不知道缓存的数据发生了更改，因此会出现内存不一致问题。

　　存储缓冲器位于处理器内核与缓存之间。对于 x86 架构来说，存储缓冲器使用 FIFO 策略，因此不存在乱序问题，写入顺序就是刷入缓存的顺序。但是对于 ARM 架构来说，存储缓冲器并不保证使用 FIFO 策略，因此先写入的数据，有可能比后写入的数据晚刷入缓存，存在乱序的可能性。

　　每个处理器内核内部都有自己独立的存储缓冲器，其大小一般只有几十字节，比 L1 缓存要小得多。不管缓存是否命中，处理器内核都将数据写入存储缓冲器，由其负责后续写入 L1 缓存。存储缓冲器与缓存的关系如图 3.51 所示。如果 L1 缓存命中，则访问数据一般需要 2 个指令周期，否则内存访问延迟会增大很多。与 L1 缓存不同，存储缓冲器只是缓存处理器内核的写操作，一般访问只需要 1 个指令周期，这在一定程度上减小了内存写延迟。

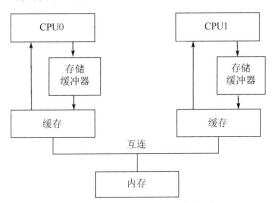

图 3.51　存储缓冲器与缓存的关系

　　有些存储缓冲器会对收到的每项数据进行地址检查，如果可以就对这些数据加以合并，然后发送请求到 L1 缓存，直到收到响应，期间可以继续合并相同缓存行数据。如果数据是非缓存（Non-Cacheable）的，那么设定一个等待时间，期间可以进行数据合并，然后发送到总线接口单元中的写缓冲器。

　　假定处理器将写数据直接写入存储缓冲器便返回，接着要马上读取该数据，由于此时更新结果还停留在存储缓冲器中，因此从高速缓存的缓存行中读到的数据仍是旧值。

　　造成此问题的根源在于同一处理器拥有某一内存的两份副本，一份在缓存，另一份在存储缓冲器。为了解决数据不一致问题，可以考虑当处理器执行读操作时，先根据相应的内存地址去存储缓冲器查询，如果查到了便直接返回，否则去高速缓存中查询。这种从存储缓冲器中读取的技术称为存储转发，如图 3.52 所示。

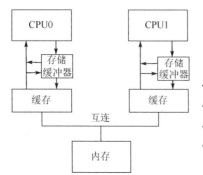

- 当对缓存的写入暂时来不及处理时，可以先写到存储缓冲器，后续再进行处理
- 存储操作不用等待写缓存及维护缓存一致性的延迟
- 可以对重叠的存储数据进行合并
- 读缓存时需要先读取存储缓冲器，以避免错失其中的数据

图 3.52　存储转发

2. 无效化队列

由于深度有限，如果写操作连续发生，则存储缓冲器很容易被填满，一旦被填满，处理器就需要等待收到对应的无效认可消息后才能处理存储缓冲器中的目录条目。一段时间内，处理器操作的缓存行均被其他处理器占有，那么当前处理器就需要等待一系列的无效认可消息后才能将这批数据刷入缓存。

如果缓存比较忙，则其他处理器收到"使无效"消息后，也需要等待较长的时间，一直到相应缓存行实际变成无效后才发出无效认可消息。如果短时间内收到大量的"使无效"消息，致使处理器忙于处理，则会使得当前处理器因等待无效认可而陷于停顿。

为了减少因无效认可产生的延迟问题，设计中引入了无效化队列（Invalidate Queue）。处理器接收到"使无效"消息后，可以先将此消息存入队列，然后立即响应无效认可，换句话说，此时只需要将消息中指定要删除的数据的物理地址存储起来，而不必立即删除相应的数据副本，这样处理器可以"延后执行"无效化队列中的消息，只要确保最终会删除即可，从而大幅度缩短了无效认可响应时间。

一个带无效化队列的处理器结构如图 3.53 所示。

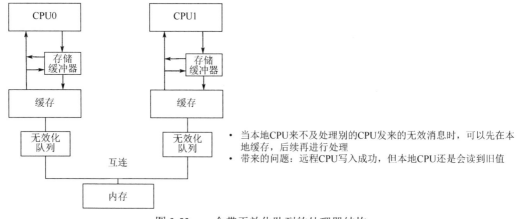

- 当本地CPU来不及处理别的CPU发来的无效消息时，可以先在本地缓存，后续再进行处理
- 带来的问题：远程CPU写入成功，但本地CPU还是会读到旧值

图 3.53　一个带无效化队列的处理器结构

但是存储缓冲器和无效化队列的引入会带来乱序问题，也就是说，本地的访存操作返回了，即使远程处理器还未能读到和生效，就先执行后续操作了。

3．写缓冲器

写缓冲器（Write Buffer）是一个非常小的高速存储缓冲器，用来临时存放处理器将要写入内存的数据。当进行写操作时，数据先写入缓存，然后分两种情形操作：如果是写通，则处理器将数据同时写入缓存和写缓冲器中；如果是写回，则数据最初只是写入缓存，等被替换时，缓存数据再写入写缓冲器。写缓冲器如图 3.54 所示。

如果没有写缓冲器，缓存数据将直接写入内存，而引入写缓冲器后，数据写入写缓冲器后便算完成操作。当写缓冲器被填满时，数据再从写缓冲器写到下一级缓存或内存，此时便会产生写操作的时间代价。使用写缓冲器可以加快存储访问的速度，提高系统性能。

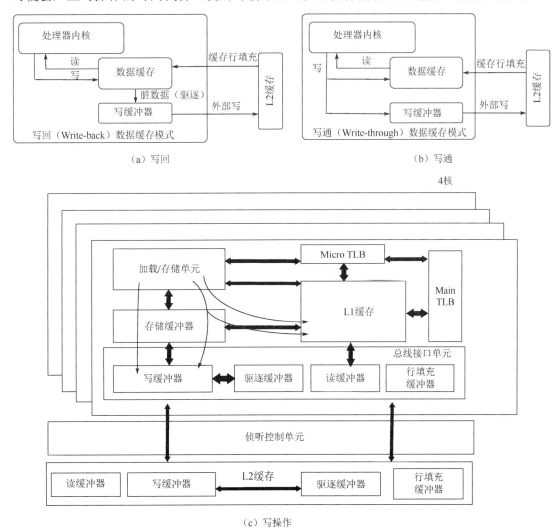

（a）写回　　　　　　　　　　　　　　（b）写通

（c）写操作

图 3.54　写缓冲器

当将数据写入写缓冲器时，会查询写缓冲器中的已有数据，若发现相同地址，则直接覆盖原有数据；若有连续地址，则可以将其合并为一个写操作，以充分利用写带宽资源。写合并如图 3.55 所示，上方为未执行写合并时的情况，连续的 4 个写访问将填满写缓冲器，引起写操作阻塞；下方为执行写合并的情况，将 4 个连续地址的写入合并，不仅充分利用了写缓冲器空间，还充分利用了写带宽。不过，某些对 I/O 设备的访问不可使用写合并，需要使用标记以标明其不可合并。

Write Address	V		V		V		V	
100	1	Mem[100]	0		0		0	
108	1	Mem[108]	0		0		0	
118	1	Mem[118]	0		0		0	
124	1	Mem[124]	0		0		0	

Write Address	V		V		V		V	
100	1	Mem[100]	1	Mem[108]	1	Mem[118]	1	Mem[124]
	0		0		0		0	
	0		0		0		0	
	0		0		0		0	

图 3.55　写合并

设立写合并缓冲器（Write Combining Buffer），以允许写操作修改相同的缓存行，在数据被提交到下级缓存之前，可以进行合并，经过延迟后更新到下级缓存。写合并缓冲器如图 3.56 所示。如果能在更新之前尽可能填满写合并缓冲器，则可以提高各级传输总线的效率和程序性能。

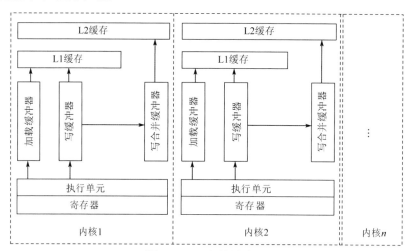

图 3.56　写合并缓冲器

4．行填充缓冲器

在现代处理器设计中，在缓存前有一个行填充缓冲器（Line Fill Buffer，LFB）。当处理器进行读写时，如果数据是可缓存的，则会发送请求到 L1 缓存，如果未命中，就会引发行填充动作，即从下级缓存或存储器中读取一个缓存行大小的数据到行填充缓冲器，同时提供给处理器，其操作如图 3.57 中的线 1 所示。

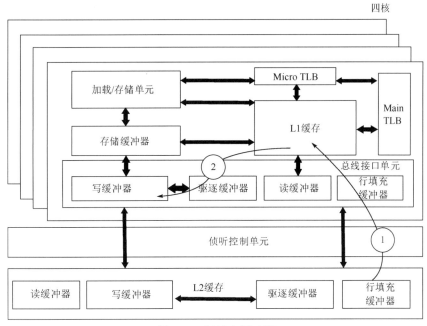

图 3.57 行填充缓冲器

指令预取也可以利用行填充缓冲器，如果执行一个加载指令时发生缓存缺失，则将触发一次缓存行填充，将一个缓存行大小的所有数据加载进缓存。由于处理器并不需要整个缓存行数据，因此缓存控制器可以首先加载关键字（Critical Word），即位于缓存缺失地址的数据，并传给处理器使用，而缓存行中其余数据的加载过程都在后台完成。

5．驱逐缓冲器

当发生缓存缺失时，从缓存中移出一行，为新数据腾出空间的过程称为驱逐，该移出行称为驱逐行（Victim Line）。当驱逐行标记为脏时，数据必须写回下级存储器以保持内存一致性。此时驱逐缓冲器（Eviction Buffer）还可以起到写缓冲作用，类似前面所讲的写缓冲器。

但是，不管采用什么替换算法，都不能保证处理器短时间内不会再次访问被移出的数据，当处理器再次需要该缓存行时，就可以在驱逐缓冲器中找到。不过一旦此情况发生，缓存中的数据就可能会被频繁地移进移出，极端情况下会影响缓存性能。

以读指令为例，读指令从存取单元（LSU）出发，无论是否可缓存，都会经过 L1 缓存。如果命中，那么直接返回数据，读指令完成；反之，如果未命中，那么 L1 缓存需要分配一个缓存行，并且将原来的数据移出到驱逐缓冲器，同时发起一个缓存行填充，将所需数据加载到行填充缓冲器，而驱逐缓冲器会将其写请求送至总线接口单元中的写缓冲器，与存储缓冲器送来的数据一起发送到下级接口，其操作如图 3.57 中的线 2 所示。

6．读缓冲器

若处理器从缓存中读取不到所需数据，而该数据所在的内存区域是非缓存的，则处理器将从内存读取数据并保存到读缓冲器（Read Buffer）中，不会发生行填充动作，如图 3.58 中的线 1 所示。

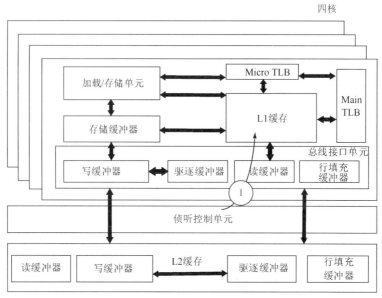

图 3.58   读缓冲器

3.3.5   虚拟内存管理

处理器（主设备）发出的虚拟地址不会直接被送至内存地址总线，而是先由内存管理单元（MMU）映射为物理地址。

1. 多级页表

程序能够访问的地址集合称为虚拟地址空间，该空间的大小由处理器地址总线位宽决定。物理地址空间与虚拟地址空间相对应，但只是虚拟地址空间的一个子集。对于一个内存为 256MB 的 32bit 处理器系统来说，虽然虚拟地址空间范围是 0～0xFFFF_FFFF（4GB），但物理地址空间范围是 0～0x0FF_FFFFF（256MB）。

当程序不能一次性被调入内存运行时，系统必须有可以存放程序的外存，如 Flash 等，以保证程序片段在需要时可以被调用，操作系统需要完成将虚拟地址映射到真实的物理地址空间的任务。虚拟地址空间的划分以页（Page）为单位，物理地址空间的划分则以页框（Frame）为单位，页和页框的大小必须相同。在一般情况下，页的大小为 4KB（也可以有巨页），页框的大小与页相同，内存与外存之间的传输总是以页为单位的。4GB 的虚拟地址和 256MB 的物理内存，分别包含了 1M 个页和 64K（K 表示 1024）个页框。图 3.59 所示为一个简单的页与页框的映射，其中虚拟地址空间为 64KB，而物理地址空间为 32KB。

图 3.59 中的左图为虚拟地址空间，共有 16 页，每一格表示一个页，页框索引（Frame Index）指明本页映射到哪个页框，当某页并没有被映射时为映射无效，其页框索引为 x。图 3.59 中的右图为物理地址空间，其中每一格表示一个页框。

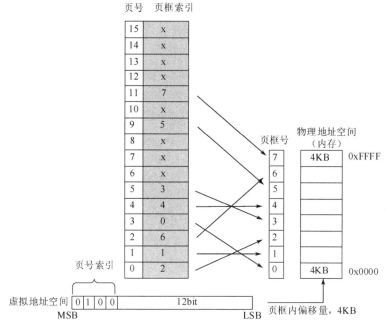

图 3.59　页与页框的映射

　　虚拟内存管理技术中常见的是分页（Paging）技术，内存管理单元（MMU）就是该技术的硬件实现。当程序访问虚拟地址 0 时，MMU 看到该虚拟地址落在页 0 范围内，而页 0 所映射的页框为页框 2（页框 2 的地址范围是 8192～12287），因此 MMU 将该虚拟地址转换为物理地址 8192，并将地址 8192 发送到地址总线上。内存对 MMU 的映射一无所知，只看到一个对地址 8192 的读请求并予执行。

　　图 3.60 描述了虚拟地址/物理地址和处理器内核、MMU、内存之间的关系。

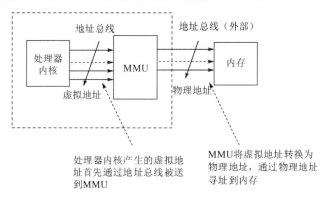

图 3.60　虚拟地址/物理地址和处理器内核、MMU、内存之间的关系

　　内存中有一张虚拟地址到物理地址的转换表，一个虚拟地址通过 MMU 查表就可以获得物理地址。考虑采用单级页表，假设页的大小为 4KB，那么对于页表的索引就需要使用虚拟地址中的[31:12]地址，总共有 1M 个页表项（Page Table Entry，PTE），一个页表项为 4B，则整个页表容量为 4MB，这意味着 4MB 空间必须作为进程的必备资源在启动时一次分配，而且这 4MB 空间必须在物理地址上连续。但是实际情形是内存物理空间可能没这么

大，而且希望小内存上运行尽量多的程序，这一问题的解决办法是采用多级页表，考虑到一个进程不需要同时访问 4GB 的内存，因此将页表分散开来，一级页表必须分配，而二级页表在需要时再分配，如图 3.61 所示。

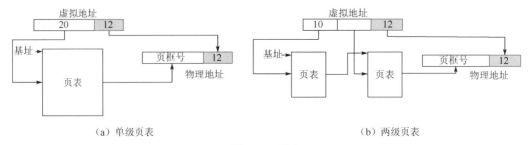

（a）单级页表　　　　　　　　　　　　　　　（b）两级页表

图 3.61　页表

ARM MMU 硬件采用两级页表结构：一级页表（L1 页表）和二级页表（L2 页表）。L1 页表只有一个主页表，称为 L1 主页表（Master Page Table）或段页表（Section Page Table）。使用虚拟地址的高 12 位索引该页表，所以该页表有 4K 个页表项，一个页表项为 4B，一共需要占用内存 16KB。有两种类型的 L2 页表，分别是 L2 粗页表（Coarse Page Table）和 L2 细页表（Fine Page Table）。对于 L2 粗页表，使用虚拟地址的次高 8 位索引该页表，所以该页表有 256 个页表项，需要占用内存 1KB。对于 L2 细页表，使用虚拟地址的次高 10 位索引该页表，所以该页表有 1024 个页表项，需要占用内存 4KB。ARM MMU 两级页表结构如表 3.6 所示。

表 3.6　ARM MMU 两级页表结构

名称	类型	虚拟地址索引位	页表项	存储大小	默认页大小	支持的页大小
L1 主页表/段页表	L1	12 位，[31:20]	4096 个	16KB	1MB	1MB
L2 细页表	L2	10 位，[19:10]	1024 个	4KB	1KB	1/4/64KB
L2 粗页表	L2	8 位，[19:12]	256 个	1KB	4KB	4/64KB

图 3.62 展示了使用 L1 主页表和 L2 粗页表实现的虚拟地址/物理地址转换示意图。

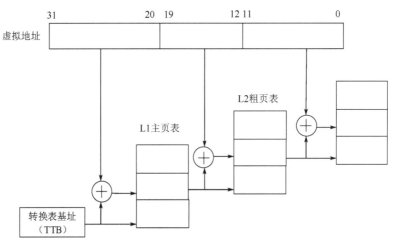

图 3.62　虚拟地址/物理地址转换示意图

为了区分不同进程的存储空间, 现在多任务的操作系统及处理器都需要支持虚拟地址到物理地址的转换。由于整个系统的进程数不定, 每个进程所需内存不定, 以及进程切换的不确定性, 因此虚实地址转换不能简单地将某个连续大内存块映射到某个进程, 必须采取细粒度的映射, 即将一些可能不连续的小内存块 (如 4KB 大小) 一起映射到进程, 形成一块连续的虚拟地址。需要利用页表来记录这些映射信息, 但是页表的导入使每次访存变成了两次, 第一次查询页表得到物理地址, 第二次则通过物理地址取数。为了提高页表查询的速度, 现在的处理器都为页表做了一个小缓存, 称为页表查找表或旁路转换缓冲器 (Translation Lookaside Buffer, TLB), 如图 3.63 所示。

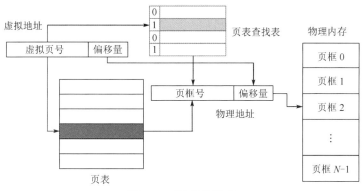

图 3.63 页表查找表

页表和页表查找表都由操作系统管理, 当系统刚启动时, 内存中并不存在页表, 页表查找表没有初始化, 因此只能采取直接映射方式, 即直接将虚拟地址高位抹去而得到物理地址 (称为实地址模式)。

2. 页表更新

回到图 3.59 所示的例子, 通过适当设置 MMU, 可以将 16 个页映射到 8 个页框中的任何一个, 但是有 16 个页 (虚拟地址), 只有 8 个页框 (物理地址), 因此只能对 16 个页中的 8 个进行有效映射。如果要访问的虚拟地址是 32780, 其落在页 8 范围内, 但图 3.59 中显示页 8 并没有被有效映射 (该页被打上 x), 此时 MMU 将通知处理器发生了一个缺页故障, 操作系统必须处理此故障, 具体操作是首先从 8 个页框中找到 1 个当前很少被使用的页框, 将该页框内容写入外存 (称为 Page Copy), 并将对应虚拟地址处的程序从外存复制到刚才空出的页框中, 然后修改映射关系, 将页 8 映射到刚才释放的页框中, 并重新执行产生故障的指令。假设操作系统决定释放页框 1, 那么将页 8 装入物理地址的 4096～8191, 要进行两处修改: 第一, 映射到页框 1 的是原来的页 1, 现在要将页 1 的标记改为未被映射, 使得以后任何对虚拟地址 4096～8191 的访问都引起缺页故障而促使操作系统做出适当动作; 第二, 将页 8 对应的页框号由 x 变为 1, 因此当重新执行指令时, 虚拟地址 32780 被映射为物理地址 4108。

利用两级页表映射, 每次虚实地址转换需要从一级页表, 走到二级页表, 再走到物理页面, 一次寻址其实是三次访问物理内存。此过程称为页表遍历或转换表搜索, 完全由硬件完成, 不需要编写指令, 当然前提是操作系统需要维护页表项的正确性, 即每次分配内存时填写相应的页表项，每次释放内存时清除相应的页表项，必要时分配或释放整个页表。

3.4 多处理器系统的通信

多处理器芯片内含有多个处理器，每个处理器执行各自的程序，但彼此之间需要进行数据共享和同步，所以硬件结构必须支持两类核间通信，一类是控制面通信，另一类是数据面通信。前者一般不携带数据，但往往有较高的实时性要求，后者则对实时性要求偏低但数据量较大。目前主流的多处理器通信机制有 4 种：共享存储机制、邮箱通信机制、DMA通信机制和串口通信机制。

1．共享存储机制

共享存储机制一：多核处理器的内核直接通过共享缓存，如共享 L2 缓存或 L3 缓存进行通信。此方式结构简单、通信速度快，但可扩展性较差，只适用于内核数量较少的情形。

共享存储机制二：多个处理器通过交叉网络或片上网络连接在一起，共享部分可缓存的内存区域。每个处理器都可以将信息存入其中或从中取出，从而实现处理器之间的通信。此方式可扩展性好，数据带宽有保证，但硬件结构和软件实现复杂。

2．邮箱通信机制

邮箱通信机制是多处理器芯片中不同处理器之间互相触发中断的机制。由于处理器各自存在不同业务，故硬件设计上分配一两个中断已经无法满足其业务需求，所以邮箱可以理解为软件可自由定义的中断模块。

每一个处理器拥有一个邮箱，可以通过邮件来实现系统行为，如可以定义固定流量的数据传递，也可以定义固定区块的数据传递。在实现时，通常一个处理器将要传递的数据首先写入存储器的固定区域，然后通过邮箱产生中断，通知另一个处理器去取出数据进行处理，处理结果将被写入存储器某一区域，并通知有关处理器。存储器可以是双端口 RAM、单端口 RAM 或 FIFO 缓冲器等，需要根据系统的实时性要求进行选择，对于实时性要求高、传递数据量大的系统宜选用双端口 RAM，如音频、视频信号的分析处理系统，否则宜选用价格相对便宜的单端口 RAM 等。邮箱通信机制应用广，速度快。

图 3.64 展示了一个简单的双处理器通过邮箱实现硬件通信的例子。假设 CPU1 需要给 CPU2 发送一个任务，首先 CPU1 向 CPU2 的邮箱中写入任务，对 CPU2 产生了一个中断；然后 CPU2 的邮箱中断处理程序将读取任务，判断任务的类型并进行相应的处理。

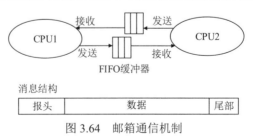

图 3.64　邮箱通信机制

邮箱架构如图 3.65 所示，SoC 内部各处理器通过公共数据总线来配置邮箱并读写消息。邮箱通过系统中断请求矩阵（IRQ Crossbar）向系统内各处理器发送中断请求。

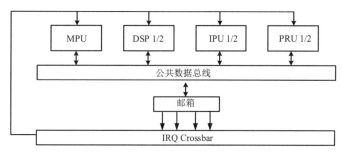

图 3.65 邮箱架构

邮箱内部架构如图 3.66 所示。在图 3.66 中，设置邮箱相关寄存器，向邮箱消息寄存器中写消息，让邮箱触发对应处理器的中断，相应处理器就可以在中断处理时通过读取邮箱消息寄存器而获取对方发来的消息。

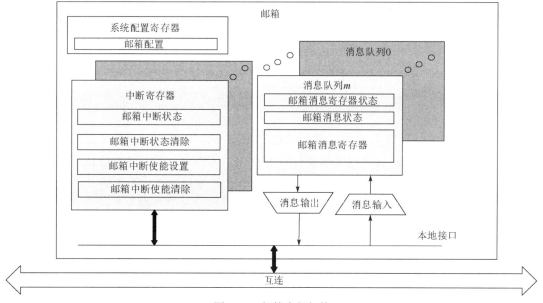

图 3.66 邮箱内部架构

3．DMA 通信机制

DMA 通信机制能够有效地减少数据通信对处理器的占用时间，在传送大量数据时发挥一定作用，主要用于程序更新及成片数据搬运方面。DMA 通信机制如图 3.67 所示。

4．串口通信机制

在多处理器嵌入式系统中，各个处理器通过串行总线相连，可以方便地进行多个处理器之间的通信。常用的串行总线有 SPI、I2C、UART、USB 等，图 3.68 所示为基于 SPI 总线通信的多处理器系统。

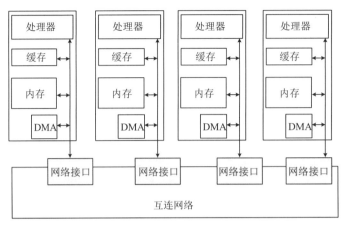

图 3.67 DMA 通信机制

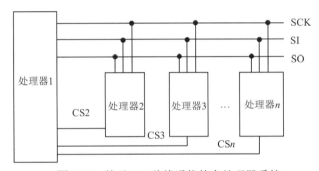

图 3.68 基于 SPI 总线通信的多处理器系统

串口主从模式的设定主要通过串口通信设备完成，将多个处理器分为主处理器与从处理器。当主处理器需要数据时就向从处理器发送请求数据指令，从处理器则通过串口将数据发送给主处理器。由于串口通信延迟较大，主处理器必须等待所有的数据传入存储器进行组合，或者主处理器自身进行组合后再处理，因而通信效率较低。此外，在通信期间从处理器不能向对应的存储器进行数据更新操作。所以使用串口通信机制需要重点考虑传输和处理时间。

利用串口通信机制实现多处理器通信，其优点是连线简单、方便、可靠，产品性价比高；缺点是数据传输速度慢，实时性差，不宜用于数据量大、通信频繁的多处理器系统。

3.5 多处理器系统的同步

为了保证在多处理器系统中执行并行程序的正确性，处理器之间必须传递一些相关的同步信息，以获知当前系统的运行状态，维护并行程序的执行次序，这样的信息交互过程称为多处理器同步操作。

3.5.1 多处理器并发执行

多处理器执行的并行程序，只有在保证可见性、有序性和原子性后，才能被正确地执行。

1. 并发性

操作系统会将每个运行中的程序封装成独立的进程，分配各自所需资源，根据调度算法切换执行。所以，进程是操作系统资源分配的基本单位，具有独立的内存空间存放代码和数据段等。在操作系统中能同时运行多个进程，进程的相互切换会有较大的开销。在单核处理器系统中，操作系统通常采用时间片方式进行调度，让每个进程每次运行一个时间片后就切换下一个进程运行，由于时间片时间很短，因此形成了并发现象，如图 3.69 所示。

进程并发意味着一个进程未执行完，另一个进程已经开始执行。并发从宏观上反映了一段时间内有多个进程都处于运行尚未结束的状态；从微观上看，任一时刻仅有一个进程的一个操作在处理器上运行。

线程是任务调度和执行的基本单位，如果一个程序中只有一个线程执行，则称为单线程程序；如果一个程序中有多个线程同时执行，则称为多线程程序。在多线程程序中，多个线程共享内存空间，但各自拥有独立的运行栈和程序计数器，相互切换开销较小，当然在每个时间片中仍只有一个线程执行，如图 3.70 所示。引入多线程模型后，在程序执行过程中，进程负责分配和管理系统资源，线程则参与处理器调度计算，多个线程竞争共享资源，如果不采取有效措施，则会造成共享数据的混乱。

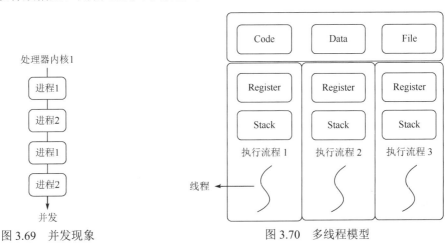

图 3.69 并发现象
图 3.70 多线程模型

在单核时代，多线程概念在宏观上并行，在微观上串行，多个线程可以访问相同的处理器缓存和同一组寄存器。但是在多核时代，多个线程可能在不同的内核（处理器）上执行，每个处理器都有自己的缓存和寄存器，在一个处理器上执行的线程无法访问另一个处理器上的缓存和寄存器。

2. 数据竞争

多个进程或线程并发访问和操作同一数据，但执行结果与访问发生的特定顺序有关的现象称为数据竞争，换句话说，进程或线程访问数据的先后顺序将决定数据的修改结果。如果两个或多个处理器共享同一变量并更新，就有可能发生竞争条件。一个典型例子是多个线程同时对一个变量进行自增操作，包括从内存读取其值到寄存器、对值自增、将值保存并写回内存，这三个步骤并不是靠一个指令就能完成的，如果中间被另一个线程打断，就可能导致结果不正确。例如，在图 3.71 中，两个处理器 P0 和 P1 分别对同一共享地址的变量 A 进行加一操作。处理器 P0 先读取 A 的值，然后加一，最后将 A 写回内存；处理器 P1 进行相同操作。然而，实际的计算过程有可能产生两种不一样的结果，图 3.71（a）中 A 的值增加了 1，而图 3.71（b）中 A 的值增加了 2（虽然整个计算过程完全符合缓存一致性协议的规定），其原因在于处理器对 A 的自增操作是非原子性的，期间其他处理器有可能插入。

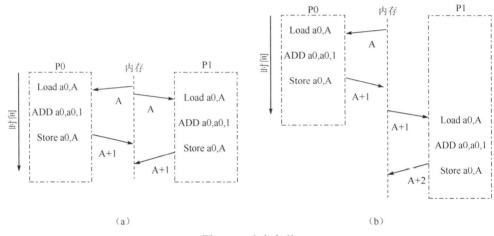

（a）
（b）

图 3.71　竞争条件

满足竞争条件就可能会出现数据竞争，内存访问包括读操作和写操作，所以数据竞争包括读写竞争和写写竞争，但读读不会构成竞争。

3．可见性

以多线程为例，可见性是指当一个线程修改了共享变量的值后，其他线程能够立即得知该修改值。当然从性能角度考虑，其实并没有必要在修改后就立即同步该修改值，因为如果多次修改后才使用，那么只需要最后一次同步即可，而之前的同步会对性能造成浪费。因此，实际的可见性定义可弱化为，当一个线程修改了共享变量的值后，其他线程在使用前能够得到该最新修改值。一个处理器上运行的线程，针对共享变量所做的更新，为了能够被其他处理器上运行的线程读到，必须将保存在存储缓冲器的内容写入高速缓存，从而通过缓存一致性协议被其他处理器读取。虽然处理器最终会完成此操作，但无法保障变量更新的及时传递。

假设 CPU0 将要执行两条指令，分别为

```
STORE x
LOAD y
```

当 CPU0 执行指令 1 的时候，发现变量 x 的当前状态为 Shared，这意味着其他 CPU 持有 x，因此根据缓存一致性协议，CPU0 在修改 x 之前必须通知其他 CPU，直到收到认可消息后才能真正修改 x。当 CPU0 具有存储缓冲器时，会先将此变量存储下来，然后等待时机合适时再实际写入缓存。在此之前，只要两条指令之间不存在数据依赖，CPU0 便会转而执行指令 2，因而便出现乱序执行。进一步，存储缓冲器为每个 CPU 所私有，其存储的内容无法被其他 CPU 读取。CPU0 更新变量 x 到存储缓冲器，而 CPU1 因为无法读取 CPU0 的存储缓冲器内容，所以从高速缓存中得到的仍然是该变量的旧值。

因此，在多核处理器中，基于硬件的缓存一致性管理可以使缓存行在处理器间透明迁移，但可能导致不同的处理器以不同的顺序看到缓存的更新。

4．有序性

源代码经过多次指令重排序后才成为执行指令，指令重排序如图 3.72 所示。有序性是指程序按照源代码的先后顺序执行。有序性问题是指在多线程环境下，执行指令重排序而导致执行结果与预期不符。

图 3.72　指令重排序

优化后的编译器可以大量重构代码，隐藏流水线延迟或利用微架构的特点，以更早访问内存来获得更多准备时间，或者推迟访问内存以平衡程序执行。在一个高度流水线化的处理器中，编译器可能会重排所有类型的指令，以在需要其结果时可以使用先前指令的结果。

许多现代处理器采用多发射技术，支持每个时钟周期内发射（或执行）多条指令。采用乱序执行或推测执行后，当一条指令因等待前面指令的结果而暂停时，内核可以继续执行后面没有依赖关系的指令。此外，内核还可以推测性地加载可缓存区数据。

由于处理器使用缓存和读/写缓冲器，因此处理器执行内存操作的顺序可能与内存实际的操作执行顺序不一致，这使得加载和存储操作看上去可能是乱序执行。

访存指令在取指、译码、发射这三步与其他指令相同，在第四步会被发送到存取单元中等待完成。普通的计算指令仅仅在处理器内部执行，所以看到的是写回次序。而访存指令会产生访存请求并发送到处理器外部，所以看到的是访存次序。

访存次序与指令执行次序可能不同。对于顺序执行处理器，如果执行两条读指令，一般必须等到前一条指令完成后才能执行第二条，如前一条读指令未命中 L1 缓存，那么到下级缓存或内存读取数据时，执行会进入停顿状态，直到读取的数据返回，所以在处理器外部看到的是按次序的访问。不过也有例外，当读/写指令同时存在时，由于读指令和写指令实际上走了两条不同路径，所以可能会看到同时访问。对于乱序执行处理器，为了提高效率，非真正数据依赖的指令可以并行执行，因此可能出现多个访存请求次序被打乱，导致在处理器外部看到的访存次序并不符合原先的指令顺序。

访存次序与指令完成次序是不同概念。指令执行结果被写回寄存器时必须按顺序，也就是说，即便是先被执行的指令，其计算结果也是按照指令次序被写回最终的寄存器的。对于顺序执行处理器，无数据依赖关系的读指令和计算指令，可以被同时发射到不同的执行单元，同时开始执行，但是完成还是按顺序的。对于乱序执行处理器，前后两条读指令如果没有数据依赖，即便后面读的数据先返回，也必须等到前一条指令完成后才写回最终的寄存器。与读数据不同，写数据会被送至存储缓冲器，只要该缓冲器未满，那么处理器不必等待数据写到缓存或内存就可以直接执行并往下走。所以，对于连续的写指令，无论是顺序执行处理器还是乱序执行处理器，都可能看到多个写请求同时挂在处理器总线上。由于处理器不必像读指令那样等待结果，因此可以在单位时间内送出多个写请求。

指令重排序是单核时代非常优秀的优化手段，并不影响单线程的执行结果。在多核时代，如果线程之间不共享数据或仅共享不可变数据，则指令重排序也是性能优化的利器，但是会加剧多线程访问共享数据时的数据竞争问题。

多个处理器（内核）同时执行指令，每个处理器的指令都可能被乱序，另外，L1、L2等多级缓存机制的引入，导致逻辑次序上应该是后写入内存的数据未必是真的后写入，从而使得处理器最终得出的结果与逻辑期待结果大不相同。例如，在一个处理器上执行写操作，并在最后写一个标记用来表示操作完毕，之后另一个处理器通过该标记来判定所需数据是否已经就绪，此做法存在一定风险：标记位先被写入但之前的操作并未完成，可能是未计算完成，也可能是数据没有从处理器缓存刷新到内存中，最终导致其他处理器使用了错误的数据。

5. 原子性

原子性是指一个操作或多个操作，要么全部执行并且执行的过程不会被任何因素打断，要么全部不执行。假设原子变量的底层实现由一条汇编指令实现，其原子性必然有保障。但是如果原子变量的实现由多条指令组合而成，那么中断介入等因素会对原子性产生影响。原子操作实现了多个连续操作的不可分割性，当某个内核修改变量时，任何其他内核都不会观察到该变量修改中的状态。原子操作并未定义任何与之相关的顺序问题，无法保证操作的顺序，一般可以用于与顺序无关的场景。例如，多个内核共享一个计数器，计数器定义为原子数据类型，所有内核对该计数器的更新都使用原子操作。这样，就不需要同步多个内核之间的顺序，只需要保证在程序执行的最后，计数器完成所有内核的更新操作即可。

在硬件上实现原子操作有许多方法，早期处理器结构大多选择在存储单元中增加专门的原子硬件维护机制，而现代处理器大多在处理器的指令集中添加特定的原子指令。

1）原子内存操作

在单核处理器中，能够在一条指令中完成的操作都可以看作原子操作，因为中断只发生在指令之间。在多核处理器中，运行着多个独立的处理器内核，即便是可以在单条指令中完成的操作，也可能会被干扰。如果多个处理器运行的多个进程同时对同一共享内存执行指令，那情况就无法预测。可以设计专门的原子指令来完成指定的原子操作。其中一种方法是使用一条专门的读-改-写（Read-Modify-Write，RMW）原子指令，另一种方法是使用一组原子指令对——加载链接/条件存储（Load-Linked/Store-Conditional，LL/SC）。

比较并交换（Compare And Swap，CAS）是基础的 RMW 指令，需要三个参数：内存地址、旧值和新值。CAS 指令首先比较内存地址中保存的新值与旧值，若相同，则将新值写入内存地址；若不同，则指令执行失败。CAS 指令的执行过程是原子的，不可被中断。CAS 指令存在一个缺陷，在将旧值缓存到本地局部变量与 CAS 指令之间，线程发生切换，致使旧值被修改两次以上，只要新值恰好与旧值相同，CAS 指令就误认为数据没有发生改变（虽然实际上数据发生过改变）。

LL/SC 是多线程中用来实现同步机制的一对指令。LL 指令返回内存位置的当前值，SC 指令先检查内存值是否在 LL 指令之后被更新过，若没有，则向内存地址写入新值。这两个指令必须成对使用，第一个 LL 指令到下一个 SC 指令之间可能间隔很多指令，即便一个地址经过若干次修改之后又恢复了原来的值，该指令仍然会执行失败。因此，LL/SC 指令比

CAS 指令的要求更强，因为 CAS 指令在这种情况下会成功执行。LL/SC 指令是目前通用的原子指令，可以实现各种复杂的原子操作，但是访存效率较低。

　　ARM 平台在硬件层面上提供了对 LL/SC 指令的支持。ARMv6 架构前不存在多处理器，所以对于变量的原子访问只需要关闭本处理器中断即可保证原子性。ARMv6 架构引入了对内存地址进行独占访问（Exclusive Access）的概念，提供了更灵活的原子内存更新方式。在 ARMv6 指令集下，LL 操作使用 LDREX 指令，SC 操作则使用 STREX 指令，在 ARMv8 指令集下，LDREX 指令被改名成 LDXR 指令，STREX 指令则被改名成 STXR 指令。Load-exclusive 操作将独占监测器更新为 Exclusive 状态，Store-exclusive 操作访问独占监测器以确定是否可以成功完成，只有当所有访问的独占监测器都处于 Exclusive 状态时，Store-exclusive 操作才能成功。

　　为了实现独占访问，ARM 系统中特别提供了独占监测器。独占监测器是一个简单状态机，具有 Open 和 Exclusive 两种状态。存在两种类型的独占监测器：本地监测器（Local Monitor）和全局监测器（Global Monitor），二者的位置如图 3.73 所示。每一个处理器内部都有本地监测器，只标记本处理器对某段内存的独占访问，在调用 LDREX 指令时设置独占访问标志，在调用 STREX 指令时清除独占访问标志。在整个系统范围内还有全局监测器，可以标记每个处理器对某段内存的独占访问，也就是说，当一个处理器调用 LDREX 指令访问某段共享内存时，全局监测器只会设置针对该处理器的独占访问标志，而不会影响到其他处理器。如果要对非共享内存区进行独占访问，只需要涉及本处理器内部的本地监测器，而如果要对共享内存区进行独占访问，除要涉及本处理器内部的本地监测器外，由于该内存区可以被系统中所有处理器访问，因此还必须由全局监测器来协调。以上独占访问机制只适用普通存储器（Normal Memory），如果是设备内存，则不会启用独占访问机制。如果设置成可共享内存，则启用全局监测器；如果设置成非共享内存，则只有本地监测器生效。

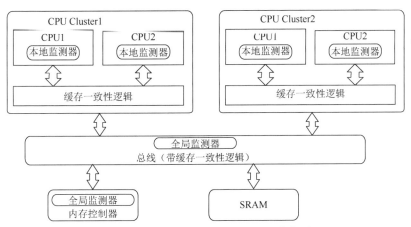

图 3.73　本地监测器和全局监测器的位置

　　当处理器读写内存地址对齐的数据时，该操作有可能是原子操作，如 32bit 处理器访问一个 32bit 整数，如果此整数的地址是 4 的倍数，即内存地址对齐，那么访问操作就是原子的，即处理器执行一条指令（在一个指令周期内）读取或写入此整数；但是如果此整数的地址不是 4 的倍数，那处理器要访问两次（执行两条指令）才能读取或写入此整数，而在两次访问中间，处理器有可能被其他程序抢占。由于编程时不能假设数据的内存地址一定是 4 的倍数，所以开发者要默认每一条代码语句都使用非原子操作，除非明确使用原子操作。

2）总线锁定

总线锁定（Bus Lock）是指处理器在指令执行期间提供一个锁定信号对总线加锁，使其他处理器的请求被阻塞，即暂时不能通过总线访问内存，而该处理器可以独占使用共享内存，直到指令结束后再释放总线，从而保证了该指令在多处理器环境中的原子性。总线锁定将导致系统整体性能下降。

3）缓存锁定

缓存锁定（Cache Lock）是指内存区域数据如果被缓存在处理器的缓存行中，那么当处理器写回内存时，可以使用缓存一致性协议来保证操作的原子性，而无须锁定总线。因为缓存一致性协议会阻止同时修改由两个以上处理器缓存的内存区域数据，当其他处理器写回被锁定缓存行的数据时，会使缓存行无效。相比于总线锁定，缓存锁定粒度更细，能获得更好性能。

但是在以下两种情况下处理器不会使用缓存锁定：一是操作的数据不能被缓存至处理器内部或操作的数据跨越多个缓存行，此时处理器会调用总线锁定；二是有些处理器不支持缓存锁定。

4）内存标记

很多早期的并行计算机使用内存标记（Tagged Memory）技术来支持细粒度的同步操作，如在内存的每个字中增加一个专门的满/空标记位，用于记录内存数据的读写状态，其中满标记位可以理解为该数据有效，空标记位则表示该数据无效。加载指令只能读取有效数据，否则就需要等待该数据变为有效；存储指令需要等到内存数据变为无效才可以修改并将其重新变为有效。这样，使用满/空标记位就可以实现不可分割的原子操作。使用内存标记技术，需要在整个内存中的每一个字中都增加一个专门的同步位，导致内存面积和功耗大大增加。

3.5.2　内存一致性

多线程操作共享变量可能会产生竞争条件，可以考虑某一资源在某一时刻只允许一个访问者对其进行访问，具有唯一性和排他性，此即互斥，但互斥无法限制访问者对资源的访问顺序。在互斥基础上，通过同步来协调同时运行的线程或进程，实现对资源的有序访问，从而获得正确的运行顺序，避免不期望的竞争条件。实现同步的方式有多种，可以基于软件或硬件。

1．内存顺序

指令重排序会导致很多指令的执行顺序与源代码不一致，但任何内存访问和指令重排序都不应违背代码本身所要表达的意义，这在单线程下通常不会有任何问题，但是在多线程场景中，指令乱序执行会造成无法预测的行为。

内存顺序（Memory Order）包含 4 种情况：读操作与读操作、读操作与写操作、写操作与读操作、写操作与写操作，编译器和硬件架构需要对不同情形下读写操作的执行顺序做出规范。

2. 内存一致性模型

不同的编译器和处理器都会优化指令，从而造成指令重排序，但它们对指令重排序的定义和约定都不太一样。为最大限度利用优化能力，同时使得执行结果可预测，系统需要规范多线程程序访问共享存储器时所应该呈现的存储器访问行为，以决定多处理器/编译器能施加哪些优化，同时约束程序员的编程方式。

内存一致性模型（Model of Memory Consistency）保证了不同处理器共享内存操作的一致性，换句话说，多核多线程同时进行众多可能乱序的读写操作，需要由内存一致性模型来规范共享内存操作的正确性，以保证各自请求得到正确数据。内存一致性模型有多层，包括处理器规定、编译器规定、高级语言，每层对于乱序的定义不太一样。

按照冯·诺依曼型架构的计算模型来看，读操作应当返回"最近"的写操作值。这里"最近"在线性一致性或严格一致性（Strict Consistency）模型中，要求任何一个对内存地址的读操作，将返回最近一次对该内存地址的写操作所写入的值。但是线性一致性太难实现，于是提出了顺序一致性（Sequential Consistency，SC），读操作即便不能及时得到此前其他处理器对同一数据的写更新值，但所有处理器以相同的顺序看到所有的修改值。不过，顺序一致性在实际系统中很少使用，主要是因为严格限制了硬件（寄存器/缓存/流水线）对处理器执行效率的优化，而且强行迫使程序在本地处理器上按程序顺序执行存储和加载操作。

为了放松对访存事件次序的限制，提出了一系列弱内存一致性模型，其基本思想：在顺序一致性模型中，虽然为了保证正确执行而对访存事件次序施加了严格限制，但在大多数不会引起访存冲突的情况下，这些限制是多余的，极大地限制了系统优化空间进而影响了系统性能。因此可以让程序员承担部分执行正确性的责任，即在程序中指出需要维护一致性的访存操作，系统只保证在用户所要求保持一致性的地方维护数据一致性，对用户未加要求的部分则可以不考虑处理器之间的数据相关。

运行在单处理器（且没有 DMA 设备等）上的单线程程序无须考虑内存一致性模型问题，因为处理器和编译器的优化对程序员透明，即程序看起来像是按自然顺序执行的。对多处理器而言，允许存储操作的乱序可以提供最多的优化机会，因此处理器和编译器都倾向于提供一种允许任意乱序、没有原子写要求的内存一致性模型。理论上来说，存储（Store）和加载（Load）操作共有 4 种：Store-Store、Store-Load、Load-Load 和 Load-Store。相应地，处理器访问内存时会出现的内存重排序有 Store-Store 重排序、Store-Load 重排序、Load-Load 重排序和 Load-Store 重排序，据此提出了一系列面向硬件的内存一致性模型，其中包含弱序一致性模型、处理器一致性模型、释放一致性模型及相关的派生模型，如完全存储定序模型、部分存储定序模型等。这些模型对访存事件次序的限制不同，因而对程序员的要求及所能得到的性能也不一样。限制越弱越有利于提高性能，但编程越难。

处理器一致性（Processor Consistency，PC）模型对访存事件发生次序施加的限制是，在任一加载操作被允许执行之前，所有在同一处理器中先于这一操作的加载操作都已完成；在任一存储操作被允许执行之前，所有在同一处理器中先于这一操作的访存操作（包括加载和存储）都已完成。上述条件允许存储操作之后的加载操作先执行，具有实际意义，在缓存命中的加载指令写回但没有提交之前，如果收到其他处理器对加载操作所访问的缓存行的无效请求，则加载指令可以不用取消，从而较大地简化了流水线的设计。

在释放一致性（Release Consistency，RC）模型中，同步操作进一步分成获取（Acquire）操作和释放（Release）操作，其中获取操作用于获取对某些共享存储单元的独占访问权，释放操作则用于释放这种访问权。释放一致性模型对访存事件发生次序做如下限制：同步操作的执行满足顺序一致性条件；在任一普通访存操作被允许执行之前，所有在同一处理器中先于这一访存操作的获取操作都已完成；在任一释放操作被允许执行之前，所有在同一处理器中先于这一释放操作的普通访存操作都已完成。

为了提高处理器的性能，在处理器设计中引入了存储缓冲器，其作用是为存储指令先提供缓冲，然后写入 L1 缓存。但这样做引入了 Store-Load 乱序，使得代码执行逻辑与预想不相同。在完全存储定序（Total Store Order，TSO）模型中，存储缓冲器按照 FIFO 顺序将数据写入 L1 缓存，允许 Store-Load 乱序。

为了进一步提升性能，在 TSO 模型的基础上继续放宽内存访问限制，允许处理器以非 FIFO 顺序来处理存储缓冲器中的指令，即处理器只保证存储缓冲器中的地址相关指令以 FIFO 顺序进行处理，其他指令则可以乱序处理，允许 Store-Load 乱序和 Store-Store 乱序，所以称为部分存储定序（Partial Store Order，PSO）模型。

在 PSO 模型的基础上进一步放宽内存访问限制，不仅允许 Store-Load 乱序、Store-Store 乱序，还允许 Load-Load 乱序、Load-Store 乱序，只要是与地址无关的指令，在读写访问的时候都可以打乱所有存储/加载顺序，这就是宽松内存定序（Relaxed Memory Order，RMO）模型。

面向硬件的内存一致性模型可以理解为处理器与软件指令之间的一套协议，规定什么情况下可以进行重排序，使用这些模型对于程序员来说非常困惑，因为要求在编写程序时必须考虑各种硬件体系结构所对应的不同内存一致性模型，于是后来进一步提出了面向程序员的内存一致性模型，主要包括 SCNF（Sequential Consistency Normal Form）模型和 PL（Properly-Labeled）模型等。面向软件的内存一致性模型可以理解为程序员和编程语言之间的一套协议，编程语言会规定一套规则来说明什么情况下会对代码进行重排序，并且提供一些机制能够让程序员对一些操作进行控制。

3．高级语言中的内存一致性模型

为了能在不同架构的处理器上执行，一些高级语言或编译器会定义一套自己的内存一致性模型，屏蔽底层硬件实现内存一致性需求的差异，通过提供对上层的统一接口来提供保证内存一致性的编程能力。

编译器负责将抽象的内存一致性模型映射到目标多处理器上，如果处理器架构的内存一致性模型相对更强，则上层内存一致性模型的同步操作可退化成普通的存储器访问；如果内存一致性模型相对更弱，则部分上层内存一致性模型的同步操作可生成屏障（Barrier）或原子指令来强制顺序和写原子性。

Java 内存一致性模型本身是一种抽象概念，并不真实存在，通过一组规则或规范定义了程序中各个变量（包括实例字段、静态字段和构成数组对象的元素）的访问方式。在 Java 内存一致性模型中，允许编译器和处理器对指令进行重排序，重排序过程不会影响单线程程序的执行，却会影响多线程并发程序执行的正确性。Java 编译器会根据内存屏障的规则禁止重排序，在生成指令序列的适当位置插入内存屏障指令来禁止特定类型的处理器重排序。

3.5.3　内存屏障

为了尽可能提升处理器性能，引入了允许乱序的内存一致性模型，不管是编译器还是处理器的重排序，在单线程中执行结果应该相同，而在多线程中，需要利用内存屏障（Memory Barrier）来保证整体顺序，避免出现意外。内存屏障是插入两个处理器指令之间的一种指令，用于禁止处理器指令发生重排序，从而保障有序性，如图 3.74 所示。正确设置内存屏障可以确保指令按照所期望的顺序执行。

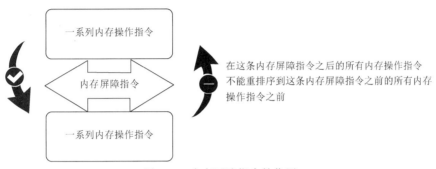

在这条内存屏障指令之后的所有内存操作指令不能重排序到这条内存屏障指令之前的所有内存操作指令之前

图 3.74　内存屏障指令的作用

内存数据除了在内存中，还可能存在于其他多个内核的缓存中。当某个内核修改了对应缓存中的数据后，其他内核的缓存及内存中的数据就非最新值，因此为了让其他内核能够读取到最新数据，该内核需要执行内存屏障指令，将存储寄存器中的修改写入缓存或内存。必须指出，缓存一致性协议并没有规定寄存器与内存之间的数据一致性，使用缓存一致性协议的方法来维护寄存器与内存数据的一致性，将产生巨大的维护开销，以致目前没有任何处理器采用。此外，在实际系统中寄存器与内存数据个不一致的情况相对少见，而且寄存器对于软件是可见的，所以让软件来管理维护寄存器与内存数据的一致性是可行的。为此，处理器提供了内存屏障指令：读内存屏障指令，即清空本地的无效化队列，保证之前的所有加载操作都已经生效；写内存屏障指令，即清空本地的存储缓冲器，使得之前的所有存储操作都生效。

内存屏障指令只应该作用于需要同步的指令或还可以包含周围指令的片段，而非同步所有指令。几乎所有的处理器至少支持一种粗粒度的内存屏障指令，通常被称为栅栏（Fence）。栅栏保证在栅栏前的加载和存储指令，能够严格有序地先于栅栏后的加载和存储指令执行。无论在何种处理器上，栅栏都是最耗时的操作之一，与原子指令差不多，甚至消耗更多资源，所以大部分处理器支持细粒度的内存屏障指令，以有助于处理器优化指令的执行，提升性能。

对于 TSO 模型和 PSO 模型，内存屏障指令只在 Store-Load/Store-Store 操作时需要（使用写内存屏障指令），最简单的一种方式就是内存屏障指令必须保证存储寄存器数据全部被清空才继续往下执行。对于 RMO 模型，在 PSO 模型的基础上引入了 Load-Load 乱序与 Load-Store 乱序。RMO 模型的读内存屏障指令要保证前面的加载指令执行必须先于后面的访存指令执行。

处理器支持哪种内存重排序，就会提供相对应的能够禁止重排序的指令，即内存屏障指令。理论上可以将基本的内存屏障指令分为 4 种：LoadLoad 屏障指令、StoreStore 屏障指令、LoadStore 屏障指令、StoreLoad 屏障指令，如表 3.7 所示。

表 3.7　基本的内存屏障指令

内存屏障指令类型	指令示例	说明
LoadLoad 屏障指令	Load1; LoadLoad; Load2	确保 Load1 数据的加载先于 Load2 及所有后续加载指令的加载
StoreStore 屏障指令	Store1; StoreStore; Store2	确保 Store1 数据对其他处理器可见（刷新到内存）先于 Store2 及所有后续存储指令的存储
LoadStore 屏障指令	Load1; LoadStore; Store2	确保 Load1 数据的加载先于 Store2 及所有后续的存储指令刷新到内存
StoreLoad 屏障指令	Store1; StoreLoad; Load2	确保 Store1 数据对其他处理器可见（刷新到内存）先于 Load2 及所有后续加载指令的加载。StoreLoad 屏障指令会使该指令之前的所有访存指令完成之后，才执行该指令之后的访存指令

StoreLoad 屏障指令是一个万能屏障指令，兼具其他 3 种内存屏障指令的功能，其开销昂贵，为 4 种内存屏障指令之最，因为当前处理器通常要将写缓冲器中的数据全部刷新到内存中。现代的多处理器系统大都支持 StoreLoad 屏障指令。

不同的处理器架构和高级语言中所定义的内存屏障指令与理论层面划分的 4 种内存屏障指令之间有一定的对应关系，但实现方式和实现程度不同。

1．x86 架构的内存屏障指令

Intel 硬件提供了一系列的内存屏障指令，主要如下。

（1）Lfence（读栅栏）指令：相当于 LoadLoad 屏障指令。

（2）Sfence（写栅栏）指令：相当于 StoreStore 屏障指令。

（3）Mfence（一种全能型栅栏）指令：具备 Lfence 指令和 Sfence 指令的能力，相当于 StoreLoad 屏障指令。

（4）Lock 指令：不是一种内存屏障指令，但能够完成类似内存屏障指令的功能。与内存屏障指令相比，Lock 指令要额外上锁总线和缓存，成本更高。

2．Linux 内核的内存屏障指令

（1）写屏障（Write Barrier）指令：在写屏障指令之前的所有写操作指令，都会在写屏障指令之后的所有写操作指令之前发生。

（2）读屏障（Read Barrier）指令：在读屏障指令之前的所有读操作指令，都会在读屏障指令之后的所有读操作指令之前发生。

（3）通用屏障（General Barrier）指令：在通用屏障指令之前的所有写和读操作指令，都会在通用屏障指令之后的所有写和读操作指令之前发生。

（4）数据依赖屏障（Data Dependency Barrier）指令：数据依赖屏障指令是读屏障指令的弱版本，仅保证（有依赖）部分读操作有序。

在图 3.75 中，Store1 指令可能是对配置存储器的写操作，以重新映射外设的物理地址，由 Load2 指令读取，因此 Load2 指令依赖 Store1 指令。在没有地址依赖关系时，内存屏障

指令两侧的访存指令可以自由地重排序。

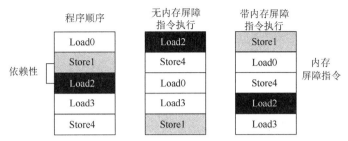

图 3.75　内存屏障指令影响加载/存储指令顺序

3.5.4　ARM 体系架构中的内存访问

由于所有总线事务都由主设备发起，因此可以根据主设备的排序规则来推断总线事务到达从设备接口的顺序。通常在内存系统中，总线事务可以重排序，被不同主设备以不同顺序观察到。

在 ARM 体系架构中，与内存访问顺序有关的两个概念是共享域和内存类型。

1．共享性

共享性（Shareability）是与一致性有关的内存属性，用于指示一个内存位置中的内容与一定范围内可访问该位置的多个处理器是否一致。

ARM 体系架构引入共享域（Shareable Domain）的概念来定义多种不同域，其目的是确定某一缓存操作所需广播范围。共享域示意图如图 3.76 所示。共享域属性有内共享、外共享和非共享三种。一个系统可以有多个内共享（Inner Shareable）域，当某个操作影响到其中一个内共享域时，并不会影响到其他的内共享域，而内共享域内的处理器之间可以相互共享内存数据。一个外共享（Outer Shareable）域可以由一个或多个内共享域组成，当某个操作影响到某外共享域时，也会影响到其下所有的内共享域。非共享（Non-shareable）域是指相关区域只能让指定的处理器访问。位于同一域内的主设备，需要将涉及一致性和屏障的事务传递给其他主设备。

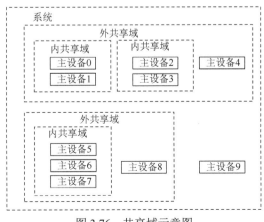

图 3.76　共享域示意图

图 3.77 所示为一个由双处理器簇构成的共享域系统，其中每个处理器内核内部都有自己的非共享域，同一处理器簇构成一个内共享域，两个处理器簇之间也为内共享域；但子系统内的其他模块，如 Mail-T604、视频解码器、LCD 及内存控制器都属于外共享域，整个子系统以外的模块都是系统域的一部分。

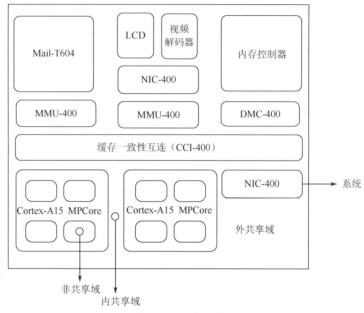

图 3.77　共享域系统

2．可缓存性

内存属性有非缓存、写通缓存和写回缓存三种，其中非缓存意味着不使用缓存，直接更新内存；写通缓存意味着同时更新缓存和内存；写回缓存意味着先更新缓存，替换时将修改过的缓存块写回内存。

可缓存性（Cacheability）用于描述一个内存数据是否可缓存。系统中存在多级缓存，有些位于处理器内部，有些则在总线之后。内缓存（Inner Cache）是指在处理器微架构之内的缓存，通常是处理器 IP 集成的缓存；外缓存（Outer Cache）是指在处理器微架构之外的缓存，即通过总线连接的缓存。图 3.78 中以虚线为界将缓存分成了两部分，左边是内缓存，可以是 L1 缓存和 L2 缓存或仅为 L1 缓存；右边是外缓存，可以是 L2 缓存或 L3 缓存。

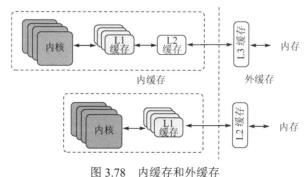

图 3.78　内缓存和外缓存

缓存维护是指手工维护，也就是软件干预缓存的行为。当进行缓存操作时，需要指定指令所能到达的缓存或内存，以及明确在到达指定地点后的广播范围。为此，ARMv8 架构引入了两个术语：统一点（Point of Unification，PoU）和一致点（Point of Coherency，PoC）。

1）PoU

PoU 是站在单核的角度来观察的。对于某一个内核，如果在某一点上其指令缓存、数据缓存、MMU 和 TLB 能看到一致的内容，那么该点即 PoU。

在图 3.79 中，主设备 A 包含了指令缓存、数据缓存、TLB 和 L2 缓存，它们的数据交换都建立在 L2 缓存上，此时 L2 缓存就成了 PoU。

在图 3.80 中，主设备 A 没有 L2 缓存，其指令缓存、数据缓存和 TLB 的数据交换都建立在内存上，所以内存便成了 PoU。

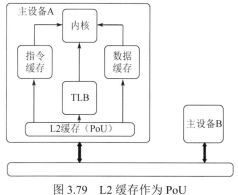

图 3.79　L2 缓存作为 PoU

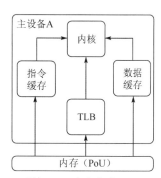

图 3.80　内存作为 PoU

2）PoC

PoC 是站在系统的角度来观察的。对于所有主设备，如果在某一点上其指令缓存和数据缓存、MMU 和 TLB 都能看到同一个源，那么该点就是 PoC。例如，对于含有处理器内核、DSP 和 DMA 等的系统，内存就是 PoC。

图 3.81 左图中只有一个主设备，没有 L2 缓存，所以内存是 PoC。在图 3.81 右图中，L2 缓存不能作为 PoC，因为主设备 B 在其范围之外可以直接访问内存，所以内存才是 PoC；进一步，如果将内存换成 L3 缓存，并在 L3 缓存后面连接内存，那么 L3 缓存就变成 PoC。

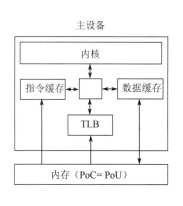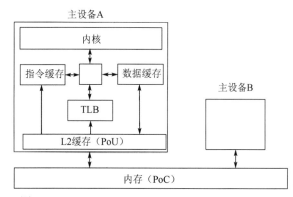

图 3.81　PoC

图 3.81 左图中没有集成 L2 缓存，此时 PoU 与 PoC 相同。图 3.81 右图中集成了 L2 缓存，此时内核、L1 缓存（指令缓存和数据缓存）和 L2 缓存构成了内部 PoU，主设备 A、主设备 B 和内存构成了 PoC。

3．内存类型

在 ARMv8 架构中，所有的内存都被配置成常规（Normal）内存或设备（Device）内存。系统中大部分内存类型是常规内存，包括物理内存中的 ROM、RAM 和 Flash，可以进行常见的读写操作或只读操作。处理器可以重排序、重复和合并对常规内存的访问，以获取最佳的处理器性能。内存映射的外设及访问可能产生副作用的所有内存为设备内存。

内存属性提供了对共享性、可缓存性、访问和执行权限的控制。常规内存具有共享性和可缓存性，设备内存永远不能缓存但可外共享。常规内存和设备内存的属性如表 3.8 所示。

表 3.8　常规内存和设备内存的属性

内存类型	共享性	可缓存性
常规内存	不可共享	不可缓存
	可内共享	可写通缓存
	可外共享	可写回缓存
设备内存	可外共享	不可缓存

在图 3.82 所示的系统中，有两簇 Cortex-A15，每簇 4 个内核，内含 L2 缓存。系统的 PoC 为内存，而 Cortex-A15 的 PoU 分别为各自簇内的 L2 缓存。在配置 ARM Cortex-A 系列处理器时，会选择是否将内部操作送到 ACE 端口。当存在多个处理器簇或需要双向一致性的 GPU 时，就需要设法送到 ACE 端口。这样，内部操作无论是内共享还是外共享的，都会经 CCI-400 总线广播到其他的 ACE 端口上。

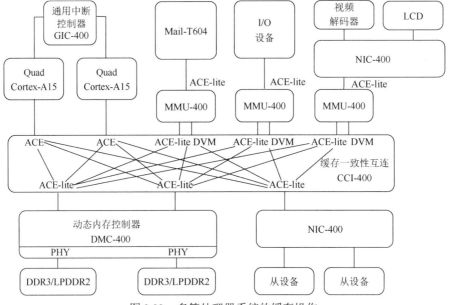

图 3.82　多簇处理器系统的缓存操作

在某个 Cortex-A15 上执行缓存清除指令,范围指定 PoU,那么所有 4 个 Cortex-A15 内核的 L1 指令缓存都会被清除掉。由于是缓存操作,其内共享属性使得此操作被扩散到总线,而 CCI-400 总线会将此操作广播到所有可能接收的端口,因此另一簇内部 4 个 Cortex-A15 内核也会清除对应的指令缓存;对于 Mail-T604 和 DMC-400,由于采用 ACE-lite 协议,本不必清除,但由于连接的 DVM(分布式虚拟存储)端口专门负责收发缓存维护指令,因此它们的对应指令缓存也会被清除,当然它们并没有对应的指令缓存,所以只是接收请求,并没有采取任何动作。

假定总线不支持内/外共享的广播,那么就只有一簇 Cortex-A15 会清除指令缓存,这样会导致逻辑错误,因为两簇 Cortex-A15 可能运行同一行代码。如果将读写属性设置成非共享,那么总线就不会去侦听其他主设备,从而减小访问延迟和提高性能。

当执行某行缓存操作时,并不知道其数据是否最终写到了内存,只能将所需范围设置成 PoC。如果 PoC 是 L3 缓存,那么最终就刷到了 L3 缓存;如果是内存,那么最终就刷到了内存。如果所有主设备都在 L3 缓存上统一数据,就不必刷内存。

ARM 架构还会使用 PoS(Point of Serialization,串行点),意思是所有主设备送来的各类请求,都必须由总线的控制器检查其地址和类型,如果存在竞争,那就会进行串行化。

4.内存屏障指令

ARM 架构在特定点使用内存屏障来强制访问按顺序完成。ARMv8 架构提供了 3 种类型的内存屏障:数据存储屏障、数据同步屏障和指令同步屏障,其作用范围或强度依次递增。

数据存储屏障(Data Memory Barrier,DMB)的基本功能是确保仅当所有在 DSB 指令前面的内存访问指令都执行完毕后,才执行其后面的内存访问指令(注意只对内存访问指令敏感)。

数据同步屏障(Data Synchronization Barrier,DSB)比 DMB 要严格,其基本功能是确保仅当所有在 DSB 前面的内存访问指令都执行完毕后,才执行其后面的指令(任何指令都要等待)。

指令同步屏障(Instruction Synchronization Barrier,ISB)的基本功能是清空流水线,确保仅当所有在 ISB 前面的指令都执行完毕后,才执行其后面的指令。ISB 常用于内存管理、缓存控制及上下文切换。

3.6 处理器性能评估

这里以 ARM Cortex-A73 为例来介绍处理器的性能评估,如图 3.83 所示。

ARM Cortex-A73 基本参数如下。

- 假设四核 ARM Cortex-A73 运行在 3GHz,读写指令每次传输数据均为 8B。
- L1 缓存块宽度为 64B,延迟为 3 个时钟周期,支持 8 路预取,内核总线接口单元含有 8 个宽度为 32B 的行填充缓冲器。
- L2 缓存块宽度为 64B,延迟为 8 个时钟周期,支持 27 路预取。

- ACE 端口同时支持 48 个可缓存读请求。
- 系统延迟为 50ns。

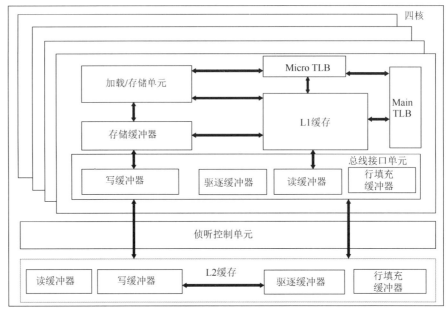

图 3.83　ARM Cortex-A73

3.6.1　处理器的延迟

处理器的内存访问指的是访问数据，而不是抓取指令。访存指令在经过取指、译码、发射阶段后，进入执行阶段，即指令被发送到存取单元，等待完成。处理器执行一条访存指令，将读写请求发往内存管理单元，由其进行虚实地址转换后送至总线。总线将指令传递给内存控制器，由其进行地址翻译后，在相应内存颗粒进行存取。之后，读取的数据或写入认可按照原路返回。如果存在多级缓存，则在每一级缓存都未命中的情况下，处理器才会直接访问内存颗粒。

当处理器在等待数据从缓存或内存返回时，一般来说，如果是乱序执行处理器，那么可以直接执行后面的指令；如果是顺序执行处理器，那么会进入停顿状态，直到读取的数据返回。

写指令与读指令有很大差异，写指令不必等待数据写到缓存或内存就可以完成，因为写出去的数据会存入存储缓冲器，只要存储缓冲器没填满，处理器就可以直接往下走，不必停顿。

1．Outstanding Transaction

对于顺序执行处理器，如果有前后两条读指令，那么一般必须等到前一条指令完成后才能执行下一条指令，所以在处理器外部看到的是顺序访问。但是可能同时出现多个读请求，如连续的读指令，在前一条读指令 L1 缓存未命中，到下一级缓存或内存抓取数据时，下一条读指令仍可以被执行。对于乱序执行处理器，可能同时发送多个请求到外部，从处理器外部来看，顺序是打乱的。如果前后两条读指令存在数据相关性，那么即便后一条指令的数据先返回，也必须等到前一条指令完成后才可以写回最终的寄存器。写指令发出的数据被送到存储缓冲器后，只要未填满该缓冲器，处理器就可以继续发出写数据，而不必等待该数据写入缓存或内存。所以写指令的访存延迟是一个时钟周期，写带宽通常大于读带宽。对于连续的写指令，无论是顺序执行处理器还是乱序执行处理器，都可能存在多个写请求同时出现在处理器总线上。

对于同时存在的多个请求，使用专用名词 Outstanding Transaction（OT）来描述。OT 和延迟共同构成了对访存性能的描述。

2．访存延迟

处理器的读写延迟是指令发出，经过缓存、总线、内存控制器、内存颗粒，原路返回所花费的时间。但是，更多的时候，读写延迟是大量读写指令被执行后，统计出来的平均访问时间。二者的区别在于，当 OT 为 1 时，总延迟只是简单累加，而当 OT 大于 1 时，由于同时存在两个访存并行，总延迟通常少于累加时间，甚至会少很多，此时得到的是平均延迟或称为访存延迟。

假定存在多级流水线，其每一级都是一个时钟周期，那访问 L1 缓存的访存延迟就是一个时钟周期，如果流水线上某个阶段大于一个时钟周期，那访存延迟就取决于该最慢时间。对于后面的 L2 缓存、L3 缓存和内存，情形就不同。

对于读指令，访存延迟是从指令发射（非取指）到最终数据返回的时间，因为处理器在执行阶段等待，流水线起不了作用。如果 OT 为 2，那么时间可能缩短将近一半，代价是存储未完成的读请求的状态需要额外的缓冲，处理器可能需要支持乱序执行，从而造成面积和功耗的进一步上升。

对于写指令，只要存储缓冲器没填满，访存延迟就仍是一个时钟周期。

在读取 L2 缓存、L3 缓存和内存时，可以将等待返回看作一个阶段，由此可以得到每一级缓存的访存延迟。

3.6.2　处理器的带宽

1．处理器内核带宽

1）读带宽

假设系统指令全是读请求且地址连续，开始时数据不在 L1 缓存中，那么从存取单元出发，每秒可以发出 $1×10^9$ 次读指令，数据带宽为 8GB/s。对于读指令，无论是否可缓存，都会经过 L1 缓存。如果缓存命中，则直接返回数据，读指令完成。如果缓存未命中，则非缓存请求将直接被送到读缓冲器，缓存请求则需要 L1 缓存分配一个缓存行，并且将原数据送到驱逐缓冲器，同时向行填充缓冲器发出请求。驱逐缓冲器会将其写出请求送至内核总线接口单元中的写缓冲器。

如果使用 L1 缓存的预取技术来充分利用所有行填充缓冲器，那么每秒产生 $128×10^6$ 次请求（8GB/s/64B），平均到每个行填充缓冲器为 $16×10^6$ 次请求，每个请求需要在 60ns 内完成才能满足读带宽的要求。假设系统延迟为 50ns，则可以提供 10GB/s（$20×10^6$/s × 64B×8）的读带宽。

2）写带宽

假设系统指令全是写请求，从存取单元出发，进入存储缓冲器之后，写指令就可以完成，处理器不必等待，此时带宽为 24GB/s。

数据会在存储缓冲器停留一段时间，期间存储缓冲器会对收到的每项数据进行地址检查，进行合适的合并。如果是非缓存区的数据，则其在等待一段时间后被直接发送到内核总线接口单元中的写缓冲器。如果是缓存区的数据且地址随机，则在等待一段时间后，写请求被发送到 L1 缓存。如果缓存未命中，便要求分配一个缓存行以存放数据，直到收到响应，此即写分配（Write Allocate），写分配会造成驱逐和行填充，而行填充是读操作，利用 L1 缓存的预取来加载行填充缓冲器，因此需要很小的系统延迟才能满足写带宽需求，否则该行填充会造成瓶颈。如果是缓存区的数据且地址连续，则会触发流（Streaming）模式，也称为读分配（Read Allocate）模式，意指当探测到连续地址的写请求时，通过存储缓冲器将数据直接突发送入写缓冲器。

3）内核总线接口单元带宽

内核写缓冲器接收来自驱逐缓冲器的写出数据和来自存储缓冲器的写出数据后，不断地分段发出写操作，给下一级总线和内存控制器增加了负担，因此必须采用合适的算法和参数，尽可能合并数据，减少写操作次数。内核写缓冲器将写操作发送到 L2 缓存之前，会经过侦听控制单元，对 4 个内核的缓存进行一致性检测，如果读取的数据存在于其他处理器的 L1 缓存，那么就直接从其他处理器抓取，否则将写操作发送到 L2 缓存。

由于写认可来自 L2 缓存而非内存，因此延迟较小。假设延迟是 8 个时钟周期，那么内核写缓冲器每秒可以往外写出 8GB 的数据。相比内核所能提供的写带宽，此时总线接口单元才是写瓶颈。

对于读操作，单核存在 10GB/s 的读带宽需求。

2．处理器接口带宽

当 L1 缓存的总线接口单元发出 4 次行填充请求时，理论上便可充分且合理利用所有 8 个行填充缓冲器，并可能引发对 L2 缓存乃至内存的访问。L2 缓存可以提供 27 次预取。此时单核预取所引发的内存访问总数为 31（4+27），远少于处理器接口（AXI/ACE）的能力（OT 为 48），所以瓶颈在于 L1 缓存的行填充缓冲器数量。如果 4 个内核同时发出行填充请求，且每个内核用尽所有可能的 8 个预取通道，那么将发出 32 次预取请求，加上 L2 缓存的其他访问需求，所有读带宽需求将大于处理器接口所能提供的。

对于处理器接口来说，其所能提供的读带宽为 60GB/s（48×64B/50ns），虽然 4 个内核的读带宽需求仅为 40GB/s，但综合考虑所有缓存的自动预取，处理器接口便成为瓶颈。系统延迟越大，则接口提供的带宽越低。对于处理器接口来说，其所能提供的写带宽远远超过需求，不构成瓶颈。

总体上，写带宽主要受限于内核总线接口单元，而读带宽受系统延迟影响，受限于处理器接口。进一步，假定处理器外部总线的带宽只有 13.8GB/s，那么处理器和总线之间的通信瓶颈完全在于总线带宽。

3.6.3 提高处理器带宽的途径

在处理器内部，提高带宽的主要途径有指令优化、指令预测、数据预取、数据对齐、地址连续、多级缓存（前文已介绍）和内存管理优化等。

1．指令优化

为了得到更高的性能，编译器或处理器有可能会改变指令的执行顺序，以此来提高指令执行的并行度。

2．指令预测

处理器预测将要执行的一个分支，将后续指令取出来先执行。等到真正确定分支时，如果预测对便提交结果，否则丢弃预先执行的结果，重新抓取指令。指令预测是为了减少流水线空泡，流水线深度越大，不预测或预测错所引发的代价和影响越大。

3．数据预取

数据预取是指将可能会用到的数据先读入缓存，之后就不必再访问内存。在多种情形下可以实现数据预取：第一，通过编译器分析代码，在程序编译过程中插入预取指令；第二，在一些对性能要求极高的场合，可以由程序员绕过编译器手动插入预取指令。有的处理器提供专门的预取指令，如在 ARM 架构中，如果数据不在 L1 缓存中，则可以用 PLD 指令提前把数据加载到 L1 缓存中；第三，处理器中有专门的硬件用于推测未来要访问的数据地址，将其预取到处理器中，如当程序访问连续的或有规律的地址时，有些缓存控制器会自动检测出相应规律并进行数据预取；第四，缓存未命中会触发行填充预取。

4．数据对齐

处理器在读取数据时以缓存行为单位，如果数据结构能够调节到与缓存行对齐，就可以使用最少的读取次数。当进行 DMA 操作时，一般以缓存行为单位，如果不对齐，就会多出一些传输，导致效率下降甚至出错。

如果使用带 ECC 的内存，那么更需要 DDR 位宽对齐，不然 ECC 值无法计算。如果写入小于位宽的数据，则内存控制器需要先知道原来的数据位宽，再去读取、改动、计算新的 ECC 值，最后写入，导致增加一个读过程。

5．地址连续

保持连续的访问地址将触发流模式，通过存储缓冲器将数据直接突发送入写缓冲器。

6．内存管理优化

内存管理单元提供虚拟地址到物理地址的映射。内存管理优化是指定义一个大的硬件页表，将所有需要频繁使用的地址都包含进去，避免产生页缺失，从而节省页缺失异常调用和查页表的时间，在特定场合可以提高不少效率。

3.6.4　处理器性能示例

表 3.9 所示为四核 Cortex-A53 处理器的性能示例。

表 3.9　四核 Cortex-A53 处理器的性能示例

配置	四核，L1=32KB，L2=1MB，ECC=Yes，Crypto=Yes
工艺	TSMC16FFLL+

性能目标	2.6 GHz
实现性能（CPU/Top）	2.65GHz/2.46GHz @TT/0.9V/85℃
	2.79GHz/2.56GHz @TT/1.0V/85℃
优化 PVT	TT/1.0V/85℃
漏电功耗（CPU）	57mW@TT/0.8V/85℃
动态功耗	98mW/GHz/CPU@TT/0.8V/85℃
面积（CPU/Cluster）	0.53mm²/3.9mm²
金属层	11m_2xalxd3xe2y2r_utrdl
标准单元库	SC9MC，使用 ULVT 单元
裕量	SB-OCV + SCM+ Flat OCV：±7%，建立时间不确定性+ PLL 抖动：15ps；保持时间不确定性：3ps

1．配置

Cortex-A53 使用了 4 个内核，L1 缓存的容量为 32KB，L2 缓存的容量为 1MB，带 ECC 和加解密引擎，这几个选项对面积影响较大，对频率和功耗也有一定影响。L1 缓存访问基本用一个时钟周期的时间，时序关键路径都在 L1 缓存访问路径上，其延迟决定了处理器的运行频率。L1 缓存的容量通常不超过 64KB。一般 L2 缓存、L3 缓存可以使用多时钟周期访问方式，也可以使用多存储阵列组交错访问方式，其容量高达几百 KB 至几 MB。

2．性能目标

当进行后端实现时，必须在性能、功耗和面积中选定一个主要优化目标。对于高性能 Cortex-A53，性能越高，功耗和面积就越大。

3．实现性能

实现性能主要是指在特定 PVT 下能实现的频率。工艺有很多角（Conner），类似正态分布，TT 只是其中之一。后端流片需要设置一个签核条件作为筛选门槛，不达要求的芯片被认为不合格，无法运行在所需频率。签核条件设得越低（宽泛），良率（Yield）越高，但后端实现难度也越高。表 3.9 中实现性能一行有 4 个频率，上下两组对应不同的电压，而左右两组对应处理器内核和处理器顶层。

4．优化 PVT

优化目标所对应的 PVT 为 TT/1.0V/85℃。

5．漏电功耗

漏电功耗（Leakage Power）包含了四核 Cortex-A53 中逻辑和 L1 缓存的漏电功耗。处理器内核本身不含 L2 缓存，其他一些逻辑（如侦听控制单元）在处理器内核之外，但仍包含在处理器中。

6．动态功耗

处理器通常运行 Dhrystone 来测量动态功耗（Dynamic Power）。Dhrystone 是一种非常古老的跑分程序，基本上就是进行字符串复制，非常容易被软件、编译器和硬件优化。其程序小、数据量少，可以只运行在 L1 缓存上，此时 L2 缓存和其他电路仅存在漏电功耗，所以通常运行 Dhrystone 来测量处理器的最大功耗指标。

动态功耗与电压平方相关，频率变化与电压相关，因此不同电压不同频率时的动态功耗与电压三次方相关。虽然 1.0V 只比 0.8V 高 25%，但最终动态功耗可能增大近 2 倍。

此外，动态功耗也与温度相关，计算时常考虑 85℃ 或更高。

7．面积

面积决定了芯片的毛利率，在满足性能的情况下，面积越小越好。当面积一定时，有时会使用过压（Over-drive）方式来提高性能，即便牺牲了功耗。

8．金属层

芯片制造时进行一层层蚀刻，蚀刻时需要一层层打码，简称 Mask。表 3.9 中的 11m 表示有 11 层金属层用于走线。晶体管本身处于底层，上面的金属层数量越多，走线就越容易，相应成本越高。层数少了不仅走线变难，面积的利用率也会降低，对于 Cortex-A53 而言，11 层可以达到 80% 的面积利用率。因此，芯片面积需要综合考虑布局布线和面积利用率。

9．标准单元库

标准逻辑单元使用超低电压阈值（Ultra Low Voltage Threshold，ULVT）单元，这将减小动态功耗，但增大漏电功耗。漏电功耗与频率呈对数关系，即漏电功耗每增加 10 倍，最高频率才增加 1 倍。后端实现时可以在 EDA 工具中设置限制条件，如只有不超过 1% 的需要运行在高频率的关键路径上的逻辑单元使用 ULVT 单元，其余使用 LVT 单元、SVT 单元或 HVT 单元（电压依次升高，漏电功耗依次减小），从而减小总体漏电功耗。

晶体管的通道长度也可以改变，通道长度越短，漏电功耗越高，所能运行的频率越高。有些标准单元库中有 ULVT C16、LVT C24 之类的参数，这里的 C 就是指通道长度。

10．裕量

生产过程中会产生工艺偏差，裕量（Margin）定义了偏差范围，偏差范围如图 3.84 所示。

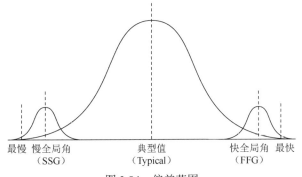

图 3.84　偏差范围

图 3.84 中间的曲线表示角分布，两侧的曲线表示工艺偏差。SB-OCV 的偏差与其他偏差叠加在一起，总共±7%，即 7%的芯片偏差超出后端设计结束时确定的结果。

3.7　XPU

并行计算（Parallel Computing）是指同时使用多种计算资源解决计算问题，是提高系统计算速度和处理能力的一种有效手段。其基本思想是将被求解的问题分解成若干个部分，各部分均由一个独立的处理器来计算。并行计算可分为时间并行和空间并行，其中，时间并行是指流水线技术。互联网、云和多核应用使得所有的计算都变成了并行计算。

随着数据极度增长及负载类型愈发多样化，我们越来越需要借助架构多样性来解决以前无法解决的问题，以便用户能够使用合适的计算类型。XPU（X Processing Unit，X 处理单元）并不是一个新的处理器或产品，只是一个架构组合。

1．计算架构

计算意味着由处理单元来处理数据，CPU 和 GPU 是流行的两种处理单元。当提到 FPGA 和 ASIC 都是 XPU 时，只是针对扩展命名空间而言的，此时 XPU 应该被视为隐喻，而非字面定义。

以最低的功耗处理最多的数据一直是大多数计算架构的目标。同时，处理速度至关重要，如果不在正确的时间内得到处理，数据就会变得毫无用处，如实时广告服务、汽车传感或实时视频转码等。因此开发的计算架构需要具有高性能、低延迟和低功耗等特点。

性能是指每单位时间内可处理的数据量，通常以吉字节/秒或图像/秒为单位进行度量。延迟是指处理数据和获取结果所需的时间长度，通常以毫秒甚至微秒为单位进行度量。功率是指处理数据所需的功率，通常以瓦特或焦耳为单位进行度量。

面对数据的多样性，并不存在一种普适架构。各种专门架构可以根据需求来优化性能、功耗或延迟，如适用于游戏的 GPU 与由电池供电的安全摄像头的架构就截然不同。

计算架构大致可分为标量、矢量、矩阵和空间（Scalar/Vector/Matrix/Spatial，SVMS）架构，如图 3.85 所示。其中 CPU 适合处理标量计算，GPU 适合处理矢量计算，AI 更多进行矩阵计算（需要专门做矩阵加速），而 FPGA 特别适合处理稀疏空间计算，可以大幅降低 I/O 计算量及计算开销。

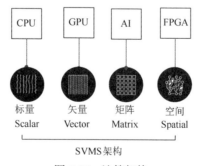

图 3.85　计算架构

大多数计算需求都可以通过基于标量架构的处理器来满足，其优势是多功能、通用。从系统引导到高效工作应用程序，再到加密技术和 AI 等高级工作负载，基于标量架构的处理器可以在广泛的拓扑结构中工作，并具有一致、可预测的性能。

矢量架构的优势是高度并行处理。GPU 是针对矢量计算进行了优化的、高度并行的数据流处理器，其中包括两种流处理单元：MIMD 处理单元——顶点处理流水线，以及 SIMD 处理单元——像素处理流水线。这种以数据流为处理单元的处理器，在对数据流的处理上可以获取较高的效率。基于 GPU 的通用计算的主要研究内容除图像处理外，还包括更为广泛的应用计算。通过从客户端、数据中心和边缘扩展矢量架构，可以将并行处理性能从千兆次浮点计算提高到万亿次浮点计算、千万亿次浮点计算甚至更高。GPU 无法单独工作，必须由 CPU 进行控制调用才能工作。

矩阵架构的名称源自 AI 算法工作时执行的常见操作（矩阵乘法），其优势是具有加速器和新的处理器指令。ASIC（专用集成电路）是一种重新构建、适合于精确用途的处理器。虽然其他架构也能够执行矩阵乘法，但 ASIC 将提供 AI 推理和训练（包括矩阵乘法）所需操作类型的最高性能。

当编写针对 FPGA 的软件时，已编译的指令成为硬件组件，在空间上排列在 FPGA 架构上，并且都可以并行执行。因此，FPGA 架构有时被称为空间架构，其优势是可以根据需要进行重新编程，其计算引擎由用户定义。

2. 异构集成

先进封装技术可以实现异构集成，从多芯片模块（MCM）、扇出晶圆级封装（FOWLP）、3D 架构到所有类型的先进封装都可用于小芯片（Chiplet）技术。小芯片技术能够优化芯片集成，在特定的地方使用先进的工艺节点技术。

XPU 是异构集成的终极产品。XPU 的名字通常与特定类型的应用联系起来，以下是一些常见的 XPU 名字和含义。

（1）APU（Accelerated Processing Unit）：加速处理器，AMD 公司推出的加速图像处理芯片产品。

（2）CPU（Central Processing Unit）：中央处理器，目前计算机内核的主流产品。

（3）DPU（Deep learning Processing Unit）：深度学习处理器，也称为 Dataflow Processing Unit，即数据流处理器。

（4）FPU（Floating Processing Unit）：浮点计算单元，通用处理器中的浮点计算模块。

（5）GPU（Graphics Processing Unit）：图像处理器，采用多线程 SIMD 架构，专用于图像处理。

（6）IPU（Intelligence Processing Unit）：Deep Mind 公司投资、Graphcore 公司出品的 AI 处理器产品。

（7）MPU/MCU（Micro Processor Unit/Micro Controller Unit）：微处理器/微控制器，一般用于低计算应用的 RISC 计算机体系架构产品，如 ARM Cortex-M 系列处理器。

（8）NPU（Neural Network Processing Unit）：神经网络处理器，是基于神经网络算法与加速的新型处理器的总称。

（9）TPU（Tensor Processing Unit）：张量处理器，Google 公司推出的加速 AI 算法的专用处理器。

（10）VPU（Vector Processing Unit）：矢量处理器，图像处理与 AI 专用芯片的加速计算内核。

小结

- 指令集架构是处理器中用于计算和控制的一套指令的集合，通常包括计算指令、分支指令和访存指令。现阶段的指令集可以分为复杂指令集和精简指令集两类。实现指令集的物理电路称为处理器的微架构，相同的指令集可以在不同的微架构中执行，但执行目的和效果可能不同。
- 指令调度技术、分支预测技术和推测执行技术是现代高性能处理器的技术基石。
- 相关性的存在会引起流水线冲突。其中结构冲突由硬件资源相关引起，数据冲突由数据相关和名相关引起，控制冲突则由控制相关引起。动态调度在保持程序数据流和异常行为的情况下，通过硬件对指令执行顺序进行重新安排，以提高流水线的利用率且减少停顿现象，Tomasulo 算法是典型的动态调度算法。分支预测的目标是预测转移是否成功和尽早得到转移目标地址，其中动态分支预测是指在程序运行时，根据分支指令的历史行为来预测其将来行为。基于硬件的推测执行技术充分融合了动态分支预测和 Tomasulo 动态调度。
- 指令多发射分为静态多发射和动态多发射两种，其中静态多发射依赖编译器对程序的重排序，发射固定数量的指令；动态多发射则是在程序运行期间由硬件决定发射指令的数量。
- 多处理技术是指使用多个处理器协同工作，并行处理，可分为非对称多处理技术和对称多处理技术。多处理器系统的通信机制包括共享存储机制、邮箱通信机制、DMA 通信机制和串口通信机制。多处理器系统的同步关注可见性、有序性和原子性问题。
- 缓存一致性协议解决缓存与内存的一致性问题，可分为基于写更新和写无效的侦听一致性协议及目录一致性协议。
- 内存一致性模型保证不同处理器共享内存操作的一致性，即规范共享内存操作的正确性。内存屏障是指在两条处理器指令之间插入指令，以禁止指令重排序。

第4章

存储子系统

处理器的时钟频率增长迅速，内存（主要是 DRAM）访问速度增长比较缓慢，需要提供与芯片性能相匹配的存储器带宽。由通信带宽和延迟构成的存储墙（Memory Wall）已成为提高系统性能的最大障碍。

存储层级结构（Memory Hierarchy）在一定程度上降低了计算的平均延迟，如在处理器与内存之间的高速缓存可缓冲二者之间的速度失配。许多先进技术，包括乱序执行、预取、写缓存和流水的系统总线等，可用于消除或隐藏一小部分存储延迟。

内存模块一般包括内存控制器和物理层接口两个部分。其中，内存控制器用于控制芯片内部处理器与芯片外部内存之间的数据交换；物理层接口负责两者的通信。

Flash（闪存）有 Nand Flash 和 Nor Flash 两种。其中，Nand Flash 由与非门组成，容量大、速度快、单位成本低，大量用于 SD 卡等消费电子产品；Nor Flash 由或非门组成，容量小，主要用来存放执行代码。

内存带宽制约了系统性能，优化要从系统整体出发，不仅要关注内存模组或内存芯片本身的参数，还要重视内存子系统的其他要素。

本章将依次介绍内存控制器、物理层接口、多通道内存、内存性能评估及 Flash。

4.1　内存控制器

内存控制器负责芯片内部处理器与芯片外部内存之间的数据交换，决定芯片的内存性能，参数包括芯片所能使用的最大内存容量、内存存储阵列组（Bank）数、内存类型和速度、内存颗粒数据深度和宽度等。

4.1.1　内存延迟性

图 4.1 所示为一个 DDR3 SDRAM 内存颗粒组（Rank）的示意图。每个颗粒（Chip）均由 8 个 Bank 组成。每个 Bank 拥有多个存储阵列。每个存储阵列由若干行和列组成。数据

保存在行与列的交叉方块内。每个方块的存储宽度由 Bank 内的存储阵列数决定。

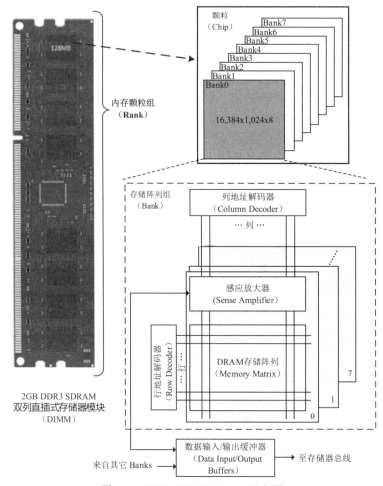

图 4.1 DDR3 SDRAM Rank 示意图

1. SDRAM 的访存地址

图 4.2 所示为具有 8 个 Bank 的 SDRAM 内存颗粒，访存地址由三个部分组成：Bank 地址（Bank Address）、行地址（Row Address）和列地址（Column Address）。每个 Bank 由以下部分组成。

- 片选（Chip Select，CS#）：用于选择 Rank。
- Bank 选：BA0～BA2，用于选择 Bank。
- 地址线：A0～A13，用于提供行和列信息。
- 行选（Row Address Select，RAS#）：用于指示要选通的行地址。
- 列选（Column Address Select，CAS#）：用于指示要选通的列地址。
- 时钟：CK/CK#为内存颗粒提供时钟，CKE 为内存颗粒提供时钟使能信号。
- 数据线：DQ0～DQ7，用于提供 8bit 数据。
- 数据掩码（Data Mask，DM）：用于指示数据是否有效。
- 读取数据选通（RDQS/RDQS#）：用于在读取操作期间选通数据。

• ODT：用于控制内存颗粒的端接阻抗。

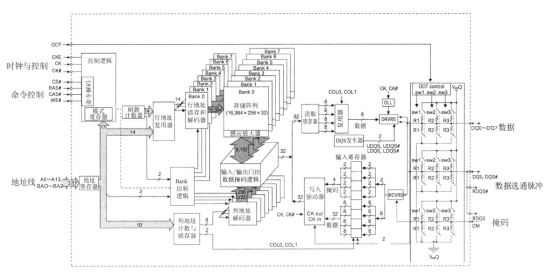

图 4.2　具有 8 个 Bank 的 SDRAM 内存颗粒

2．SDRAM 的读写操作

以 x8 DDR3 SDRAM 内存颗粒为例，读取和写入数据分为三步，如图 4.3 所示。

（1）行有效：RAS#低电平，CAS#高电平，意味着现在行地址有效，在 A0～A13 上传送的是行地址。

（2）列有效：RAS#高电平，CAS#低电平，意味着现在列地址有效，在 A0～A9 上传送的是列地址。

（3）数据读取或写入：根据命令进行读取或写入，在确定具体的存储单元后，将数据通过数据 I/O 通道（DQ）输出到内存总线。

3．访存延迟的主要时序参数

在多 Bank 的内存颗粒中，每个 Bank 都有一个行缓冲器（Row Buffer），被称为页（Page）。内存系统的页如图 4.4 所示。对于内存系统而言，一次内存访问就是对一个页进行访问。当需要读出 Bank 中的某一行时，首先需要将整行写入页，即行激活；当需要将内容写入 Bank 时，需要先对页操作完成后，再整行写回，即预充电；对页中内容直接操作称为列访问，延迟远小于行激活或预充电。

处理器对内存的寻址，一次就是一个 Rank。Rank 内的所有芯片同时工作，由于每个颗粒（芯片）的寻址都一样，因此可以将页访问"浓缩"等效为对每个芯片中指定 Bank 的指定行的访问。从狭义上讲，内存芯片中每个 Bank 中的行就是页，即一行为一页。广义上的页是指 Rank 上所有芯片中相同 Bank 同一行的总集合。一个 Bank 在同一时间只能打开一个页面，一个具有 4 个 Bank 的内存芯片可以打开 4 个页面。

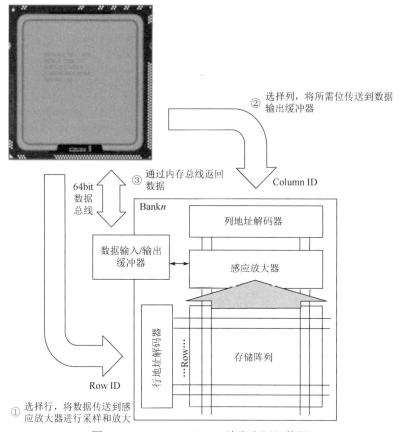

图 4.3　x8 DDR3 SDRAM 读取和写入数据

图 4.4　内存系统的页

访存延迟的主要时序参数如图 4.5 所示。

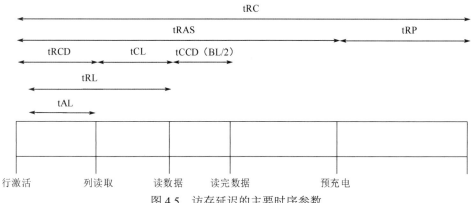

图 4.5 访存延迟的主要时序参数

1）tRCD

发出行激活命令后，要经过一段时间间隔才能发出列读取命令，此间隔被定义为 tRCD（Row Address to Column Address Delay）。

2）tCL

发出列读取命令后，仍要经过一段时间间隔才能有数据输出，此间隔被定义为 tCL（CAS Latency），或者称为 tCAS（Column Address Strobe）。tCL 是重要的延迟参数，有时内存标签上会单独标出，如 tCLx。

自 DDR2 SDRAM 标准开始，使用 Post CAS 技术以提高内存的利用率，在 Post CAS 操作中，CAS 信号能够被插到 RAS 信号后面的一个时钟周期，实际执行须等待一段附加延迟（Additive Latency，AL），原来的 tRCD 被 tAL 取代，从列地址发出到数据端口上有效的数据输出延迟，即读取延迟 tRL（Read Latency，RL）被定义为 tAL+tCL。在 DDR3 SDRAM 中，AL 有三种设置，即 0、CL-1 和 CL-2。

如果要输出连续数据，则读取命令之间的延迟被称为 tCCD（CAS-to-CAS），是突发长度（Burst Length，BL）/2 个时钟周期，因为命令是单速率的，数据是双速率的，所以如果突发数据速率是 8，则读数据输出只需要 4 个时钟周期。

3）tRAS

接收到行激活命令到完成 Row Restore 操作所需时间被定义为 tRAS（Row Address Strobe）。

4）tRP

在上一次传送完成后，要经过一段预充电时间才能允许发送下一次行激活命令，此时间间隔被定义为 tRP（Row Precharge）。

5）tRC

发出一个行激活命令后，需要等待一段时间间隔才能发送第二个行激活命令以进行另一行的访问，此时间间隔被定义为 tRC（Row Cycle）。

6）tCWL

发出列写入命令后，仍要经过一段时间间隔才发送待写入数据，此时间间隔被定义为 tCWL（Column Write Latency），或者称为 tCWD（Column Write Delay）。

有三个参数对内存的性能影响至关重要，分别是 tRCD、tCL 和 tRP。按照规定，每条正规的内存模组都应该在标识上注明这三个参数值，如用于 DDR3 SDRAM 的 13-13-13，所代表的是 tCL、tRCD、tRP 对应操作所需的时钟脉冲数，数字越小，存储越快。以读取操作为例，tRCD 决定了行寻址（激活）至列寻址（读取/写入命令）之间的间隔，tCL 决定了列寻址到数据真正被读取花费的时间，tRP 决定了相同 Bank 中不同工作行的转换速度。

4. 内存访问策略

对某一页面进行读取操作时可能遇到三种情形：行空闲、行命中和行未命中，相应的内存访问策略有页关闭优先策略和页打开优先策略，如图 4.6 所示。

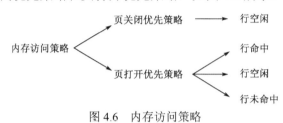

图 4.6　内存访问策略

寻址行和 Bank 都处于空闲状态，即该 Bank 的所有行都处于关闭状态，此时可直接发送行激活命令，数据读取前的总耗时为 tRCD+tCL。此情形被称为行空闲或页命中（Page Hit，PH）。

寻址行正好是现有工作行，此时可直接发送列寻址命令，数据读取前的总耗时仅为 tCL。此情形被称为行命中、背靠背（Back to Back）寻址、页快速命中（Page Fast Hit，PFH）、页直接命中（Page Direct Hit，PDH）。

寻址行所在 Bank 中已有一行处于活动状态（未关闭），若同时打开两行，将出现 Bank 冲突，必须先进行预充电来关闭工作行，再对新行发送行有效命令，总耗时为 tRP+tRCD+tCL。此情形被称为行未命中、页错失（Page Miss，PM）。

在上述页面读取情形中，行命中所需等待时间最短，行空闲次之，行未命中最长，如图 4.7 所示，因此设计了两种内存访问策略，以达到提高内存工作效率的目的。

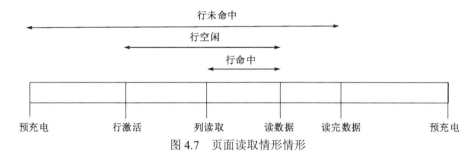

图 4.7　页面读取情形情形

1）页关闭优先策略

读写访问只发生在行空闲情形。每一次读写均需要先激活指定行，再执行行数据读写，读写完成后都需要进行预充电操作。在不考虑 tFAW、tRRD 和 tRFC 影响时，读写延迟恒定，其中读延迟为 tRCD+tCL，写延迟为 tRCD+tCWL。这里 tFAW 表示在同一 Rank 内存中，可以在一定的时间窗口内发出 4 次激活命令的最小时钟周期数，tRRD 表示行切换的延迟，tRFC 表示行单元刷新所需要的时钟周期数。

2）页打开优先策略

读写访问可能遭遇行空闲、行命中、行未命中三种情形。在行空闲时，读写延迟与上述策略一致。在行命中时，不需要进行任何操作就可以读写数据，读延迟为 tCL，写延迟为 tCWL。在行未命中时，在发送读写命令前需要先发送预充电命令和激活命令，在不考虑 tFAW、tRRD 和 tRFC 影响时，所需读延迟为 tRP+tRCD+tCL，写延迟为 tRP+tRCD +tCWL。

从读写性能角度分析，如果系统内存访问的时间局部性较好，那么行命中概率将较高，采用页打开优先策略比较合适。如果系统读写请求比较离散，那么行命中概率将非常低，适合采用页关闭优先策略。

从硬件设计角度考量，采用页关闭优先策略后的每一次访问都会经历行激活、列读取、预充电操作，硬件设计简单，所需面积较小。采用页打开优先策略后，存在行空闲、行命中、行未命中三种情形，同时在判断行是否命中时必须关注页开启时间限制 tRAS，在刷新操作时必须先关闭所有页，硬件设计复杂，所需面积较大。

从功耗角度观察，由于页关闭和页开启将耗费相当多的能量，因此页关闭优先策略的功耗将明显偏大，且访问的时间局部性越好，功耗差别越大。

综上所述，页关闭优先策略的硬件简单、功耗较大、在内存访问的时间局部性较差时效率较高，一般适用于多核、网络服务器等访问请求来源较为分散的场合；页打开优先策略的硬件复杂、功耗较小、在内存访问的时间局部性较好时效率较高，一般适用于 PC 应用、单核 SoC 等访问请求来源较为集中的场合。

页关闭优先策略和页打开优先策略只是两种比较极端的基本行缓冲策略，在实际应用中还会有各种衍生策略，或者采用动态预测的方式轮换采用两种页策略。当然不论采用何种页策略，都以控制器的功耗和面积为代价，来换取带宽利用率和最大访问延迟的性能改善，不过小型应用往往并不需要复杂策略。

4.1.2 内存控制器的基本组成

内存控制器用于对存储器的数据读写进行管理与调度。图 4.8 展示了 SDRAM 内存控制器的基本组成单元。

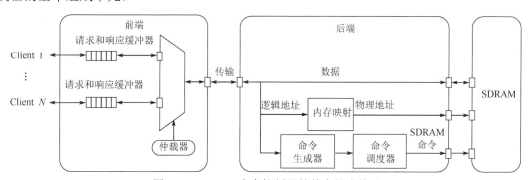

图 4.8　SDRAM 内存控制器的基本组成单元

前端接收来自一个或多个处理器或主设备的请求，并缓冲在各自队列中。仲裁器根据策略，决定不同请求的优先级并将赢得仲裁的高优先级请求发送至后端。在后端，根据内存映射将请求的逻辑地址转换为物理地址（Bank、行和列），生成的 SDRAM 命令放置在队列池（Queue Pool）中。命令调度器根据内存时序约束发出 SDRAM 命令。

1. 仲裁器

仲裁器（Arbiter）用于判断来自多个输入端口的内存读写命令的优先级，从中挑选最高优先级。仲裁需要兼顾公平和效率，可能会存在多级仲裁。

1）体现效率的仲裁策略

（1）基于命令优先级的仲裁：每个主设备发出的读写命令可以带有优先级特性，如通过 AXI 边带信号等附带不同的优先级，包括读命令的高优先级、低优先级和可变优先级，写命令的普通优先级和可变优先级等。

（2）多端口仲裁：为不同端口设置优先级。

（3）读写仲裁：在读命令与写命令之间设置优先级，当读取和写入混合时，如所有条件都相同，则因为读延迟大于写延迟，容易发生阻塞，所以通常读取优先于写入。

2）体现公平性的仲裁策略

（1）命令老化仲裁：可以为收到的命令设置倒计时器，当变为零时具有最高优先级，以保证该命令有机会被执行。当访存请求等待时间超过老化阈值时，提高优先级以有效防止被"饿死"。

（2）端口老化仲裁：各个读端口和写端口都可以设置倒计时器，当变为零时获得最高优先级，以保证所有端口命令都有机会被执行。

（3）轮询仲裁：通过所有仲裁后的命令队列，由轮询仲裁来挑选。

3）常用的仲裁规则

高优先级操作先于低优先级操作；当多个操作处于仲裁状态时，读操作先于写操作；如果仍然存在多个操作，那么等待时间最长的操作被第一个执行；如果一切条件都相同，则由轮询来决定。

2. 地址映射技术

当访问内存时，将一个内存地址通过地址映射技术（Address Mapping Technique）对应到相应的物理存储单元，物理地址由通道、Rank、Bank、行、列和字节索引构成。

使用不同的地址映射技术，同一内存地址可以对应不同的物理存储单元。常见的地址映射技术如下。

（1）BRC（Bank, Row, Column）地址映射。

（2）RBC（Row, Bank, Column）地址映射。

（3）B-RL-CL-RH-CH（Bank, Row Low, Column Low, Row High,Column High）地址映射。

（4）有片选交错的 Bank 交错地址映射。

1）BRC 地址映射

BRC 地址映射将内存地址从高到低分配给通道、Rank、Bank、行、列和字节索引，如图 4.9 所示。由于内存系统中的较大组件使用更高阶的地址位，因此内存块在地址空间中线性分配，BRC 地址映射又称为扁平地址映射（Flat Address Mapping）。

通道	Rank	Bank	行	列	字节索引

图 4.9　BRC 地址映射

BRC 映射适合真正的随机存取，因功耗低而得到广泛应用。

2）RBC 地址映射

RBC 地址映射将内存地址从高到低分配给通道、Rank、行、Bank、列和字节索引，如图 4.10 所示。当打开某一行后，在不同 Bank 之间切换，又称为页交错地址映射（Page Interleaving Address Mapping）。当出现大批量连续地址内存访问时，需要交错跨越不同 Bank 以获得足够带宽。RBC 地址映射特别适合数据流方式访问。

通道	Rank	行	Bank	列	字节索引

图 4.10　RBC 地址映射

内存地址 0x00802040 所对应的 BRC 地址映射和 RBC 地址映射（针对 8bit 位宽的内存系统）如表 4.1 所示。

表 4.1　内存地址 0x00802040 所对应的 BRC 地址映射和 RBC 地址映射

		BRC 地址映射		
		2bit 的 Bank	13bit 的行	10bit 的列
		BB	R RRRR RRRR RRRR	CC CCCC CCCC
	Bit[31:25]	Bit[24:23]	Bit[22:10]	Bit[9:0]
0x00802040	0000 000	01	000 0000 0010 00	00 0100 0000
对应的物理存储单位的位置		Bank=0×01	Row=0×08	Column=0×40
		Bank1 的第 8 行的第 0×40 列		

		RBC 地址映射		
		13bit 的行	2bit 的 Bank	10bit 的列
		R RRRR RRRR RRRR	BB	CC CCCC CCCC
	Bit[31:25]	Bit[24:12]	Bit[11:10]	Bit[9:0]
0x00802040	0000 000	0 1000 0000 0010	00	00 0100 0000
对应的物理存储单位的位置		Row=0×802	Bank=0×0	Column=0×40=64
		Bank0 的第 0×802 行的第 0×40 列		

3）B-RL-CL-RH-CH 地址映射

B-RL-CL-RH-CH 地址映射适用于存储视频和图像数据等。

4）有片选交错的 Bank 交错地址映射

有片选交错的 Bank 交错地址映射将内存地址从高到低分配给通道、行、Rank、Bank、列和字节索引，如图 4.11 所示。当打开某一行后，在不同芯片和 Bank 中切换，可以降低存储延迟。

通道	行	Rank	Bank	列	字节索引

图 4.11　有片选交错的 Bank 交错地址映射

3. 命令调度器

从片上总线接收到命令后，按照高效的执行顺序为内存颗粒提供命令非常重要，否则将影响存储带宽，可以通过内存控制器对存储流量进行重排序，以产生最小的整体执行时间。

有多种策略可用于重排序：一方面，要尽可能保证每个 Bank 处于服务状态，而不是浪费大量时间进行激活或预充电操作；另一方面，要从整个系统出发，提高 Bank 并行度，让所有 Bank 都能获得较高利用率。

1）页的局部性

行激活操作非常耗时，系统需要尽可能地提高已打开行的利用率。

图 4.12 显示了一个顺序执行命令的时间轴。表 4.2 中的 A、B、C 三个命令按顺序到达，由于内存控制器不进行命令重排序，导致在 54 个时钟周期内仅发送了三个读取命令，因此在该命令序列运行期间，存储接口效率非常低。图 4.12 中，tRRD（Row to Row Delay 或 RAS to RAS Delay）表示行单元到行单元的延迟，即两次发送激活命令之间的时间间隔；BL 表示数据突发长度。

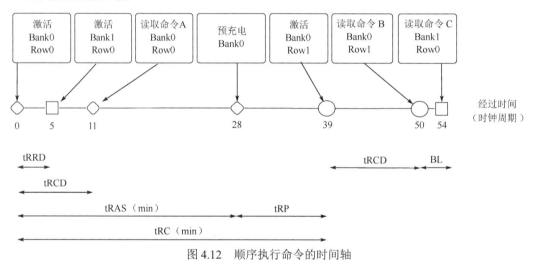

图 4.12　顺序执行命令的时间轴

表 4.2　到达内存控制器的命令顺序和类型

命令	到达顺序	描述
A	0	Bank0，Row0
B	1	Bank0，Row1
C	2	Bank1，Row0

假定内存控制器对命令执行重排序，则可以在 50 个时钟周期内发出 3 个存储读取事务，如图 4.13 所示。与图 4.12 相比，存储带宽增加了 8%。在命令 C 与命令 B 之间，有 6 个命令

的空间，可以执行其他可重排序命令，只要这些命令是访问 Bank1 Row0 或其他 Bank 的读取命令就行，如时钟周期 20（Bank1 Row0 读）、24（Bank1 Row0 读）、29（其他 Bank 某行激活）、40（其他 Bank 该行读）和 44（其他 Bank 该行读）等，可大幅提升总线效率。由于命令 C 重排序，因此与其相关的数据返回时间比图 4.12 早 38 个时钟周期。

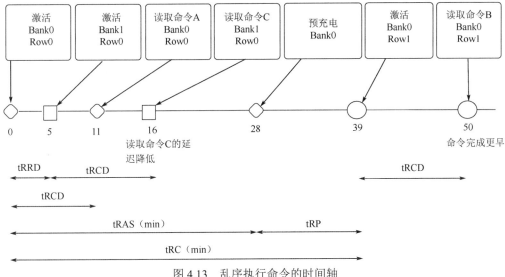

图 4.13　乱序执行命令的时间轴

如果控制好物理地址，就能使一段时间内的访存都集中在同一页，可节省大量的时间。根据经验，在突发访问时，最多可以节省 50%的时间。芯片手册中都有物理内存地址到内存引脚的映射，可以得到所需物理地址。调用系统函数，为此物理地址分配虚拟地址，可以使程序只访问某个固定的物理内存页。在访问某些数据结构时，特定大小和偏移量有可能会不小心触发相同 Bank、不同行条件，致使每次访问都可能是最差情况。为此，有些内存控制器可以自动进行最终地址哈希化以打乱原有同 Bank 不同行条件，在一定程度上减小延迟。也可以通过计算和调节软件物理地址来避免此情形发生。

2）Bank 的并行化

内存交错通常是指 Bank 交错（Bank Interleaving），即内存在同一时间内能对不同 Bank 同时进行读写操作，可大幅提高内存速度，有效提升系统整体性能。

虽然每个 Bank 在一个时刻只能打开一行，但是系统中所有 Bank 可以同时工作，访问不同 Bank 的访存请求可以并行处理。假设当前系统有 n 个 Bank，现在有 n 个来自不同程序并且访问不同 Bank 的请求，n 个 Bank 的行激活操作可以同时进行，当然命令信号仍为串行的，响应时间极小，不造成延迟，那么 tRC 就被掩盖了，理论上讲，只要经过一个 tRC 时间（实际上会略高于这个时间），n 个请求均可被响应。

通常，实际访问无法保证所有访问只位于同一页。内存支持同时打开多页，通过交错访问可以利用不同 Bank 页，不必等到上一次完成才开始下一页访问，可以减小平均延迟，如图 4.14 所示。

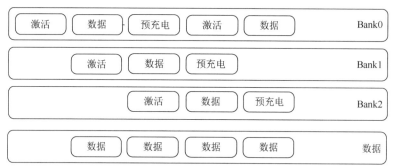

图 4.14　提高 Bank 并行率

通过突发访问，可以让图 4.14 中的数据块更长，相应的利用率更高，甚至不需要用到 3 个 Bank，如图 4.15 所示。

图 4.15　突发访问

3）读写分组相关策略

访存性能与读写切换行为有关，相关参数都以纳秒为单位，内存颗粒的速率大小不改变延迟，速率越大，读写切换所带来的带宽损失越明显。

4）调度算法

来源、去向和时间会影响访存请求的调度顺序，在制定算法时需要考虑所在处理器内核、页命中情况和请求老化，并通过对这些因素的控制来达到预期效果。最原始的调度算法采用先到达先服务（First Come First Service，FCFS）方法，即顺序执行，老化最大的请求最优先。该方法硬件实现代价最小，虽只需要一个 FIFO 缓冲器，但可能会破坏访存请求的数据局部性和 Bank 级并行性，导致片外存储带宽利用率极低。

对此的改进方法是先就绪先到达先服务（First Ready - First Come First Service，FR-FCFS），即首先页命中优先，然后老化最大的请求优先。其中就绪（Ready）意指当访存请求的目标存储位置所在页已经被激活，并且该请求不违反任何约束条件时，可以立即执行，形成页命中（Page Hit）。此方法考虑了内存内部结构特征，优先处理页命中的请求。通过对请求序列流中数据局部性的进一步挖掘，连续处理同一页的请求，可有效缩短访存请求时间，增加片外存储带宽利用率。

当多核共享片外存储时，FR-FCFS 方法并不区分请求来源，以致数据局部性好的内核优先级高于局部性差的，访存密集型的内核优先级高于计算密集型的。虽然片外带宽利用率较高，但会造成严重的不公平，致使系统公平性和整体吞吐率较低。多核调度算法既要尽量满足单核访存需求，又要兼顾多核公平访问。目前提出了等待时间公平方法、分批次调度（PAR-BS）方法、最少被服务优先方法、分组调度（TCM）方法和分时段优先级方法等。

4．内存控制器

内存控制器需要执行一个内部状态机，将命令调度器执行后的结果作为输入进行状态跳转，以产生与内存通信所需的命令和序列。

4.2 物理层接口

图 4.16 所示为 SoC 系统的 DDR SDRAM 模块，包括内存控制器和物理层接口（Physical Interface，PHY）两个部分。二者通过目前的工业标准 DFI 总线相连接。

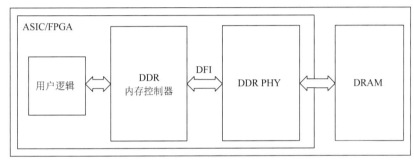

图 4.16 SoC 系统的 DDR SDRAM 模块

DDR PHY 是 DDR 内存控制器与 DRAM 通信的桥梁，负责将内存控制器发来的数据转换成符合 DDR 协议的信号，并发送到 DRAM；也负责将 DRAM 发送过来的数据转换成符合 DFI 协议的信号，并发送给 DDR 内存控制器。DDR PHY 的结构如图 4.17 所示。

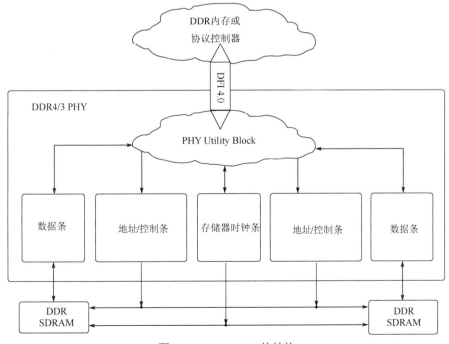

图 4.17 DDR PHY 的结构

DDR PHY 通常是基于条（Slice）的半硬化 IP。IP 开发商提供已经固化完成的条模块，包括以下三种。

（1）数据条（Data Slice）：负责数据信号的串并转换。

（2）地址/控制条（Address/Control Slice）：负责地址信号的转换。

（3）存储器时钟条（Memory Clock Slice）：负责时钟信号的转换。

此外，DDR PHY 还包括一些数字模块，称为软模块（Soft Module），包括 DFI 接口、配置接口、内部寄存器等，构成内存控制器与条模块之间的电路。

DDR 数据传输采用单端传输、并行传输和突发模式。目前，SoC 可以集成多达 72bit（DDR4 带 ECC）的 DDR 接口，多比特并行传输在封装和 PCB 上的布线非常复杂，要求走线具有一定长度，并尽量减小线间串扰，对封装和 PCB 设计构成了挑战。此外，由于 SSO（Simultaneous Switching Output）噪声会严重影响 DDR 性能，因此 DDR 的稳定工作对电源完整性（Power Integrity，PI）和信号完整性（Signal Integrity，SI）具有很高要求。DDR 需要对接口进行大量训练（Training），各种训练是否获得最佳结果将直接影响 DDR 工作的可靠性。

减小 DDR 功耗一直是 DDR 技术革新的动力和方向之一，最直接的方法是降低供电电压。在 DRAM 规范的演进中，供电电压在不断减小。从 DDR4 和 LPDDR4 开始，DRAM 规范定义了 POD（Pseudo Open-Drain）I/O 架构（针对 DDR4 和 DDR5）、LVSTL（Low Voltage Swing Terminated Logic）I/O 架构（针对 LPDDR4 和 LPDDR5）和数据总线倒置（DBI）技术，能够有效减小 I/O 功耗。

LPDDR4 中引入了一种新的 I/O 信令方案，称为 LVSTL。LVSTL 使用的电压明显低于以前版本 LPDDR 中使用的电压。该信令方案的其他优点是，低电压通过 I/O 驱动器驱动时不消耗功率，意味着如果数据流中有更多的 0，则消耗的功率将更少；通过引入数据总线反转技术，可以在数据流中保留比 1 更多的 0。DBI 在字节级粒度下工作，每当 1B 中含有 4bit 以上的 1 时，驱动程序将反转整个字节，并发送相应的数据掩码反转位以通知接收器相应的字节已反转，如图 4.18 所示。

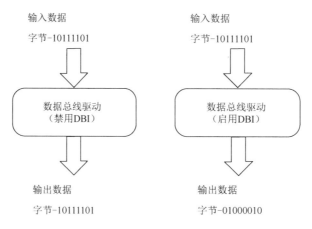

数据总线驱动器

图 4.18　数据总线反转技术

4.2.1　均衡技术

DDR 信号较多，走线较为密集，随着信号速率的增加，传输线之间的串扰随之增加。DDR 颗粒的引脚在布局时，往往多个信号附近只有一个地引脚，多信号需要共用一个返回路径，增加了相互干扰的风险。此外，抖动也不能被忽视。由于传输线的频率选择特性，频率增加，传输线的插入损耗随之增加，信号的衰减和码间串扰现象会更加严重。为了保证 DDR 数据读写的可靠性，在 DDR PHY 设计中，采用了前向反馈均衡（FFE）、判决反馈均衡（DFE）和连续时间线性均衡（CTLE）技术，如图 4.19 所示。

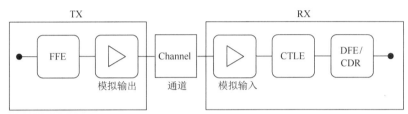

图 4.19　均衡技术

1. 前向反馈均衡

前向反馈均衡（Feed Forward Equalization，FFE）技术用于 DDR 发送端（TX）。因为数据通道存在衰减，所以信号高频部分被抑制较大，低频部分被抑制较小，在接收端（RX）看到的眼图的眼高和眼宽均比较小。利用 FFE 技术减小低频分量的能量，可以使信号的高频及低频部分在信道之后达到均衡。在图 4.20 中，如果信号有 0→1 或 1→0 的变化，则输出满强度（Full Strength）信号；如果信号是连续 1 或 0，则输出均衡强度信号（EQ Strength）。

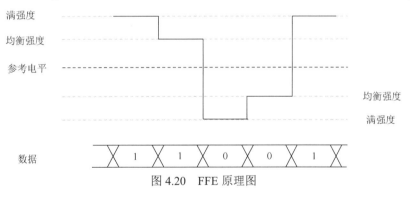

图 4.20　FFE 原理图

FFE 技术利用波形本身校正信号，不是用波形阈值（判决逻辑 1 或 0）进行校正，基本上类似于 FIR（有限脉冲响应）滤波器，在校正当前比特（或称位）的电压时，使用前一个比特和当前比特的电压，加上校正因子（抽头系数）来校正当前比特的电压。使用 FFE 技术实际是对采集的波形执行 FFE 算法，如图 4.21 所示。

图 4.22 展示了在接收端，当数据速率为 6400Mbit/s 时，关闭前向反馈均衡器和打开前向反馈均衡器的仿真示意图。可以看到，打开前向反馈均衡器的眼图质量明显好于关闭前向反馈均衡器的眼图质量。

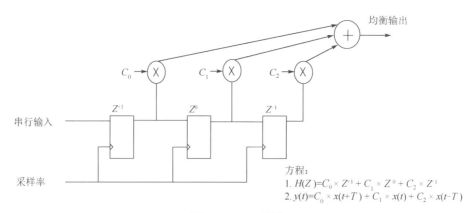

方程:
1. $H(Z)=C_0 \times Z^{-1} + C_1 \times Z^0 + C_2 \times Z^{-1}$
2. $y(t)=C_0 \times x(t+T) + C_1 \times x(t) + C_2 \times x(t-T)$

图 4.21　FFE 算法

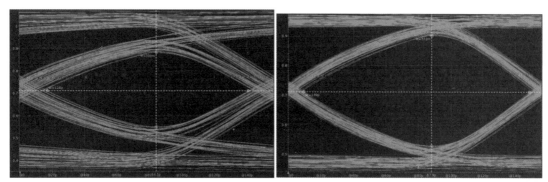

（a）关闭前向反馈均衡器　　　　　　　　　　　（b）打开前向反馈均衡器

图 4.22　仿真示意图

2. 判决反馈均衡

信号的码间串扰可由脉冲响应（Pulse Response）来表示，如图 4.23 所示。

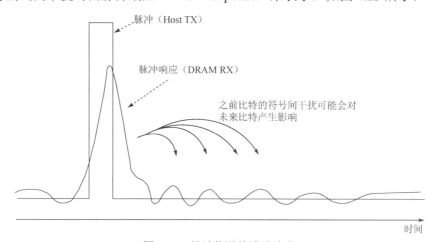

图 4.23　经过信道的脉冲响应

　　当脉冲信号经过信道时，因为高频衰减和信道反射会形成一个拖尾波形，所以前面比特的信号会影响后面比特的信号质量。判决反馈均衡（Decision Feedback Equalization，DFE）的原理：首先判断前面几个比特信号是 1 或 0，然后通过加权和反馈相加，减弱前面比特信号的拖尾影响，改善当前比特信号质量。

　　判决反馈均衡器减少了对接收数据的符号间干扰（ISI），提高了接收数据的裕量。图 4.24 所示为常见的 4-TAP 判决反馈均衡器架构，也是 JEDEC 规范推荐的架构之一。因为数据选取脉冲（DQS）的上升沿和下降沿均会采样 DQ，所以采样电路分为上下两个数据通路。两个数据通路的 4 个采样值经过加权系数处理后，会反馈到每一个数据通路对应的求和器（Σ），从而减去这 4 个之前信号对当前信号的 ISI 影响。这种架构采用了两个求和器，会加大 DQ_BUF 端的负载。另外，4 个采样值均需要直接反馈到两个求和器，使得芯片内部连线比较复杂，影响高速性能。

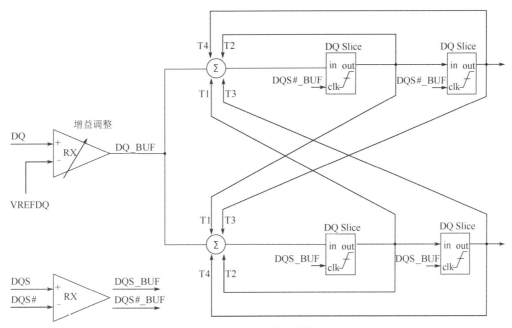

图 4.24　常见的 4-TAP 判决反馈均衡器架构

3．连续时间线性均衡

　　连续时间线性均衡（Continuous Time Linear Equalization，CTLE）是接收端芯片上经常用到的一种均衡技术，通过实现高通频率特性的方式来均衡信道的损耗，性能优劣对于整个接收器性能影响较大。

4.2.2　内存接口训练

　　JEDEC 规范定义并发展了 4 个 DRAM 类别，分别是标准 DDR（DDR5/4/3/2）、移动DDR（LPDDR5/4/3/2）、图像 DDR（GDDR3/4/5/6）和高带宽 DRAM（HBM2/2E/3）。图 4.25显示了典型的 SoC 内存子系统，包括 DDR 内存控制器、DDR PHY、DDR 信道和 DDR 内存。其中，DDR 信道出命令/地址和数据通道组成。

　　DDR PHY 是一个非常关键的 IP，能否稳定可靠工作决定了整个 SoC 的质量和可靠性。SoC 和 DRAM 上的内存接口在通电后需要通过训练来确保可靠稳定的存储通道链路。高级别训练涉及将各种模式发送到存储器，并通过更改读取（RD）和写入（WR）的时间延迟和电压来训练通道，在时域/电压域中找到读/写参数的最佳设置。这一方式适用于命令/地址和数据通道，具体取决于 DDR 标准和操作速度。对于稳定的存储系统，一个关键要求就是训练 DDR 通道，使该通道在时域和电压域中均具有最佳信号完整性。

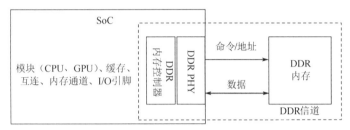

图 4.25 典型的 SoC 内存子系统

1．ZQ 校准

ZQ 校准（ZQ Calibration）与 DDR 数据信号线 DQ 的电路有关。DQ 引脚都是双向的（Bidirectional），负责在写操作时接收数据，在读操作时发送数据。以 DDR3 为例，DQ 内部电路如图 4.26 所示。

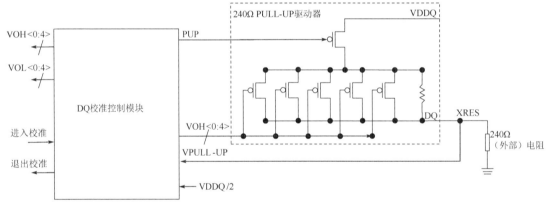

图 4.26 DQ 内部电路

每个 DQ 引脚之后的电路均由 5 个并联的 PMOS 和 DQ 电阻并联，通过 PMOS 的开关来控制并联的电阻数量。该电路是一个由两个电阻组成的分压电路，其中一个是阻值可调的 Poly 电阻，另一个是精准的 240Ω 电阻。通常 PMOS 的 Poly 电阻阻值会略大于 240Ω，当多个 PMOS 开启时，通过电阻并联可以使阻值降低到接近 240Ω。受 CMOS 工艺限制，Poly 电阻阻值不可能是精确的 240Ω，而且会随制程、温度和电压而改变，必须校准至接近 240Ω，以提高信号的完整性。为此，每个 DRAM 颗粒均具有专用的 DQ 校准模块，以及一个与 ZQ 引脚相连的外部精准的 240Ω 电阻。该电阻阻值精准且不随温度变化，被用于参考阻值。

当 ZQ 校准命令发出后，使能 DQ 校准控制模块，通过内部逻辑控制信号（VOH）调节 Poly 电阻阻值，直到分压电路的电压达到 VDDQ/2，此时 ZQ 校准结束，并保存控制信号值，复制到每个 DQ 引脚电路。之所以不在每个 DRAM 出厂时就将阻值调节至 240Ω，而是在每次使用之前才做初始化调节，原因在于并联的电阻网络允许用户在不同的使用条件下对电阻进行调节，为读操作调节驱动强度，为写操作调节端接电阻阻值。此外，不同

PCB 具有不同的阻抗，可调节的电阻网络可针对每个 PCB 单独调节阻值。

DRAM 内部对每个 240Ω 电阻进行校准时都会共用该外部参考电阻，校准需分开进行，在时间上不能重叠。具体校准过程如下。

（1）收到 ZQ 校准命令后，PUP 会被驱动为低电压，打开与 VDDQ 连接的 PMOS。

（2）DQ 校准控制模块通过调节 VOH 的值，使不同的 PMOS 导通。

（3）比较 VPULL-UP 与 VDDQ/2 电压，当二者相等时，DQ 上下两侧的电阻阻值相等，均为 240Ω，校准完成。

（4）记录下该电阻的 VOH 值。

（5）对每个上拉电阻进行校准，记录下每个电阻对应的 VOH 值。

2．DQ 判决电压校准

为了提高高速下的信号完整性，节约 I/O 引脚功耗，DDR4 数据线的端接方式从 CTT（Center Tapped Termination），也称为 SSTL（Stub Series Terminated Logic），更改为 POD（Pseudo Open Drain），如图 4.27 所示。

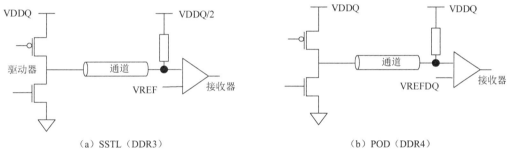

（a）SSTL（DDR3）　　　　　　　　　（b）POD（DDR4）

图 4.27　数据线端接

DDR3 采用 SSTL 接口，接收端的端接电压为 VDDQ/2，接收器也使用 VDDQ/2 作为参考判决电压来判断信号为 0 或 1。DDR4 采用 POD 接口，接收端的端接电压为 VDDQ，参考判决电压 VREFDQ 可以通过内部模式寄存器进行设定，在 VREFDQ 校准阶段，需要由内存控制器正确设置。当驱动器输出为低电平时，SSTL 和 POD 都有电流流动；而当驱动器输出为高电平时，SSTL 仍然有电流流动，但 POD 因两端电压相等，所以没有电流流动。这是 DDR4 更省电的原因之一，所以降低 DDR4 功耗的一个方法就是让输出的高电平尽可能多，此即 DBI 技术的核心。

在 LPDDR3 中引入了地址线训练，DRAM 将采样的地址信号通过数据通路反馈给 DDR PHY，DDR PHY 通过此反馈调节地址线延迟。在 LPDDR4 中还加入了地址线参考电压的训练，不仅需要调节地址线延迟，还需要找到一个最优的参考电压值，通过二维训练，可以得到较优的参考电压和对应的地址线延迟。

3．读写训练

DRAM 提供了多种训练，以对齐或重新调节 I/O 信号相对于 CK（时钟 CLK）信号或其他信号的延迟。根据标准物理接口定义，CK、CS（片选）、CA（命令/地址）、DQ（数据）、DQS（数据选通）、WCK（时钟）信号需要正确对齐才能成功传输数据。例如，由于 CK 信号对 CA

信号采样，因此 CK 信号与 CA 信号之间应该存在适当的相位关系。类似的，由 DQS/WCK 信号对 DQ 信号采样，因此二者之间也应该存在适当的相位关系。图 4.28 为 DRAM 训练。

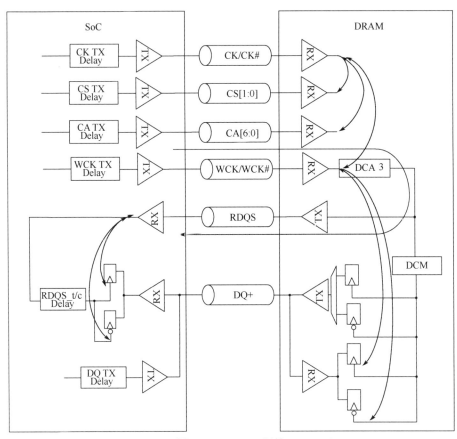

图 4.28　DRAM 训练

4．CA 训练

　　CA 训练（Command/Address Training，命令/地址训练）通常是芯片必须执行的第一个功能训练，用于将 CS 信号和 CA 信号相对于 CK 信号对齐，以确保 DRAM 颗粒能够理解收到的命令。在实现时，主机发送 DRAM 命令，DRAM 在 CK 信号处对 CA 总线进行采样，并将采样结果提供给内存控制器，以便对 CS 信号和 CA 信号进行定时调节，如图 4.29 所示。

5．写入均衡

　　由于路由差异、信号差异和其他因素，DRAM 使用的选通信号通常不会与接收的输入时钟对齐。主机必须通过时钟到选通信号的均衡（Clock to Strobe Leveling）来调节相位差，被称为 DDR5 的外部/内部写入均衡，LPDDR5 的 WCK2CK 均衡，LPDDR4、DDR4 等的写入均衡。写入均衡（Write Leveling）的基本过程是内存控制器调节发出 RDQS/WCK 信号的时间，使得 RDQS/WCK 信号与 CK 信号对齐。在实现时，进入写入均衡模式后，DRAM 用 RDQS/WCK 信号的上升沿采样 CK 信号，将采样结果通过 DQ 反馈给内存控制器，内存控制器根据收到的反馈结果识别 RDQS/WCK 信号相对于 CK 信号的超前或滞后，相应重新调节发出 RDQS/WCK 信号的时间，并不断重复直到均衡训练成功，如图 4.30 所示。

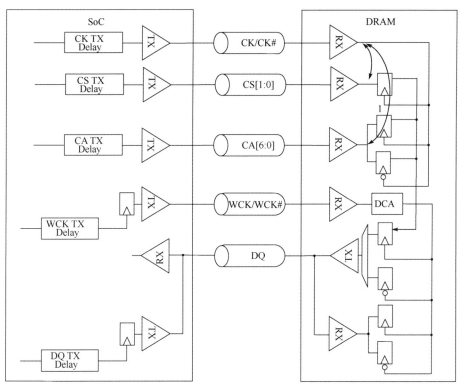

图 4.29　CA 训练

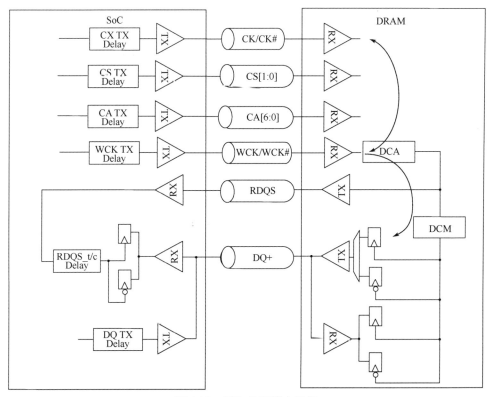

图 4.30　写入均衡基本思想

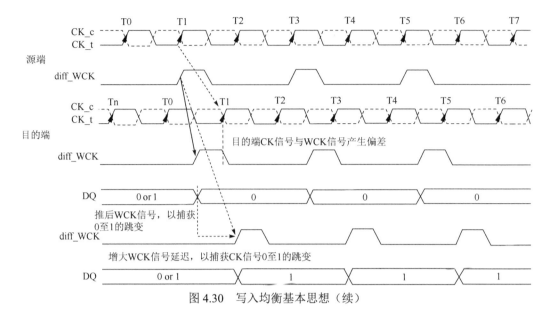

图 4.30　写入均衡基本思想（续）

具体操作过程如下。

（1）DRAM 进入写入均衡模式。在该模式中，DRAM 在 WCK 信号上升沿采样 CK 信号，并将采样结果通过 DQ 返回给内存控制器。

（2）内存控制器发送一系列 WCK 信号，DRAM 根据 WCK 信号采样 CK 信号，返回采样结果 1 或 0。

（3）内存控制器观察 DRAM 返回的 CK 采样结果，根据采样结果增大或减小 WCK 信号延迟，并继续发送更新延迟的 WCK 信号。

（4）DRAM 在 WCK 信号有效时，采样 CK 信号并返回。

（5）重复步骤（2）～步骤（4），直到内存控制器检测到返回值从 0 变化到 1。此时，WCK 信号与 CK 信号上升沿对齐，内存控制器锁定当前的 WCK 延迟，认为 DRAM 的写入均衡完成。

（6）重复步骤（2）～步骤（5），直到 DIMM（双列直插式存储模块）的所有 DRAM 颗粒都完成写入均衡。

（7）DRAM 退出写入均衡模式。

在实际应用中，命令路径上的延迟会超过数据路径上的延迟。假设路径差值为命令路径延迟与数据路径延迟之差，则路径差值一般为 0～5 个时钟周期。可以将路径差值分为整数部分和小数部分（单位是 0.5 个时钟周期），如图 4.31 所示。

通过前述操作，DDR PHY 可以计算路径差值的小数部分，却没有办法计算路径差值的整数部分，因为将 WCK 信号多延迟一个时钟周期或少延迟一个时钟周期，用 WCK 信号采样 CK 信号会得到相同的采样结果。

DRAM 写入中最重要的、不能违反的时序参数是 tDQSS，表示 DQS 信号相对 CK 信号的位置。tDQSS 必须在协议规定的区间之内，如果超出规定限制，则有可能写入错误数据。内存条上每个 DRAM 颗粒的 DQS 信号相对于 CK 信号的延迟都不同，内存控制器必须对每个 DRAM 颗粒的 tDQSS 进行训练，并根据训练结果来满足每个 DRAM 颗粒不同的延迟需求。写入均衡应该在写入训练（Write Training）前进行。

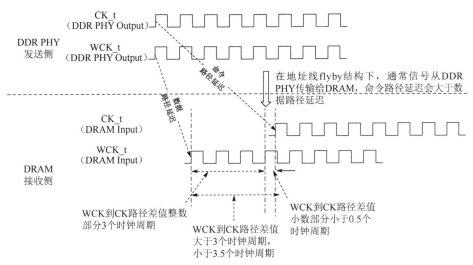

图 4.31　命令路径延迟、数据路径延迟和路径差值

6．时钟占空比训练

时钟占空比对 RDQS 信号和 DQ 信号的性能有关键影响，内存控制器利用占空比调节器（Duty Cycle Adjuster，DCA）调节内部 WCK 时钟树占空比，以补偿系统占空比误差，同时利用占空比监视器（Duty Cycle Monitor，DCM）监视 WCK 时钟树占空比失真。时钟占空比训练如图 4.32 所示。

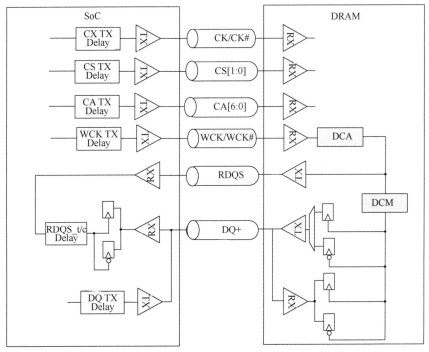

图 4.32　时钟占空比训练

7．Read Gate 训练

DQ 信号一般会跟随 RDQS 信号一起返回，RDQS 信号由 WCK 信号产生。一般 DQ 信号与 RDQS 信号之间存在一定的偏差，需要采取某些机制来决定何时观察来自 DRAM 颗粒的 DQ 信号和 RDQS 信号，被称为 Read Gate。在实现时，DDR PHY 会通过训练来调节二者之间的相位关系，使得 RDQS 信号能采样到 DQ 信号最稳定的状态。Read Gate 训练如图 4.33 所示。

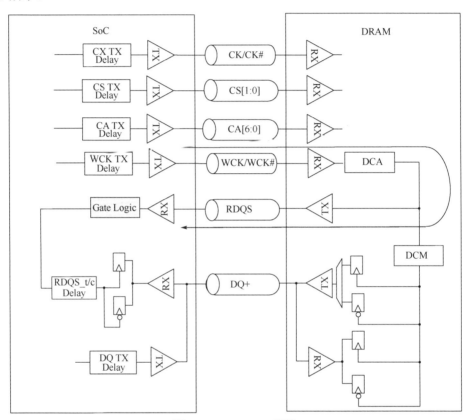

图 4.33　Read Gate 训练

8．数据训练

需要将 DQ 信号延迟与 DQS/WCK 信号延迟对齐，确保主机和 DRAM 能够正确读取和写入数据，被称为数据训练（Data Training）。数据训练包括读数据训练（Read Data Training）和写数据训练（Write Data Training），如图 4.34 所示。

1）读对齐

读对齐（Read Centering）的目的是训练内存控制器的读采样电路，在读数据眼图中央进行采样，以获得最稳定的采样结果。DDR 内存控制器进行以下操作。

（1）进入多用途寄存器（MPR）访问模式，从 MPR 而不是 DRAM 存储介质中读取数据。

（2）发起一系列读请求，返回的是预先写入 MPR 的向量（Pattern）。

第 4 章 存储子系统

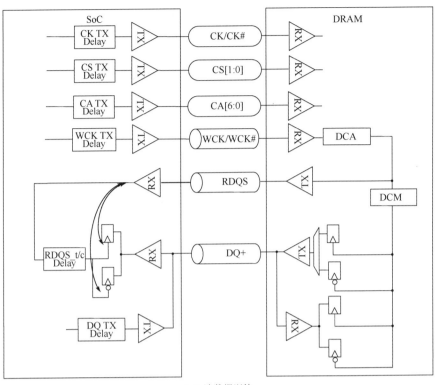

（a）读数据训练

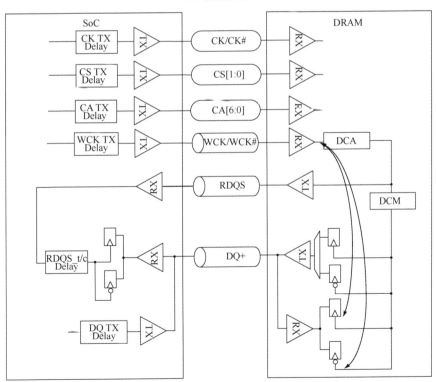

（b）写数据训练

图 4.34 数据训练

·219·

（3）在读数据过程中，增大或减小 DQ 信号相对于 RDQS 信号的延迟，来确定读数据眼图的左右边界。

（4）在确定读数据眼图的左右边界后，将读延迟寄存器设置为读数据眼图中央。

（5）对每一条 DQ 信号重复上述操作。

2）写对齐

写对齐（Write Centering）的目的是设定每条数据信号线上写数据的发送延迟，使 DRAM 能够对齐写数据眼图中央来采样 DQ 信号。

在实现时，首先发送已知数据写入 DRAM 颗粒，然后从同一位置读取并比较二者是否匹配。主机不断调节数据信号的发送延迟，直到能够正确地写入和读取数据。通过此流程，内存控制器可判断正常读写数据时能容忍的最大和最小发送延迟，推断写数据眼图的左右有效边界，并在 DRAM 端将写数据眼图中央与 WCK 信号边沿对齐。

9. 内存接口训练方式

训练 DDR 内存接口：可以通过三种不同的方式来由核心处理器通过软件（SW）或固件（FW）进行训练、由 DDR PHY 或内存控制器利用专用硬件（HW）进行训练和由 DDR PHY 利用 FW 代码进行训练。

核心处理器通过 SW 或 FW 为每个通道训练内存接口非常耗时，占用了宝贵的处理器周期来初始化其他组件。

虽然利用 HW 训练比较快，但在现场升级方面缺少灵活性。此外，修复硬件中的任何错误，通常都需要花费时间和金钱来重新设计 SoC。支持多种 DDR 标准也需要消耗更多面积和功率，因为每种标准可能都需要自定义算法和实现方式。因此，该训练方式通常采用传统和简单的训练模式，以固定频率切换，不会对信号完整性造成太大的影响。

由 DDR PHY 利用 FW 代码进行训练是最稳定的一种方式，将训练执行完全本地化到 DDR PHY，可以并行训练 SoC 上的每个存储器通道。这种快速而准确的训练机制允许使用通用的 HW 框架进行训练，支持多种 DDR 标准，方便现场升级。

4.2.3 内存 RAS 功能

内存子系统会因为设计故障/缺陷或任何一个部件中的电噪声而发生错误，一般分为硬错误和软错误。其中，硬错误是永久性的，由设计故障引起；软错误是短暂性的，由系统噪声引起或由 Alpha 射线导致的内存 Bank 比特反转引起。随着内存容量、接口频率和带宽的增加，发生错误的可能性越来越大。尽管理论上大部分内存错误由 DRAM 造成，但是执行从内存控制器到 DRAM 颗粒的端到端保护，对于整个内存子系统的稳定性非常必要。

为了在运行时处理内存错误，内存子系统必须具有先进的 RAS（可靠性、可用性和可维护性）功能，较常用的一种 RAS 方案是纠错码（ECC）内存。内存控制器根据实际的写入数据生成 ECC 数据，内存同时存储写入数据和 ECC 数据。在读取操作期间，内存控制器从内存读取数据和相应的 ECC 数据，并利用接收到的数据重新生成 ECC 数据，将其与接收到的 ECC 数据进行比较：如果二者匹配，则表明没有发生错误；如果不匹配，则 ECC SECDED （单纠错和双检错）机制允许内存控制器纠正任何单比特错误并检测双比特错误。这种 ECC 方案提供了端到端的保护，可以防止在内存控制器和内存之间可能发生的单比特错误。

实际存储的 ECC 方案有两种类型：边带 ECC 和内联 ECC。在边带 ECC 中，ECC 数据存储于单独的 DRAM。在内联 ECC 中，ECC 数据与实际数据一起存储于同一 DRAM。DDR5 和 LPDDR5 支持的数据速率远高于其前代产品，DDR5 的片上 ECC 和 LPDDR5 的 Link-ECC 可进一步增强内存子系统的 RAS 功能。

1. 边带 ECC

边带（Side-band）ECC 方案通常使用于标准 DDR 内存，如 DDR4 和 DDR5。ECC 数据作为边带数据连同实际数据发送到内存，如 64bit DDR 需要增加 8bit 用于 ECC 存储，因此，DDR4 ECC DIMM 具有 72bit 宽度，即两个额外的 x4 DRAM 或一个 x8 DRAM 用于额外的 8bit ECC 存储。在边带 ECC 中，内存控制器会同时读写 ECC 数据和实际数据，不需要额外的读写开销命令，如图 4.35 所示。

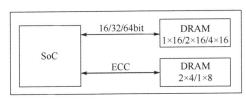

图 4.35　边带 ECC

2. 内联 ECC

内联（Inline）ECC 方案通常使用于 LPDDR 内存。LPDDR DRAM 具有固定信道宽度，如 LPDDR5/4/4X 信道宽度为 16bit，使用边带引脚来传输边带错误纠错码（ECC）数据的方案很不实际，如对于 16bit 数据宽度，需要为 7bit 或 8bit ECC 位宽额外分配 16bit LPDDR 信道，ECC 数据字段仅部分填充了 16bit 额外的通路，从而导致存储效率低下，还给地址命令信道带来额外负载，可能对性能有所影响。在这种情形下，可采用内联（Inline）ECC 方案，将 ECC 数据与实际数据放在同一 DRAM 信道之中，此时内存信道的总体数据宽度与实际数据宽度相同，如图 4.36 所示。当 ECC 数据未与读写数据一起发送时，内存控制器为 ECC 数据生成单独的开销写和读命令，因此，实际数据的每条写和读命令都伴有一条 ECC 数据的开销写和读命令。高性能内存控制器通过在一条 ECC 写命令中封装几个连续地址的 ECC 数据来降低该 ECC 命令的损失。同样，内存控制器在一条 ECC 读命令中读取内存发出的若干连续地址的 ECC 数据，应用于该连续地址产生的实际数据。因此，流量模式越有序，此类 ECC 开销命令造成的延迟损失就越小。

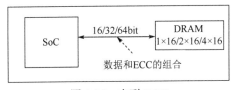

图 4.36　内联 ECC

3. 片上 ECC

面对更高容量和速度及更小工艺技术，DRAM Bank 出现单比特错误的可能性会增加。为进一步改善内存信道，DDR5 DRAM 配备额外的存储器，专用于 ECC 存储，即片上（Ondie）ECC，如图 4.37 所示。DDR5 DRAM 为每 128bit 数据额外设置 8bit 的 ECC 存储空间。

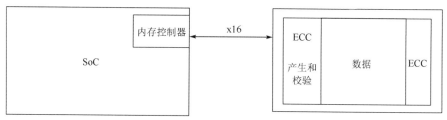

图 4.37　片上 ECC

DRAM 内部计算写入数据的 ECC，并将该 ECC 数据存储在额外的存储器中。在读操作中，DRAM 读出实际数据和 ECC 数据，并且可以纠正任何读数据位上的任何单比特错误。因此，片上 ECC 虽进一步保护了 DDR5 Bank 免于产生单比特错误，但是无法针对 DDR 信道上发生的错误提供任何保护。片上 ECC 和边带 ECC 结合使用，可以增强内存子系统上的端到端 RAS。

4. Link-ECC

Link-ECC 是一种 LPDDR5 功能，可保护 LPDDR5 链路或信道免受单比特错误的影响。内存控制器计算写入数据的 ECC，并在特定位上发送 ECC 和数据。DRAM 基于接收到的数据生成 ECC，并与接收到的 ECC 进行校验，纠正任何单比特错误。Link-ECC 不针对内存 Bank 上的单比特错误提供任何保护。内联 ECC 和 Link-ECC 相结合，可提供端到端的单比特错误防护，将增强 LPDDR5 信道的稳定性。

5. 高级 ECC

高级 ECC 是指一系列技术，能够实现比基于汉明码 ECC 的 SECDED 更好的纠错效果。高级 ECC 通过扩展汉明纠错码来提升纠错能力，由于每 64 个数据位通常需要 8 个以上的 ECC 校验位，因此需要创建带宽大于标准的 72bit（64bit 数据+8bit ECC）DIMM 的定制 DIMM。不过创建更宽的 DIMM 并新增用于支持 ECC 的额外内存的成本通常较高，不适合大多数应用。一种高级 ECC 方法是从多字节（或 Nibble）加扰数据，让来自任何 DRAM 的每个汉明码字最多包含 1bit。如此，某个 DRAM 的完全失效仍能被纠正，因为每个汉明码字中仅有 1bit 受到影响。高级 ECC 虽可能使用 Reed-solomon、BCH 或 LDPC 等基于块的码字，纠正单比特错误或"DRAM 完全失效"错误，但可能会对性能、功耗和系统产生影响，包括增大实现纠错功能的延迟、减小内存带宽、增大芯片面积和功耗、限制内存系统配置。并非每个系统都会选择高级 ECC 法，只有在某个特定应用中使用高级 ECC 法。

除 ECC 外，还有一些其他的 RAS 方案，如命令/地址奇偶校验、CRC（循环冗余校验）等。

6. 命令/地址奇偶校验

DRAM 控制器将命令/地址信号及相应的奇偶校验位送至 DRAM，由 DRAM 将其与从内部命令/地址信号生成的奇偶校验位比较，如果出现奇偶校验错误，则 DRAM 颗粒通过拉低报警信号（Alert_n）通知 DRAM 控制器，如图 4.38 所示。

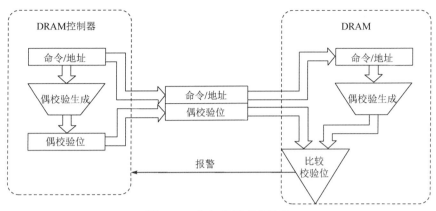

图 4.38　命令/地址奇偶校验

7. CRC

DRAM 控制器将数据和相应生成的 CRC 校验码送至 DRAM，由 DRAM 将其与内部 CRC 校验码进行比较，以确定二者是匹配（无 CRC 校验码错误）或是不匹配（CRC 校验码错误），如果出现 CRC 校验码错误，则 DRAM 颗粒通过拉低报警（Alert_n）信号通知 DRAM 控制器，如图 4.39 所示。

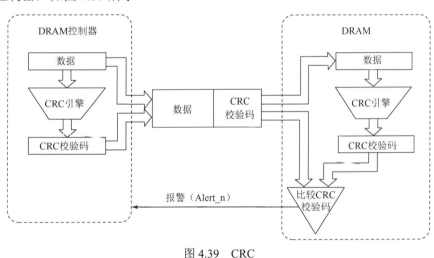

图 4.39　CRC

4.3　多通道内存

多通道技术将提高内存的访存速度，可以使用单通道（Single-channel）、双通道（Dual-channel）、三通道（Triple-channel）和四通道（Quad-channel）。

普通单通道内存具有一个 64bit 内存控制器。双通道内存使用两个 64bit 内存控制器，具有 128bit 内存位宽，理论上将内存带宽提升了一倍。三通道内存、四通道内存的原理类似。

具有单通道的单个DRAM器件只能进行单向连接,即SoC上的命令/地址总线与DRAM的命令/地址总线相连,SoC 数据总线与 DRAM 数据总线相连,片选(CS)可在需要时使能 DRAM,如图 4.40 所示。

图 4.40 连接单个 DRAM 器件的标准方式

两个 DRAM 或具有两个独立接口的单个 DRAM(如 LPDDR4)可支持 4 种可能配置:并行(前后紧接)、串行(多级)、多通道和共享命令/地址。不同配置的内存连接如表 4.3 所示。

表 4.3 不同配置的内存连接

共享信号	并行连接	串行连接	多通道连接	共享命令/地址连接
片选信号	是	否	否	否
命令/地址信号	是	是	否	是
数据信号	否	是	否	否

1. 并行连接

在并行连接中,所有的 DRAM 采用相同片选,接收相同的命令/地址,各自具有独立的数据通道,通过不同的字节线发送数据,如图 4.41 所示。由于可同时访问所有器件,因此两个 DRAM 始终处于相同状态,虽打开相同内存页面并访问相同的数据列,但保存在每个 DRAM 中的数据不同。

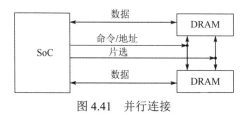

图 4.41 并行连接

2. 串行连接

在串行连接中,命令/地址总线和数据总线均连接在两个 DRAM 上,片选各自不同,可以独立控制对两个 DRAM 的访问,如图 4.42 所示。两个 DRAM 可处于不同状态,具有不同的活动内存页面。在典型情况下,SoC 负责控制片选信号,确保两个 DRAM 不会同时进行数据传输。

3. 多通道连接

在多通道连接中,每个器件或通道具有各自的命令/地址总线、数据总线和片选,与 SoC 独立连接,如图 4.43 所示。不同器件或通道彼此独立工作,当一个器件执行写入操作时,另一个器件可执行读取操作。多通道连接还允许 DRAM 工作在不同功耗状态下，如某一块内存可能处于待机自刷新状态，另一块内存处于完全激活状态。

4．共享命令/地址连接

在共享命令/地址连接中，两个 DRAM 接收相同的命令/地址，各自独立传输数据，由 SoC 完成片选，如图 4.44 所示。

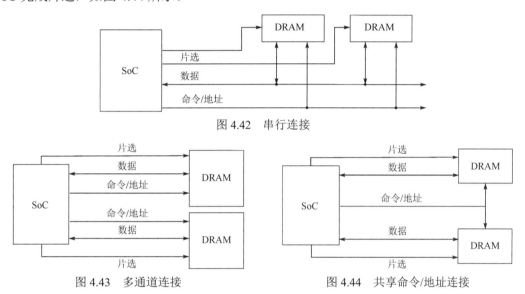

图 4.42　串行连接

图 4.43　多通道连接　　　　　　图 4.44　共享命令/地址连接

图 4.45 为 LPDDR4 不同的双通道连接方式。图中，"块取"是指可在一次突发传输中传输的最小字节数，对于很多 SoC 和 CPU 的缓存，首选"块取"是 32B，视频和网络传输通常需要进行 32B 或更小的短字节传输。不同配置各有优缺点，如并行连接仅有 8 个 Bank，在 32bit 数据总线上可突发"块取"的最小数据量为 64B（假设 LPDDR4 的突发长度为 16），不太适合使用堆叠封装（POP）的设计；串行连接虽也不太适合 POP 实现，但能节省一些数据引脚（由于共享数据总线，因此只能提供一半的带宽）。共享命令/地址连接适合于 DDR 系统。多通道连接使得设计团队能够从 LPDDR4 中获取最大好处。

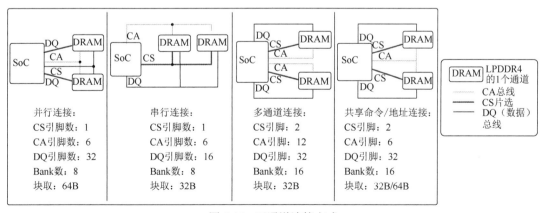

图 4.45　双通道连接方式

内存性能评估

内存性能主要包括内存带宽和内存访问延迟。

4.4.1 内存带宽和内存访问延迟

内存带宽是指单位时间内可以访问内存（读取或写入）的数据量，通常用 B/s 作为单位。一款芯片的最大内存带宽往往有限且确定，一般而言，最大内存带宽只是理论最大值，实际使用时只能达到 60%，如果超出 60%，内存访问延迟便会急剧上升。

内存总带宽取决于三个因素：数据传输速率、内存总线位宽和内存通道数量。

1．理论带宽

内存理论带宽计算公式：带宽=数据传输速率×内存总线位宽，其中数据传输速率= I/O 总线时钟频率×数据速率。DDR3 之前，I/O 总线时钟频率与内存核心频率之间的倍数关系是预取数，但 DDR4 引入了 Bank Group 的概念，使采用与 DDR3 同样的预取数，I/O 总线时钟频率可以加倍。

标称 1066 的 DDR3 内存，内存核心频率是 133.3MHz，预取数为 8，数据传输速率为 1066Mbit/s，因此一个 64bit 位宽的内存在默认频率下的带宽为 1066Mbit/s×(64/8)≈8.5GB/s；两个标称 1066 但超频到 1200 的 64bit 位宽 DDR3 内存，组成双通道后的带宽为 1200Mbit/s×(128/8)≈19.2GB/s。

标称 2666 的 DDR4 内存，内存核心频率是 133.3MHz，预取数为 8，数据传输速率为 2666Mbit/s，因此一个 64bit 位宽的内存在默认频率下的带宽为 2666Mbit/s×(64/8)≈21.3GB/s。

2．数据吞吐量

数据吞吐量是指通过存储子系统传输的实际数量。

数据吞吐量与带宽的含义不同。带宽是指存储子系统每秒能传输的字节数，对于工作在 100Mbit/s 下的 32bit 数据位宽的 DRAM，带宽是 400MB/s，受 DRAM 工作特性（如刷新、行激活和预充电）和其他各种因素影响，存储子系统的数据传输速率达不到 400MB/s。数据吞吐量用来表征实际每秒能提供的数据量，如上述带宽的子系统可能仅达 200MB/s 的吞吐量。

3．带宽利用率

设计 DDR 内存控制器的目的是让利用率尽可能高，实际带宽接近理想带宽，需要不断进行读写请求的分类、合并和次序调节。

4．内存访问延迟

内存访问延迟主要存在于控制器、物理层和接口。如果是访问随机地址，则延迟更大。以 DDR4-2666 内存为例，I/O 时钟周期为 0.75ns，8n 预取，位宽为 64bit。按照 JEDEC

标准时序参数 19-19-19-43（tCL-tRCD-tRP-tRAS）计算，不考虑其他因素，在页命中的情况下，单通道 DDR4 内存传输 64B 需要 tRCD+tCL+tCCD=19×0.75+19×0.75+4×0.75ns=31.5ns。现代处理器都有多级缓存，当缓存缺失时会访问内存，并且每次访问最少替换一个缓存行。如果一次传输 4 个大小为 64B 的缓存行，且该 4 个缓存行存在于同一页，那么在单通道时，读取 4 个 64B 需要 tRCD+tCL+tCCD×4=28.5+ 3×4=40.5ns；在双通道时，每个通道读两次，则需要 tRCD+tCL+tCCD×2=34.5ns，性能提高了 6/40.5≈14.8%。

4.4.2 提高内存带宽的途径

对于存储系统，通常需要在延迟和带宽之间进行权衡：较低的延迟有利于指针追逐代码（Pointer-chasing Code），如编译器和数据库，较高的带宽有利于简单和线性访问模式的程序，如图像处理和科学代码。

处理器和内存控制器都有专门模块负责将所有的传输进行分类、合并和次序调节，甚至预测未来可能接收的读写请求地址，以实现最大效率的传输。

对于大数据量处理，缓存访问和数据替换非常频繁，内存带宽提升能带来比较明显的性能提升，使用更好的内存颗粒，可增加内存 Bank 数量、加宽总线可以增大带宽，不过更宽的总线意味着更昂贵的主板、对安装方式的更多限制，以及更高的最低内存配置。

在多核计算平台上，由于线程之间的访存干扰，页命中率已经下降到较低数值。随着计算单元数量的增多，并发线程数量相应增多，导致页命中率持续下降，带宽利用率通常不高于理论峰值的 50%。

1．软件优化

内存延迟对高频处理器来说影响非常大。虽然大部分的读时间都在内存，处理器中所花时间只有一小部分，但处理器还是利用大量机制来降低此影响。这些机制除多级缓存外，还有命令/数据预取、乱序执行等。

2．高性能内存颗粒

tCL、tRCD、tRP 为内存的绝对性能参数，应该是越小越好，调节的优化顺序依次为 tCL、tRCD 和 tRP，如果页面交错得到很好管理，则 tRP 大多不受影响。

BL、tRAS 等为内存的相对性能参数，使内存优化相应复杂。一些测试表明，在双通道平台下，选择 BL 为 4 较为合适，在其他情况下，BL 为 8 可能更好，需要根据实际应用有针对性地调节。

3．拆分技术

对于某个内存控制器而言，请求最好都指向同一物理页，可以根据内存粒度合理拆分（Splitting）访问，实现均匀访问多个内存控制器。

在实际场景下，对不同地址区域需要进行不同颗粒大小的拆分和不同内存控制器的交错。例如，将视频处理逻辑送来的地址首先拆成若干个 64B 的小块，然后在两个内存控制器中交错，由处理器送来的地址相对更随机，全都访问同一内存控制器，不进行拆分和交错。此外，由于不希望连续地址被打断，因此视频处理逻辑与处理器分别访问各自的内存控制器，不相互交错。

当传输数据块大于 256B 时，需要将很长的传输拆开，分送到不同的内存控制器。可以由主设备负责发出不同标识符的操作，或者由总线来维护拆分和设置新标识符。通常处理器和 GPU 不会发出大于 64B 的传输，不需要拆分。拆分主要用于显示、视频和 DMA。

如果使用了带 ECC 的内存，那么最好所有访问都是 DDR 位对齐，以利于 ECC 计算。如果写入小于位宽的数据，则内存控制器需要先读取，再改动，接着重新计算新的 ECC 值并写入。这样会增添一个读过程。如果访存很多，则关闭 ECC 可以提速约一成。

4. 交错技术

物理页和片选信号的交错访问都能提高访存性能。当存在两个内存控制器时，彼此之间还可以交错。无论哪种交错访问，都是在前一个访问完成前，就已经开始下一个传输了，当然前提必须是不发生硬件冲突。

1）物理页交错访问

假设内存的 tCL、tRCD、tRP 为 10、10、10，BL=8，即访问一个地址所需要的三个操作时间，行选通、列选通延迟和预充电均为 10 单位时间。如果连续访问同 Bank 同行，形成页命中，则每一次读写操作只需要 4（BL/2）单位时间；不同 Bank（该 Bank 处于关闭状态）但同行时需要 24 单位时间；同 Bank 但不同行时需要 34 单位时间。相邻数据结构要放在同一页，并且绝对避免出现同 Bank 但不行行。如果控制好物理地址，使得一段时间内的访存都集中在同一页，则可以节省大量时间。内存物理地址哈希化也能在一定程度上减小延迟。

通常无法保证所有实际访问都指向同一页。DDR 内存支持同时打开多页，通过交错访问同时利用多页，不必等到上一页访问完成才可以开始下一页访问，可以减小平均延迟。

目前的芯片组都具备多页管理能力，如果可能，应尽量选择双 Rank 的内存模组或选择页较多的颗粒型号，以增加系统内存的页数量。例如，两块单面 256MB 内存，具有 2×4=8 页，组成双通道在并行连接方式下具有 4 页。

2）内存控制器交错访问

一个 1.6Gbit/s 数据速率的 LPDDR4 控制器，具有 64bit 数据宽度，提供了 12.8GB/s 的理论带宽。考虑复杂场景下低于 70% 的利用率，带宽仅约为 9GB/s。可以考虑增加内存控制器的数量，在总线中利用多个内存控制器，将任何地址尽量平均发送到不同内存控制器，无论缓存命中与否，都可以同时存取，以充分发挥多通道技术优势。不过这样将会增加成本和功耗。

交错访问将使得原本连续分布在一个内存控制器的地址被分散到几个不同的内存控制器，如图 4.46 所示。此方法最适合连续地址的访问。即便是连续的读操作，由于缓存中存在替换、驱逐和硬件预取，最终送出的连续地址序列也会插入扰动；如果取消缓存直接访存，则可能无法利用硬件的预取机制和额外的 OT（Outstanding Transaction）资源，导致分布不均匀。由于存在多个主设备，每一个主设备都会产生不同的连续地址，因此效果进一步降低。

如果仅将不同的物理地址请求发送到不同的内存控制器，则可能导致一段时间内，即便所有的物理地址全都对应于其中某一个内存控制器，仍然不能满足带宽要求。图 4.47 中出现对某个或某几个 Bank 的访问相对集中（Hot Bank），系统中其他 Bank 处于负载不均衡且利用率较低的现象，系统性能相应降低。

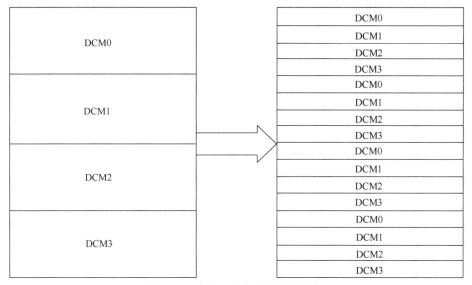

图 4.46 多内存控制器的交错访问

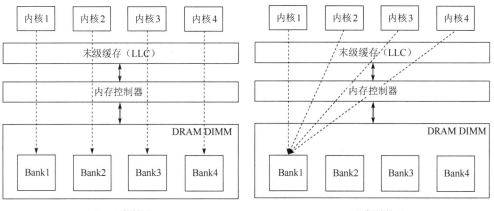

图 4.47 多 Bank 访问

5. 调度技术

动态内存控制器（Dynamic Memory Controller，DMC）最重要的功能是调度（Scheduling），以提高带宽利用率。

可以通过一些参数的设置来影响调度判断：读写操作切换时间、Rank（CS 信号）切换时间及页内连续命中切换阈值、高优先超时切换时间等。

QoS 用于帮助实现最大限度的传输，基本策略是设置优先级，另外可以利用一些辅助策略，如动态优先级调节和整流等。

对于 DDR5 SDRAM，考虑刷新以后，ARM 的 DMC 可以达到 93%的极限利用率，通常 64B 的随机访问效率低于 50%。

4.5 Flash

Flash（闪存）有 Nand Flash 和 Nor Flash 两种。其中，Nand Flash 的命令、地址、数据总线复用，需要由程序来控制访问操作，如要先发命令，再发地址，接着才能读取 Nand Flash 数据；Nor Flash 的地址线与数据线分开，地址发出后，就能返回数据，中间不需要额外处理操作。

4.5.1 Nand Flash 访问

Nand Flash 的内部结构如图 4.48 所示。最小读写单元是页（Page）。最小擦除单元是块（Block）。由图 4.48 可知，页中含有 2KB 的页数据和 64B 的备用区。位反转、坏块和可擦除次数都将影响 Flash 的可靠性。

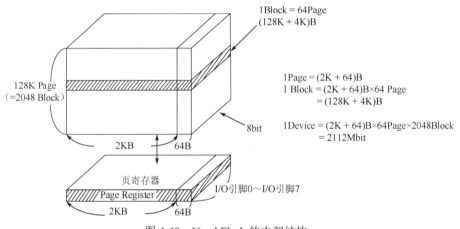

图 4.48　Nand Flash 的内部结构

1. 位反转

由于固有的电气特性，因此所有 Flash 器件都存在位反转问题，在读写数据过程中，偶尔会产生一位或几位数据错误。当位反转发生在关键代码、数据上时，有可能导致系统崩溃。Nand Flash 出现位反转的概率远大于 Nor Flash，推荐使用 EDC（检错码）/ECC（纠错码）进行错误检测和恢复。

为了解决位反转问题，引入备用区（Out Of Band，OOB）以存放坏块标记和 ECC 等值。在写页数据时生成一个校验码，并写进 OOB；在读数据时读出一页数据，里面某一位可能发生错误，通过读出 OOB 的校验码来修正。当处理器访问数据时，在页数据空间进行寻址，根本就看不到 OOB。图 4.49 显示了 Nand Flash 的页数据空间，前面 2KB（0～2047）表示页数据，后边 64B（2048～2111）表示 OOB。

...									
Page3	0	1	...	2046	2047	2048	2049	...	2111
Page2	0	1	...	2046	2047	2048	2049	...	2111
Page1	0	1	...	2046	2047	2048	2049	...	2111
Page0	0	1	...	2046	2047	2048	2049	...	2111

图 4.49　Nand Flash 的页数据空间

2．坏块

Nand Flash 上存在一些随机分布的坏块，使用前需要将其扫描出来，确保不会使用，否则产品会出现严重故障。

3．可擦除次数

Nand Flash 的块大小通常是 Nor Flash 的 1/8，每块的可擦除次数约为 100 万次，相比 Nor Flash 要高 10 倍。

4．ECC Nand Flash

Nand Flash 对软错误非常敏感，经常需要 ECC 保护。不同于外部 DDR 内存将数据段位宽变宽，Nand Flash 提供额外的存储缓冲器来保存 ECC 数据。由于 ECC 所编码的数据块较大，如 512B 或 1024B，因此 SoC 能够校正高达 24bit 的错误。

4.5.2　Flash 程序执行

在嵌入式系统中，Flash 程序的执行方式有三种，如图 4.50 所示。

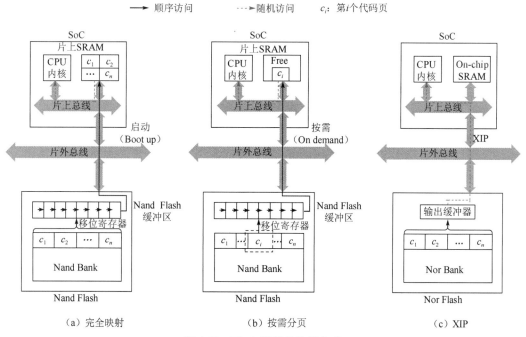

图 4.50　Flash 程序的执行方式

1）完全映射

程序在执行前，将所有代码从 Flash 复制到内存储器，此方法被称为代码阴影法（Code Shadowing），需要额外的 SRAM 容纳所有代码。

2）按需分页

按需要将部分代码（代码页）逐个复制到片上 SRAM，可以执行比片上 SRAM 更大的程序，此方法被称为页请求法（Demand Paging）。由于每次在片上 SRAM 中无法获得所需代码页时，会发生页错误，因此需要额外不可预测的延迟，不适合执行实时任务。在嵌入式系统中，通常通过代码阴影法将实时任务程序固定在片上 SRAM，非实时任务则使用页请求法复制到其他片上 SRAM。

3）XIP

在系统启动时，代码不会复制到 RAM，直接在非易失性存储器件中执行，RAM 中只存放需要不断变化的数据部分。

操作系统内核和应用程序在运行时，在内存中的映像可以分为三个部分：代码段、数据段和堆栈段。代码段包括运行代码和只读数据，在内存中一般标记为只读。数据段存放各种数据（经过初始化和未经初始化）和静态变量。堆栈段用于保存函数调用和局部变量。程序运行大多是读内存，如取命令、加载数据等。写内存主要是写特殊功能寄存器、修改全局变量值、将数据压入堆栈保存等。即使程序代码段在 Flash 中运行，仍然需要将部分可写数据段放在 RAM 中。

4.5.3　XIP

当嵌入式系统启动时，执行的第一个代码必须来自非易失性存储器件，如 Flash 或 ROM。引导加载程序首先将代码从 Flash 中重新定位到内存，然后跳到内存来执行代码。程序执行几乎总是需要在读/写存储器（RAM）中设置一个堆栈来存储变量，在启动或上电时如果没有可用内存来存储程序变量，那么处理器运行的第一个代码就必须完全使用处理器寄存器，从其所在位置执行。此即 XIP（eXecute In Place，就地执行），是指处理器可以直接通过地址总线从 Flash 上完成取指操作并在内核中执行。

XIP 是一种能够直接在 Flash 中执行代码而无须加载到 RAM 中执行的技术，缩短了操作系统内核从 Flash 复制到 RAM 所需的时间，也缩短了自解压所需的时间，直接决定了芯片运行和加载程序的时间，也直接决定了系统的运行速度。由于 Flash 访问速度慢于 RAM，当采用 XIP 技术时，需要根据硬件环境对 Flash 和 RAM 的使用量进行平衡。Nor Flash 与 ROM 的读取速度比较接近，比较适合 XIP 模式。Nand Flash 的读取速度较慢，不适合 XIP 模式，写入速度比 Nor Flash 快，更适合用于存储和下载系统。

1．Nor Flash 启动

小容量（1～4MB）的 Nor Flash 具有很高的成本效益，很低的写入和擦除速度大大影响了性能。在实际应用中，Nor Flash 用来运行启动代码，一般可以将加载程序（Boot Loader）烧入 Nor Flash，程序运行通过串口交互，如图 4.51 所示。

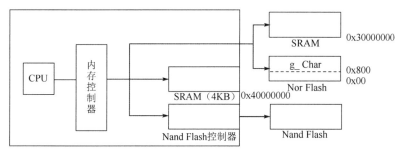

图 4.51　Nor Flash 启动

2. Nand Flash 启动

Nand Flash 的工作原理涉及地址、数据、命令的传输，地址、数据、命令共用 I/O 接口，都通过相同的 I/O 接口进行传输。当处理器需要从 Nand Flash 中读取数据时，首先需要配置 DMA（直接内存访问）控制器，设置 DMA 通道以管理从 Nand Flash 到内存的数据传输。

有些 Nand Flash 控制器内置自动启动功能。当系统处在复位状态时，Nand Flash 控制器从引脚上直接得到一些信息，如页容量（Page Size）、总线宽度等，在上电或系统复位解除（或称释放）之后，自动将 Nand Flash 的前 4K 数据搬移到片上 SRAM，处理器从该 SRAM 所在地址开始启动。此过程不需要程序干涉，原因在于 Nand Flash 控制器从 Nand Flash 中搬移到内部 RAM 的代码是有限的，需要将核心的启动程序放在 Nand Flash 的前 4K 地址空间，如图 4.52 所示。

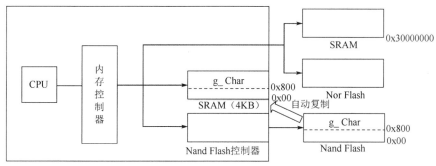

图 4.52　Nand Flash 自动启动功能

在嵌入式设计中，不使用 XIP 模式意味着代码需要从非易失性存储器件复制到 RAM，需要更多的内存来存储代码，当然将代码先在 Flash 中压缩，再复制到 RAM 中解压缩可以节省一些内存。如果系统没有高性能要求，则 XIP 模式可能是一个很好选择，有助于节省片上内存，降低成本。使用片外 Flash 的执行速度比使用片上内存要慢，结合缓存使用可以缩小性能差距，比之将代码一次性复制到片上 RAM 并从中执行，片外 XIP 操作将消耗更多功耗。从安全角度看，如果没有 XIP 模式，则解密方法将是块解密，即将整个图像复制到系统 RAM 中并进行一次解密，采用 XIP 模式后，将需要内联解密，即代码在执行时被解密。

1）页寄存器

常见的 Nand Flash 内部只有一个芯片。该芯片只有一层。每一层均包含很多块。每一块又包含很多页。在设计硬件时，每层都有一个对应区域，专门用于存放将要写入物理存储单元或刚从物理存储单元中读取的一页数据，此区域被称为页寄存器（Page Register）或页缓存。在读操作时，物理存储单元数据首先放入页寄存器，然后 Nand Flash 控制器从中读取；在写操作时，Nand Flash 控制器首先将数据存入页寄存器，然后发送编程命令，将其中的数据写入物理存储单元。页寄存器如图 4.53 所示。

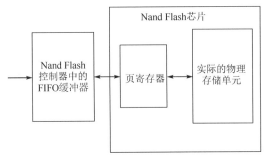

图 4.53　页寄存器

2）缓存操作

图 4.54 为 Nand Flash 缓存操作。在 Nand Flash 物理存储单元前有两个非常重要的寄存器，即页寄存器和缓存寄存器。在写操作时，Nand Flash 控制器首先将数据写入缓存寄存器，随后导入页寄存器，最后写入物理存储单元。读操作刚好相反。在读取多页时，当缓存传输一页数据时，页寄存器提前将下一页数据准备好。

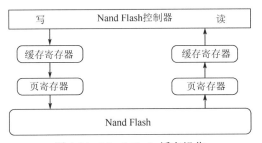

图 4.54　Nand Flash 缓存操作

4.5.4　嵌入式 Flash

ROM 和 OTP 都可用于固化程序。一些芯片需要使用片上命令代码进行一次性编程，可以使用现场编程，也可以在交付用户之前在晶圆级测试或封装后最终测试时编程。OTP 解决方案虽然满足非易失性存储器件的一次性编程要求，但在实际操作时存在一些严重的用户体验和可靠性问题。首先，OTP 编程需要使用多个冗余位和相关的冗余管理电路，存在难以解决的效率低下难题；其次，对大型 OTP 存储块进行编程存在一些不确定性，产生的尾位会对精确读取造成影响。对于命令代码应用，嵌入式 Flash（eFlash）可以代替 OTP。

除有效存储代码和数据外，嵌入式 Flash 掉电后还不丢失内容，并支持代码片上执行。此外，片外存储（如外置 Flash）容易受到持续攻击，应对措施一般是首先对外置 Flash 中的数据进行加密，然后在执行代码之前，将其下载至片上 RAM 进行解密和验证。此方法尽管可以抵御大多数攻击，但是会导致性能下降和成本上升，甚至有可能受到持续攻击。嵌入式存储（eFlash 和 eSRAM）既足以抵御常见威胁，又对性能影响较小。图 4.55 给出了嵌入式 Flash 的应用。图中，HSM (Hardware Security Module) 为硬件安全模块。

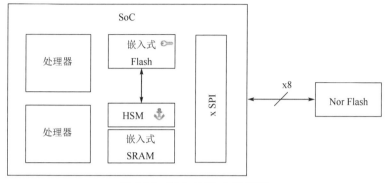

图 4.55　嵌入式 Flash 的应用

嵌入式 Flash 的存储单元是特殊构造晶体管，接收芯片 I/O 电压，并使用内部电荷泵将 I/O 电压升高到编程和擦除操作所需的高电压（High Voltage，HV）。嵌入式 Flash 结构如图 4.56 所示。嵌入式 Flash 在读写方面需要较高的电压，在理论上不易实现微缩化。在通常情况下，嵌入式 Flash 比领先技术节点晚两代，在 28nm 工艺节点以后，由于用于嵌入式 Flash 的晶体管研发极其困难，因此多种替代性的非易失性存储技术（eNVM 技术），包括相变存储器（PCM）、自旋转移扭矩磁性随机存取存储器（STT-RAM）、电阻式随机存取存储器（RRAM），以及 Intel 的 Optane 等得到积极研发。嵌入式非易失性存储技术具有两种优势：首先，在生产多层线路时将存储元器件埋入，不受晶体管技术的限制；其次，与 Flash 相比，读写所需电压较低。

系统级封装（SiP）能将多种不同架构、不同工艺节点，甚至来自不同代工厂的专用硅块或 IP 模块集成在一起，快速实现芯片的产品化。SiP Flash 将 Flash 控制器、Nand（Nor）Flash 及其他元器件集成在一个芯片内，如图 4.57 所示。

图 4.56　嵌入式 Flash 结构　　　　　　　图 4.57　SiP Flash

小结

- 由通信带宽和延迟导致的存储墙已成为提高系统性能的最大障碍。
- 内存颗粒的三个主要内存操作命令为行激活、列访问和预充电，内存单元由 Bank 地址、行地址和列地址决定。

- 内存控制器负责对内存颗粒的数据读写进行管理和调度，物理层接口负责与内存颗粒通信。

- 内存总带宽取决于数据速率、内存总线位宽和内存通道数量。

- Flash 分为 Nand Flash 和 Nor Flash 两类。XIP 是一种能够直接在 Flash 中执行代码而无须加载到 RAM 中执行的技术。

第 **5** 章

互连子系统

片上总线是芯片内部的一条数据通路。互连使用总线将系统中的不同模块按照接口定义的标准连接起来，通过流量控制、仲裁、令牌等协议实现相互通信。在图 5.1 中，处理器、加速器、存储器和 I/O 设备等各种功能模块通过片上互连集成在一起。

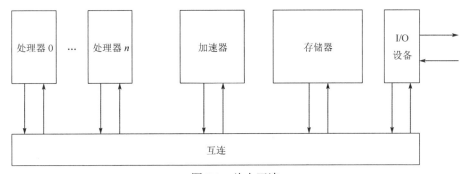

图 5.1　片上互连

不同的模块可能工作在不同的时钟域和电源域，具有不同的接口和访问/通信需求，通过片上互连能够协同工作。片上互连架构的发展主要经历了三个阶段：共享总线（Shared Bus）、交叉矩阵（Crossbar）和片上网络（Network on Chip，NoC）。

传统的 SoC 片上互连架构采用共享总线，当多个主/从设备同时通信时，因为需要利用仲裁机制来决定总线的所有权，所以会产生瓶颈。交叉矩阵可以满足多设备并发访问的需求，提高整个系统的带宽。片上网络具有良好的扩展性，能提供在复杂多核设计中所需的全局异步、局部同步的时钟机制。其中，环状网络折中考虑了互连组件数量和延迟，有利于中等规模的 SoC 设计；网状网络通过增加网络的行或列来增加更多节点，可以提供更高的带宽。此外，一致性互连提供了多处理器簇之间的缓存一致性。

本章在介绍互连基本概念的基础上，依次讨论了交叉矩阵、片上网络和一致性互连，并介绍了互连系统的性能评估。

在广义上，将同一芯片上的不同设备（模块）连接起来的结构都可以称为片上互连网络，如图 5.2 所示。其中，将主动发起方称为主设备（Master），被动接收访问并返回响应方称为从设备（Slave）。

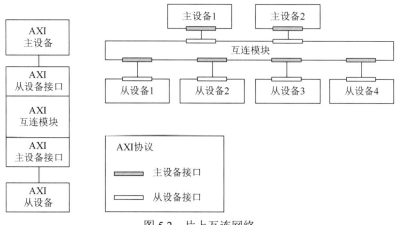

图 5.2　片上互连网络

5.1.1　片上互连网络

根据拓扑结构的不同，片上互连网络可以分为共享总线型、交叉矩阵型和片上网络型。

1. 共享总线型

共享总线型通过分时复用实现不同主/从设备之间的通信。在共享总线型中，所有的主设备和从设备共享一条或多条总线。当出现多个主设备同时访问一条总线时，需要由仲裁机制来决定总线的所有权。共享总线型的结构比较简单，硬件代价小，带宽有限且无法随功能模块的增多而扩展。常见的片上共享总线型标准包括 IBM 公司的 CoreConnect 标准、ARM 公司的 AMBA 总线标准、Silicore 公司的 Wishbone 片上总线协议等。

共享总线型包含独占总线型和层次化总线型。

1）独占总线型

独占总线型是指在某个时刻只能由一对主/从设备独占的共享总线型，如图 5.3 所示。随着芯片规模的增加和时钟频率的提升，独占总线型已经无法在单一主设备时钟周期内完成数据传输。总线仲裁也会产生很大的时间开销，影响系统性能。

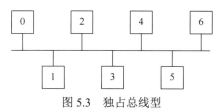

图 5.3　独占总线型

2）层次化总线型

在芯片中，不同功能模块的数据传输带宽需求和协议标准是不同的，如处理器的通信带宽需求显然大于串行外设的需求，如果都按最高需求来设计，显然会导致资源浪费，有必要使用多条总线来满足不同需求，并通过桥接模块进行数据传输和协议转换。在图 5.4 中，网络接口 0～3 使用同一条总线，网络接口 4～6 使用另一条总线，两条总线通过节点 0 桥接。

2. 交叉矩阵型

交叉矩阵型是对独占总线型的一种改进，可以看作一个以矩阵形式组织的开关集合。在一个多输入、多输出的交叉矩阵型中，每个输入接口都可以连接任意输出接口，每个输出接口也都可以连接任意输入接口。在图 5.5 中，在同一时刻，可以互不冲突地实现从 1 到 4、2 到 5 等多路通信。

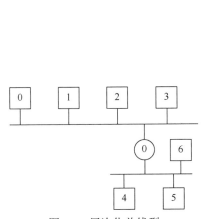

图 5.4　层次化总线型

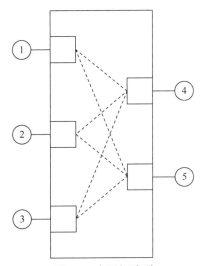

图 5.5　交叉矩阵型

交叉矩阵型具有非阻塞（Non-blocking）特性，可以建立多个输入与输出之间的连接，保证多路通信可以同时进行，结构相对简单，互连部分延迟小。单个交叉矩阵型适用于数量不多的设备互连，当需要连接更多数量的设备时，可考虑多个交叉矩阵型层次化连接。随着设备数量的增加，交叉矩阵型的规模会以几何级数增长，导致内部走线非常多，不利于物理实现。比较常见的交叉矩阵型 IP 有 ARM 公司的 NIC 系列。

3. 片上网络型

片上网络由节点和信道集合而成。在片上网络型中，设备都连接到片上路由器，设备传输的数据形成数据包，通过路由器到达目标设备，如图 5.6 所示。图中，R 表示路由器（Router），PE 表示处理单元（Processing Element）。片上网络型实现了更好的扩展性，其设计相对复杂，在共享总线型的基础上还需要考虑路由、流量控制、拓扑等方面的问题。片上网络型的拓扑是指网络中节点和信道的排列方式。常见的两种拓扑为环状（Ring）拓扑和网状（Mesh）拓扑。

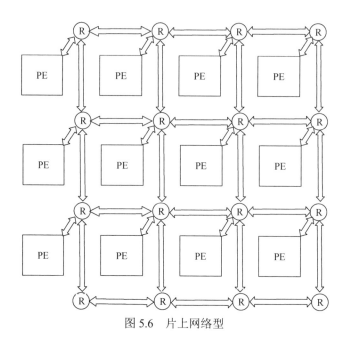

图 5.6　片上网络型

1）环状拓扑

环状拓扑是将所有节点挂载在一个环上，每个节点都可以连接处理器、I/O 设备、缓存和内存控制器等，如图 5.7 所示。由于环上节点的走线方向统一，避免了交叉矩阵连线随规模增长而增长的问题，因此环状拓扑能够达到更高频率，支持更多的主/从设备，适合 16 个处理器簇以下的设计。比较常见的环状拓扑 IP 有 ARM 公司的 CCN 系列。

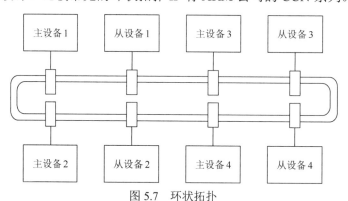

图 5.7　环状拓扑

2）网状拓扑

在环状拓扑下，随着网络节点数量的增加，网络直径（节点之间的最远距离）相应增大，导致网络延迟增大。对于多核系统，网络延迟会影响系统性能，通过提高网络维度，如从 1 维的环状拓扑提高到 2 维的网状拓扑，乃至 3 维的网状拓扑，可以减小网络延迟。相对于环状拓扑，网状拓扑将所有节点挂载在一个网状交点上，能够提供更小的网络延迟，如图 5.8 所示。

当处理器内核数量较多时，网状拓扑更利于发挥处理器性能，现在主流的大型服务器芯片都使用网状拓扑。ARM 的 CMN 系列就是网状拓扑 IP。

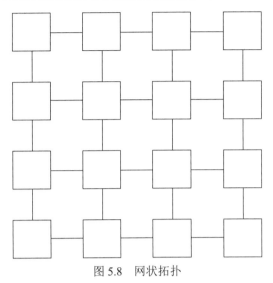

图 5.8　网状拓扑

5.1.2　片上互连网络性能

片上互连网络的主要性能指标包括延迟、带宽与吞吐量。

1. 延迟

延迟（Latency）是指发送方开始发送数据与接收方接收到数据之间的时间间隔，主要包含网络延迟、存储延迟等，如图 5.9 所示。

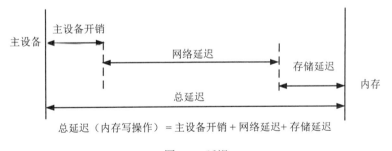

图 5.9　延迟

1）网络延迟

数据包在一个路由中的延迟被称为节点延迟，具体包括处理延迟、排队延迟、传输延迟和传播延迟，如图 5.10 所示。

- 处理延迟（Processing Delay）：检查是否有位错误和决定路由出口所需的时间。
- 排队延迟（Queuing Delay）：在路由出口中排队等待传输所需的时间，取决于路由的拥塞程度。
- 传输延迟（Transmission Delay）：将所有数据包传出路由所需的时间，取决于数据包长度与路由出口带宽。

- 传播延迟（Propagation Delay）：将数据包传给下一个路由所需的时间，取决于传播长度与传播速度。

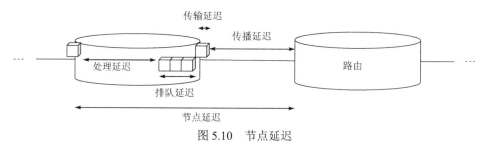

图 5.10　节点延迟

数据从源端发出后，需要经过多个路由转发，才能到达目的端。网络延迟是指数据通过网络中多个路由转发所需的总时间。

2）存储延迟

存储延迟是指数据存储和检索所需的时间。随着对性能要求的提升，高性能处理器将系统级缓存（System Level Cache，SLC）放到了片上网络，更靠近处理器侧，有利于加速处理器的事务处理速度。

2．带宽与吞吐量

带宽是在指定时间段内可以通过网络传输的最大数据量。吞吐量是在指定时间段内可以通过网络传输的实际数据量。吞吐量受到各种不同因素的限制，包括延迟、队列深度、缓存深度和使用的协议等。即时吞吐量是指在给定时刻的速率，平均吞吐量是指在一段时间内的平均速率。

5.1.3　服务质量

服务质量（Quality of Service，QoS）被定义为网络提供给 IP 的服务和服务协商。服务应该具有高吞吐量、低延迟、低功耗等特点。服务协商是指在 IP 需求的服务与网络所提供的现有服务之间实现平衡。

网络资源有限，只要存在抢夺，就会出现 QoS 的要求。在保证某类业务 QoS 的同时，可能会损害其他业务的 QoS。

1．QoS 模型

服务由网络的性能指标（延迟、吞吐量、功耗等）来定义。QoS 模型是网络提供给所需核的服务量化。由于片上网络的特性，因此服务保证和可预测性通常由硬件来实现。在实时或其他关键应用中，除可预测性外，还必须使用特定的路由方案（虚拟通道、自适应路由、容错路由和链路结构等）来确保所需性能和可靠性水平。

1）主设备类型

根据对延迟和带宽的需求，主设备可分为三种类型，即延迟敏感（Latency-Sensitive）主设备、贪婪主设备和实时主设备，如图 5.11 所示。

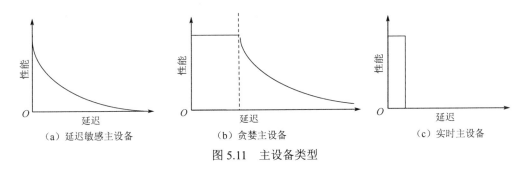

图 5.11　主设备类型

（1）延迟敏感主设备。

延迟敏感主设备是性能因内存延迟增大而受到影响的主设备，最典型的例子是通用处理器。通用处理器看到的内存延迟包括缓存影响和缓存一致性协议开销等，其性能受益于低内存延迟，在获得读取事务的结果（无论是数据还是命令）之前，通常只能继续工作很短时间，导致出现停顿和性能下降的情况。

（2）贪婪主设备。

贪婪主设备是在一段时间内尽可能用完所有或大部分可用带宽的主设备，也称为批量传输主设备。批量传输意味着以尽可能快的速度完成数据传输，如没有应用 QoS 规则的内存到内存 DMA 复制。

（3）实时主设备。

实时主设备是有严格实时延迟要求的主设备，如 LCD 或 HDMI 显示控制器。如果未在所需的延迟间隔内提供服务，则实时主设备可能运行不足，导致灾难性故障，如屏幕图像花屏。

2）典型流量

图 5.12 显示了芯片总线上信息传输的三种典型流量，其中延迟敏感是指延迟为关键，长期带宽保证是指必须在长时间内传输一定数量的数据，实时是指必须在短时间内传输一定数量的数据。

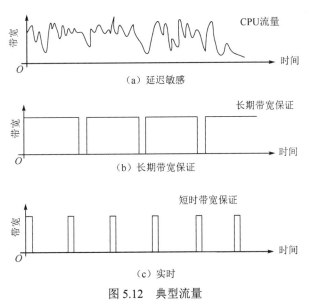

图 5.12　典型流量

3）服务类型

服务类型为两种：保证服务和尽力而为服务。它们提供不同层次的许诺服务，并且对通信行为有潜在影响。其中，保证服务具有可预测性，用于对 QoS 期望高的业务，如实时系统，但其实施成本和复杂性随系统复杂性和 QoS 要求而增加。尽力而为服务能提高平均资源利用率，以便更好地利用可用资源。

（1）保证服务。

保证服务（Guaranteed Service，GS）提供保证的带宽和延迟来满足 QoS 要求。在保证服务中，需要预留资源以确保能够满足通信流的特定服务要求。

（2）尽力而为服务。

尽力而为服务（Best Effort Service，BES）尽最大努力传输数据，但不提供任何承诺，如不能保证延迟。尽力而为服务是一个单一服务模型，也是最简单的 QoS 模型。应用程序可以在任何时候发出任意数量的信息，而且不需要事先获得批准，也不需要通知网络，而网络来尽最大可能发送信息，但对延迟、可靠性等性能不提供任何保证。

2．仲裁机制

仲裁机制需要支持不同级别和类型的服务，仲裁机制主要在公平与效率之间进行选择。基于公平的仲裁机制用于尽力而为服务，而基于效率（优先级）的仲裁机制用于保证服务。

1）随机

随机（Random）是指随机选择主设备，给予其资源占用的授权。

2）轮询

轮询（Round-Robin，RR）是指主设备以轮询的方式公平占用资源。任务通常设定优先级，如果某个正在运行的任务被中断，则让其他优先级较高的任务先执行完成，再继续运行被中断的任务，此为抢占式调度（Preemptive Scheduling）；轮询调度则属于非抢占式调度，运行中的任务会一直执行直到完成，中途不能中断；如果不同主设备的数据流量差异很大，则效率很低，以致关键数据流出现高延迟。

3）先到先服务

先到先服务（First Come First Service，FCFS）是指先提出需求的主设备，先得到服务。

4）静态优先级

静态优先级是指给主设备分配静态优先级，优先级较高的主设备的请求总是首先得到响应，可以是抢占式或非抢占式调度，这种机制可能会导致低优先级的主设备长期得不到响应（饥饿）。

5）动态优先级

动态优先级是指在应用程序执行期间动态改变主设备的优先级，给予具有较高数据流量的主设备更高的优先级，为此需要额外逻辑来分析运行时的流量，以适应不断变化的数据流量状况，这种机制的实现成本较高。

6）时分多址

时分多址（Time Division Multiple Access，TDMA）是指根据带宽要求为主设备分配时间片（时隙）。如果某个主设备在给定时间片内没有任何读/写活动，将导致性能降低。时间片长度和数量的选择至关重要。

7）时分多址/轮询

时分多址/轮询是一种两级机制，如果某一个主设备不需要利用其时间片，则此机制会将访问权限授予另一个等待中的主设备。此机制具有更好的资源利用率，但实现面积更大。

5.1.4　互连保序模型

图 5.13 所示为基于 AXI 总线的互连。

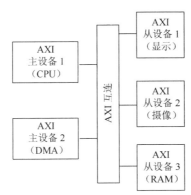

图 5.13　基于 AXI 总线的互连

为了提高互连的数据传输带宽和利用率，主设备可以利用 AXI 协议发出 OT，OT 可以采用相同 ID 或不同 ID 进行标识。当一个主设备以单一 ID 访问的内存空间的多笔传输事务的地址相同或重叠（Overlap），或者访问同一个外设时，AXI 协议必须保证先后顺序，即先发送的必须先到达目的地和先完成。

如果使用单一 ID 的多笔传输事务的内存读访问不按顺序进行，便会造成数据紊乱，导致后发的读请求读到之前的数据，而先发的读请求读到之后的数据。对外设空间的读写操作，可能会导致该空间其他地址的数据变化，因此必须严格保序，否则难以保证数据一致性。

保序只是针对同一主设备而言的，多个主设备之间传输事务的保序则通过软件进行。AXI 协议使用 ID 来告知各个组件需要保序，要求所有相同方向且带有相同 ID 的传输事务必须按发送的顺序返回响应；读写两个不同方向且带有相同 ID 的传输事务必须保序，即主设备必须接收到第一笔传输事务的响应后，才能发送第二笔传输事务。

1）主设备保序

主设备发送相同方向且带有相同 ID 的多笔读或写操作时，必须有如下保证。

- 返回主设备的传输事务的响应顺序必须与主设备的发送顺序一致。
- 对于访问设备内存（Device Memory），到达从设备的顺序必须与传输事务的发送顺序一致。
- 对于访问常规内存（Normal Memory），到达相同或重叠地址的传输事务顺序必须与其发送顺序一致。这同样适用于 AxCACHE[3:1]不等于 0 的可缓存内存传输事务（Cacheable Memory Transaction）。

2）互连保序

为了满足保序模型的需求，互连必须保证如下内容。

- 访问设备内存的相同方向且带有相同 ID 的传输事务必须保序。
- 访问常规内存的相同方向且带有相同 ID 的传输事务必须保序。
- 返回相同 ID 的写响应必须保序。
- 返回相同 ID 的读响应必须保序。
- 任何改变的 AXI ID 必须保持原始 ID 的保序需求。
- 在某笔传输事务还没有到达最终目的地，但中间节点提前返回响应时，该中间节点必须确保该笔传输事务会按照保序要求到达最终目的地。

3）从设备保序

对于从设备已经返回响应的任何读或写操作，都必须被后续的读或写操作观察到；对于还未返回响应的任何读或写操作，都必须被后续带有相同 ID 的读或写操作观察到；对于从设备返回的多笔读或写操作的响应，如果是同 ID，则必须保序返回，如果是不同 ID，则可以乱序返回。为了满足保序模型的需求，从设备必须保证如下内容。

- 不管传输事务 ID 为何值，任何已发出响应的写操作必须被后续的读或写传输事务观察到。
- 任何访问设备内存的写传输事务，即使从设备还未发送响应，也必须被后续带有相同 ID 且访问设备内存的写传输事务观察到。
- 任何访问常规内存的写传输事务，即使从设备还未发送响应，也必须被后续带有相同 ID 且访问相同或重叠地址的写传输事务观察到，这个原则同样适用于 AWCACHE[3:1] 不等于 0 的场景。
- 对于多笔带有相同 ID 的写传输事务的响应，从设备必须按照接收到的顺序返回。
- 对于多笔带有不同 ID 的写传输事务的响应，从设备可以乱序返回。
- 不管传输 ID 为何值，任何已发出响应的读传输事务必须可以被后续的读或写传输事务观察到。
- 任何访问设备内存的读传输事务，即使从设备还未发送响应，也必须被后续带有相同 ID 且访问设备内存的读传输事务观察到。
- 对于多笔带有相同 ID 的读传输事务的响应，从设备必须按照接收到的顺序返回。
- 对于多笔带有不同 ID 的读传输事务的响应，从设备可以乱序返回。

4）提前应答

在写操作中，从设备接收到数据之后会给出响应。对于内存访问，必须在数据最终写入内存颗粒后给出响应，而非仅将数据置入内部缓存。但是可以有例外，即提前响应。中间设备为了提高效率，在接收到数据后，直接向发送主设备确认写入，使得上级设备可以释放资源。但是，由于数据并没有真正写入最终从设备，发出提前响应的中间设备必须自己维护好数据的一致性和完整性，否则会造成死锁。ARM 的现有非一致性互连都不支持提前响应。

5）读保序

在互连的从设备接口上，带有相同 ID 的读数据不允许间插，而带有不同 ID 的读数据允许间插。在互连的主设备接口上，带有相同 ID 的读数据必须保序返回（先到先返回），而带有不同 ID 的读数据可以乱序返回，并且从设备必须确保返回读数据的 RID 与 ARID 相匹配。

互连必须确保一系列带有相同 ARID（可能是相同或不同的从设备）的读操作所返回的读数据被主设备保序接收。在主设备接口上，通常利用重排序缓冲（Reorder Buffer）来处理读传输保序。

6）常规写保序

除非主设备知道从设备支持写数据间插（Write Data Interleaving），否则必须按发送地址的顺序来发送写数据；大多数从设备并不支持写数据间插，因此从设备必须按接收地址顺序来接收数据。如果互连将不同主设备的写数据组合起来发往同一个从设备，则必须确保组合时仍按照其地址顺序。类似地，此约束适用于不同 AWID 的写数据组合。

7）写数据间插

当互连组合多个写数据流传给同一个从设备时，写数据间插可以防止拖延（Stalling）。例如，互连可能组合一个慢主设备源的写数据和一个快主设备源的写数据，通过间插两个源数据来最大化利用互连提高系统性能。

AXI3 协议支持写数据间插，当然从设备必须支持才行，主设备接口支持不同 AWID 的写数据间插，间插深度等于从设备可以接受间插的深度，但是相同 AWID 不能被间插。对于支持写数据间插的从设备，其所接收的每笔传输事务的第一笔写数据的顺序必须与接收的写请求的顺序一致。如果两笔带有不同 AWID 的写操作分别访问相同或重叠地址，因为 AXI3 协议没有定义处理顺序，所以需要由更高级别的协议来确保。为了避免死锁，支持写数据间插的从设备必须连续不断地接收写数据间插，不能故意拖延接收写数据来改变写数据的顺序。AXI4 协议不支持写数据间插，来自同一个传输事务的所有写数据必须在写数据通道内连续提供，不能被其他传输事务间插。当然，如果 AXI3 主设备将间插深度配置为 1，就可以兼容 AXI4 协议了。

8）读写交互

AXI 协议对读写之间的传输事务没有保序限制，不管 ARID 和 AWID 是否相同，都可以以任意顺序完成。如果读写之间需要保序，那么必须等待一笔传输事务完成后才能开始另一笔传输事务。对于外设的读写必须保序，即必须完成一笔传输事务后再开始另一笔传输事务。对于内存访问的读写传输事务，主设备对 OT 可能进行地址检查，以决定一笔新传输事务是否可以拥有相同或重叠地址，如果没有，就可以直接开始传输，而不需要等待前一笔传输事务完成。

读写命令里有一个默认原则，就是地址相同或重叠时，访存必须顺序。总线会检查地址来保序，一般内存访问时前后乱序地址不能在 64B 内，设备访存前后乱序地址不能在 4KB 内。此外，如果访问的内存类型是设备内存，则必须保证访存顺序与命令一致。

在 AXI/ACE 协议中，读写通道的比例是 1∶1。实际上，在日常程序中，读的概率比写的概率要大。当然，写缓存实际上伴随着缓存行填充（读操作），而读缓存会造成缓存行移除（写操作），加上合并和次序调节，所以读写内存的比例并不一定就是读写命令的比例。

9）ID 域的宽度

当主设备连接到互连上时，互连会在 ARID、AWID 和 WID 上添加附加位，以区别不同的主设备，因此从设备的 ID 域比主设备所发出的要宽。在读数据时，互连使用 RID 的附加位去决定读数据该返回给哪个主设备，并在最终到达该主设备时，移除掉 RID 的附加位。在写响应时，BID 的处理方式与 RID 的一致。

主设备的 ID 域位宽由设备的 Outstanding 能力决定，如位宽为 4bit，那么互连对其附加 4bit，因此从设备的 ID 域为 8bit。

5.1.5 RAS

数据在传输期间可能会受到外部噪声或其他物理缺陷影响而损坏，致使输入数据与接收数据不同，称为错误（Error）。数据错误将导致重要/安全数据丢失，可能影响整个系统的性能。通常，数字系统中的数据传输采用比特传输（Bit Transfer）的形式，因此数据错误很可能是 0 和 1 的位置发生变化。互连模块提供一套错误发现和纠正机制，ARM 称为 RAS（Reliability Availability and Serviceability，可靠性、可用性和可服务性），可以在不重启系统的情况下发现和纠正错误，或者阻止错误在纠正前被扩散，又或者记录和报告错误。一般而言，可靠性是指设备防范和纠正错误的能力；可用性是指设备正常运行期间，从错误中恢复正常的能力，或者设备在错误发生期间或之后保持运行的能力；可服务性则是指诊断问题、检测可能失效的组件及维修设备中失效组件的难易程度。

在数据传输和存储过程中，通常会发生单比特数据错误（Single Bit Data Error）和多比特数据错误（Multiple Bit Data Error），如图 5.14 所示。其中单比特数据错误是指数据中仅有 1bit 发生变化，而多比特数据错误是指数据中存在 2bit 或更多比特发生变化。

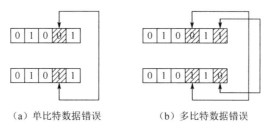

（a）单比特数据错误　　　　　　（b）多比特数据错误

图 5.14　数据错误

错误检测是检测数据传输和存储中存在的错误的过程。可以通过在原始数据中添加一些冗余数据，称为检错码（Error Detection Code，EDC），来协助检测错误。

1．奇偶校验

奇偶校验（Parity Check）是最简单的数据校验机制，通过检查每个字节信息的组成以判断数据是否发生了比特（位）错误，广泛应用于数据传输和存储。

在 1 个字节中，有 8 个二进制位，其中 7 位是需要传输和存储的数据，剩下的 1 位则是校验信息。在数据传输和存储之前，计算数据中 1 或 0 的数量，并基于这种数据进行计算，将额外的位添加到实际数据中，因此，奇偶校验位是在发送数据之前在发送器处添加到数据中的附加位。如果接收或读取的字节的奇偶性与规定不同，则判断数据是错误的，反之说明数据是正确的。

奇偶校验分为两种：奇校验（Odd Parity）和偶校验（Even Parity）。以偶校验为例，在编码时，当实际数据中 1 的个数为偶数时，校验位是 0，反之校验位是 1，在数据中加入奇偶校验位会导致数据位大小发生变化，因此 N 个数据位和 1 个校验位组成的 N+1 位编码数据中将总共包含偶数个 1。在校验时，检查编码数据，如果其包含偶数个 1，则校验通过。

图 5.15 给出了原始数据和带奇校验或偶校验的数据。

3bit 数据			带偶校验的数据		带奇校验的数据	
A	B	C	数据位	校验位	数据位	校验位
0	0	0	000	0	000	1
0	0	1	001	1	001	0
0	1	0	010	1	010	0
0	1	1	011	0	011	1
1	0	0	100	1	100	0
1	0	1	101	0	101	1
1	1	0	110	0	110	1
1	1	1	111	1	111	0

图 5.15　原始数据和带奇校验或偶校验的数据

由于奇偶校验只是将位和的奇偶作为校验标准，虽然能校验出错误，但不能保证通过奇偶校验的数据都正确。例如，1B 中有 2bit 或 4bit 发生了错误，那么奇偶性依然保持不变，被视为正确。在错误率很低时，发生 2bit 错误的概率小于 1%，属于小概率事件，因此奇偶校验能够避免绝大多数错误。但对于更高要求，则需要使用更高级的校验方法。

奇偶校验结构简单，只需异或计算就可以实现，数据量小时（8bit）实现代价小。不过奇偶校验不能修正错误，只知道 8bit 中有部分比特发生错误，但无法判断哪些比特发生错误；并且，当有偶数个比特变化时，无法检测出错误。此外，当数据量较大时，奇偶校验实现代价大，如 1024bit 数据需要 256bit 的校验位。

2．循环冗余校验

循环冗余校验（Cyclic Redundancy Check，CRC）是一种根据数据产生简短固定位数校验码的信道编码技术，主要用来检测或校验数据传输或保存后可能出现的错误。

CRC 的思想是先在要发送的 Kbit 长度的数据后面附加一个 Rbit 长度的校验码，然后生成一个新帧发送给接收端。接收端接收到新帧后，根据收到的校验码来验证接收到的数据是否正确。

CRC 计算速度快、检错能力强、硬件电路实现简单，在检错的正确率与速度、成本等方面，都比奇偶校验等校验方法具有优势。CRC 的常见应用有以太网/USB 通信、压缩解压、视频编码、图像存储、磁盘读写等。

3．纠错码

奇偶校验通过在原数据位的基础上增加一个校验位来检查当前 8bit 数据的正确性。数据量每增加 8bit，校验位需要增加 1bit，当数据量为 256B 时，需要 256bit 的校验位，并且出错的数据无法恢复。

与奇偶校验不同，如果数据量 8bit，则需要增加 5 个校验位进行错误检查和纠正，数据量每增加一倍，纠错码（Error Correcting Code，ECC）只增加一个校验位，因此当数据量为 16bit 时，校验位为 6 个；数据量为 32bit 时，校验位为 7 个；数据量为 64bit 时，校验位为 8 个，依次类推。

ECC 也是通过增加校验位进行错误判断的，但是能够进行错误纠正，因此可以将奇偶校验无法检查出来的错误比特查出并纠正。受算法限制，ECC 能进行单比特错误检测和纠正，但只能进行双比特错误检测，因此又称单纠错和双检错（Single-Error Correction and Double-Error Detection，SECDED）。

ECC 实现代价小，如 8bit 数据需要 5 个校验位，1024bit 数据需要 5 个列校验位和 11 个行校验位；能够纠正错误，保持数据正确，使系统得以持续正常工作，不因错误而中断；但只能修复 1bit 错误，超过 2bit 的错误将无法修复，也不保证能检测出超过 2bit 的错误。

4．互连模块支持的 RAS

互连模块支持的 RAS 一般涉及接口数据、传输数据和存储数据，如图 5.16 所示。利用奇偶校验对输入接口和输出接口进行数据保护，利用 CRC、ECC 等硬件机制对互连模块内部传输数据进行校验和纠错，对高速缓存提供奇偶校验和 ECC，不过 L1 缓存因容量较小而出现误码概率也较小，为避免引进额外延迟，一般只支持奇偶校验。

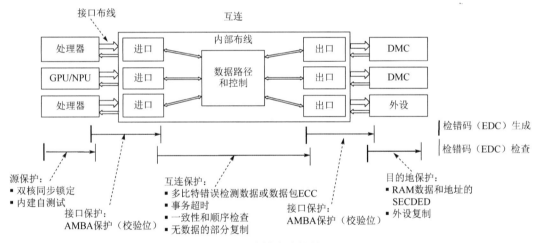

图 5.16　互连模块支持的 RAS

5.2　交叉矩阵

在共享总线型拓扑结构下，主/从设备都连接到同一总线上。当多个设备同时需要使用总线传输数据时，采用仲裁机制来确定总线的使用权，获得权限的设备在完成数据读写后释放总线。由于同时只能有一对主/从设备使用总线传输数据，因此难以满足带宽需求较大的场景。在实际应用中，既需要同时实现多个主/从设备的数据传输，又需要实现一个主设备对多个从设备进行数据广播，虽然出现了层次化总线型等拓扑结构，仍无法解决主/从设备通信的并发性（Concurrency）问题。为此，在共享总线型拓扑结构的基础上演进出了交叉矩阵型拓扑结构，如图 5.17 所示。

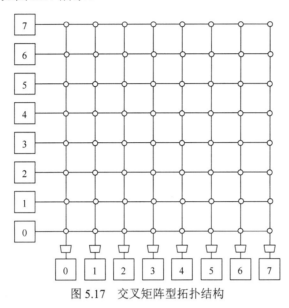

图 5.17　交叉矩阵型拓扑结构

5.2.1　交叉矩阵原理

1．并发

并发是互连的一个属性，允许多个访问同时发生。在图 5.18（a）中，发起方通过仲裁后访问目标，不可能实现并发访问；在图 5.18（b）中，多个发起方可以同时访问多个目标。

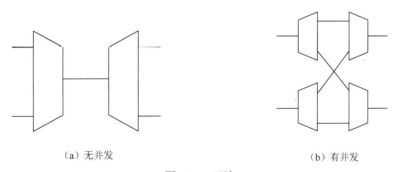

（a）无并发　　　　　　　　　　　　　　　　　（b）有并发

图 5.18　互连

2．并发级别

在具有多个发起方的高吞吐量系统中，总线共享成为限制其性能的瓶颈。通过互连传输的事务可以在多个级别进行多路复用。复用级别会影响每个事务的可用吞吐量，从而影响仲裁器。在图 5.19 中，两个拓扑都有上游源，位于图中复用器符号的左侧，仲裁后访问的下游目的地在符号的右侧。在图 5.19（a）中，拓扑仅有单级多路复用，因此所有来源均等地获得 1/3 的吞吐量；在图 5.19（b）中，拓扑具有两级多路复用，假设连续请求和所有仲裁优先级相等，那么由第一个多路复用器进行仲裁的两个源各自接收可用吞吐量的 1/4，而由第二个多路复用器进行仲裁的源接收可用吞吐量的 1/2。

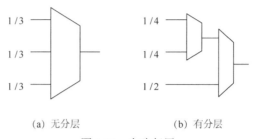

(a) 无分层   (b) 有分层

图 5.19   多路复用

当 SoC 上增加越来越多的 IP 时，需要更多的总线接口。交叉矩阵的出现就是为了支持片上不同主/从设备之间进行并发访问，以解决等待延迟问题。由于并发访问消除了瓶颈，因此完整的交叉矩阵是满足发起方 QoS 要求的理想拓扑。在图 5.20 所示的交叉矩阵结构中，每个从设备端都带有复用器（MUX），以分布式仲裁机制与仲裁器相耦合，使用预定义的策略实现从一个主设备到另一个主设备的切换。

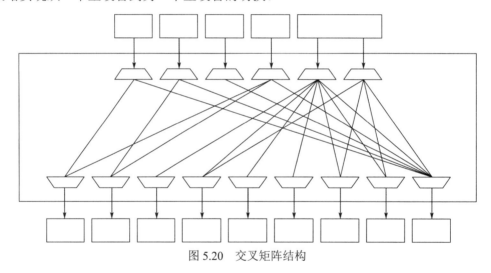

图 5.20   交叉矩阵结构

5.2.2   交叉矩阵功能

交叉矩阵功能主要有转换、时序收敛、QoS 和死锁预防等，如图 5.21 所示。

1. 转换

转换包括协议转换、数据位宽转换和跨时钟域。

1）协议转换

协议转换（Protocol Conversion）用于实现各种协议的相互转换。

- AXI 协议到 AHB 协议：从 AXI 协议转换为 AHB 协议。
- AXI 协议到 APB 协议：从 AXI 协议转换为 APB 协议。
- AHB 协议到 AXI 协议：从 AHB 协议转换为 AXI 协议。
- APB 协议到 AXI 协议：从 APB 协议转换为 AXI 协议。

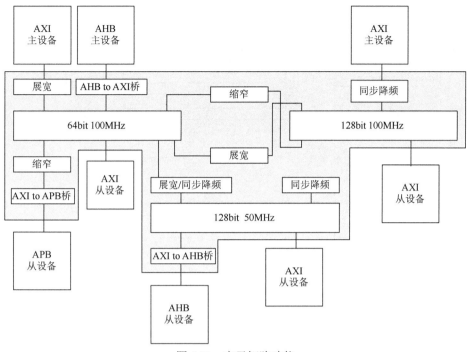

图 5.21　交叉矩阵功能

2）数据位宽转换

数据位宽转换（Data Width Conversion）用于实现外设与交叉矩阵的接口之间的不同数据位宽的转换。

- 展宽（Upsizer）：将给定的数据总线宽度转换为更宽的数据总线宽度。
- 缩窄（Downsizer）：将给定的数据总线宽度转换为较窄的数据总线宽度。

3）跨时钟域

当外设与交叉矩阵的接口工作在不同时钟域时，交叉矩阵支持同步时钟的比例转换，支持异步时钟转换。

- 同步升频：连接到更高的时钟频率（1:n）。
- 同步降频：连接到较低的时钟频率（n:1）。
- 异步变频：连接到不同的时钟频率（n:m）。

2. 时序收敛

插入寄存器片（Register Slice）以切断/分割总线中的关键路径，获得更好的时序性能，但会增大面积和延迟。

AXI 协议定义了 5 个独立的传输通道，使用基于有效/就绪（Valid/Ready）的握手机制。寄存器片可以插入任意通道，以避免可能的时序问题，如图 5.22 所示。

常用的交叉矩阵寄存器片插入模式有主设备接口的正向隔离模式、从设备接口的反向隔离模式、完全隔离模式和旁路模式。需要指出的是，各种模式中提到的打拍（寄存）并不是简单的直接打拍，因为需要打拍的信号间存在时序耦合，所以相应信号必须遵循 Valid/Ready 协议。

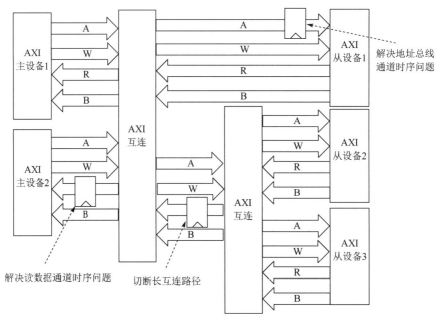

图 5.22　寄存器片插入

（1）主设备接口的正向隔离模式。

在交叉矩阵的主设备接口中插入寄存器片，对主设备发送的 Valid 信号进行打拍，如图 5.23 所示。

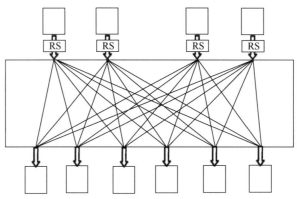

图 5.23　主设备接口的正向隔离模式

（2）从设备接口的反向隔离模式。

在交叉矩阵的从设备接口中插入寄存器片，对从设备返回的 Ready 信号进行打拍，如图 5.24 所示。

（3）完全隔离模式。

在交叉矩阵的主/从设备接口中都插入寄存器片，完全隔开主设备接口与从设备接口之间的路径，即同时对主设备发送的 Valid 信号和从设备返回的 Ready 信号进行打拍，可以达到最好的时序效果，当然低价也最大，如图 5.25 所示。

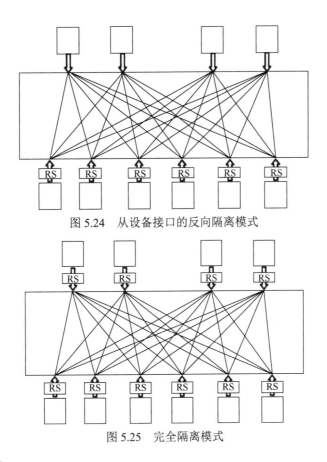

图 5.24　从设备接口的反向隔离模式

图 5.25　完全隔离模式

（4）旁路模式。

在交叉矩阵的主/从设备接口中都不插入寄存器片，如图 5.26 所示。

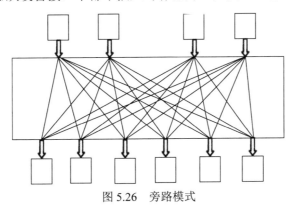

图 5.26　旁路模式

3. QoS

QoS 包括传输的带宽和延迟等，QoS 机制通过限流某些主设备而确保其他设备的互连需求，避免 SoC 互连中的拥塞。在设计良好的系统中，互连本身不会成为带宽瓶颈，但可能增大额外延迟。QoS 机制应确保实时主设备的延迟要求，延迟敏感主设备的延迟最小化，将剩余带宽分配给贪婪主设备。

1）QoS 优先级

主设备被分配一个或多个优先级，其发送的事务附有特定的 QoS 优先级。互连网络和支持乱序返回的从设备内部基于 QoS 优先级进行仲裁，QoS 优先级相同的主设备则基于轮询进行仲裁，此外还应兼顾低优先级主设备。

2）基于调控的机制

基于调控的机制限制将事务注入互连的速率及数量，为高优先级的事务保留系统资源（内存控制器和互连），从而防止拥塞。

（1）发射率调控机制。

有些主设备具有恒定的数据流速率，如视频控制器、显示控制器和音频 I/O 设备等，可以使用发射率调控机制（Issue Rate Regulation Mechanism）。此机制可对贪婪主设备（如实现内存到内存数据传输的 DMA 控制器）的带宽设置上限，以防其占用过多的系统资源。

发射率调控机制也被称为流量管制（Traffic Specification，TSPEC），通过设定事务之间的时间间隔来实现。如果其他流量导致网络拥塞，致使主节点的已完成事务不足，则可以改变 TSPEC 以增加流量，达成平均事务率目标，当然仍受到最大事务数量和最大峰值速率的限制，以防其对网络的独占控制。

（2）未完成事务监管。

有些主设备（如 GPU、DSP 和 DMA）能同时支持大量事务，生成不依赖先前事务的众多事务。未完成事务监管（OT Regulation）是一种灵活机制，可以限制主设备所能发出的未完成事务的数量，从而在系统负载较重时调节此类主设备带宽，在系统负载较轻时充分利用系统资源。

3）基于动态优先级的机制

基于动态优先级的机制可动态改变 QoS 优先级，以实现所需的目标平均事务延迟或长期平均带宽。但改变 QoS 优先级并不能保证任何特定事务的延迟，因此对实时主设备不适用。

基于动态优先级的机制通过监测设备的事务延迟而动态调节 QoS 优先级。如果 QoS 优先级变化太快，则可能导致在非常高与非常低的优先级之间波动；如果变化太慢，则可能需要很长时间才能锁定合适值。

（1）基于事务延迟的优先级调控。

基于事务延迟的优先级调控用于测量事务启动与事务完成之间的时间长度，从而获知事务延迟，上调或下调 QoS 优先级，以便在定义范围内尽可能达成所需的目标延迟。

（2）基于地址请求延迟的优先级调控。

基于地址请求延迟的优先级调控用于测量上一事务启动与下一事务启动之间的时间长度，从而上调或下调 QoS 优先级，以便在定义范围内尽可能达成所需的目标延迟。此方法与基于事务延迟的优先级调控相类似，但测量的是事务启动之间的时间，所以调控更着重于带宽，而非延迟。

4）基于信用的机制

AMBA4 AXI 中的 QoS 虚拟网络（QoS Virtual Network，QVN）是一种互连阻塞防止机制。在具有重排序功能并接收多个未完成事务的内存控制器中，QVN 机制为高优先级主设备保留一定数量的事务，当主设备发起事务之前必须首先获得内存控制器分发的信用；从设备受 QVN 机制控制，只有等事务可以在目的地被接收时才会启动，以确保不会阻塞位于其后的高优先级事务。

5）NIC-400 互连中的 QoS 调节器

在 NIC-400 互连中，可以使用 QoS 规则或读写组合规则。QoS 调节器驻留在 AMBA 从设备接口模块（ASIB），以及内部不同交叉矩阵之间的接口模块（IB）中，如图 5.27 所示。

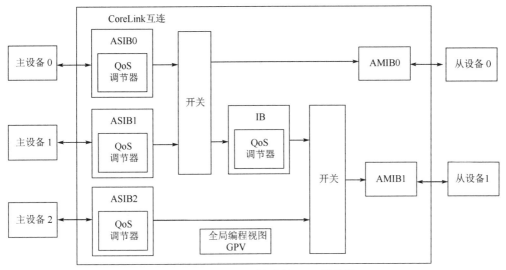

图 5.27　NIC-400 互连中的 QoS 调节器

QoS 优先级由 4bit 组成，范围为 0（最低）～15（最高），其分配如图 5.28 所示。

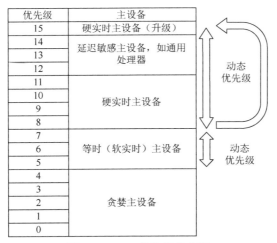

图 5.28　QoS 优先级的分配

延迟敏感主设备，如通用处理器，应该被分配最高优先级。考虑到实时主设备的升级需求，其 QoS 优先级可以稍微低一点，如在 12～14 范围内。

实时主设备的优先级稍低，但在接近"饥饿"时需要升级，具体实现可以利用基于动态优先级的机制，或者由主设备直接传递优先级。

贪婪主设备应分配最低优先级，以便用完系统中的所有剩余带宽。

对实时性要求不高的主设备，如需要恒定数据速率的主设备，其初始优先级应高于最低优先级的贪婪主设备，并利用基于动态优先级的机制来提高或降低优先级，以便在一定范围内保持所需的数据速率。

在简单的基于优先级的系统中添加 QoS 调节器，基于未完成事务的数量、事务的发射频率或动态优先级来限制流量，形成不同的高级 QoS 方案。在 NIC-400 互连中，可以在 RTL 中插入所有类型的 QoS 调节器，然后启用或禁用，并在软件中对其参数进行编程。

可以同时使用多个 QoS 方案。例如，TSPEC 设置了主设备可以占用的带宽上限，而动态优先级调节定义了目标带宽。基于动态优先级的 QoS 方案改变优先级而实现目标平均延迟或带宽，并不保证任何瞬时带宽或延迟，因此可以结合 TSPEC 调节以确保所需峰值永远不会超过最大值。多个 QoS 方案可以在同一芯片中例化，甚至可以在同一主设备上运行，通过单独或组合使用而达到所需效果。

4．死锁预防

死锁问题源于资源的有限性。请求方在占有资源的同时继续请求新资源，从而引起不同请求方之间互相等待对方释放所占用的资源，进而导致事件无法推进。在图 5.29 中，输入缓冲器 IB0 请求输出缓冲器 OB0 和 OB1，但是只得到 OB0 的仲裁许可，输入缓冲器 IB1 也请求输出缓冲器 OB0 和 OB1，但是只得到 OB1 的仲裁许可，于是便出现 IB0 和 IB1 都请求了对方已经占用的资源，但不肯释放自己已经占用而对方正在请求的资源的情形，导致出现无限期等待。死锁产生后，所有数据包将永久阻塞在网络中，不能到达最终目的地，其他新进入网络的数据包也会因为死锁数据包而阻塞，最终使网络部分甚至整个瘫痪。因此，死锁问题必须避免或能够修复。

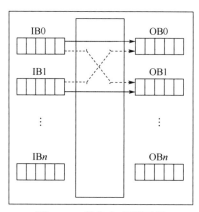

图 5.29　芯片内多播死锁

一方面，主设备支持 Outstanding 操作，不等从设备操作完成就可以发出下一个操作，同时可能访问不同的从设备；另一方面，从设备具有乱序执行能力，即从设备返回数据的先后可能与主设备发出控制的先后不同。Outstanding 操作和乱序可以大幅度提高总线互连性能，但在一些情况下会产生死锁，导致芯片严重故障。需要明确的是，死锁在读写通道中均可能产生，但其并不违反 AXI 协议。产生死锁的常见原因如下。

- 主设备不支持乱序。
- 主设备支持 Outstanding 操作。

- 从设备具有乱序执行能力。
- 系统拓扑存在主/从设备互异的长短路径。
- 写操作地址超前写数据发出。

1）第一类死锁：乱序产生死锁

交叉矩阵上分别连接了两个主设备（M0 和 M1）、两个从设备（S0 和 S1），乱序产生死锁，如图 5.30 所示。

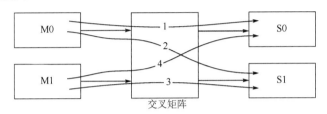

图 5.30　乱序产生死锁示意图

当两个主设备执行如下读操作时，便会产生死锁。

- M0 对 S0 发起读操作 1。
- M0 对 S1 采用相同 ID 发起读操作 2。
- M1 对 S1 发起读操作 3。
- M1 对 S0 采用相同 ID 发起读操作 4。

S0 和 S1 分别按序接收到了来自 M0 和 M1 的读操作请求。观察 S0 的情形，假设支持乱序，因为读操作 1 和读操作 4 的 ID 不同，所以 S0 可以乱序执行两个操作，虽然先接收到 M0 请求，但先执行读操作 4，将数据先准备好回复给 M1。但是 M1 先发起了 S1 请求，且使用相同 ID 访问 S1 和 S0，因此 M1 必须先接收 S1 的数据。假定 S1 并没有执行乱序，由于先后接收到 M0 和 M1 请求，所以必须先回复 M0。这样就出现了一个死循环：S0 希望先返回数据给 M1，而 M1 希望先接收到 S1 的数据。同理，S1 希望先回复数据给 M0，但 M0 希望先接收到 S0 的数据。

死锁产生的原因是交叉矩阵允许相同 ID 操作在 Outstanding 状态下发送到不同从设备，如果从设备乱序执行了不同 ID 的操作，便造成操作相互等待。

如果从设备可以乱序发出写操作的响应，则类似的写操作也会产生死锁。

（1）SSPID 机制。

SSPID（Single Slave Per ID，每个 ID 单个从设备）机制约束主设备到不同从设备的操作 ID 必须不同，相同 ID 的操作只能访问同一个从设备。

利用 SSPID 机制，当 M0 发出两个相同 ID 的事务，既发送给 S0 又发送给 S1 时，其中发送给 S1 的事务会被总线挡住，待 S0 回复完才能再发，从而可以防止死锁产生。SSPID 机制需要配置在总线与主设备之间的入口处。通常对于能同时访问 DDR 及其他从设备的 AXI 主设备接口，如 CPU 和 DSP 等，SSPID 机制是必需的基本配置，当然还可能升级为更强的 SS 机制。

（2）多接口死锁。

从设备具有多个接口，即便 M0 所对应的防死锁机制已设为 SSPID，此时交叉矩阵仍会产生死锁，其原因类似从设备乱序执行，如图 5.31 所示。举例如下。

- M0 首先发起写操作 1。
- M0 随后发起优先级更高的写操作 2。

由于 S0 在忙，不能马上接收写操作 1 和写操作 2 的写数据，则写操作 1 和写操作 2 的数据会存放于 M1 接口的寄存器片中。当 S0 空闲后，由于写操作 2 的优先级比写操作 1 的高，则 S0 会先接收写操作 2 的数据，后接收写操作 1 的数据。此时，如果 M0 坚持先发送写操作 1 的数据，再发送写操作 2 的数据，而 S0 期待先接收写操作 2 的数据，后接收写操作 1 的数据，这样便产生了相互等待，导致系统死锁。

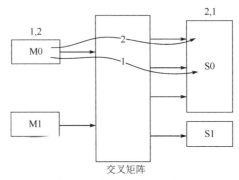

图 5.31　多接口死锁示意图

2）第二类死锁：长短路径产生死锁

主设备 M0 和 M1 分别通过交叉矩阵 0 和交叉矩阵 1 连接到从设备 S0 和 S1。M0 访问 S0 时是短路径，访问 S1 时是长路径；M1 访问 S0 时是长路径，访问 S1 时是短路径，如图 5.32 所示。

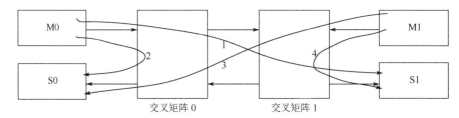

图 5.32　长短路径产生死锁示意图

当两个主设备执行如下写操作时，便会产生死锁。

- M0 先发起写操作 1 到 S1。
- M0 后发起写操作 2 到 S0。
- M1 先发起写操作 3 到 S0。
- M1 后发起写操作 4 到 S1。

因为路径长短的原因，S0 先接收到来自 M0 的写操作 2，后接收到来自 M1 的写操作 3；而 S1 先接收到来自 M1 的写操作 4，后接收到来自 M0 的写操作 1。在这种场景下，系统便会产生死锁，分析如下。

M0 先后发起了写操作 1 和写操作 2，M1 先后发起了写操作 3 和写操作 4。对于 S0，先接收到 M0 的写操作 2，后接收到 M1 的写操作 3，因此 S0 要先接收写操作 2 的数据。

对于 S1，先接收到 M1 的写操作 4，后接收到 M0 的写操作 1，因此 S1 要先接收写操作 4 的数据。M0 虽坚持要发送写操作 1 的数据给 S1，但是 S1 因等待 M1 的写操作 4 而拒绝接收；M1 坚持要发送写操作 3 的数据给 S0，但 S0 因等待 M0 的写操作 2 而拒绝接收；S0 和 S1 想接收的数据又发送不过来，这样便出现了写操作相互等待的现象，产生了死锁。

如果系统中多个主设备和多个从设备都存在长短路径问题，同时写操作地址超前写数据发出，则可能会产生彼此相互等待而死锁的情况。

（1）多个交叉矩阵间插 IB 产生死锁。

如果防死锁机制选用 SSPID，不同交叉矩阵之间用 IB 连接，且 IB 中含有寄存器片或 FIFO 缓冲器，就会产生死锁，与长短路径产生死锁类似，如图 5.33 所示。

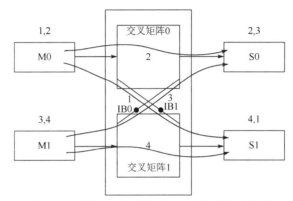

图 5.33　多个交叉矩阵间插 IB 产生死锁示意图

（2）插入寄存器片产生死锁。

虽然选择了 SSPID 机制，但如果在仲裁器的地址通道中插入寄存器片，交叉矩阵也会报告死锁，如图 5.34 所示。图中 CDAS（Cyclic Dependency Avoidance Scheme，周期性依赖避免机制）是防死锁机制，这里指 SSPID 机制。

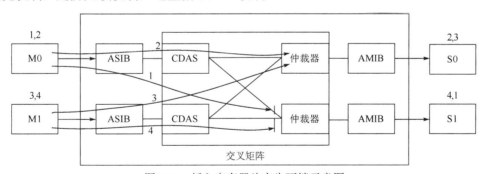

图 5.34　插入寄存器片产生死锁示意图

当两个主设备执行如下写操作时，便会产生死锁。
- M0 先发起写操作 1。
- M0 后发起写操作 2。
- M1 先发起写操作 3。
- M1 后发起写操作 4。
- S0 先后接收到写操作 2 和写操作 3。

S1 所对应的仲裁器的地址通道中存在寄存器片。如果此时 S1 在忙，不能接收写操作的数据，则先来的写操作 1 就只能先存在寄存器片中，后来的写操作 4 也存在寄存器片中。当 S1 空闲时，仲裁写操作 1 和写操作 4，如果此时写操作 4 的优先级比写操作 1 的高，则仲裁器允许写操作 4 先通过，即 S1 先接收到写操作 4 的数据，再接收到写操作 1 的数据。

在上述场景下，如果 M0 坚持先发送写操作 1 的数据，再发送写操作 2 的数据；M1 坚持先发送写操作 3 的数据，再发送写操作 4 的数据。假定 S0 想先接收写操作 2 的数据，后接收写操作 3 的数据，这意味着 M0 需要发出写操作 1 和写操作 2，而 M0 能发出写操作 2 的前提是 S1 先接收到来自 M1 的写操作 4，但 M1 发出写操作 4 的前提是 S0 先接收到写操作 2，可见出现了写操作之间的相互等待，导致系统死锁。

（3）SAS 机制。

SAS（Single Active Slave，单个活跃从设备）机制在 SSPID 机制的基础上增加了一条约束，即每个写数据必须在前一个写数据全部发送完成后才能发出。

具体说，Outstanding 写事务如果去往不同的从设备，那么发送完前一个写数据以后才能发送第二个写数据。如果主设备要发送 AW0、AW1，那么 WDATA0 没发送完，AW1 便不能发送到下级从设备；当主设备发出 WDATA0 后，即使 AW1 已发出并提前 AW0 到达从设备，但由于 WDATA0 已发出，因此自然可以发送 WDATA1，不会产生死锁。

（4）SS 机制。

SS（Single Slave，单个从设备）机制用于约束主设备在任何时候都只能访问一个从设备。

SS 机制规定主设备发出的所有当前 OT 都去往同一目的地，如果要访问另一个从设备，则必须等前面的事务都完成，读写事务均这样。显然，配置此机制的接口再无死锁困扰。

两种机制的组合，即 SSPID 机制加 SAS 机制或 SS 机制，可用作第二类死锁的解决方案。

3）复杂系统防死锁机制配置

SS 机制对并发性影响较大，但占用芯片面积较小，对时序收敛影响也小，所以系统中各种无并发性要求的主设备接口，均可配置 SS 机制。

SSPID 机制加 SAS 机制因为要记录 ID 等，芯片面积占用大，不过并发性受影响较小。如果主设备有并发性要求，则可使用此配置；在总线与总线的连接处，如果有并发性要求，也可以使用此配置。

在一个系统中，处理器权限必然最大，可以访问各个从设备，那么在拓扑上极易产生死锁，如果处理器对应的接口配置约束最强的 SS 机制，虽然解决了第一类和第二类死锁，但接口性能将受到严重影响，如访问 DDR 时不能访问其他从设备。所以合适的办法是为处理器接口配置 SSPID 机制，而与其冲突的接口，如 DMA，则配置 SS 机制，这样虽然会牺牲其并发性，却是合理的妥协。

在多主设备系统中，主设备和总线的连接处要配置防死锁机制，总线与总线的连接处也要配置防死锁机制。图 5.35 给出了一个防死锁机制配置示例。DSP 有两个接口，其中 AXI_m 接口可以访问各种外设和 DDR，而 DMA 接口专门访问 DDR。这两个接口与 DSP_CROSSBAR 连接，而 DPS_CROSSBAR 两个从设备接口分别连接外设总线和 DDR。

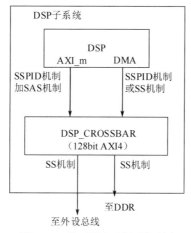

图 5.35　防死锁机制配置示例

AXI_m 接口可能在访问一个外设的同时访问 DDR，为其配置 SSPID 机制加 SAS 机制来防止死锁和兼顾并发性。DMA 接口仅访问 DDR，因而仅配置了 SSPID 机制，也可以配置上 SS 机制，更有利时序。DSP_CROSSBAR 连接到外设总线的通路，配置了 SS 机制以防死锁，这意味着 AXI_m 接口不能发出两个访问不同目的地的 OT，不过这对此系统没有影响，因为 DSP 可以依次配置 UART 和 WDT 这类外设，并无紧迫的响应时间和带宽要求。DSP_CROSSBAR 连接到 DDR 的通路，因为只有唯一的目的地，所以也配置了 SS 机制。

系统死锁是芯片的一个严重故障，必须引起高度重视。首先，要分析系统中是否存在各种死锁可能，如需要分析系统拓扑，规避主从互异的长短路径；其次，要配置合适的防死锁机制，如采用 SAS 机制，限制 OT 为 1；最后，要进行充分的测试、验证，确保没有死锁产生。

5.2.3　交叉矩阵类型

根据主/从设备的通道连接，交叉矩阵可分为全交叉矩阵、部分交叉矩阵、层次化的交叉矩阵和混合网络。

1. 全交叉矩阵

在全交叉矩阵中，所有主/从设备之间都存在通道，如图 5.36 所示。

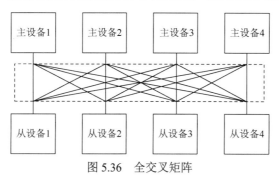

图 5.36　全交叉矩阵

2．部分交叉矩阵

在部分交叉矩阵中，部分主/从设备之间存在通道，如图 5.37 所示。

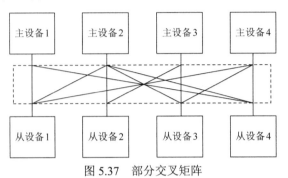

图 5.37　部分交叉矩阵

3．层次化的交叉矩阵

多个交叉矩阵可以级联起来形成层次化的交叉矩阵，以支持设备扩展，但可能增大传输延迟而成为系统瓶颈，同时级联 ID 位宽逐级增大，会影响物理走线，如图 5.38 所示。

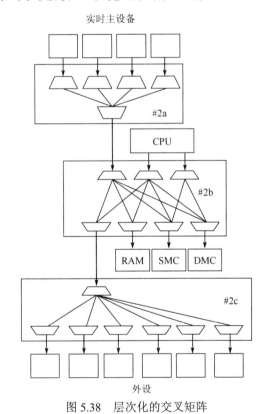

图 5.38　层次化的交叉矩阵

4．混合网络

在实际应用中，通常会同时采用交叉矩阵和共享总线，用桥连接起来构成混合型拓扑结构，称为混合网络，如图 5.39 所示。

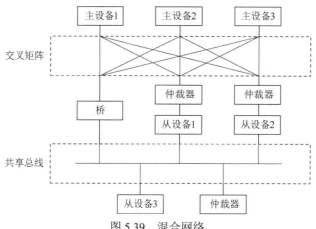

图 5.39　混合网络

5．CoreLink NIC 系列

如果系统需要支持的主设备不多，或者对总线延迟要求较高，则使用基于交叉矩阵结构的 NIC 比较合适。

ARM 公司推出的 CoreLink NIC 系列 IP 是适用于定制拓扑的互连 IP。NIC-400 和 NIC-450 内部由多个交叉矩阵构成，实现不同接口之间的互连。图 5.40 所示为 NIC-400 框图。

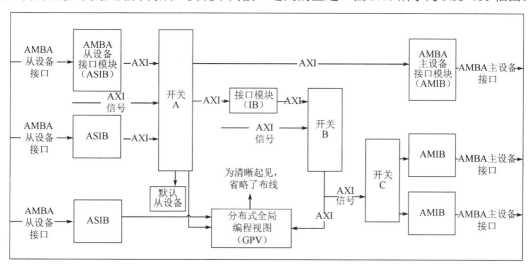

图 5.40　NIC-400 框图

5.3　NoC

NoC 是指在单芯片上连接大量计算单元的通信网络。NoC 将每个 IP 当作一个独立单元，经过网络接口与特定路由器相连，IP 之间的通信转换为路由器之间的通信。一个典型 Mesh 结构的 NoC 如图 5.41 所示，中部的路由器有 5 个接口，分别与四周路由器和本地处理单元相连，边缘的路由器有 4 个接口（边路由器）或 3 个接口（角路由器）。NoC 相比于

交叉矩阵直连，接口数量大大降低，相应的交换电路和仲裁电路更加简单。

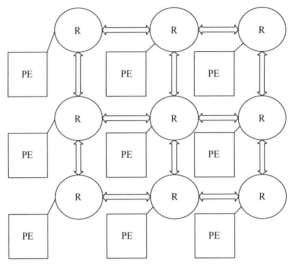

图 5.41　一个典型 Mesh 结构的 NoC

NoC 包括计算和通信两个子系统，计算子系统由 PE 构成，以完成广义的计算任务，PE 可以是 CPU 或 GPU，也可以是各种专用功能的 IP 或存储器等；通信子系统则由 R 构成，负责连接 PE，实现计算资源之间的高速通信。

NoC 架构的优势如下。

（1）良好的可扩展能力：当网络中节点数量增加时，NoC 仅需要按照相应的拓扑结构规则继续增大规模而无须重新设计，缩短了产品设计周期，也节约了设计成本。

（2）较高的通信效率：网络中的节点可以同时利用不同物理链路进行信息交换，支持多个 IP 并发进行数据通信。

（3）时钟和功耗：NoC 采用全局异步局部同步（Global Asynchronous Local Synchronous，GALS）机制，降低了时钟树设计复杂度。信息交互所消耗的功耗与通信路由节点之间的距离密切相关，距离较近时通信所消耗的功耗就较低。

5.3.1　NoC 原理

在 NoC 架构中，每个模块都连接到片上路由器，模块传输的数据则形成一个个数据包，通过路由器送达目标模块，如图 5.42 所示。

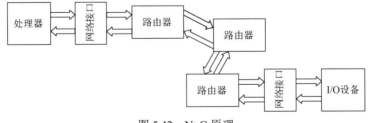

图 5.42　NoC 原理

1．打包和串行化

所有数据都被打包后进行串行化传输，不但减小了面积，而且最大限度地提高了总线的时间利用率。

（1）打包。

打包是指获取 SoC 传输数据并放置在与地址和命令信号相同的线路上，如图 5.43 所示，与使用套接字（Socket）接口或传输事务（Transaction）接口相比，芯片数据传输连线更少。

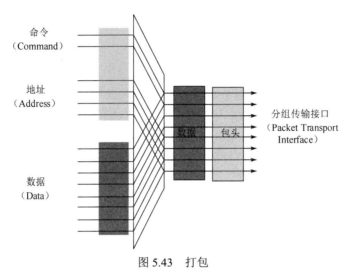

图 5.43　打包

数据包的基本组成如图 5.44 所示。

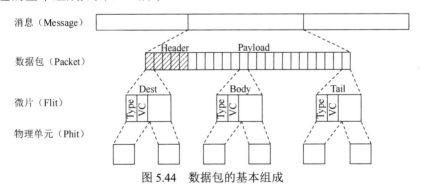

图 5.44　数据包的基本组成

消息定义了两个处理单元间交换信息的粒度，一个消息可能由多个数据包组成。数据包定义了两个处理单元间相互通信的传输粒度，一个数据包含有包头（Header）和包负载（Payload），通常可划分为一个或多个微片。微片定义了最小流量控制单位（Flow Control Unit），相同数据包的所有微片在互连上传输时必须遵循相同路径，一个微片可以由一个或多个物理单元组成，物理单元定义了单周期内的数据传输量。

（2）串行化。

串行化的数据可以在更窄的通道上传输，从而减少连线数量。图 5.45 显示了两种具有相同数据量的数据包串行化，其中宽位数据串行化后包括 1 个包头和 4 个双字数据，需要

5 个周期来传输数据包；窄位数据串行化后包括 2 个包头和 8 个单字数据，需要 10 个周期来传输数据包。显然宽位数据串行化会产生更小的延迟。

(a) 宽位数据　　　　　　　　　　　　　　　　　　　(b) 窄位数据

图 5.45　串行化

2．NoC 的基本结构

NoC 的基本结构包括以下几部分，如图 5.46 所示。

- IP：IP 可以是同质或异质的，也可以是细粒度或粗粒度的。
- 网络适配器：实现了 IP 与 NoC 的连接，分离了网络通信功能和 IP 计算功能。
- 路由节点：通过路由协议进行路由选择，实现路由策略。
- 链路：实现节点连接，包含一个或多个逻辑和物理信道。

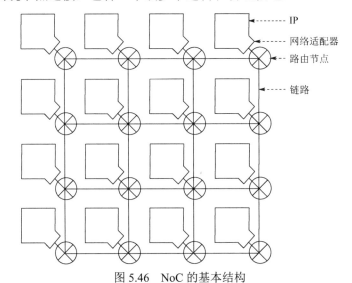

图 5.46　NoC 的基本结构

NoC 的关键技术主要包括拓扑结构、路由策略、交换技术、流量控制、QoS 等。

3．NoC 的拓扑结构

NoC 的拓扑结构是指 NoC 中各个节点的连接方式，通常分为两类：规则拓扑结构和不规则拓扑结构。规则拓扑结构主要包括环状网、二维网格结构、二维 Torus 结构、三维网格结构、树形网、蝶形网、超立方和蜂窝式结构等。不规则拓扑结构主要包括专用网络、分层网络及由规则拓扑结构组合而成的混合拓扑结构。图 5.47 给出了一些常见的 NoC 拓扑结构。

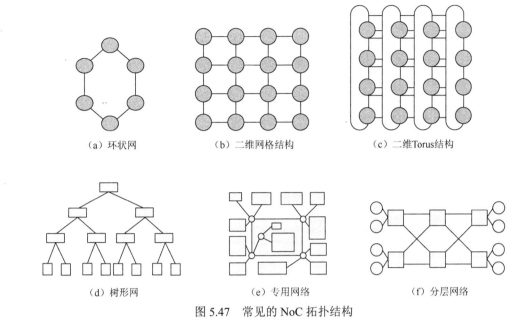

（a）环状网　　　　　　（b）二维网格结构　　　　　　（c）二维Torus结构

（d）树形网　　　　　　（e）专用网络　　　　　　（f）分层网络

图 5.47　常见的 NoC 拓扑结构

1）环状网

在环状网中，所有路由器节点挂载在一个环上，每个节点都连接网络适配器和 IP。图 5.48 所示为节点数为 12 的环状网，每个路由器仅与两个相邻的路由器有直接的物理线路。环状网的数据传输具有单向性，一个路由器发出的数据只能被另一个路由器接收并转发，简化了路由选择的控制；实时性较好，信息在网络中传输的最大时间固定；但环路封闭，不便于扩充；可靠性低，任意节点出现故障都会造成网络瘫痪；单个环状网的节点数有限。

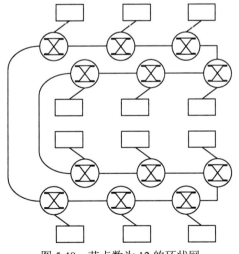

图 5.48　节点数为 12 的环状网

2）二维网格结构

二维网格结构是一种简单直观的拓扑结构。路由器节点按二维网格的方式排列，每个节点都连接一个 IP 模块和四个相邻的路由器，每个资源都通过一个网络接口连接一个路由器。其中的资源可以是一个处理器内核、内存，也可以是一个用户自定义硬件模块或其他任何可以与网络接口相配的 IP 模块，如图 5.49 所示。路由器和路由器之间、路由器和资源之间由一对 I/O 通道连接，该通道由两条单向的点对点总线组成。二维网格结构具有结构简单、易于实现、可扩展性好等优点，较为广泛使用，但结构中边沿位置和顶点位置节点的相对闭塞性会极大地影响网络性能。

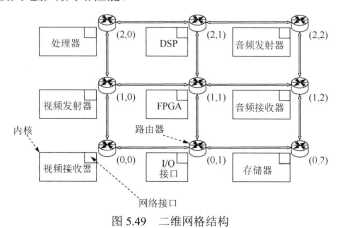

图 5.49　二维网格结构

3）二维 Torus 结构

将二维网格结构进行扩展，即在边沿节点上增加一条长的环状链路，使每行首尾节点连接起来，每列首尾节点也连接起来，形成二维 Torus 结构，如图 5.50 所示。该结构中每个节点在几何上都等价，从而缩短了节点间的平均距离，减小了网络直径，但该结构可能因过长的环状链路而产生额外延迟。二维 Torus 结构的各个路由节点都是规则的，每个路由节点的结构都一样，所以其扩展性要比二维网格结构的提高很多，但在路由算法和路由仲裁方面复杂得多。

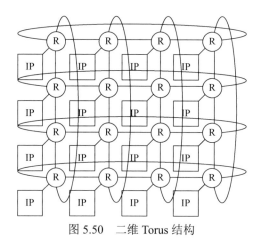

图 5.50　二维 Torus 结构

4）分簇混合

分簇混合（Cluster-based Hybrid）结构是一种二维网格结构和环状网的混合，可以减少通信跳数，扩大节点规模，如图 5.51 所示。

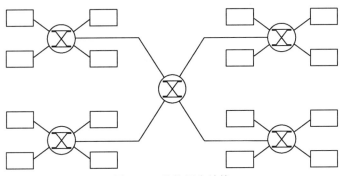

图 5.51 分簇混合结构

4．NoC 的路由策略

路径是传输信道的集合，在环状网中，源节点到目标节点的路径只有一条，而对于二维网格结构，源节点到目标节点的路径可能有多条，如何选择路径由路由算法来确定。从灵活性的角度来考量，可以将路由算法分为静态路由算法和动态路由算法两种。

基于静态路由算法的网络，两个节点之间的路径是固定的，因而算法结构简单，易于硬件实现，便于保持传输数据的顺序，所以在 NoC 中被广泛使用。但是在路径发生拥塞时，静态路由算法无法调节传输路径，降低了数据传输效率。

动态路由算法又称自适应路由算法，可以根据网络流量和链路负载的变化调节路径，动态选择路径进行通信，避免了高数据传输密度下的网络拥塞。但此算法结构复杂，不便于实现，同时在低拥塞时电路开销大，会产生死锁（循环等待）。

1）路由问题和解决

在 NoC 实现中，路由交换可以由路由表静态调度，也可以由仲裁器动态调度。路由算法需要解决死锁、活锁和饥饿问题。

死锁是指两个及以上数据包被阻塞在中间路由节点，对网络资源的释放和请求出现循环等待，如图 5.52 所示。通过流量控制可以解决死锁问题。

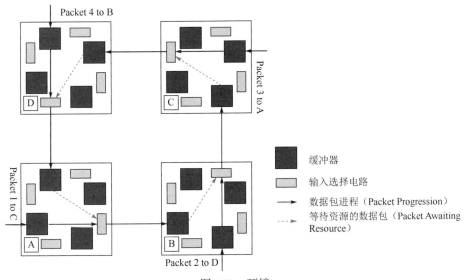

图 5.52 死锁

活锁是指一个数据包在其目标节点周围环绕传输，但无法到达目标节点。采用最短路径的方法可以解决活锁问题。

饥饿是指传输过程中存在多种不同优先级的数据包，高优先级的数据包始终占用资源，低优先级的数据包无法获得资源使用权，不能到达目标节点。通过合理的资源分配策略可以解决饥饿问题。

2）维序路由

维序路由（Dimension-Order Routing，DOR）是简单、直接的最短路径路由，其策略是首先选择一个维度方向传输，沿此维度走到与目标地址相同的维度方向后，再改变到其他维度。确定性 *XY* 路由算法是一种静态维序路由算法，用于二维网格结构的路径选择，数据先沿 *X* 方向（水平方向）传输，当到达目标节点的同一列时，转向沿 *Y* 方向（竖直方向）传输，最后到达目标节点，如图 5.53 所示。

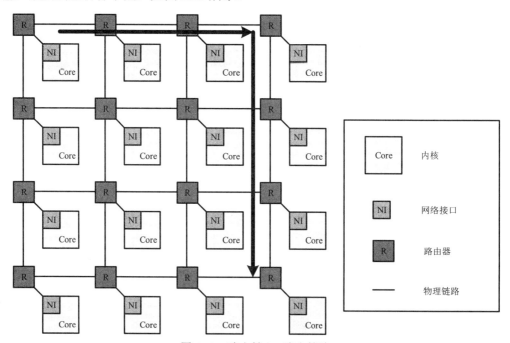

图 5.53　确定性 *XY* 路由算法

3）自适应路由

自适应路由（Adaptive Routing）可以解决局部负载不均衡产生的传输效率下降问题。当一个节点存在一种以上路径可供选择时，自适应路由会优先选择负载较轻的节点作为传输路径。

5．NoC 的交换技术

NoC 的交换技术决定了交换节点如何连接其 I/O 接口，有电路交换和分组交换两种方式，如图 5.54 所示。

1）电路交换

电路交换（Circuit Switching）是指在发送数据前，需要先在源节点与目标节点之间建立物理链路，然后进行数据传输。电路交换分为时分（T）交换和空分（S）交换两种，交换单元通过在其终端建立物理连接实现空分交换，典型的空分交换网络是交叉矩阵，如图 5.55 所示；时分交换利用缓存，以不同的读写顺序对数据进行交换。电路交换的优势是在整个数据传输过程中保留一定的网络带宽，数据可以利用物理链路的整个带宽进行传输，其他设备直到数据传输结束才能使用这些物理链路。在电路交换下，交换节点结构简单，路径确定且独占物理链路，具有较高的数据传输效率和通信质量，延迟固定并能有效避免死锁，但无法适应网络变化，链路建立和释放浪费额外时间，利用率低。电路交换适用于数据传输频繁，或者通信模式相对静态的场合。

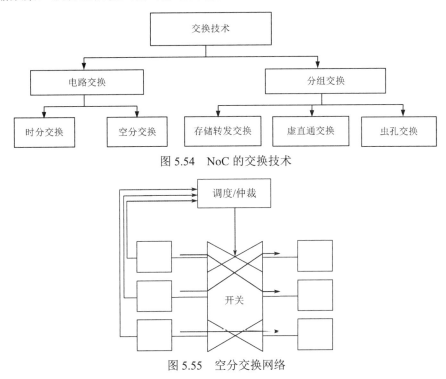

图 5.54　NoC 的交换技术

图 5.55　空分交换网络

2）分组交换

分组交换（Packet Switching）是将数据封装成数据包，通过最优路由算法原则，选择最优路由一级一级地将数据转发到目的地。在交换数据包时，发送数据前不需要建立链路，从而节省建立和释放链路所花费的时间；在数据传输过程中可以动态分配带宽，逻辑上属于同一连接的数据包可以通过不同路径进行传输，信道利用率高，吞吐量高；链路具有故障容错能力，适合突发数据的传输。但是在交换节点中存储整个数据包需要很大的缓存器，会增大面积成本。另外，假如路由策略选择不当，则可能出现不同的数据包同时征用链路的情况，从而造成拥塞和死锁。

目前主要使用三种分组交换技术：存储转发交换、虚直通交换和虫孔交换。一般来说，虫孔交换是较好的策略，按微片传输；虚直通交换是虫孔交换的升级，可以避免因一个通道忙阻塞整个路由模块的情况；存储转发交换则占用了多个队列存储空间，容易产生气泡。在 NoC 设计中，不同的硬件资源需要不同的性能，因此应该根据不同的硬件需求，选择相应的分组交换技术，尽力减少开销。

（1）存储转发交换。

存储转发交换是最简单的分组交换技术，当且仅当路由器收到整个数据包后才能将其转发出去，因而需要足够的缓存空间来存储整个数据包，同时增大了数据包的延迟，如图 5.56 所示。改进办法是不需要等待收到整个数据包就将其转发出去。

图 5.56　存储转发交换

（2）虚直通交换。

每个数据包都由包头和包负载（数据部分）组成，当进行虚直通交换时，包头一旦到达即可被转发，无须等待数据包完全到达。一旦做出路由决策并且输出通道处于空闲，路由器就可以马上转发随后的数据部分，但当网络拥塞时，路由器需要缓存整个数据包，如图 5.57 所示。

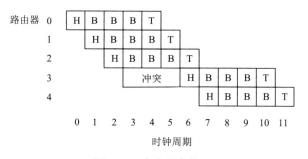

图 5.57　虚直通交换

（3）虫孔交换。

在虫孔交换中，数据被分为若干流量控制单元。第一个流量控制单元称为帧头，带有数据包的目标地址等控制性信息，最后一个流量控制单元称为帧尾。当路由器收到帧头时，根据其中的目标地址计算输出接口，如果输出接口空闲，则将数据由流量控制单元依次转发出去，直到数据传输结束才释放输出接口。当帧头被阻塞时，后面的数据也依次被阻塞，分别缓存在相邻的几个路由器中，如图 5.58 所示。相比之前的两种策略，虫孔交换的路由器只需要几个流量控制单元的缓存空间，不需要整个数据包的缓存空间，但分段存储数据更容易造成链路阻塞，更容易产生死锁。

6．NoC 的流量控制

拥塞是网络饱和下出现的状态，一旦网络饱和，其延迟将剧烈上升，如图 5.59 所示。拥塞涉及很多方面，如网络拓扑、通信模式、路由策略、缓冲器大小和管理策略等。

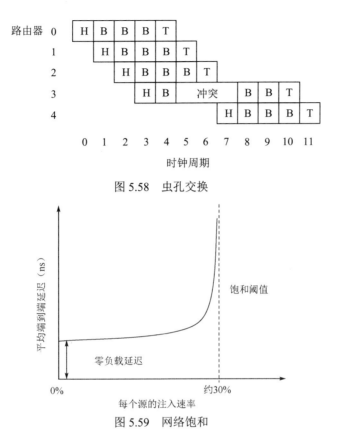

图 5.58　虫孔交换

图 5.59　网络饱和

流量控制用来组织每个节点中有限的共享资源，NoC 的主要资源就是信道和缓冲器。信道主要用来传输节点之间的数据包，而缓冲器是节点上的存储器件，用来临时存储经过节点的数据包。流量控制需要控制交换节点之间、端与端之间的数据传输量，以提供平衡通信量，避免缓冲器溢出及丢包。当网络拥塞时，数据包需要临时存储在缓冲器中等待传输，当有空闲的信道可以使用时，流量控制必须尽量避免发生资源冲突。

流量控制可分为无缓冲流量控制和有缓冲流量控制两类，其中无缓冲流量控制延迟高、吞吐量低，容易发生丢包或路由错置；有缓冲流量控制可以将无法通过所需信道路由的数据包存储在缓冲器中。带宽限制和使用缓冲器是控制拥塞的常用途径，具体实现可基于握手和基于信用。

好的流量控制策略要保持公平性和无死锁。不公平的流量控制在极端情况下会导致某些数据包陷入无限等待状态，死锁则是一些数据包互相等待彼此释放资源而造成的无限拥塞的情况，NoC 为了可以有效执行，一定要无死锁。

1）基于握手的流量控制

在基于握手的流量控制中，发送方和接收方的数据传输都基于双方约定的握手信号进行。

（1）有效/就绪控制。

当发送方传输任何数据时，都会发送一个有效信号。接收方使用就绪信号进行确认。

当有效信号和就绪信号同时有效时，数据完成传输，切换到下一个数据；如果就绪信号无效，则有效信号和数据会一直保持有效，直至就绪信号有效，如图 5.60 所示。这种方式的硬件开销较小。

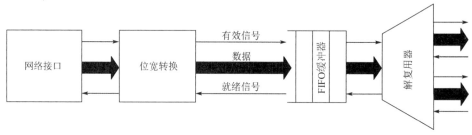

图 5.60　有效/就绪控制

（2）停走控制。

每对发送方和接收方之间使用两条线路进行流量控制。当缓冲器出现空闲时，走信号被激活，而当缓冲器无空闲时，停信号被激活，如图 5.61 所示。

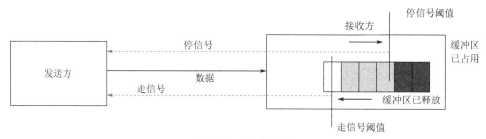

图 5.61　停走控制

（3）ACK/NACK 控制。

数据副本保存在缓冲器中等待 ACK 信号。如果收到 ACK 信号，则数据从缓冲器中删除；相反，如果收到 NACK 信号，则重传数据，如图 5.62 所示。

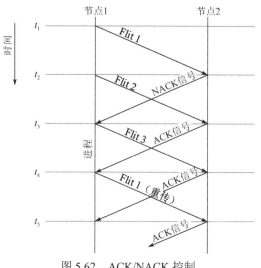

图 5.62　ACK/NACK 控制

2）基于信用的流量控制

在基于信用的流量控制中，上游节点依据下游节点返回的信用进行数据传输。当下游节点转发数据并释放缓冲器时，向上游节点发送信用，使其增加信用计数。当上游节点转发数据时，则减少信用计数，当信用计数为 0 时，表明下游缓冲器已满而停止发送。因此，目标端是否能接收数据会逐级反馈到源端，不能接收时会一路反压。流水级数和信用数量要协同设计，如果要保证全流水，则信用数量应等于缓冲器深度与流水级数之和，以便刚好实现不带气泡传输，也不造成缓冲器的浪费。数据通路上每级路由模块的信用和缓冲都遵循此原则。基于信用的流量控制一般用于复杂互连，如图 5.63 所示。

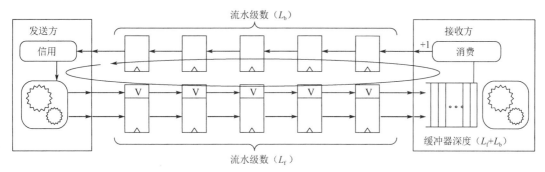

图 5.63　基于信用的流量控制

利用深度为 2 的 FIFO 缓冲器，允许在没有信用计数器时打破反向路径，这种方式称为弹性缓冲器，如图 5.64 所示。该方式在接收方处不需要额外缓冲器，因而使用的总缓冲器数量较少。

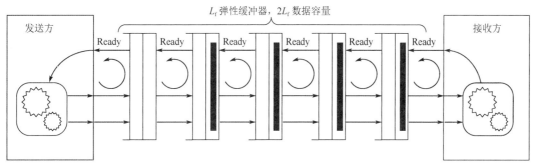

图 5.64　弹性缓冲器

7. QoS

NoC 处理单元产生特定流量的数据包，该数据包大小和间隔与数据流业务类型相关。据此将处理单元划分为 4 种类型，对应 4 种类型的 NoC 数据信号流量：信号（Signal）、实时（Real Time）、读写（RD/WR）和块传输（Block Transfer）。信号类型数据包的优先级应该最高，需要保证延迟最低，如网络关键控制信号和处理器的中断控制信号。实时类型数据包保证高带宽和低延迟的实时应用，如待处理音频和视频数据流。读写类型数据包的延迟要求低于实时类型数据包，如基于总线的寄存器或存储器读写访问。块传输类型数据包的优先级一般最低，常用于长消息和数据块的传输，如缓存访存和 DMA 传输。

均匀流量分布只是一种理想的网络数据分布模型，实际流量大多是非均匀分布的，具有明显的局部特点和突发特点。

QoS 定义为每个服务级别上的吞吐量和端到端延迟。端到端延迟定义为数据包在源节点的排队时间和通过网络的时间之和。服务分为两种基本类型：尽力而为服务和保证服务。它们提供不同层次的许诺服务，并且对通信行为有潜在影响。其中，保证服务具有可预测性，用于 QoS 要求高的业务，如实时系统。尽力而为服务则能提高平均资源利用率。

随着网络流量增大，信号类型数据包始终具有较低延迟，保证了对最高优先级数据包的低延迟要求。实时类型数据包和读写类型数据包的平均延迟保持稳定增大，满足多处理单元之间的通信要求。块传输类型数据包在高注入率下端到端延迟增大，但在 50%的注入率下平均延迟保持在同一数量级，同样满足处理器的数据块传输要求。

在 NoC 的路由决策时，可以提供 QoS 机制，对关键部件的网络带宽或延迟进行保证，而没有被保证的通信采用尽力而为服务。另外，串扰和电压降等问题使得部件之间的连线不可靠，为此，当遇到数据错误时需要重传，NoC 通过流量控制机制来保证 QoS。

8．网络接口问题

网络接口是 IP 与网络间的接口，在功能上可以分为两个部分：一部分连接网络，与资源（IP）无关；另一部分连接资源，与资源相关。

NoC 的物理层、传输层和接口是分开的。可以在传输层方便地自定义传输规则而无须修改模块接口，其更改对于物理层互联的影响不大，对 NoC 的时钟频率也不会造成显著影响。

5.3.2　NoC 微架构设计

NoC 微架构设计主要有流水线设计、路由设计、仲裁设计及互连转换（宽度、频率、格式），与流水线设计紧密相关的是流量控制机制和缓冲管理。这里主要以 Arteris 公司开发的 NoC IP（FlexNoC）为例进行介绍，如图 5.65 所示。

FlexNoC 采用三层架构，即事务层、传输层和物理层。事务层定义节点之间如何交换信息以实现特定事务，传输层根据 QoS 要求提供数据包的路由和仲裁，通过数据包传输单元（PTU）定义路由应用规则，物理层则定义数据包如何通过接口进行物理传输。

1．事务层

网络接口单元（NIU）提供事务层服务，通过多个标准或定制的 IP 接口与相连的外部主/从设备进行通信。NoC 事务层如图 5.66 所示，其支持三种不同的协议：AXI、AHB（APB）和 OCP，不同协议具有不同的数据宽度、时钟或其他属性。对于每种协议，例化两个不同的 NIU，其中 Initiator NIU 负责第三方协议转内部 NTTP 协议，用于连接主设备节点到 NoC，而 Target NIU 负责内部 NTTP 协议转第三方协议，用于连接从设备节点到 NoC。

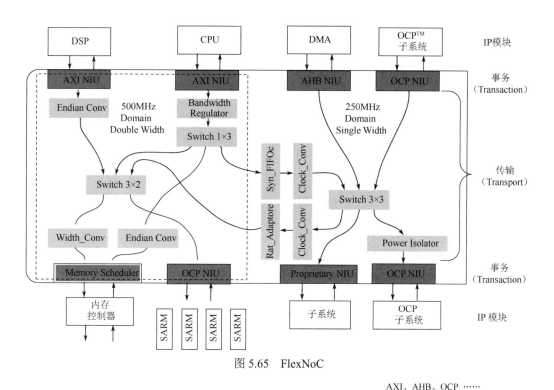

图 5.65 FlexNoC

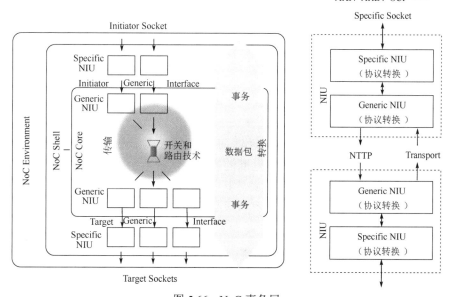

图 5.66 NoC 事务层

NIU 内部分为 Specific（特定）NIU 和 Generic（通用）NIU 两部分，其中 Specific NIU 负责通用端发送事务和通用端接收事务的转换，以适应外部特定第三方协议，即完成 AXI/AHB/OCP 协议与内部 NTTP 协议之间的转换；Generic NIU 负责为互连内核提供统一事务，包含打包、内存交错、响应重组、Outstanding、QoS 生成和 NIU 连接。

1）打包

来自发起方的事务请求被拆分为多个数据包，每个数据包都可以产生一个或多个目标请求。每个发起方都可以按最大数据包长度拆分事务。较小的拆分允许在 NoC 拓扑中进行较频繁的仲裁，代价则是更多的包头和更多独立的目标事务。

2）内存交错

SoC 中通常有多个主设备经过 NoC 访问内存，系统中可能存在多个内存控制器，或者单一内存控制器支持多通道技术。NoC 在实现内存交错时，可以将内存访问按照设定的粒度分配到不同的内存控制器或同一内存控制器的不同通道，如图 5.67 所示。

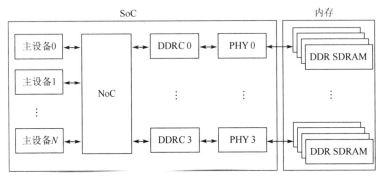

图 5.67　内存交错

各主设备的内存访问由 NoC 统一管理，若主设备发出跨粒度事务传输，则会被 NoC 拆分，即一块连续内存被分布到不同的内存控制器或同一内存控制器的不同通道所控制的内存中。但此时主设备看到的仍然是一块连续内存，软件不需要关注如何高效利用内存控制器。内存交错可处理小内存突发，如 MPEG 计算或数据缓存重新填充时的典型 16B 突发，也可处理大内存突发，如来自以太网千兆位接口的 128B 突发。32bit DDR SDRAM 控制器接口直接处理 16B 突发并不是特别有效，而灵活的 NoC 能够处理多个 16bit DDR SDRAM 控制器接口，从而有效处理小内存突发，并在不同的存储器上交错较大的内存突发。

3）响应重组

同一主设备使用同一 ID 可以同时访问不同从设备，此时需要使用重组缓冲器（Reordering Buffer）来存储不同从设备返回的响应，保证两个或多个与原始请求具有相同 ID 的目标响应被重组并顺序返回给主设备。其中，读缓冲器（Read Buffer）是数据缓冲器，而写缓冲器（Write Buffer）实际上只是容量很小的写响应缓冲器（Write Response Buffer）。响应重组如图 5.68 所示。

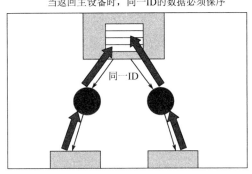

当返回主设备时，同一ID的数据必须保序

同一ID

图 5.68　响应重组

4）Outstanding

主/从设备的 Outstanding 能力是指它们能同时追踪的事务个数。

（1）最大传输 ID 个数。

在图 5.69 中，将最大传输 ID 个数（Maximum Number of ID Transfered）设为 4，意味着 4 个待定 ID 朝向同一个目标或 4 个不同目标。

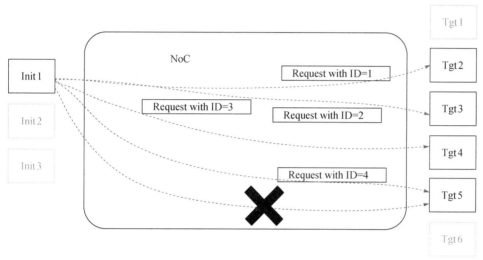

图 5.69　最大传输 ID 个数

（2）可追踪的最大事务个数。

在图 5.70 中，将可追踪的最大事务个数（Maximum Number of Transaction）设为 16，意味着最多 16 个待处理事务集中在同一路由上，或者最多 16 个待处理事务分布在 4 个不同路由上。

最大传输 ID 个数一般小于可追踪的最大事务个数。主/从设备的 Outstanding 能力越大，NoC 就需要越多的资源来记录请求从主设备经过 NoC 到达从设备的映射关系。

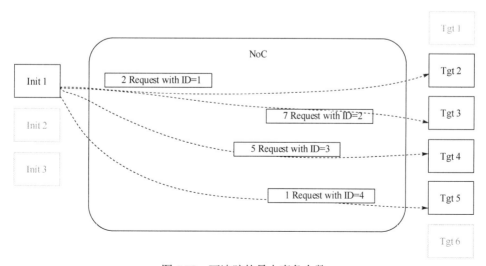

图 5.70　可追踪的最大事务个数

5）QoS 生成

有三种类型的 QoS 生成器可供选择：固定 QoS 生成器、限制 QoS 生成器和调节 QoS 生成器。

（1）固定 QoS 生成器：为每个数据包分配一个优先级。

（2）限制 QoS 生成器：累加每个数据包的长度，并以特定速率递减累加器以监视发起方发送的请求数据包带宽，当超过设定带宽后，便停止接收请求，如图 5.71 所示。

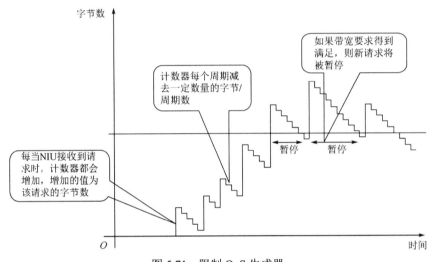

图 5.71　限制 QoS 生成器

（3）调节 QoS 生成器：监视接收到的响应数据包的带宽，改变其优先级，从而更均匀地限制发起方的数据包带宽，如图 5.72 所示。

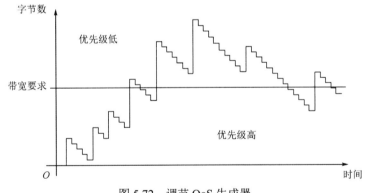

图 5.72　调节 QoS 生成器

6）NIU 连接

多个特殊 NIU 可以共享单一 Generic NIU。多接口 NIU 如图 5.73 所示。

2. 传输层

NoC 传输层（见图 5.74）定义了在交换机和路由器之间传输数据包的规则。由于传输层、物理层和接口是分开的，因此用户可以在传输层方便地自定义传输规则而无须修改模块接口；此外，传输层的更改对于物理层互连的影响不大。

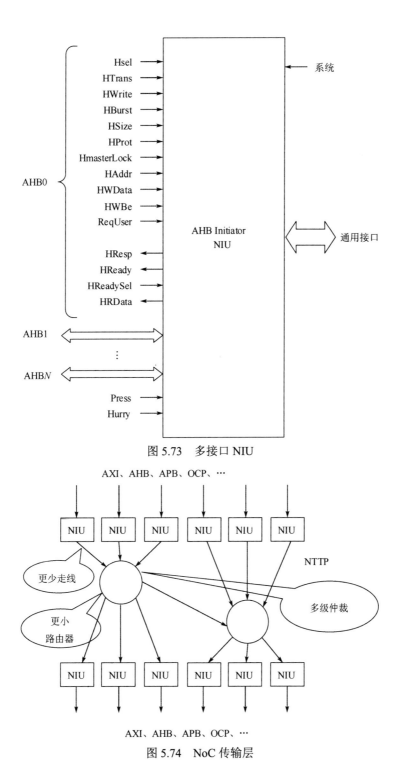

图 5.73　多接口 NIU

图 5.74　NoC 传输层

传输层的基本硬件组件包括路由器及路由器之间的连接部件，如串行适配器、时钟适配器、缓冲器和流水管道。

1）路由器

一般路由器由寄存器、交叉矩阵、功能单元和控制逻辑组成，共同实现流量控制单元或称为微片的传输。通常节点的每个输入接口都有一个独立缓冲器，以便数据包在获得下一跳资源离开之前可以存储下来。交叉矩阵连接输入端的缓冲器和输出接口，数据包通过控制传输到其所指定的输出接口。分配器包括路由计算、虚通道分配和交叉矩阵分配三种功能，其中路由计算用来计算帧头（Head Flit）的下一跳输出方向，虚通道分配用来分配流量控制单元在缓冲队列中的位置，交叉矩阵分配用来仲裁哪个流量控制单元可以获得资源而传输到输出接口。图 5.75 所示的路由器结构中包含路由表、交叉矩阵和仲裁单元。

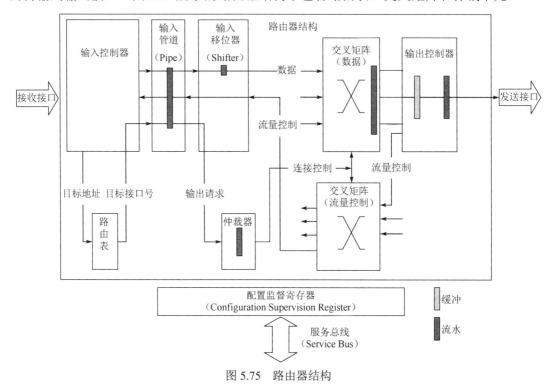

图 5.75　路由器结构

每个接收接口都有一个路由表，每个发送接口都有一个仲裁器。分组交换包括以下 4 个阶段。

（1）路由：根据从数据包中提取的相关信息，路由表选择目标输出接口。

（2）仲裁：在给定时间内可以有多个输入接口请求给定的输出接口，仲裁器为每个输出接口选择一个请求输入接口。仲裁器保持 I/O 接口连接，直到数据包在交换机中完成传输。

（3）交换：一旦做出路由和仲裁决定，交叉矩阵就会将数据包的每个字从其输入接口传输到其输出接口。使用存储转发协议来控制数据包交换，使用有效/就绪协议来控制流量。

（4）仲裁器释放：一旦数据包的最后一个字通过流水线进入交叉矩阵，仲裁器就会释放输出，使其可用于正在其他输入接口等待的其他数据包。

2）串行适配器

串行适配器（Serialization Adapter）将打包好的数据串行化发送，如图 5.76 所示，可以设定单个时钟周期内能发送的数据量，或者设定包头与数据之间的相隔时钟周期数。

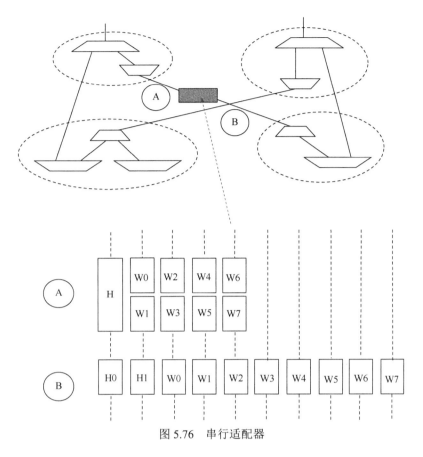

图 5.76　串行适配器

3）时钟适配器

时钟适配器利用 FIFO 缓冲器来实现跨时钟域的数据传输，如图 5.77 所示。

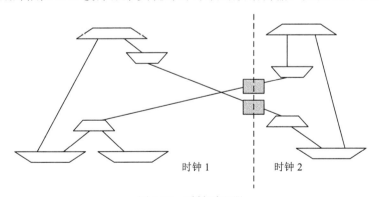

图 5.77　时钟适配器

4）缓冲器

互连内的缓冲器可以用于流量控制，从而最大限度地提高互连性能。存储缓冲器可以吸收突发流量并适应通道带宽的变化，其大小为时钟频率、数据宽度和通道可用性的乘积。

对于从高带宽信道到低带宽信道的传输，FIFO 缓冲器可以吸收突发流量，如图 5.78 所示。

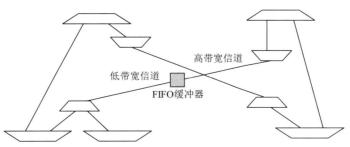

图 5.78　从高带宽信道到低带宽信道的传输

对于从低带宽信道到高带宽信道的传输，为了避免等待，需要加入速率适配器，如图 5.79 所示。

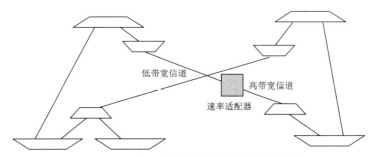

图 5.79　从低带宽信道到高带宽信道的传输

速率适配器可以像 FIFO 缓冲器一样进行配置，也可以针对带宽比率进行配置，如图 5.80 所示。在简单的存储和转发配置中，完整的数据包在发送之前被存储，带来的影响是数据的传输延迟增大。

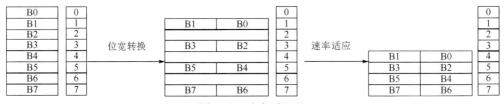

图 5.80　速率适配器

5）流水管道

为了时序收敛，可以在 NoC 的架构单元之间插入流水管道，也可以在 NIU 中预定义的位置插入流水管道。流水管道基于有效/就绪机制，如图 5.81 所示。

图 5.81　流水管道

3. 物理层

物理层具体定义了数据包如何传输，可以在带宽、数据完整性等方面进行优化而不会影响事务层和传输层。

与 NoC 相连的外设，其数据宽度、协议、电源、电压和频率都不一样。NoC 以分组交换为基本通信技术，使用全局异步局部同步的时钟机制，每个资源节点都工作在特定的时钟域，不同的资源节点之间则通过通信节点及其之间构成的网络进行异步通信，从而很好地解决了单一时钟同步问题，解决了庞大的时钟树所带来的功耗和面积问题，也有利于后端物理实现，如图 5.82 所示。由于不必维持路由和路由之间很大数量的连线，因此可以提高频率，支持更多的设备，但相应带来更大的延迟。

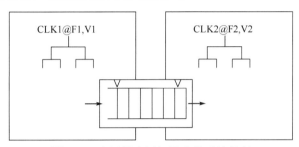

图 5.82　全局异步局部同步的时钟机制

在图 5.83 中，NoC 可以划分为不同部分，其运行的时钟、电源和电压可以不同。

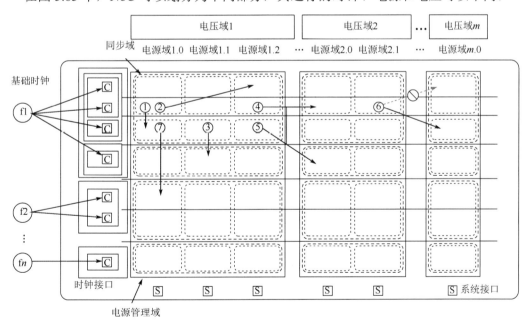

①② 同步（Synchronous）：相同的时钟域和相同的电压域。

③④⑤⑥ 同步（Mesochronous）：相同的频率源和不同的时钟域或不同的电压域（允许跨越门控，但不允许跨越分频）。

⑦ 异步（Asynchronous）：不同的频率源。

图 5.83　NoC 按时钟、电源和电压划分

5.4 一致性互连

在图 5.84 所示的单核处理器系统中，存在 DMA 与处理器之间的缓存一致性问题。例如，DMA 将外部数据直接传送到内存后，缓存中仍然保留对应内存的旧数据，因而处理器直接访问缓存将得到错误数据；当处理器将处理过的数据先存放到缓存，但还没来得及写回到内存时，如果 DMA 直接从内存中取出数据传送到外设，那么外设将可能得到错误数据。

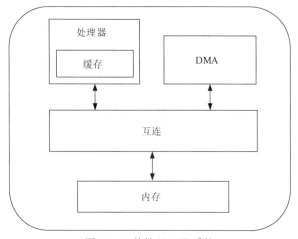

图 5.84 单核处理器系统

1）系统级缓存一致性

图 5.85 所示的系统包含两个处理器簇，每簇都有两个内核，每个内核都有各自独立的 L1 缓存，一起共享一个 L2 缓存，并通过一个 ACE 接口连接到缓存一致性总线。此外，系统中带缓存的 GPU，以及一些带有 DMA 的外设等，也通过 ACE 接口连接到缓存一致性总线，可以独立访问内存。

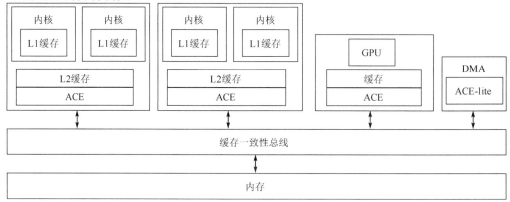

图 5.85 系统级缓存一致性

系统级缓存一致性意味着系统中所有处理器或总线主设备都能看到相同的内存视图。

缓存一致性维护机制除禁用缓存机制外，还可以利用软件或硬件管理机制。为获得最高性能，处理器采用管线结构和低延迟缓存以运行在高频。禁用缓存机制是最简单的机制，但将数据标记为"非缓存"可能会影响处理器性能和功耗。

2）软件管理一致性

缓存将外部内存内容存储到靠近处理器的位置，从而缩小访问延迟，同时访问片上内存的功耗要远低于访问外部内存的功耗。软件管理是指设备驱动程序通过缓存清理和缓存失效两种主要机制，使得处理器或主设备实现数据共享。但软件管理将占用处理器周期和总线带宽，还会增加功耗。

（1）缓存清理。

如果缓存中存储的任何数据被修改，且标记为"脏"，则必须在未来某一时间点写回到外部内存。缓存清理就是强制性地将脏数据写回到外部内存。

（2）缓存失效。

如果处理器拥有数据的本地副本，但外部内存已被更新，那么缓存内容将过期或变得"陈旧"。在读取这一数据前，处理器必须从缓存中删除陈旧数据，使之"失效"（缓存行标记为无效）。例如，某一内存区域用作共享缓存区，可能会被更新，想要访问此区域数据的处理器必须先使所有陈旧数据失效才能读取新数据。

3）硬件管理一致性

利用硬件实现任何被标记为"共享"的缓存数据始终自动保持最新，共享域中的所有处理器和总线主设备将看到完全相同的值。

多核处理器中的每个内核内部都有缓存，因而需要一个硬件单元来支持多个缓存的一致性，如图 5.86 所示。在 ARM 设计中，该硬件单元被称为侦听控制单元（Snoop Control Unit，SCU）。

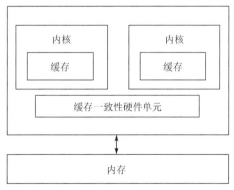

图 5.86 多核处理器的缓存一致性

在多个处理器簇组成的系统中，每簇都有一个或多个内核。在同一簇内部，由缓存一致性硬件单元来保证多核间的缓存一致性，而多簇之间的缓存一致性可以由缓存一致性互连来保证，如图 5.87 所示。

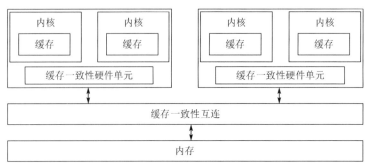

图 5.87 多簇的缓存一致性

5.4.1 AXI 一致性扩展协议

使用软件实现一致性需要将缓存内容刷回到下一级缓存或内存，对于拥有 64B 缓存行的 64KB 缓存，需要进行 1000 次刷新。假定每次用时 100ns，且 OT（Outstanding Transaction）为 4，则总共需要 25μs，对处理器来说这是一个非常长的时间。

为了用硬件解决问题，ARM 于 2011 年在流行的 AXI 协议的基础上推出了 AXI 一致性扩展（AXI Coherent Extension，ACE）协议。其中，具有双向功能的接口称为 ACE 接口，而只能侦听其他设备的接口称为 ACE-lite 接口。虽然硬件一致性增加了互连和处理器的复杂性，但可以大大简化软件，且可以应用于一些软件一致性无法实现的场景。

1）ACE 通道

支持硬件一致性的 ACE 总线除具有 AXI 协议的 5 个读写通道外，还多了 3 个侦听通道，如图 5.88 所示。

图 5.88 ACE 通道

侦听通道包含侦听地址（Snoop Address，AC）通道、侦听数据（Snoop Data，CD）通道和侦听响应（Snoop Response，CR）通道。AC 通道（从设备到主设备）主要用于向缓存提供侦听地址和相应的控制信息；CD 通道（主设备到从设备）是一个可选的输出通道，用于向缓存传递侦听数据；CR 通道（主设备到从设备）用于应答接收到的侦听数据。如果在主设备上找到数据（称为命中），那么 CD 通道会被使用；如果没有，则告知从设备未命中，不需要传输数据。总体来说，ACE 通道仍然基于有效/就绪握手机制，除没有 ID 外，其他信号时序与 AXI 通道基本一致。

除扩展通道外，ACE 协议还增加了一些额外的应答信号和复位要求。当从设备发送与读操作有关的侦听请求给主设备后，并不知道何时主设备才能收到，必须利用读通道上的 RACK 信号，在收到主设备给出的 RACK 信号之后，才会发送新的侦听请求给主设备。写通道上的 WACK 信号同样如此。

2）ACE 事务类型

ACE 协议对 AXI 通道信号进行了扩展，加入了 AXSNOOP 信号、AXDOMAIN 信号、AXBAR（AX 指 AR 或 AW）信号等，它们共同作用决定了请求的事务类型。因此，当主设备每次向总线发起请求时，都会有对应的事务类型。其中，非侦听（Non-snoop）事务用于访问不可共享的内存地址和设备等，一致性（Coherent）事务用于访问可以共享的内存地址，内存更新（Memory Update）事务用于更新内存，缓存维护（Cache Maintenance）事务使得主设备可以通过广播来访问和维护其他主设备中的缓存，屏障（Barrier）事务为系统中的事务排序和观察提供保证，分布式虚拟存储（DVM）事务用于虚拟内存系统维护。

3）ACE-lite 协议

ACE-lite 协议是 ACE 协议的子集，在 AXI 协议的基础上增加了一些新信号，但没有增加新通道，用于连接 I/O 一致性主设备，如 DMA 引擎、网络接口和 GPU 等。这些设备可能没带缓存，但可从拥有 ACE 接口的处理器等处读取共享数据；或者虽自带缓存，但因没带 AC 通道使得数据不能被共享。

ACE-lite 主设备可以实现非共享（Non-shared）、非缓存（Non-cached）和缓存维护三种事务，如图 5.89 所示。因具有 I/O 一致性，ACE-lite 主设备又被称为 ACE-lite I/O 一致性主设备或 ACE-lite I/O 主设备。

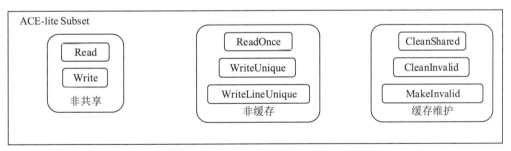

图 5.89　ACE-lite 主设备

ACE 主设备之间可以相互侦听，ACE-lite 主设备之间不能相互侦听。ACE 主设备不能侦听 ACE-lite 主设备，但 ACE-lite 主设备能够侦听 ACE 主设备，如图 5.90 所示。

假设某系统中的处理器使用 ACE 接口，USB 使用 ACE-lite 接口，分别讨论两种情况：I/O 设备写和 I/O 设备读。

（1）I/O 设备写。

假设 USB 向内存可缓存地址写入一笔数据，处理器读后存储在缓存中。USB 又通过 DMA 往相同的地址再写入一笔数据，此时 ACE-lite 接口将发起 MakeInvalid 操作，通过 ACE 接口告知处理器需要无效化该缓存数据，这样下次处理器读取同样地址数据时就直接访问内存，从而保证了读数据一致性。

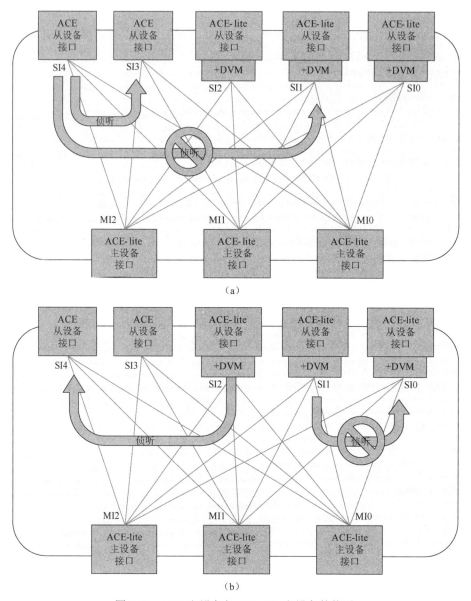

（a）

（b）

图 5.90　ACE 主设备与 ACE-lite 主设备的侦听

（2）I/O 设备读。

USB 通过 ACE-lite 接口发起 ReadOnce 操作，通过 ACE 接口告知处理器，如果处理器发现自身缓存中含有该数据，便直接提供给 USB，否则 USB 将去内存读取数据。

4）分布式虚拟存储

处理器发出的虚拟地址，需要利用 MMU 和 TLB 转换为物理地址，如果发生缺页故障，则需要执行相应操作，可能涉及改变转换表。TLB 是内存中 MMU 页表的缓存，当处理器更新页表时，需要使包含 MMU 页表条目的 TLB 副本失效。因此，多处理器系统在内存中共享一组 MMU 页表会带来 TLB 一致性需求。

分布式虚拟存储（Distributed Virtual Memory，DVM）事务支持虚拟内存系统的维护，用于传送无法使用一致性事务传送的操作，保证多个 MMU 内部 TLB 的一致性，支持 TLB 无效化（Invalid）、分支预测（Branch Predict）和命令缓存无效化（Instruction Cache Invalid）。

DVM 事务包含三种类型，分别是 DVM 操作事务、DVM 同步事务、DVM 完成事务。DVM 操作事务用于传达特定操作，如处理器在读通道上通过发出 DVM 消息而发起 TLB 无效化操作，而系统上其他主设备的 MMU（SMMU）可以使用 TLB 无效化消息来确保其条目是最新的。在图 5.91 中，带有 ACE 接口的主设备利用 AR 通道发出 DVM 消息，经过一致性互连，转发至其他处理器或主设备的 AC 通道，进行无效化处理后通过 CR 通道发回确认。

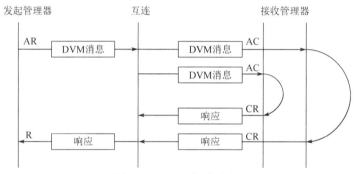

图 5.91　DVM 操作事务

带有 ACE-lite 接口的主设备，需要增加 AC 通道和 CR 通道才能支持 DVM 命令，而且只能接收 DVM 命令，不能产生和发送 DVM 命令，如图 5.92 所示。

为了确保转换表更新后 TLB 失效，可以发送 DVM 同步事务（Sync Transaction），用于检查其所发出的所有先前 DVM 操作是否已完成。DVM 完成事务用于响应 DVM 同步事务，由收到许多 DVM 操作后又收到 DVM 同步操作的主设备发出，表明所有必需的操作和任何关联的事务都已完成。

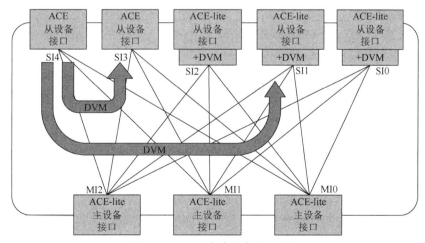

图 5.92　DVM 命令的发送和接收

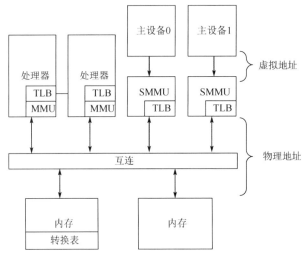

图 5.92 DVM 命令的发送和接收（续）

DVM 事务仅对只读结构（如命令缓存、分支预测器和 TLB）进行操作，因此只需要失效操作，而不需要清除（Clean）操作。有些 TLB 条目可能会因 DVM 操作而被不必要地无效化，在功能上仍正确，但性能上可能会受影响。

5.4.2 缓存一致性互连

图 5.93 所示为一个含有缓存一致性互连（Cache Coherence Interconnect，CCI）的芯片系统，多个具有缓存的主设备通过缓存一致性互连来管理内存访问。一个处理器簇发出一个包含地址信息的特殊读写命令到总线，由总线将此命令转发给另一个处理器簇。该处理器簇收到请求后，根据地址逐步查找 L1 缓存和 L2 缓存，如果发现自身含有该地址数据，就返回数据或执行相应的缓存一致性操作，此过程称为侦听。被请求的处理器内核并不参与整个过程，所有工作都由其缓存和总线接口单元等组件承担。

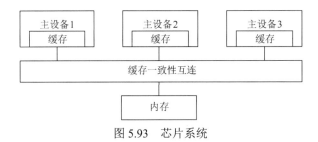

图 5.93 芯片系统

1. 一致性

一致性包括全一致性和 I/O 一致性两种。

1）全一致性

全一致性（Fully Coherent）主设备在访问共享内存时会发出侦听请求给其他主设备，也会从其他访问共享内存的主设备处接收到侦听请求，从而保证彼此看到相同的内容，如图 5.94 所示。

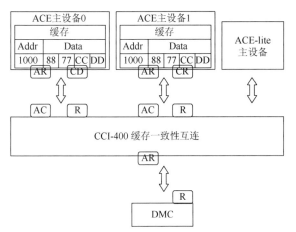

- ACE 主设备0欲读取地址1000的数据
- ACE主设备0发出侦听请求至ACE 主设备1，未命中
- 请求被发送至DMC
- DMC 返回读数据
- ACE 主设备0 收到数据
- ACE 主设备0 改写地址1000
- ACE 主设备1 欲读取地址1000的数据
- ACE 主设备1发出侦听请求至ACE 主设备0，命中
- ACE 主设备0返回读数据
- ACE 主设备1收到数据

图 5.94　全一致性

2）I/O 一致性

I/O 一致性（I/O Coherent）主设备在访问共享内存时会发出侦听请求，但不会接收到来自其他主设备的侦听请求，如图 5.95 所示。

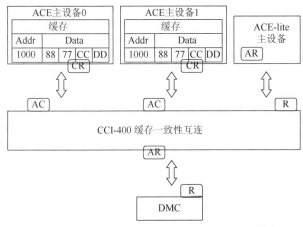

- ACE-lite 主设备欲读取地址 2000的数据
- ACE-lite 主设备将侦听请求广播到所有ACE 主设备，未命中
- 请求被发送至DMC
- DMC 返回读数据
- ACE-lite 主设备收到数据

图 5.95　I/O 一致性

当给定一个地址时，因为并不知道该地址数据是否处于另一处理器簇缓存内，所以需要额外的侦听动作。如果未命中，则需要去内存抓取数据，此时侦听动作是多余的，只是增加了额外延迟，影响带宽和功耗。不过如果命中，则可从缓存中获取数据，延迟小很多，有益于系统性能的提升。

通常应用程序命中率不会大于 10%，所以必须设法加以改进。一种办法是无论结果是否命中，都通过总线先去内存抓取数据，等到数据返回后，根据已经知道的侦听结果决定数据的取舍，由于总要访问内存，带宽和功耗会增大，降低了总体性能。另一种办法是如果预先知道数据不在别的处理器簇缓存，那就通过软件干预，使得主设备发出读写请求时不要求侦听，此法虽然代价不大，但对程序员的要求很高，程序员必须充分理解目标系统。

2．侦听过滤器

ACE 协议主要由互连负责处理侦听请求，并将请求广播到其他所有需要被侦听的主设备中。由于并不是所有的主设备都缓存请求所需数据，因此对它们的查询会造成功耗浪费。可以考虑在总线中加入一个侦听过滤器（Snoop Filter），用于过滤无用侦听，如图 5.96 所示。

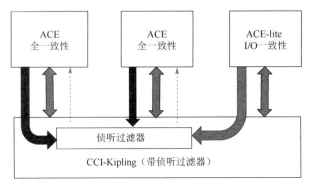

图 5.96 带侦听过滤器的缓存一致性互连

1）侦听过滤器操作

侦听过滤器用于维护一个处理器缓存内容目录，包含所有处理器簇内部 L1 缓存、L2 缓存的状态信息，因而侦听请求在总线内部就可以完成而不必发送到各处理器簇，从而免除了广播侦听请求的必要。所有共享访问将查询此侦听过滤器，如果命中，则表明数据在片上，并提供具有该数据的主设备信息；如果未命中，则从外部内存获取。

（1）处理器读，侦听过滤器未命中。

处理器读，侦听过滤器未命中，根据侦听过滤器的结果，决定不需要广播侦听请求而直接访问外部内存，如图 5.97 所示。

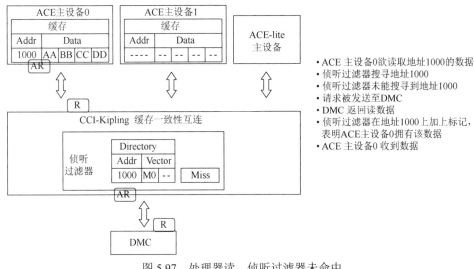

图 5.97 处理器读，侦听过滤器未命中

（2）I/O 设备读，侦听过滤器命中。

I/O 设备读，侦听过滤器命中，根据侦听过滤器的结果，决定直接将侦听请求广播给相应的一个或多个主设备，如图 5.98 所示。

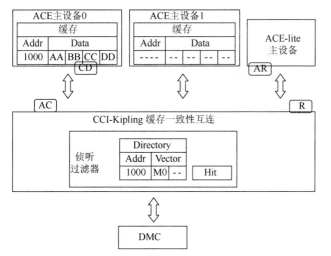

- ACE-lite 主设备欲读取地址1000的数据
- 侦听过滤器搜寻地址1000
- 侦听过滤器发现ACE 主设备0拥有该数据
- CCI-Kipling缓存一致性互连将侦听请求发送给ACE主设备0
- ACE主设备0返回读数据
- ACE-lite 主设备收到数据

图 5.98　I/O 设备读，侦听过滤器命中

（3）I/O 设备读，侦听过滤器未命中。

I/O 设备读，侦听过滤器未命中，根据侦听过滤器的结果，决定不需要广播侦听请求给任何主设备而直接访问外部内存，如图 5.99 所示。

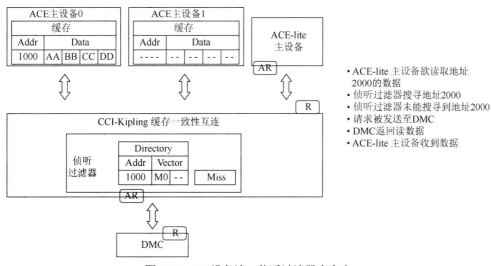

- ACE-lite 主设备欲读取地址2000的数据
- 侦听过滤器搜寻地址2000
- 侦听过滤器未能搜寻到地址2000
- 请求被发送至DMC
- DMC返回读数据
- ACE-lite 主设备收到数据

图 5.99　I/O 设备读，侦听过滤器未命中

（4）反向无效化。

侦听过滤器未命中，直接访问外部内存，但如果侦听过滤器已满而导致现有缓存行被替换，那么必须通知对应处理器簇的 L1 缓存、L2 缓存进行无效化操作以保持一致性，此过程称为反向无效化（Back Invalid），如图 5.100 所示。

2）侦听过滤器组织

侦听过滤器其实是一块标记缓存（Tag RAM），将所有处理器簇内部 L1 缓存、L2 缓存的状态信息都存放其中，并负责查看命中与否，但并不需要缓存数据，其组织如图 5.101 所示。侦听请求可以在总线内完成，而不必发送到各处理器，从而节省了多个总线周期，功耗低于内存访问，代价则是添加了缓存。

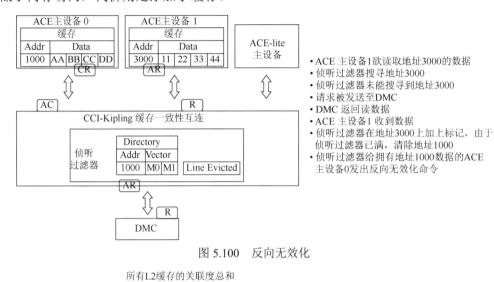

- ACE 主设备1欲读取地址3000的数据
- 侦听过滤器搜寻地址3000
- 侦听过滤器未能搜寻到地址3000
- 请求被发送至DMC
- DMC 返回读数据
- ACE 主设备1 收到数据
- 侦听过滤器在地址3000上加上标记，由于侦听过滤器已满，清除地址1000
- 侦听过滤器给拥有地址1000数据的ACE主设备0发出反向无效化命令

图 5.100　反向无效化

图 5.101　侦听过滤器组织

侦听过滤器是包含性的，必须监控记录缓存中的共享存储块。理论上，标记缓存的大小等于各级排他性缓存的标记缓存总和。如果小于此值，则需要执行反向无效化操作，即标记缓存本身大小限制而引入的操作。

实际测试表明，反向无效化操作并不频繁，比例一般不超过 5%。在 CCI-550 中，ARM 定义了标记缓存与原始缓存大小的比例，当标记缓存容量达到所有排他性缓存容量的 10% 时，执行反向无效化操作的比例将限制在 1%～2%以下。

使用 CCI 互连后，系统总线瓶颈出现在访问侦听过滤器的窗口，此瓶颈甚至掩盖了反向无效化问题，因为总是先遭遇侦听过滤器窗口瓶颈。将窗口加大后，如果每个主/从设备接口都拼命发送数据，导致在主/从设备接口处经常出现等待，那么即便数据已经准备就绪，设备也来不及接收。于是，还需要增加缓冲来存放数据，从而增加面积和功耗。

3．CCI 互连上的屏障机制和原子操作

ARM 的屏障命令分为强屏障命令和弱屏障命令。读写命令会被分成请求和完成两个部分，强屏障命令要求上一条读写命令完成后才能开始下一条读写命令；弱屏障命令则要求一条读写命令发出请求后就可以继续下一条读写命令的请求，且保证后发出的读写命令完成时，先发出的读写命令已经完成。显然，使用弱屏障命令性能更高，OT>1。屏障命令只对单核处理器有效，在多个处理器簇的情形下，屏障命令如果传输到总线，则只能令整体系统性能降低，因此在新的 ARM 总线中不再支持屏障命令，必须由处理器自己处理屏障命令。但这并不影响程序中的屏障命令，处理器会在程序发送到总线之前将其过滤掉。

1）CCI 互连上的屏障机制

屏障命令与读写命令一样，也使用读写通道，只不过其地址总是 0，且没有数据。两根额外的线 BAR0/BAR1 用于表明本次传输的是否是屏障命令，以及屏障命令的类型。

图 5.102 所示为弱屏障操作。主设备 0 写了一个数据 DATA，并发出了弱屏障请求。互连中对应的主设备接口收到此屏障请求后，给主设备 0 发送屏障响应，并将屏障请求发送到互连中对应的从设备（从设备 0/从设备 1）接口。其中，从设备 1 很快给出了屏障响应，因为没有任何未完成传输，而从设备 0 不能给出屏障响应，因为 DATA 还没有发送到从设备，此屏障请求必须等待，并且不能与前面的 DATA 写请求交换次序。由于已经收到下级（互连中对应的接口）的屏障响应，因此主设备 0 将第二个数据 FLAG 发送到互连中的对应接口，如图 5.102（b）所示。此时，该接口需要等待所有下一级接口的屏障响应，在 DATA 到达从设备 0 后，FLAG 才可继续往下走，从而保证弱屏障的次序，并且在屏障命令完成前，FLAG 的请求可以被发送出来。

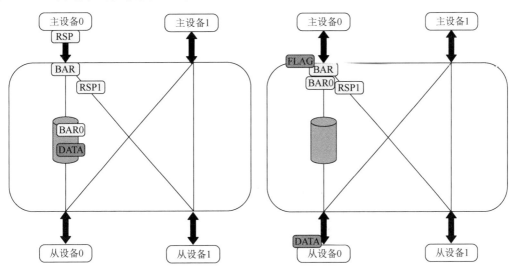

（a）发出写请求和弱屏障请求　　　　　　　　　（b）再发出写请求

图 5.102　弱屏障操作

ARM 的弱屏障命令只针对显式数据访问的次序，如读写命令、缓存和 TLB 操作，并不包含隐式数据访问，如处理器的推测执行、预先执行读写命令和缓存的硬件预取机制。因此，弱屏障命令只能保证给出的命令次序，并不能保证在它们之间没有其他命令去访问内存。

对于强屏障操作，互连中的主设备 0 所对应的接口在收到所有下一级接口的屏障响应前，不会发送自身的屏障响应给主设备 0，从而导致无法再发出 FLAG，直到屏障命令完成，如图 5.103 所示。因此，只有等强屏障命令前的读写命令完成后，下一条读写命令才能发出请求。

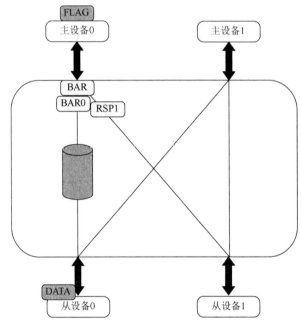

图 5.103　强屏障操作

简单来说，针对常规内存，弱屏障命令用于保证读写次序，强屏障命令则用于保证某个读写命令完成后才执行下一条命令。当将内存类型设置成设备内存时，将自动使用强屏障命令。

2）CCI 互连上的原子操作

为了支持原子访问（Atomic Accesses），AXI 协议中定义了两种操作：独占访问（Exclusive Access）和锁定访问（Locked Access）。

在独占访问中，不需要将总线锁定给某个主机，而通过 Tag ID 及从机返回的响应来判断当前传输是否成功。主机首先向从机的某个地址发起一个独占读操作，从机中的监测器会记录该主机的 ARID 和要访问的地址，并返回 EXOKAY 信号。接着主机向同一地址区域发起一个独占写操作，从机要记录发出该操作所属主机的 AWID 和要访问的地址，如果 AWID 与 ARID 相同且该地址内容没有改变，则表明没有其他主机访问过，此独占写操作成功并更新该地址，同时从机返回 EXOKAY 信号，否则，从机会返回 OKAY 信号。因此，对于独占访问，总线其实允许其他主机同时请求总线，如当其他主机要同时通过总线访问其他从机时，总线并不会被锁定。

对于独占访问，从主机的角度来看，要发出一个独占访问必须先发出独占读请求，再发出独占写请求，从而完成一次独占访问，因此只根据返回的响应来确定原子操作是否正确，不会影响互连性能。对于从机，首先需要额外逻辑来支持独占访问，需要监测器来记录独占访问时的 ARID/AWID 等信息，必须保证访问的主机和地址完全一致，如果独占访问成功，从机便返回 EXOKAY 信号；有些从机不支持独占访问，可以直接忽略锁定信号并返回 OKAY 信号。在独占读请求之后，从机仍可在该地址接收普通写（Normal Write）请求，此时如果独占指定地址中的数据已经改变，则从机下次执行独占写操作时，不会返回 EXOKAY 信号，而是返回 OKAY 信号以表示出错，所写值也不会写入。在一次独占读操作后，可以不等独占写操作，而直接发出独占读请求，这样从机监测器的地址就会改变，相当于发起一个新的独占操作。

对于锁定访问，互连需要保证特定 ID 的主机可以访问一个特定的从机地址，直到接收到同一 ID 的主机发来解锁（Unlock）信号。一个主机在开始一个读写锁定序列前，必须保证没有其他 OT 未完成。当一个主机开始一个锁定事务时，必须保证没有其他锁定事务未完成。由于锁定访问需要在一段时间内独占互连，因此会极大影响互连性能。

AXI3 协议支持锁定访问，AxLOCK 信号为 2bit。AXI4 协议中考虑到大多数组件并不需要锁定事务，而且锁定事务给互连设计和 QoS 带来了挑战，因此取消了对锁定访问的支持，AxLOCK 信号为 1bit。

3）CCI-400

CCI-400 集合了互连和一致性功能，有 2 个 ACE 从设备接口、3 个 ACE-lite 从设备接口和 3 个 AXI 主设备接口，如图 5.104 所示。其中，ACE 从设备接口之间可以相互侦听，ACE-lite 从设备接口仅可以侦听 ACE 从设备接口。

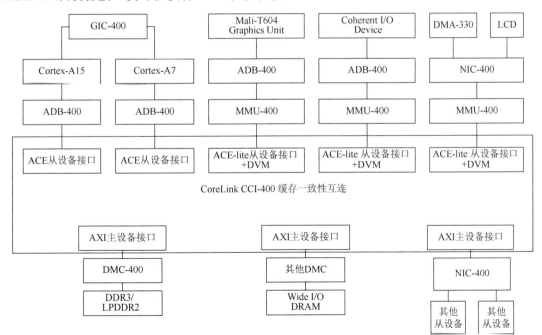

图 5.104　基于 CCI-400 的 SoC 架构

4) CCI-550

CCI-550 提供了可扩展和可配置的互连，能够以尽可能小的面积和功耗达到性能目标，并且增加了可降低整体系统延迟的侦听过滤器，能够用于 ARM 的 big.LITTLE 多核架构，能够适配拥有完全一致性的 GPU，而且延迟更小、吞吐量更高。基于 CCI-550 的 SoC 架构如图 5.105 所示。

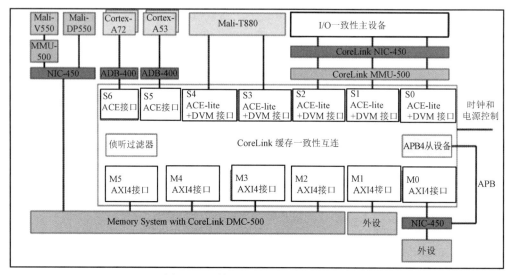

图 5.105　基于 CCI-550 的 SoC 架构

为了支持多时钟和电源域，任意处理器簇都可以动态调节电压和时钟频率，CCI 系列总线可以搭配异步桥（Asynchronous Domain Bridge，ADB），但对性能有一定影响。当倍频为 2 时，信号传输需要一个额外的总线时钟周期；如果倍频为 3，则额外的总线时钟周期更大；如果系统在访问延迟方面有严格要求，则额外的总线时钟周期不可忽略。如果不需要额外的电源域，则可以省却异步桥以缩小延迟。CCI-550 支持多种粒度设置，包括 128B、256B、512B 和 1KB，以满足不同应用场景的需求。在这些粒度中，128B 是最小的支持粒度。在 ARM 的方案中，交错由 CCI 直接完成，调度则交给内存控制器。

CCI-550 通过内嵌策略进行乱序，以加快不存在竞争的读写传输。对于读操作，由于内存控制器会进行一定程度的调度，所以 CCI-550 发送到内存控制器的读请求，很多并不按照读请求次序来完成，因此需要额外的缓冲区来存储先返回的数据。对于随机地址访问，缓冲区越深，带宽越高；而对于顺序地址访问，几乎没有影响。增大缓冲区也可以减小总线动态延迟。但缓冲区设置过大会出现浪费，可以根据队列原理估算，或者通过仿真得到实际值。

CCI-550 内部只有两个优先级，不利于 QoS。

5.4.3　CHI 协议

CHI（Coherent Hub Interface，一致性总线接口）协议是 AMBA 的第 5 代协议，可以说是 ACE 协议的进化版，将所有的信息传输采用数据包的形式来完成，用于解决多个处理器之间的数据一致性问题。

1．CHI 协议版本

目前有 6 个版本的 CHI 协议：CHI-A～CHI-F。

CHI-A 协议是 CHI 协议的第一个版本，规范了 CHI 协议的基本行为，包括新通道的定义、CHI 术语和组件命名请求、侦听过滤器和缓存状态转换的示例、事务排序、独占访问和分布式虚拟内存（DVM）操作规则。

CHI-B 协议扩展了 CHI-A 协议，但不能直接向后兼容 CHI-A 协议。CHI-B 协议添加了支持 ARMv8.1 和 ARMv8.2 系统的扩展功能，如更大的物理地址宽度、原子事务、用于 DVM 的 VMID 扩展、通道字段、事务结构、RAS 功能描述、直接内存传输和直接缓存传输功能，最新的 CHI-E/F 协议版本可支持 ARMv9 相关新特性。

图 5.106 所示为包含三个主设备组件的一致性系统，每个主设备组件都包含一份本地缓存和一致性协议节点。CHI 协议允许将存储器数据存放于一个或多个主设备缓存。

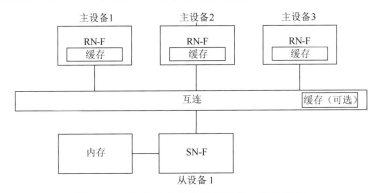

图 5.106　包含三个主设备组件的一致性系统

当需要存数据时，CHI 协议先将所有其他主设备的数据备份失效化，利用一致性协议使得所有主设备获得任何地址的正确数据。在存储完成后，其他主设备可以将获得的新数据存放于自己的本地缓存。

CHI 协议允许（不强求）内存数据不实时更新，只有在所有主设备的缓存都不需要该数据备份时，才将数据刷新到内存中。CHI 协议使得主设备可以确定某一缓存行是否唯一或存在多份备份，如果是唯一的，则该主设备可以直接改变其值而不需要知会系统中其他主设备，否则必须通过恰当的传输事务知会其他主设备。

2．CHI 系统层次

CHI 系统使用基于分层分组的通信协议，具有协议层（Protocal）、网络层（Network）、链路层（Link）。其中协议层定义了各种传输事务及其传输规则，网络层规定了数据包及其传输规则，链路层则规定了微片及其传输规则。

表 5.1　CHI 系统系统层次

分层	通信粒度	主要功能
协议层	传输事务	①在协议节点上产生并处理请求与响应；②定义协议节点允许的缓存状态和状态转换；③定义每个请求类型的传输流程；④管理协议层的流量控制

续表

分层	通信粒度	主要功能
网络层	数据包	①打包协议层信息；②确定并将源节点和目标节点的 ID 增加到数据包中，确保这些数据包能在互连上得到正确路由
链路层	微片	①提供网络设备之间的流量控制；②管理链路通道以提供跨网络的无死锁切换

3. CHI 系统拓扑

当构建 CHI 系统时，不同类型的节点（如处理器、加速器、I/O 和内存）将连接到 NoC。CHI 系统存在三种节点：请求节点、主节点和响应节点，如图 5.107 所示。

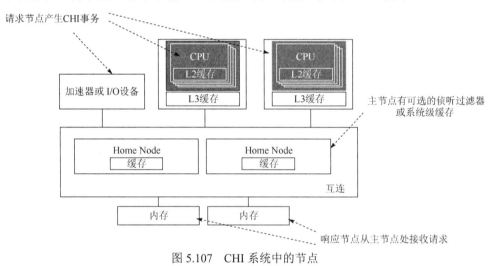

图 5.107　CHI 系统中的节点

请求节点（Request Node，RN）是指生成协议事务的节点，包括对互连的读取和写入，这些节点可以是完全一致的处理器，也可以是 I/O 一致的设备。

- 全一致性请求节点（Fully Coherent Request Node，RN-F）包含硬件一致性缓存，允许产生所有协议定义的传输事务，支持所有的侦听传输事务。
- 支持 DVM 的 I/O 一致性请求节点（I/O Coherent Request Node with DVM Support，RN-D）不包含硬件一致性缓存，可以接收 DVM 操作，产生协议定义的部分传输事务。
- I/O 一致性请求节点（I/O Coherent Request Node，RN-I）不包含硬件一致性缓存，不能接收 DVM 操作，可以产生协议定义的部分传输事务，不要求具有侦听功能。

主节点（Home Node，HN）是指位于互连的节点，用于接收来自请求节点产生的协议事务，完成相应的一致性操作并返回一个响应。主节点是系统一致性节点，包括系统级缓存和侦听过滤器。

- 全一致性主节点（Fully Coherent Home Node，HN-F）用于接收除 DVM 操作外的所有请求操作。HN-F 作为 PoC，通过侦听 RN-F，管理各主设备的一致性，完成所有的侦听响应后，发送响应给发出请求的请求节点；作为 PoS，用于管理多个存储请求的顺序。此外，HN-F 还可能具备目录或侦听过滤功能，以此来减少大量侦听请求。

- 非一致性主节点（Non-Coherent Home Node，HN-I）处理有限的一部分协议所定义的请求，不包含 PoC，也不具备处理侦听请求的功能。
- 混合节点（Miscellaneous Node，MN）用于接收来自请求节点发送的 DVM 操作，完成相应操作并返回响应。

响应节点（Slave Node，SN）是指接收并完成来自主节点请求的节点，并返回响应，可以在外设或内存中使用。

- SN-F 是指常规内存的响应节点，可以处理非侦听读写请求、原子请求、缓存维护请求等。
- SN-I 是指设备内存或常规内存的响应节点，同样可以处理非侦听读写请求、原子请求、缓存维护请求等。

一个请求节点会产生传输事务（读、写、缓存维护）给主节点；主节点接收并对请求节点发来的请求进行排序，产生传输事务给响应节点；响应节点接收这些请求，返回数据或响应。

CHI 协议规定，系统中的每个节点都必须有一个节点号（Node ID）。系统中的每个请求节点和主节点内部都有一个系统地址映射（System Address Map，SAM），负责将地址转换成目标节点的 ID。也就是说，请求节点的 SAM 负责将物理地址转换成主节点的 ID；而主节点的 SAM 负责将物理地址转换成响应节点的 ID。

图 5.108 是一个简单例子，显示了传输事务在系统中的节点间路由。

（1）RN0 根据内部 SAM，将请求发送给 HN0（TgtID 是 HN0，SrcID 是 RN0）。

（2）HN0 根据内部 SAM，将请求发送给 SN0（ReturnNID 是 RN0）。

（3）SN0 接收请求，返回数据（HomeNID 是 HN0，TgtID 从 HN0 的 ReturnNID 而来）。

（4）RN0 接收到 SN0 的响应，返回 CompAck 给 HN0 以结束此次传输事务（TgtID 是 HN0，从 HomeNID 而来）。

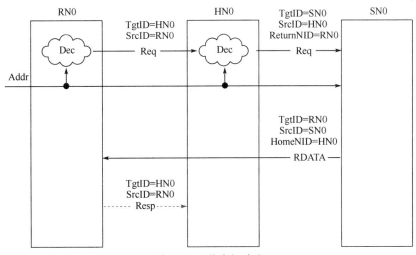

图 5.108　节点间路由

4．缓存存储

在网络处理器和虚拟现实（VR）等应用场景中，需要外设和加速器将数据直接送入处理器，以便处理器直接读取，而不必访问内存或高延迟存储器，从而减小延迟。

缓存存储（Cache Stashing）是一种在系统的特定缓存中存储数据的机制，在 CHI-B 协议中引入，通过在系统的未来使用节点附近分配缓存行来减小数据使用时的内存访问延迟。ARM 使用了缓存存储，允许紧耦合的加速器和 I/O 设备对部分处理器缓存进行直接访问，即可以直接读写每个内核的共享 L2/L3 缓存，如图 5.109 所示。

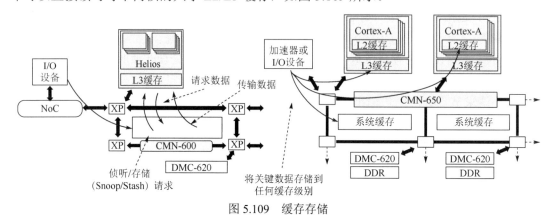

图 5.109　缓存存储

缓存存储请求是一种建议，并不是强制操作，通常由 RN-I 和 RN-D 发起，但接收设备可以忽略该请求。

CHI 协议支持两种主要形式的缓存存储：含写入数据的存储事务和无数据的存储事务。它们都可以将不同层次的缓存作为存储目标，可以是同等（Peer）缓存，也可以是同等节点的逻辑处理器缓存，还可以指向比同等缓存更低层次的缓存，如互连缓存或系统级缓存。缓存存储已被添加到 ACE5-lite 协议中。

5．DVM 操作

CHI 协议使用 DVM 操作来管理虚拟内存。DVM 操作执行 TLB 失效、缓存失效、分支预测器失效和 DVM 同步事务。

CHI 协议定义了两种类型的 DVM 操作：非同步 DVM 操作和同步 DVM 操作。DVM 操作属性指明了请求节点是否必须等待操作完成才能响应 DVM 侦听请求。

同步 DVM 操作仅执行同步，不执行其他操作，在执行同步前，需要检查以前发出的 DVM 操作是否已完成，不同之处在于 CHI 协议不需要 DVM 完成消息。非同步 DVM 操作是 TLB、缓存和分支预测器的失效操作，不需要在发出更多 DVM 操作之前完成 DVM 操作，即允许多个非同步 DVM 操作未完成。

6．原子操作

为了支持在 ARMv8.1 架构中添加的原子命令，CHI-B 协议提供了原子事务，可以在处理器内部或外部执行多个原子操作。使用原子访问而非独占访问可缩短其他设备无法访问数据的时间。

原子操作是在不受其他请求者干扰的情况下执行的读取-修改-写入序列操作。与 AXI 协议中的独占访问一样，原子访问允许请求者修改特定内存区域中的数据，同时确保来自其他请求者的写入不会损坏数据。在 AXI3/4 及 CHI-A 协议中，请求者首先获取数据，执行操作，然后将结果写回以完成原子访问。CHI-B 协议将原子操作传输到互连，允许操作在更接近数据所在位置执行，从而提高了效率，并缩短了其他请求者无法访问数据的时间。

要执行原子操作，主节点、响应节点或二者都需要算术逻辑单元（ALU）。在 CHI-B 协议中，原子事务支持是可选的，因此主节点和响应节点并不总是具有 ALU。如果下游系统不支持原子事务，则阻止请求者生成原子事务。

7. RAS 功能

为了支持 ARMv8 RAS 规范，CHI-B 协议添加了 RAS 功能，有助于错误检测和系统调试。

典型系统只能检测多比特错误而无法纠正，ARM RAS 规范允许将无法纠正的错误从产生者传输到使用者而不立即引发异常。为了允许传输损坏的数据，CHI-B 协议提供了数据中毒标志和数据检查标志，用于指示数据是否在系统中的某个时刻已损坏。

数据被标记为中毒并不表明会立即发生错误，因此数据仍然可以在系统中传输，直到数据被使用，这种情形通常是指数据已用于计算，或者已传输到不支持数据中毒的组件，但该组件无法使用中毒字段而只能停止跟踪中毒数据。若要跟踪，则系统必须进入异常状态。延迟错误指示意味着系统不必在每次检测到不可纠正的错误时都引发异常，相反，可以将中毒字段与相应的缓存行一起分配到缓存中，允许系统访问和使用未损坏数据。

在数据微片（Data Flit）中，每 64bit 数据设置一个中毒位以指示数据已损坏。例如，一个 256bit 的数据字段将具有一个 4bit 宽的中毒字段。对于数据的有效部分，数据中毒标志必须准确。如果一段 64bit 数据无效，则对应的中毒位将返回"Don't Care"值。

数据检查（Data Check）字段为数据字段提供奇校验保护，其中每比特对应数据字段中的一字节，可以在互连的不同点检查所损坏数据的数据检查字段。

CHI-B 协议使用跟踪标记（TraceTag）字段来帮助调试和分析，该字段仅有 1bit，添加到每个通道中。通过在数据微片中设置跟踪标记字段来向系统指示对该数据微片进行跟踪，而且事务中的所有后续数据微片必须设置跟踪标记字段，包括从原始请求生成的所有新事务。例如，如果从 RN-F 到 HN-F 的请求生成且设置了跟踪标记字段，那么从 HN-F 到 SN-F 的读取也必须设置跟踪标记字段。可以在请求节点的初始请求中设置跟踪标记字段，也可以在互连中间节点上设置。

8. I/O 重分配

在 CHI-B 协议中，I/O 请求能够在完全一致节点中重新分配缓存行，称为 I/O 重分配。

I/O 重分配事务提示缓存行应无效化，脏数据应写回内存或丢弃，如图 5.110 所示。由于只是提示，完全一致节点可以选择不无效化缓存行而只将数据返回给 I/O 请求者，因此 I/O 重分配不能替代缓存维护操作。换句话说，如果忽略无效化提示，则请求将被视为正常的 ReadOnce 事务。

CHI 协议定义了两种类型的 I/O 重分配请求：ReadOnceCleanInvalid 和 ReadOnceMakeInvalid。

这两种请求都有助于避免污染近期不会再用的缓存数据，其区别在于 ReadOnceMakeInvalid 不需要将脏数据写入下一级内存，不过可能会导致脏数据在系统中被丢弃，必须小心使用。

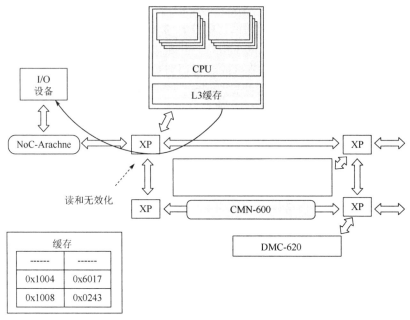

图 5.110　I/O 重分配

9. 直接内存传输、直接缓存传输和预取目标

在 CHI-A 协议中，请求节点都是通过主节点传输收到读取数据和侦听数据的。为了减小延迟，CHI-B 协议添加了直接内存传输（Direct Memory Transfer，DMT）和直接缓存传输（Direct Cache Transfer，DCT）机制。DMT 是指响应节点绕过主节点直接将数据送至请求节点，DCT 则是指请求节点绕过主节点直接将数据送至另一个请求节点。

CHI-B 协议还添加了预取目标（PrefetchTgt）事务，直接从 RN-F 发送到 SN-F，不需要返回任何数据。内存控制器可将其用作提示，为预取目标缓冲数据，一旦收到对该数据的正常请求，缓冲则将提供更短的访问时间。

5.4.4　基于 CHI 协议的缓存一致性互连

ARM 提供了硬件一致性互连，其中 CCI 使用交叉矩阵结构，很难扩展主/从设备数量，而 CCN（Cache Coherence Network，缓存一致性网络）和 CMN（Coherent Mesh Network，一致性网状网络）使用环状网和二维网格结构，工作频率得到提高。

1. CCN

要想达到更高的频率，支持更多的主/从设备，就需要引入环状总线 CCN。

ARM 的 CCN 系列 IP 采用了环状网，CCN-504 示例如图 5.111 所示。环上的节点称为交换点（Crosspoint，XP），每个交换点都与一个网络接口连接，一个网络接口则可以与一个或多个功能单元连接。

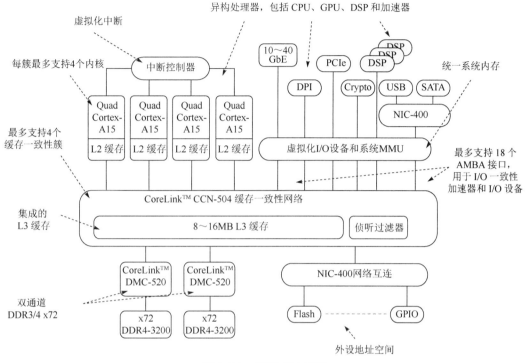

图 5.111　CCN-504 示例

2．CMN

有些系统需要连接更多设备，并且运行频率更高。此时环状总线 CCN 不满足要求，需要使用网状总线 CMN。

ARM 的 CMN 系列 IP 采用了二维网格结构，CMN-600 示例如图 5.112 所示。网络中每个节点称为交换点，CMN-600 最多支持 32 个缓存一致性簇。

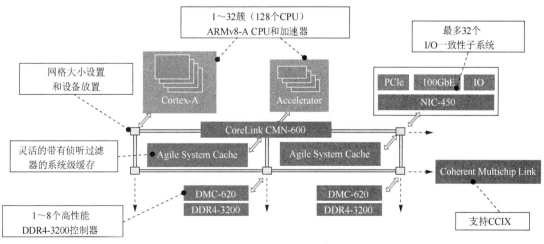

图 5.112　CMN-600 示例

5.5 互连性能评估

互连性能主要关注互连延迟和互连带宽。

5.5.1 互连延迟

互连延迟是指传输通过互连所花费的时间。

1. 交叉矩阵

图 5.113 所示为一个典型的交叉矩阵，在某些路径上存在寄存器片。

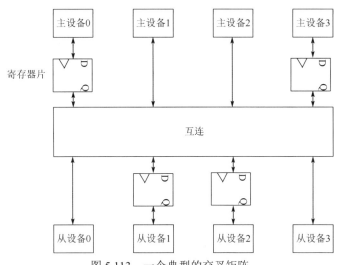

图 5.113　一个典型的交叉矩阵

由于主/从设备接口处或交叉矩阵内部可能存在寄存器片，因此读写请求可在 1～2 个总线时钟周期内到达从设备。

在 28nm 工艺下，4×4 配置的总线，其频率可达 350MHz。当主/从设备数量增加时，由于扇出增加，电容和走线增加，因此运行频率会下降。如果希望保持或提高频率，则必须在时序路径中插入更多的寄存器片，导致从主设备到从设备的延迟相应增大。以上述配置为例，如果要提高到 500MHz，则需要插入 2～3 级寄存器片，这样读写延迟将达到 4～5 个总线时钟周期，即来回总共需要约 10 个总线时钟周期。假定处理器频率高一倍，那么花费在总线上的时间就等于 20 个处理器总线时钟周期，而处理器访问 L2 缓存的延迟通常不过 10 多个总线时钟周期。虽然可以通过增大 OT 来减小总线平均延迟，但处理器 OT 有限，对于顺序处理器，可能也就 1～2 个。

2. NoC

NoC 的延迟包括两个部分，一部分是请求从源节点发送数据开始，到目标节点接收数据为止所需的时间；另一部分是响应从目标节点返回到源节点送出所经历的路径延迟。

即便源节点和目标节点相同，如果路由不同，延迟也有差异。此外，互连中插入流水和缓冲器也会增大延迟。

3. CCI

利用侦听过滤器可以实现缓存一致性，但将增加额外的互连延迟。

假定标记存储（Tag Ram）的访问延迟为 2 个总线时钟周期。在图 5.114 所示的 CCI 中，共有 7 个 ACE/ACE-lite 接口，读写通道分开，地址公用，并且会进行竞争检查，每个总线时钟周期都可以仲裁 2 个地址请求。所有接口进来的传输，无论是否可缓存（Cacheable），都不超过 64B，即采用 16×4 的突发，因此 1 次地址请求对应 4 次数据传输，最多同时允许 8 个接口发起传输，或者 4 个通道同时发起读和写请求，而每个请求最多需要等待 4 个总线时钟周期以获得仲裁机会。假设在最差的情况下，主设备同时发起共享（Shareable）读请求而访问侦听过滤器，若查找后未命中，则需要直接去内存抓取数据；假定共有 4 个出口，每个总线时钟周期可以出去 4 个，每次传输离开 CCI 不会成为瓶颈；数据读回后送达发起主设备，并再次访问侦听过滤器更新标志位，极端情形下引起侦听过滤器驱逐，需要通知其他存有被驱逐地址数据的主设备进行无效化操作。由于前后两次访问标记存储，其中一次是判断，另一次是更新标志位，则每次传输将耗时 4 个总线时钟周期，因此一次读操作的互连延迟为 10 个总线时钟周期。

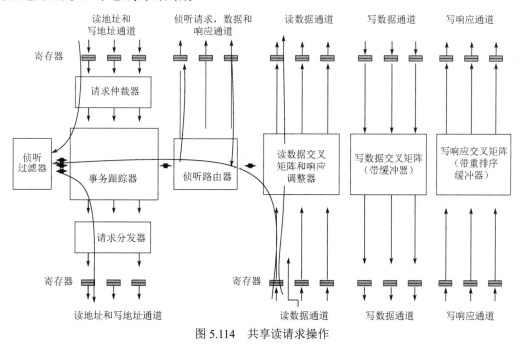

图 5.114 共享读请求操作

如果所有主设备同时发起共享写请求，并且全都命中其他主设备缓存而引起无效化操作，那么虽然读通道此时空闲，但是无效化操作占用地址，造成双倍地址请求，达到上限。

5.5.2 互连带宽

互连带宽是指单位时间内互连上传输的数据量，其理论带宽取决于互连接口的总线位宽和工作频率。假定数据宽度为 128bit（16B），互连接口工作频率为 800MHz，则互连的理论带宽为 12.8GB/s（16B×0.8G/s）。

理论带宽受限于互连的总线位宽和工作频率，而实际带宽还与下游设备的平均响应延迟有很大关联。因此讨论互连带宽时首先需要考虑主设备是否能够发出对应带宽的数据，其次需要考虑下游设备是否能够接收互连传输过来的数据量。

为了使实际带宽尽量接近理论带宽，通常要使互连流水起来，避免出现反压。首先需要避免由 Outstanding 能力不足导致的反压，一般 OT 可以通过如下公式进行估算：

$$OT\ 限额\ =\ 最大带宽\ \times\ 平均延迟\ /\ 每次请求的字节数$$

一般互连的入口带宽较高，出口带宽较低。实际吞吐率主要受制于外接内存的带宽，一些常用方法（如交错、拆分和调度）可帮助达到理论带宽，通常交错和拆分由互连完成，调度则由内存控制器完成。

1. 交错

交错是指对于任何地址访问，尽量平均分配到不同的内存控制器。需要找到合适的交错粒度，粒度越大就越不容易分散，粒度越小就越不容易形成对某个内存控制器和 DDR Bank 的连续访问。CCI 对地址进行哈希变换以达成平均分布。

2. 拆分

有时候传输块太大，可以拆分成小块，以便于交错而分送到不同的内存控制器。为防止等待，AXI 主设备不应发出相同标识符的操作，因为如果标识符相同，就必须等待上一次操作完成。可以考虑拆分和设置新标识符操作都由总线来维护，而主设备不需要关心，只管往外发送。

通常拆分主要用于显示、视频和 DMA。ARM 的 CPU 和 GPU 永远不会发出大于 64B 的传输块，所以不需要拆分。

3. 调度

调度是指使用乱序来策略进行不存在竞争的读写传输。由于内存控制器会进行一定程度的调度，因此互连发送出去的读写请求，很多时候并不是按照请求次序来完成的，需要额外的缓冲器来存储先返回的数据。

1）交叉矩阵

NIC-400 没有高效的交错功能，也没有调度和缓冲功能，所以在复杂系统中并不推荐使用。在 NIC-400 中，当传输块过大时，可以将大传输块拆分后分送到不同的内存控制器。但是 AXI 总线不推荐一对多的访问，因为可能会产生死锁。解决方法是主设备发出不同标识符的操作，或者互连完成拆分和设置新标识符的操作。

2）NoC

先考虑 NoC 入口处。假设 NoC AXI 的数据读写宽度均为 128bit（16B），当互连接口频率为 800MHz 时，单口的理论读或写带宽分别是 12.8GB/s。对于 4 个 AXI 的 NoC，总带宽约为 100GB/s。假设传输从进入 NoC AXI 到离开的读取访问延迟是 50ns，那么其单口读端最多设置 10 个（12.8GB/s × 50ns /64B）OT，就可以满足来自主设备的读传输需求。假设写访问延迟为 20ns，则 OT 最大为 4（12.8GB/s × 20ns /64B）。因此，入口处单口读写操作的

OT 最大为 14。一般而言，处理器可以发出足够的读写请求，实际瓶颈在于互连一侧。

再考虑 NoC 出口处。假定 DDR 与 NoC AXI 相连，其总带宽为 25.6 GB/s，因而虽然互连入口总带宽是 100GB/s，但出口总带宽受内存影响只能是 25.6GB/s。假设输出端的读延迟为 40ns，那么 NoC 出口的读 OT 需要设置为 16（25.6 GB/s × 40ns / 64B）。

NoC 的分割功能可以将 256B 甚至 4KB 的突发传输分割成小块传输以便于交错，不过分割时必须改变传输的标识符，并且要自我维护以保持数据完整性。

3）CCI

在 CCI 中，入口处的每个通道均独立，但出口处因侦听需要，所有通道都放在一起。

先考虑 CCI 入口处。在图 5.114 所示的 CCI 中，ACE 接口支持的 OT 可配置。对于读操作，传输从进入互连到离开互连需要 52.3ns，则 OT 最大为 10（12.8GB/s×52.3ns/64B）。因此，只要 10 个 OT 就可以满足处理器 100 多个读传输需求。如果 DDR 延迟变大导致传输延迟需要 85ns，那么 CCI 所需 OT 就变成 17（12.8GB/s×85ns/64B）。对于写操作，只需要下游的内存控制器给出早响应（Early Response）而无须等待数据返回。写访问延迟是穿越 CCI 和部分 DMC 的静态延迟，不超过 20ns，则单口写操作所需 OT 最大为 4（12.8GB/s × 20ns /64B）。因此，入口处单口读写操作 OT 最大为 21。

再考虑 CCI 出口处。如果是共享传输，则需要执行侦听查表操作，此时所有请求放在一起，其大小按照 4 个出口，每个出口带宽为 2×12.8GB/s 计算，总共 100GB/s。但是，由于外接 DDR 最多提供 25.6GB/s 的带宽，读操作延迟按照 75ns（85ns 除去 CCI 本身延迟）计算，则 OT 最大为 30（25.6GB/s × 75ns/64B）。如果是非共享传输，则仍使用入口处的 OT。至于写操作，其延迟小于读操作，所需 OT 更小。因此应该提供足够的 OT 以充分利用侦听过滤器带宽。

对于交叉矩阵和 CCI，其数据暂存于互连内部的缓冲区。如果 OT 过大，则相应缓冲区面积会增大。如果内部没有足够的缓存来暂存命令和数据，那么即便 OT 可以设置得较大，但实际能支持的 OT 可能小于理想设置值，从而限制了主设备发出传输请求的能力。

小结

- 同一芯片上将不同模块连接起来的组件称为片上互连。片上互连根据拓扑不同，可分为共享总线、交叉矩阵和片上网络。
- 共享总线通过分时复用实现不同主/从设备间的通信，交叉矩阵支持不同主/从设备间的并发通信，两种结构都存在可扩展性差、带宽低和功耗高等缺陷。
- 片上网络将报文交换思想引入互连内部通信机制，已广泛应用于多处理器系统，其关键技术主要包括拓扑结构、路由策略、交换技术、流量控制和服务质量等。
- 延迟是发送信号与接收信号之间的时间间隔，主要包含信号传播时间，以及信号经过所有节点需要的处理时间。带宽是指定时间段内可以通过网络传输的最大数据量，吞吐量则是指定时间段内可以通过网络传输的实际数据量。
- 服务质量被定义为网络提供给 IP 的服务和服务协商。服务应该具有高吞吐量、低延迟、低功耗等特点，协商是指在 IP 需求的服务与网络提供的现有服务之间实现平衡。

- 缓存一致性互连（CCI）用于保证多处理器（内核）间的缓存一致性，其维护机制有禁用缓存、软件管理和硬件管理。
- ACE 硬件一致性总线增添了侦听通道，而 CHI 协议将所有的信息传输采用数据包的形式来完成。缓存一致性互连使用侦听过滤器来提高性能。当需要连接更多设备，运行更高频率时，需要使用环状和网状互连总线。
- 提高互连带宽的常用方法有交错、拆分和调度，通常交错和拆分由互连完成，调度则由内存控制器完成。

第 6 章

接口子系统

信号在传输过程中受到互连等影响会发生波形畸变。反射和串扰是引起信号完整性问题的两大主要原因。在传统的单端信号传输技术中，线路间的电磁干扰导致数据传输失败的概率升高，为此差分信号技术在各种高速总线中得到应用。

随着信号速率升高，并行同步数字信号的速率接近极限，高速串行接口技术不仅可以获得更高性能，还可以最大限度地减少芯片引脚数，降低制造成本。小芯片技术通过采用2.5D、3D 等高级封装技术，将多个裸片（Die）通过内部互连技术集成在一个封装内，构成专用功能异构芯片，提高芯片系统的集成度，扩展其性能、功耗优化空间，从而解决芯片研制涉及的规模、成本和周期等问题。

本章首先介绍信号完整性，然后讨论接口信号，接下来介绍串行解串器和小芯片技术。

6.1 信号完整性

信号完整性是指信号通过物理电路传输后，接收端能够接收到符合逻辑电压要求、时序要求和相位要求的信号。信号完整性设计和分析的主要目标是保证高速数字信号的可靠传输，即保证信号波形的完整和信号时序的完整。

高速信号并不是针对频率高低而言的，而由信号的边沿速度决定，一般认为其上升时间（T_r）小于或等于信号传输延迟（T_d）的 4 倍，如图 6.1 所示。

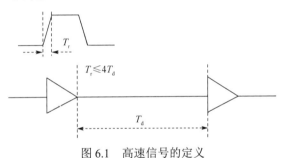

图 6.1 高速信号的定义

信号完整性问题类型如下。

- 单条传输线的信号完整性问题。
- 相邻传输线间的信号串扰问题。
- 与电源和地相关的电源完整性（PI）问题。
- 高速信号传输的电磁兼容性（EMC）问题。

6.1.1 传输线

芯片中的连线并非理想连线。信号以电磁波形式从源端传输至负载端需要一定的时间，延迟对高速电路系统会产生重要影响，不能忽略。由于需要考虑信号的传输，因此此连线被称为由电阻、电容、电感及电导组成的传输线（Transmission Line，TL），而传输存在延迟，因而又被称为延迟线。

传输线由两个一定长度的导体组成，一条是信号传输路径，另一条是信号返回路径。两个导体构成了电磁波能够向前传播的物理环境。在传输线的概念中，没有"地"，只有"返回路径"，最简单的理解是电流在发送端从信号传输路径流出，从信号返回路径流回发送端，如图 6.2 所示。

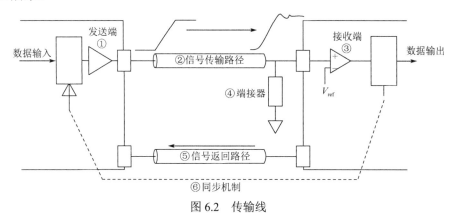

图 6.2　传输线

在电路分析中，使用集总参数模型来描述传输线，可根据需要等效为集总 RLC 模型，或者 RC 模型、LC 模型和 RLGC 模型，如图 6.3 所示。

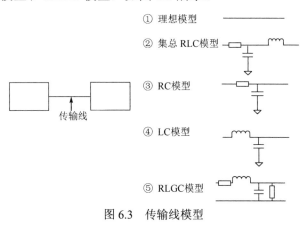

图 6.3　传输线模型

传输线有两个非常重要的特征：延迟和阻抗。

1）传输线延迟

传输线延迟是指信号通过整个传输线所花时间。假设传播延迟（Propagation Delay，PD）为信号在传输线单位长度上传输的时间延迟，则传输线延迟为

$$传输线延迟＝传播延迟×传输线长度（L）$$

传输线延迟主要取决于介质材料的介电常数、传输线长度和传输线横截面的几何结构。

2）传输线阻抗

传输线上任何一处的瞬时电压与瞬时电流之比称为瞬态阻抗。均匀传输线的任何一处横截面都相同，其瞬态阻抗是一个常数，称为特性阻抗。传输线的特性阻抗在数值上与均匀传输线的瞬态阻抗相等，是其固有属性，仅与材料特性、介电常数和单位长度电容量有关，而与长度无关。图 6.4 所示为传输线剖面示意图。通过控制传输线的宽度、厚度、间距等来改变电感和电容，从而实现实际传输线的预期特性阻抗，达到阻抗可控的目的。

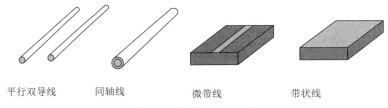

平行双导线　　　同轴线　　　　　微带线　　　　　带状线

图 6.4　传输线剖面示意图

6.1.2　反射

连接、器件引脚、走线宽度变化、走线分支和拐弯、通孔等因素会造成传输线的横截面不均匀，因而导致阻抗不连续，高速信号在传输时会出现电磁波反射（Reflection），信号波形严重畸变，并且引起一些有害的干扰脉冲，影响整个系统的正常工作。消除反射现象的方法一般有布线时的拓扑法和相应的端接技术。

1．反射现象

反射现象是指部分信号在不连续点继续前进，部分信号则折返朝源端传输，如图 6.5 所示。

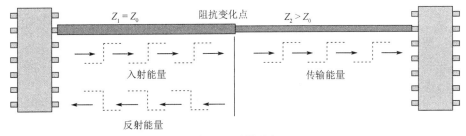

$Z_1 = Z_0$　　　　　阻抗变化点　　　$Z_2 > Z_0$

入射能量　　　　　　　　　　　传输能量

反射能量

图 6.5　反射现象

常见的终端开路和短路都会引起反射，如图 6.6 所示。

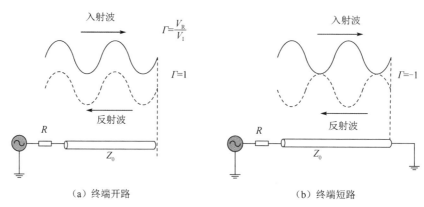

（a）终端开路 　　　　　　　　　　　（b）终端短路

图 6.6　终端开路和短路引起反射

在图 6.7 中，理想传输线 L 被内阻为 R_0 的数字信号驱动源 V_S 驱动，传输线特性阻抗为 Z_0，负载阻抗为 R_L。

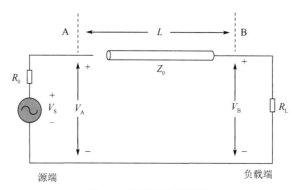

图 6.7　理想传输线模型

当负载阻抗与传输线特性阻抗不匹配时，会在负载端（B 点）反射一部分信号回源端（A 点），反射电压信号的幅值由负载反射系数 ρ_L 决定，如下式所示。

$$\rho_L = \frac{R_L - Z_0}{R_L + Z_0}$$

式中，ρ_L 称为负载反射系数，为反射电压与入射电压之比。

由上式可见，$-1 \leqslant \rho_L \leqslant +1$，当 $R_L = Z_0$ 时，$\rho_L = 0$，意味着负载完全吸收到达的能量，没有任何信号反射回源端，此情形称为临界阻尼。因此，只要根据传输线特性阻抗进行负载端匹配，就能消除反射现象。

如果负载阻抗大于传输线特性阻抗，那么由于负载端没有吸收全部能量，多余的能量就会反射回源端，此情形称为欠阻尼。如果负载阻抗小于传输线特性阻抗，那么负载端需要通过反射来通知源端输送更多能量，此情形称为过阻尼。欠阻尼和过阻尼都会引起反向传播，甚至在传输线上形成驻波。从系统设计的角度来看，很难满足临界阻尼条件，所以可靠适用的方式是允许轻微的过阻尼。

反射会造成信号过冲（Overshoot）、振铃（Ringing）、边沿迟缓（阶梯电压波），如图 6.8 所示，其中过冲是振铃的欠阻尼状态，边沿迟缓则是振铃的过阻尼状态。

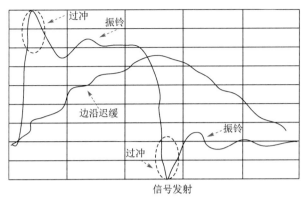

图 6.8 信号反射的表现形式

1）过冲

当信号发送端阻抗较低，信号接收端阻抗较高时，信号会在发送端与接收端之间来回反射而出现过冲（上冲、下冲）。过冲一方面会造成强烈的电磁干扰，另一方面会损伤甚至失效化后级电路。

解决过冲的一般方法是匹配或称端接（Termination），其中心思想是降低信号路径端点的阻抗突变。图 6.9 所示为负载端电阻的影响。

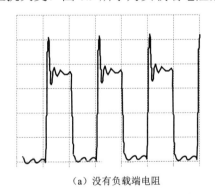

（a）没有负载端电阻   （b）有负载端电阻

图 6.9 负载端电阻的影响

2）振铃

过冲反复就会出现振铃现象。振铃会导致信号长时间不能稳定，除过冲外，其波动可能会多次超过阈值判定电压而造成误判，并且会急剧增加功耗，影响器件寿命，如图 6.10 所示。

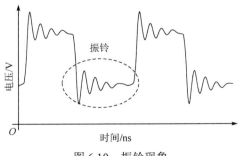

图 6.10 振铃现象

振铃现象由信号反射引起，其本质仍然是阻抗不匹配，所以减小或消除振铃的方法与处理过冲无异，必须要进行阻抗匹配（端接）。

2．端接技术

阻抗不匹配会引起信号反射，减小和消除信号反射的方法是在其发送端或接收端进行阻抗匹配。应该首选让负载端反射系数为零，这样信号能量不会在负载端消除一次反射后再反射回源端，从而可以减小噪声、电磁干扰（EMI）及射频干扰（RFI）。如果让源端反射系数为零，则消除了二次反射，即在源端消除了由负载端反射回来的信号。因此传输线端接通常采用以下两种策略。

- 负载端端接：让负载阻抗与传输线特性阻抗相匹配。
- 源端端接：让源阻抗与传输线特性阻抗相匹配。

1）串行端接

串行端接通过使源端反射系数为零来抑制从负载端反射回来的信号再反射回负载端，其方法是在靠近源端的位置串行插入一个电阻 R_S（典型值为 10～75Ω），以实现源端的阻抗匹配。该串行电阻加上驱动源的输出阻抗应大于或等于传输线特性阻抗（轻微过阻尼），如图 6.11 所示。

图 6.11　串行端接

串行端接的优点是每条线只需要一个端接电阻，无须与电源相连接，消耗功率小，可以减少板上器件的使用数量和传输线密度，当驱动高容性负载时可提供限流作用，帮助减小地反弹噪声，其效用如图 6.12 所示。

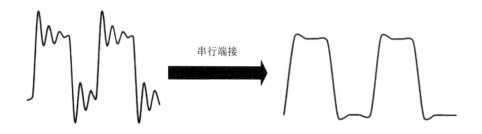

图 6.12　串行端接的效用

当信号逻辑转换时，由于 R_S 的分压作用，在源端会出现半波幅度的信号并沿传输线传播至负载端，再从负载端反射回源端，持续时间为 $2T_d$（T_d 为信号源端到负载端的传输延迟），期间会出现不正确的逻辑态，因此沿传输线不能加入其他的信号输入端。由于在信号通路上加接了电阻，增加了 RC 时间常数从而缩短了负载端信号的上升时间，因而不适用于高频信号通路，如高速时钟等。

当希望不受负载阻抗的影响或器件输出阻抗小于传输线特性阻抗时，可以选择串行端接。串行端接一般多用于源同步信号线，因为源同步信号线的信号流向相同，源端匹配可以吸收后向的串扰。

2）并行端接

并行端接通过使负载端反射系数为零来抑制从负载端反射信号，其方法是在靠近负载端的位置加上拉或下拉电阻以实现负载端的阻抗匹配。并行端接的优点是信号沿全线无失真，在驱动多扇出时，负载可在分支端沿线分布。并行端接通常以高速信号应用较多。

（1）简单的并行端接。

当源端阻抗很小时，增加并联电阻使负载端输入阻抗与传输线特性阻抗相匹配。可以考虑在接收端并行端接一个电阻到地或电源，该并联电阻的阻值必须与传输线特性阻抗相近或相等，如图 6.13 所示，其中上拉时能提高驱动能力，而下拉时能提高对电流的吸收能力。当采用此法时，负载端匹配简单易行，但会产生直流功耗。源端必须在高电压输出时提供足够的驱动电流，以保证通过端接电阻的高电压满足门限电压要求。对于 50Ω 的端接电阻，如果电源是 1.8V，那么驱动电流可能达到 36mA，由于典型的 TTL 或 CMOS 电路的驱动能力很小，因此这种单电阻的并联匹配方式很少使用。

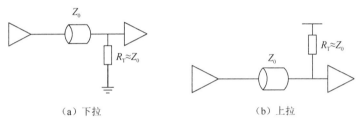

（a）下拉　　　　　　　　　（b）上拉

图 6.13　简单的并行端接

（2）戴维南并行端接。

戴维南（Thevenin）并行端接即分压器型端接，采用上拉电阻 R_1 和下拉电阻 R_2 构成端接电阻以吸收反射，如图 6.14 所示。

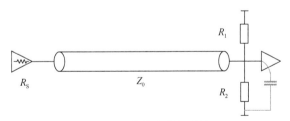

图 6.14　戴维南并行端接

戴维南等效阻抗可表示为

$$R_T = \frac{R_1 R_2}{R_1 + R_2}$$

戴维南并行端接要求 R_T 等于传输线特性阻抗 Z_0 以达到最佳匹配。此端接方法虽然降低了对源端器件驱动能力的要求，但由于在电源与地之间存在连接电阻 R_1 和 R_2，从而一直从系统电源吸收电流，因此直流功耗较大。

（3）主动并行端接。

主动并行端接通过端接电阻 R_T 将负载端信号拉至偏移电压 V_{BIAS}，如图 6.15 所示。此端接方法需要一个具有吸、灌电流能力的独立电压源来满足输出电压的跳变速度要求。

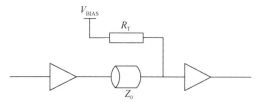

图 6.15　主动并行端接

当选择独立电压源时，应使输出驱动源对高、低电压信号有吸电流能力。当偏移电压 V_{BIAS} 为正电压，输入为逻辑低电压，或者偏移电压 V_{BIAS} 为负电压，输入为逻辑高电压时，都存在直流功耗。

（4）并行 AC 端接。

并行 AC 端接使用电阻和电容网络作为端接阻抗，如图 6.16 所示。

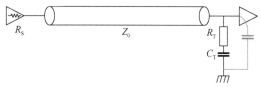

图 6.16　并行 AC 端接

端接电阻 R_{T} 要小于或等于传输线特性阻抗 Z_0，电容 C_{T} 必须大于 100pF，推荐使用 0.1μF 的多层陶瓷电容。由于此电阻电容电路构成了高通滤波器，因此此端接方法没有任何直流功耗。

（5）二极管并行端接。

在某些情况下可以使用肖特基二极管（或快速开关硅管）进行传输线端接，只要二极管的开关速度至少比信号上升时间快 4 倍，如图 6.17 所示。肖特基二极管的低正向电压降 V_{f}（典型值为 0.3～0.45V）将输入信号钳位到 GND$-V_{\text{f}}$ 和 $V_{\text{CC}}+V_{\text{f}}$ 之间，从而显著减小了信号的过冲（正尖峰）和下冲（负尖峰），不再需要进行传输线的阻抗匹配。

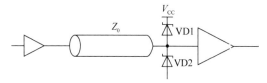

图 6.17　肖特基二极管并行端接

当面包板和底板等线阻抗难以确定时，使用二极管并行端接既方便又省时。如果在系统调试时发现振铃问题，则可以很容易地加入二极管来消除。虽然二极管价格高于电阻，但系统整体的布局布线开销可能会减少，因为不再需要考虑精确控制传输线的阻抗匹配。由于二极管的开关速度一般很难做到很快，因此该方法不适用于较高速的系统。

3）多负载的端接策略

在实际电路中常常会遇到单一驱动源驱动多个负载的情形，需要根据负载状况及电路的布线拓扑结构来确定端接方法和使用端接电路的数量。

（1）近距离多负载端接。

如果多个负载之间的距离较近，则可通过一条传输线与源端连接，此时负载都位于该传输线的终端，只需要一个端接电路。如果采用串行端接，则在传输线源端加入一个串行电阻即可，如图 6.18（a）所示；如果采用并行端接（以简单的并行端接为例），则端接应置于离源端距离最远的负载处，同时线网的拓扑结构应优先采用菊花链的连接方式，如图 6.18（b）所示。

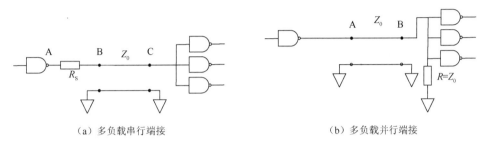

（a）多负载串行端接 （b）多负载并行端接

图 6.18 近距离多负载端接

（2）远距离多负载端接。

如果多个负载之间的距离较远，则需要通过多条传输线与源端连接，此时每个负载都需要一个端接电路。

如果采用串行端接，则在传输线源端每条传输线上均加入一个串行电阻，如图 6.19（a）所示；如果采用并行端接（以简单的并行端接为例），则应在每个负载处都进行端接，如图 6.19（b）所示。

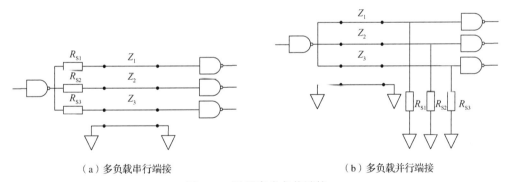

（a）多负载串行端接 （b）多负载并行端接

图 6.19 远距离多负载端接

3．拓扑结构

拓扑通常指接口中驱动器、接收器、互连和终端的布置。不同的拓扑分布对信号影响非常显著。当使用高速逻辑器件时，除非走线分支长度保持很短，否则边沿快速变化的信号将被信号主干走线上的分支走线扭曲。图 6.20 所示为常见的网络拓扑结构。

（a）点对点拓扑结构 （b）菊花链拓扑结构

图 6.20 常见的网络拓扑结构

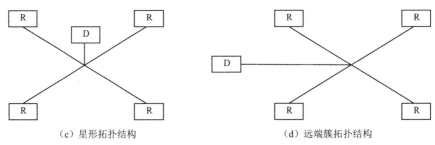

（c）星形拓扑结构　　　　　　　　　　　（d）远端簇拓扑结构

图 6.20　常见的网络拓扑结构（续）

1）点对点拓扑结构

对于关键信号或对信号质量要求非常高的信号，如高速电路的时钟信号，在条件允许时，应尽可能地使用图 6.21 所示的点对点拓扑结构，通常使用驱动器处的串联终端、接收器处的并联终端和戴维南并联终端端接方法。

图 6.21　点对点拓扑结构

2）T 形分支拓扑结构

对于驱动多个负载且信号单向传输的场合，一般使用图 6.22 所示的 T 形分支拓扑结构，由于两个臂等长，所以又称为等臂分支拓扑结构。如果分支不等长，那么各个分支处的接收端信号波形将急剧恶化。T 形分支拓扑结构通常使用源端串行端接方法。

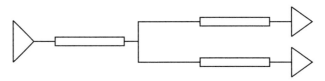

图 6.22　T 形分支拓扑结构

3）菊花链拓扑结构

菊花链拓扑结构是指用最短的互连传输线将所有的接收端连接起来，主驱动器首先连接到与其最近的接收端上，然后寻找与该接收端最近的未连接接收端并连接起来，依次类推，直至完成所有的接收端连接，如图 6.23 所示。菊花链拓扑结构适用于互连传输线延迟小于信号的上升或下降时间的场合，此时网络上的负载都可以看作容性负载。菊花链拓扑结构限制了信号速率，只能工作在低速电路中。

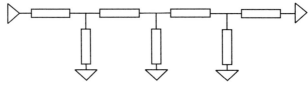

图 6.23　菊花链拓扑结构

菊花链拓扑结构通常使用上拉/下拉终端并行端接、戴维南并行端接等，极少使用串行端接，原因在于串行端接方式中传输线上的信号为半幅度传输，只有终端反射信号回来后才能达到满幅，所以接近源端的分支上的接收器可能很长时间都处于信号中值电压附近，信号边沿会出现台阶，如果有干扰噪声，则很可能造成接收器的误判。

4）Fly-by 拓扑结构

Fly-by 拓扑结构是菊花链拓扑结构的改进，区别在于分支处桩线，如图 6.24 所示，由于桩线长度已经减小到几乎为零的地步，所以更易保证信号质量。

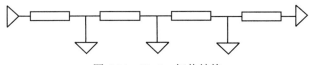

图 6.24　Fly-by 拓扑结构

5）星形拓扑结构

星形拓扑结构是 T 形分支拓扑结构的扩展，以驱动器为中心，各分支从源端直接分开走线，如图 6.25 所示。

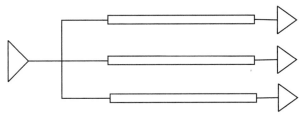

图 6.25　星形拓扑结构

端接时采用各个分支单独进行串行端接的方式，当选择串行端接电阻时，分为分支等长和分支不等长两种方式。由于在驱动多个负载时，分支过多可能找不到合适的端接电阻，所以此法使用上有一定限制。在实际应用中，往往从驱动器拉出极短的一小段线再分支，如果处理得当，则可以得到较好的信号质量。

星形拓扑结构可以有效地避免时钟信号不同步问题，其缺点是每条分支上都需要端接电阻，其阻值应与传输线特性阻抗相匹配，可通过手工计算或 CAD 工具计算得到。

星形拓扑结构适用于要求同步接收系统不同信号的场合，通常不可能完全消除反射，但通过改变电阻阻值与端接方式，最终可以找到一个可接受的方案。

6.1.3　串扰

当快速变化的信号在传输线上传输时，电磁耦合会对相邻的传输线产生不期望的电压噪声，称为串扰（Crosstalk）。耦合的方式主要分为电场（Electric Field）耦合和磁场（Magnetic Field）耦合，产生容性耦合串扰和感性耦合串扰，如图 6.26 所示。

在图 6.27 中，假设位于 A 点的驱动器是干扰源，位于 C 点的接收器为被干扰对象，那么驱动器所在的传输线网络被称为干扰源网络或攻击网络（Aggressor），接收器所在的传输线网络被称为静态网络或受害网络（Victim）。

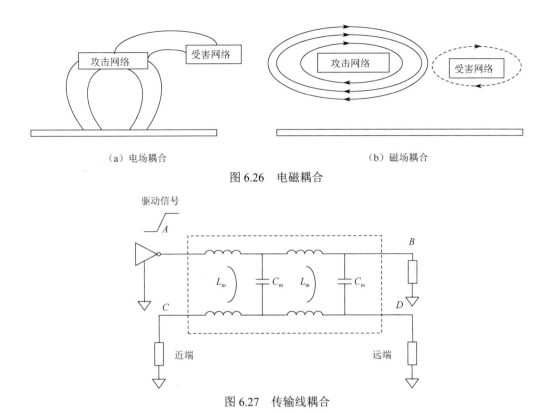

（a）电场耦合　　　　　　　　　　　　　　　　（b）磁场耦合

图 6.26　电磁耦合

图 6.27　传输线耦合

1．近端串扰和远端串扰

为了测量串扰幅值，会分别测量受害网络两端的噪声情形，其中距源端近的一端称为近端，而距源端远的一端称为远端。此两端也可用信号传输的方向来定义，即远端是信号传输方向的前方，近端是信号传输方向的后方。

受害网络靠近干扰源一端的串扰称为近端串扰（也称后向串扰），而远离干扰源一端的串扰称为远端串扰（也称前向串扰）。

2．容性耦合串扰和感性耦合串扰

根据产生原因不同，串扰可分为容性耦合串扰和感性耦合串扰两类。

1）容性耦合串扰

容性耦合串扰是干扰源上的电压变化在被干扰对象上引起感应电流而导致的电磁干扰。

当干扰线上有信号传输时，在信号边沿附近的区域，干扰线上的分布电容会感应出时变电场，致使处于电场里面的受害线上产生感应电流。当信号边沿沿干扰线移动时，通过电容耦合不断地在受害线上产生电流噪声。由于受害线上每个方向的阻抗都相同，所以一半的容性耦合电流流向近端，另一半则流向远端。此外，容性耦合电流都是从信号传输路径流向信号返回路径的，所以向近端和远端传输的耦合电流都为正向。

对于近端容性耦合串扰，随着驱动器输出信号出现上升沿，流向近端的电流将从零开始迅速增加，在传输长度大于或等于饱和长度以后，近端电流将达到一个固定值。另外，流向近端的耦合电流将以恒定的速度源源不断地流向近端，当上升沿到达干扰线的接收端时，此上升沿会被吸收，不再产生耦合电流，但是受害线上还有后向电流流向受害线的近端，所以近端的耦合电流将持续两倍的传输延迟。对于远端容性耦合串扰，受害线的耦合电流将有一半与干扰线上的信号同向且速度相同地流向远端，因此随着干扰线上信号的传输，在受害线上产生的前向耦合电流与已经存在的不断叠加，并一同流向远端。由于串扰只在信号边沿附近区域产生，因此流向远端的耦合电流的持续时间等于信号的跃变时间。容性耦合原理和波形如图 6.28 所示。

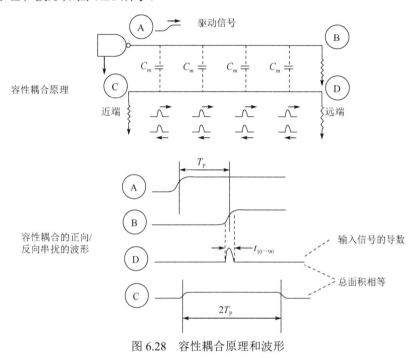

图 6.28　容性耦合原理和波形

2）感性耦合串扰

感性耦合串扰是干扰源上的电流变化在被干扰对象上引起感应电压从而导致的电磁干扰。

当信号在干扰线上传输时，在信号边沿的附近区域，干扰线上的分布电感会感应出时变磁场，致使处于磁场里面的受害线上产生感应电压，进而形成感性耦合电流，并分别向近端和远端传输。与容性耦合电流不同的是，感性耦合电流的方向与干扰线上信号传输的方向相向，当向近端传输时，电流回路从信号传输路径到信号返回路径，而当向远端传输时，电流回路则从信号返回路径到信号传输路径。

对于近端感性耦合串扰，流向近端的电流从零开始迅速增加，当传输长度大于或等于饱和长度以后，近端电流将稳定在一个固定值，持续时间是两倍的传输延迟。因为流向近端的感性耦合电流与容性耦合电流同向，所以二者将叠加在一起。对于远端感性耦合串扰，感性耦合噪声与干扰线上信号边沿的传输速度相同，而且在每一步将会耦合出越来越多的噪声电流，持续时间等于信号的跃变时间。但是由于电流流向与远端容性耦合电流是反向的，所以到达受害线远端接收器的耦合电流是二者之差。感性耦合原理和波形如图 6.29 所示。

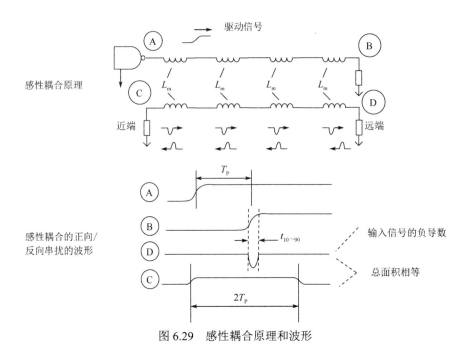

图 6.29　感性耦合原理和波形

3）互感和互容的混合效应

图 6.30 所示为受害线耦合电流示意图，其中近端耦合电流为感性耦合电流与容性耦合电流之和，而远端耦合电流为感性耦合电流与容性耦合电流之差。

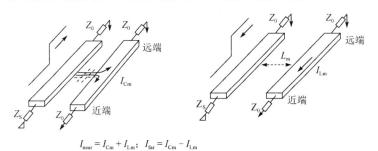

$$I_{near} = I_{Cm} + I_{Lm}; \quad I_{far} = I_{Cm} - I_{Lm}$$

图 6.30　受害线耦合电流示意图（$I_{near} = I_{Cm} + I_{Lm}$；$I_{far} = I_{Cm} - I_{Lm}$）

图 6.31 所示为受害线耦合电压示意图，从图中可知，近端串扰的电压幅值总是正的，远端串扰的电压幅值不总是负的。

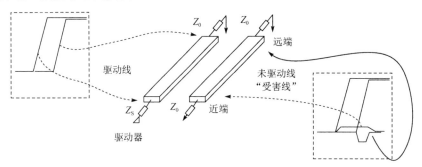

图 6.31　受害线耦合电压示意图

一般来说，在完整的地平面上，容性和感性耦合所产生的串扰电压大小相等，因此远端串扰的总噪声由于容性和感性耦合的极性不一样而相互抵消。

3．减小串扰的方法

串扰普遍存在于电子产品的设计中，其减小方法如下。

（1）在情况允许时，尽量增大走线之间的距离，减小平行走线的长度，必要时采用固定平行长度推挤的方式（也称 Jog 方式）走线。

（2）在确保信号时序的情况下，尽可能地选择上升沿和下降沿速度更慢的器件，使电场和磁场变化的速度变慢，从而降低串扰。

（3）在设计走线时，应该尽量使导体靠近地平面或电源平面，使得信号路径与地平面紧密耦合，减少对相邻信号线的干扰。

（4）在布线空间允许时，在串扰较严重的两条信号线之间插入一条地线，可以减小两条信号线间的耦合，进而减小串扰。

（5）防护线对串扰的影响：敏感信号线间除需要保持一定的距离外，在设计时往往会考虑加入防护线，进一步保护走线不被影响。如图 6.32 所示，防护线的作用主要是引入低阻抗边界，将信号线上发射出来的信号引入地回路。

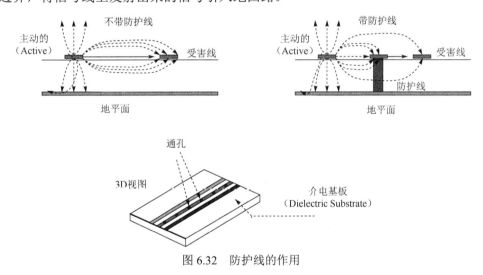

图 6.32　防护线的作用

4．眼图

眼图是一系列数字信号在示波器上累积而显示的图形，从中可以观察到码间串扰和噪声的影响，体现数字信号的整体特征，从而估计系统优劣程度。眼图分析是高速互连系统信号完整性分析的核心，也可用于对接收滤波器的特性加以调节，以减小码间串扰，改善系统的传输性能。

首先用一个示波器跨接在接收滤波器的输出端，然后调节示波器扫描周期，使示波器水平扫描周期与接收码元的周期同步，这时示波器屏幕上看到的图形就称为眼图。示波器一般测量的信号是一些位或某一段时间的波形，更多反映的是细节信息，眼图反映的则是链路上传输的所有数字信号的整体特征，如图 6.33 所示。

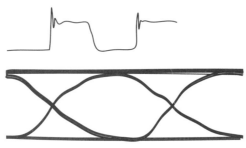

图 6.33　示波器中的信号与眼图

信号受到干扰信号的串扰影响会发生变形并使其眼图闭合，如图 6.34 所示。在工程中希望眼图能够尽量张开，以具有足够裕量来保证无误的数据传输；相反，如果眼图闭合导致裕量减小，则会出现结果错误。

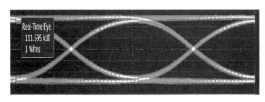
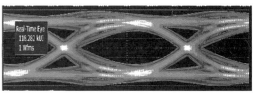

（a）无串扰　　　　　　　　　　　　　　　　　　（b）有串扰

图 6.34　串扰对眼图的影响

6.1.4　地反弹和电源反弹

器件开关而产生瞬间变化的电流（di/dt），当回流途径上存在电感时，将形成交流压降，从而引起同步开关噪声（Simultaneous Switch Noise，SSN），也称为 Δi 噪声。如果封装电感存在，则地平面的波动将导致设备地与系统地不一致，此现象称为地反弹（Ground Bounce），如图 6.35 所示。类似地，封装电感的存在导致设备电源与系统电源出现的差异，则称为电源反弹（Power Bounce）。

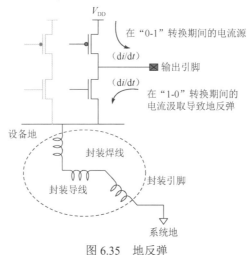

图 6.35　地反弹

根据来源，可以将同步开关噪声分成三类。

（1）芯片/模块内同步开关噪声：来源于芯片或模块内部驱动器与接收器之间的信号传输。

（2）芯片/模块外同步开关噪声：由不同封装结构或模块间的信号传输产生。

（3）串扰同步开关噪声：由平行信号线之间互相耦合引起，包括感性耦合和容性耦合。

1．同步开关噪声

同步开关噪声伴随着器件的同步开关输出（Simultaneous Switching Output，SSO）而产生。信号开关速度越快，瞬间电流变化越显著，则产生的同步开关噪声越严重。

数字电源引脚上的噪声通常由同步开关噪声引起，而同步开关噪声则由裸片上 I/O 引脚与电源或地引脚之间的引线电感造成，电压波动与电感大小和信号开关速度成正比，如图 6.36 所示。芯片内部封装的互连线、接插件引脚等，在电源来回切换时，既产生感性耦合噪声，又产生同步开关噪声，因而引起芯片内部逻辑错误。

在大规模芯片中，引脚多、封装大、信号开关速度快，因而同步开关噪声会更加严重。同时，为了更好地降低系统功耗，减小芯片工作电压已成为必然趋势。所以，同步开关噪声并没有相应减小，反而与晶体管的阈值电压更加接近。

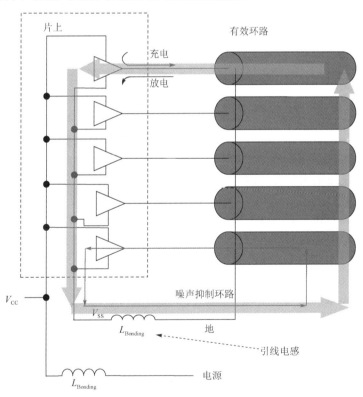

图 6.36　数字电源引脚上的噪声

2．信号完整性问题解决方法

引发信号完整性问题的基本因素是阻抗不匹配、串扰、电源完整性和时序等。表 6.1 简单汇总了常见的信号完整性问题，并列出了引起问题的原因和相应的解决方法。

表 6.1　常见的信号完整性问题

问题描述	可能原因	解决方法	其他解决办法
上冲过大	终端阻抗不匹配	终端端接	更改驱动源
串扰过大	互连线之间耦合大	更改驱动源	端接或重新布线
振荡	阻抗不匹配	发送端串联阻尼电阻	—
直流电压电平不好	负载太大	换成交流负载	更改驱动源

6.2　接口信号

常见 I/O 接口可分为单端 I/O 接口和差分 I/O 接口，二者均满足高速接口传输要求，区别在于应用场合不同。

6.2.1　单端信号

单端信号由一个信号端和一个参考端构成，参考端一般为地，如图 6.37 所示。

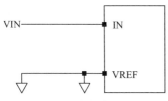

图 6.37　单端输入信号

在单端接口中，信号的状态判定基于固定电压阈值。当信号电压高于 V_{IH} 时，其状态被视为高；当低于 V_{IL} 时，则视为低。为了提高接口速度和增加噪声容限，一些单端 I/O 接口标准依赖于精确的专用本地参考电压而非通用地电压。

1）输入阈值

标准的单端输入电路分为两类：输入阈值固定的电路和输入阈值由参考电压（VREF）设置的电路，后者允许更严格地控制输入阈值水平，消除阈值对参考地的依赖，允许其更接近参考电压，从而减少了输入接收器处信号电压的大幅度摆动。

2）模式和属性

有些 I/O 接口标准只能在单向模式下使用，有些 I/O 接口标准在单向或双向模式下都可以使用。一些 I/O 接口标准具有控制驱动器强度和转换速度的属性，以及拥有弱上拉/下拉和弱保持电路。主要的单端 I/O 接口标准有 LVTTL、LVCOMS、SSTL、HSTL 等。

（1）LVTTL 和 LVCMOS。

LVTTL（Low Voltage TTL，低电压 TTL）是单端 I/O 接口标准的一个常见示例，分为 3.3V LVTTL、2.5V LVTTL 和 1.8V LVTTL。

CMOS 具有更大的噪声容限，其输入阻抗远远大于 TTL 的输入阻抗，其高电压接近于电源电压，低电压接近于零；COMS 不使用的输入端不能悬空。LVCOMS（Low Voltage CMOS，低电压 CMOS）分为 3.3V LVCMOS、2.5V LVCMOS、1.8V LVCMOS、1.5V LVCMOS、1.2V LVCMOS 和 0.8V LVCMOS 等。同电压的 LVCMOS 与 LVTTL 可以直接相互驱动，常用 LVTTL 和 LVCMOS 电压标准阈值如图 6.38 所示。

SSTL 和 HSTL 依赖参考电压来解析逻辑电压，用作芯片与外部动态存储器的接口。

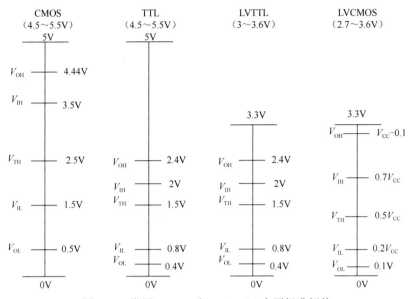

图 6.38　常用 LVTTL 和 LVCMOS 电压标准阈值

（2）SSTL。

SSTL（Stub Series Terminated Logic，短截线串联终端逻辑）与 LVTTL 相比没有太多不同，但输入缓冲差异很大。其输入电路采用比较器结构，比较器一端接输入信号，另一端接参考电压，对参考电压要求比较高（1% 精度）。输入级提供较好的电压增益及较稳定的阈值电压，使得对小的输入电压摆幅具有比较高的可靠性。SSTL 与 LVTTL 对比如图 6.39 所示。不同于 LVTTL 和 LVCMOS，SSTL 要求传输线终端匹配。

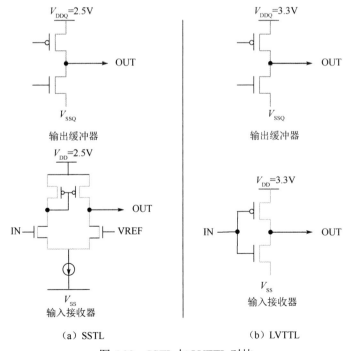

（a）SSTL　　　　　　　　　　　　（b）LVTTL

图 6.39　SSTL 与 LVTTL 对比

SSTL 有 SSTL3、SSTL2、SSTL18 和 SSTL15，分别表示 3.3V、2.5V、1.8V 和 1.5V 电压标准，应用于 SDRAM、DDR、DDR2 和 DDR3 驱动。

（3）HSTL。

HSTL（High Speed Transceiver Logic，高速收发逻辑）是一种技术独立的数字集成电路接口标准，即用作输入参考和输出的电压，与器件本身的供电电压不同。其输入电路采用比较器结构，比较器一端接输入信号，另一端接参考电压，对参考电压要求比较高（1%精度）。

HSTL 最主要的应用是高速存储器读写。在 180MHz 以上的范围，HSTL 是唯一可用的单端 I/O 接口标准。

6.2.2　差分信号

差分是指将单端信号进行差分变换，输出两个信号，一个与原信号同相，另一个则与原信号反相，如图 6.40 所示。高性能接口通常利用差分信号，在信号接收端比较两个电压的差值来判断发送端发送的逻辑状态。

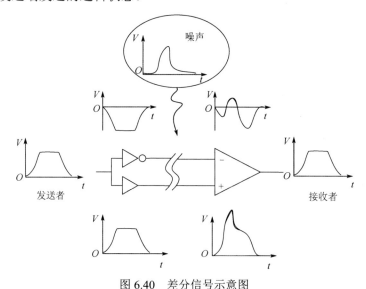

图 6.40　差分信号示意图

在差分接口中，信号的状态判定基于两个互补信号的相对电压。当 P 信号的电压高于 N 信号的电压时，该状态被视为高；当 P 信号的电压低于 N 信号的电压时，该状态被视为低。通常 P 信号和 N 信号具有相似的摆幅，并且具有高于地的共模电压。

在传统单端通信中，一条信号线用于传输一个比特（位），其中高电压表示逻辑"1"，低电压表示逻辑"0"；地线则走地平面。倘若在数据传输过程中受到干扰，则高、低电压信号可能产生大幅度扰动，一旦高电压或低电压信号超出临界值，信号就会出错。

在差分传输电路中，输出电压为正时表示逻辑"1"，为负时表示逻辑"0"，为零则没有意义，既不代表"1"，又不代表"0"。差分信号使用两条等长、等宽、紧密靠近且在同一层面的走线传输，当外界存在噪声干扰时，几乎同时耦合到两条线上，而接收端只关心差值，所以外界的共模噪声可以被完全抵消。由于两个信号极性相反，因此对外辐射的电磁场可以相互抵消，耦合越紧密，外泄的电磁能量越少。由于差分信号的开关变化位于两个信号交点，并不依靠高、低两个阈值电压，因而受工艺和温度的影响小，能够降低时序误差，更适合于使用低幅度信号的电路。

表 6.2 列出了各种差分技术的工业标准。常见差分技术的典型目标应用如图 6.41 所示。

表 6.2　各种差分技术的工业标准

	工业标准	最大数据速率	输出摆幅（V_{OD}）	功耗
LVDS	TIA/EIA-644	3.125Gbit/s	±350mV	低
LVPECL	N/A	大于 10Gbit/s	±800mV	中等～高
CML	N/A	大于 10Gbit/s	±800mV	中等
M-LVDS	TIA/EIA-899	250Mbit/s	±550mV	低
B-LVDS	N/A	800Mbit/s	±550mV	低

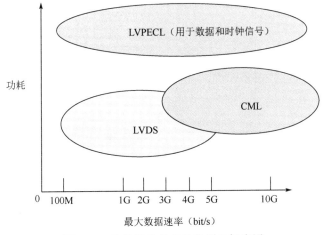

图 6.41　常见差分技术的典型目标应用

1. LVDS

LVDS（Low Voltage Differential Signal，低电压差分信号）是最早由美国国家半导体公司提出的一种高速串行信号传输标准，具有传输速度快、功耗低、抗干扰能力强、传输距离远、易于匹配等优点，已通过 TIA/EIA（电信工业联盟/电子工业联盟）的认可。

LVDS 是一种低摆幅的电流型差分信号技术，使用专为点对点信号传输而设计的简单端接方案，即在接收器差分输入端安装单个 100Ω 电阻以消除反射，LVDS 驱动器和接收器通过 100Ω 差分阻抗的介质进行连接，如图 6.42 所示。对于串行传输来说，LVDS 能够抵御外来干扰；对于并行传输来说，LVDS 能够抵御数据传输线之间的串扰。

在图 6.43 中，由于接收器输入高阻抗，驱动器电流源的全部电流（3.5mA）流经端接电阻而产生一个 350mV 额定值的差分总线电压，在 1.2V 共模电压左右摆动。一般 LVDS 接收器可以承受至少±1V 的驱动器与接收器之间的地电压变化，所以在 0.2～2.2V 的宽共模范围内，接收器的阈值可以保证为 100mV 或更低。

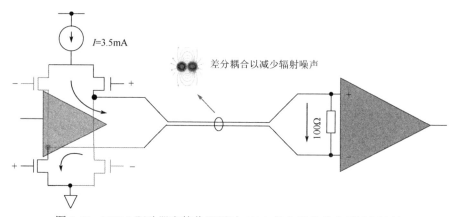

图 6.42　LVDS 驱动器和接收器通过 100Ω 差分阻抗的介质进行连接

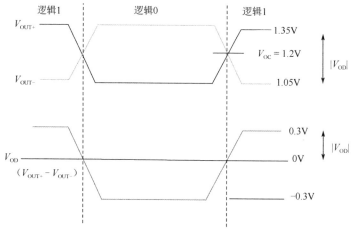

图 6.43　LVDS 输出电压

　　虽然 LVDS 成为高速数据转换器的接口选择，但必须精心布局以避免阻抗不连续和信号延迟差。LVDS 要求在接收器输入端放置一个端接电阻（$100\pm20\Omega$）以终止环流信号。实际电路中只要使用 LVDS，350mV 左右的摆幅便能满足近距离传输要求。假定负载阻抗为 100Ω，当采用 LVDS 方式传输数据时，如果双绞线长度为 10m，则数据速率可达 400Mbit/s；如果双绞线长度为 20m，则降为 100Mbit/s，而 100m 时，仅为 10Mbit/s 左右。

　　由于 LVDS 可以采用较低的信号电压，并且驱动器采用恒流源模式，其功率几乎不会随频率而变化，从而提高了数据速率和降低了功耗。因此，USB、SATA、PCIe 普遍采用 LVDS 技术。

2．M-LVDS

　　M-LVDS 是 LVDS 的延伸，用于解决多点应用中的问题。相对于 LVDS，M-LVDS 驱动能力更高，共模范围更广，跃迁时间可控。

　　图 6.44 显示了 M-LVDS 和 LVDS 对比。对于 LVDS，当负载阻抗为 100Ω 时，输出电压摆幅为 $250\sim450$mV。对于 M-LVDS，其驱动能力更高，当负载阻抗为 50Ω 时（两个 100Ω 的端接电阻，总线的任意一端），输出电压摆幅为 $480\sim650$mV。

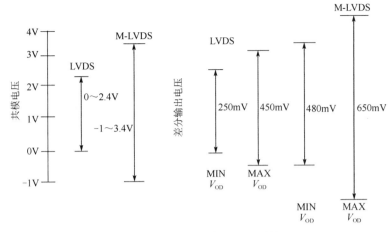

图 6.44　M-LVDS 和 LVDS 对比

3．CML

CML 是一种高速点对点接口，在驱动器和接收器上均集成了终接网络。CML 使用一个无源的上拉电路，阻抗一般为 50Ω。大多数 CML 采用交流耦合，数据信号需要达到直流平衡，即要求数据编码中的 1 和 0 数量相等。

4．LVPECL

LVPECL 信号具有清晰、尖锐且平衡的信号沿和高驱动能力，但功耗相对较高，有时需要提供单独的终接电压轨。CML 和 LVPECL 能实现超过 10Gbit/s 的高数据速率，为此必须采用速率极高、边缘陡直（Sharp Edge）的数据信号，摆幅一般约为 800mV，因此功耗超过了 LVDS。

5．伪差分输入

伪差分输入是指将地连到一个输入端而实现一种类似差分的连接。伪差分输入（见图 6.45）兼有差分输入和单端输入的优点，减小了信号源与设备的参考地电压不同而造成的影响，提高了测量精度。

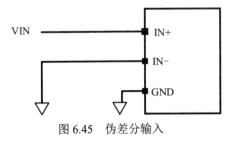

图 6.45　伪差分输入

在减小地环流和噪声方面，伪差分输入与差分输入非常相似。但在差分输入模式下，负端输入随时间变化，而在伪差分输入模式下，负端输入只是参考。

伪差分输入能部分有效抑制共模噪声，但由于两线对地阻抗不一致，所以抑制效果有限。

6.2.3 I/O 接口属性

每一种 I/O 接口标准均有其特有的电压、电流、输入/输出缓冲和端接匹配技术要求。下面介绍一些与 I/O 接口属性相关的概念。

1．单数据速率与双数据速率

在单数据速率（SDR）系统中，接收设备的输入触发器在时钟的上升沿或下降沿记录数据，一个完整的时钟周期相当于一位时间；在双数据速率（DDR）系统中，接收设备的输入触发器在时钟上升沿和下降沿都记录数据，一个完整的时钟周期相当于两位时间。单数据速率和双数据速率都可以适用于单端或差分接口，如图 6.46 所示。

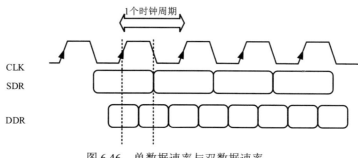

图 6.46 单数据速率与双数据速率

2．推挽输出结构与开漏输出结构

1）推挽输出结构

在推挽输出结构中，两个 MOS 管子受互补信号控制，当一个管子导通时，另一个管子则截止，如图 6.47 所示。

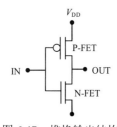

图 6.47 推挽输出结构

推挽输出结构能真正输出高电压和低电压，在两种电压下都具有驱动能力。当驱动大负载时，假如 I/O 接口输出为 5V，驱动的负载内阻为 10Ω，于是正常情况下负载上的电流为 0.5A，显然一般的 I/O 接口不可能具有如此大的驱动能力，因此其输出电压会被拉下来，达不到标称的 5V。如果只是传输数字信号，下一级具有高输入阻抗，即只传电压，基本没有电流，也没有功率，则不需要很大的驱动能力。

推挽输出结构不可能实现"线与"。所谓"线与"，是指多个信号线直接连接在一起，当所有信号全部为高电压时，合在一起的总线为高电压；当任意一个或多个信号为低电压时，总线为低电压。如果两个推挽输出结构相连在一起，一个输出高电压，同时另一个输出低电压，那么电流会先从第一个引脚的电源通过上端 PMOS 管子，再经过第二个引脚的下端 NMOS 管子直接流向地，整个通路上阻抗很小，会发生短路，进而可能造成接口损害。

2）开漏输出结构

开漏输出结构如图 6.48 所示。开漏输出结构无法真正输出高电压，即高电压时没有驱动能力，需要借助外部上拉电阻才能真正输出高电压，完成对外驱动，如图 6.49 所示。当 MOS 管子闭合时，电流从外部电源经上拉电阻 R_{PU} 流进负载，最后进入地。此时，开漏输出电路输出高电压，且连接负载。

图 6.48　开漏输出结构　　　　　　　图 6.49　开漏输出上拉

利用开漏输出结构的上述特性，可以很方便地由上拉电阻来调节输出电压，所以适用于需要进行电压转换的场合，还可利用该特性实现"线与"功能。

两种输出结构的比较如表 6.3 所示。

表 6.3　两种输出结构的比较

	推挽输出结构	开漏输出结构
高电压驱动能力	强	由外部上拉电阻提供
低电压驱动能力	强	强
电压跳变速度	快	由外部上拉电阻决定，阻值越小，反应越快，功耗越大
"线与"功能	不支持	支持
电压转换	不支持	支持

3. 拓扑和端接

拓扑是指接口中驱动器、接收器、互连和终端的布置，端接通常是指用于保持接口信号完整性的阻抗匹配或阻抗补偿装置。不同的拓扑和端接设计策略会影响接口的信号完整性。

1）单端输入端接电阻

一些单端 I/O 接口需要在输入端接电阻来匹配信号的完整性，如 HSTL、SSTL。单端输入端接电阻如图 6.50 所示。

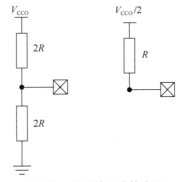

图 6.50　单端输入端接电阻

2）差分输入端接电阻

通常需要在差分输入端并行端接电阻，差分输入端接电阻如图 6.51 所示。可以采用外接端接电阻来进行匹配，也可以采用内置端接电阻的方式。

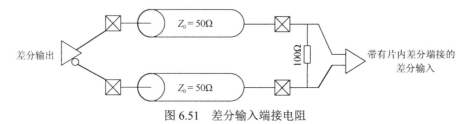

图 6.51　差分输入端接电阻

3）输出端接电阻

输出端可以配置输出端接电阻，以减少信号的反射。

在图 6.52 中，SoC 作为输出端，其端接电阻可以通过内置端接电阻配置完成，但如果 DDR SDRAM 作为后一级的输入端，而 SoC 上没有内置端接电阻，则需要外接 50Ω 的输入匹配电阻。

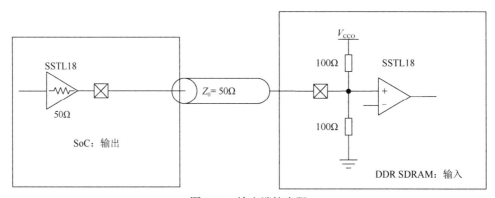

图 6.52　输出端接电阻

4．不同工艺器件的端接策略

随着互连长度和电路中逻辑器件类型的不同，阻抗匹配和端接技术方案也会有所不同。只有针对具体情况，使用正确适当的端接方法才能有效地减小信号反射。

一般来说，对于 CMOS 工艺的驱动源，其输出阻抗较稳定且接近传输线的特性阻抗，因此使用串行端接技术就能获得较好效果。而对于 TTL 工艺的驱动源，高电压和低电压时的输出阻抗有所不同，因此使用戴维南并行端接技术比较合适。ECL 器件具有很低的输出阻抗，因此其通用端接技术是在接收端使用一个下拉端接电阻。

高速电路的端接方案需要根据具体情况通过分析和仿真来选取，以获得最佳的端接效果。

1）单向点对点拓扑结构

单向点对点拓扑结构中有一个驱动器和一个接收器。表 6.4 列出了可用于单向点对点拓扑结构的 I/O 接口类型。

表 6.4　可用于单向点对点拓扑结构的 I/O 接口类型

I/O 接口类型	LVTTL
	LVCMOS
	LVDCI
	SSTL I 类
	HSTL I 类

单向点对点拓扑结构的端接可采用接收器处的并行端接、驱动器处的串行端接或受控阻抗驱动器，如图 6.53 所示。

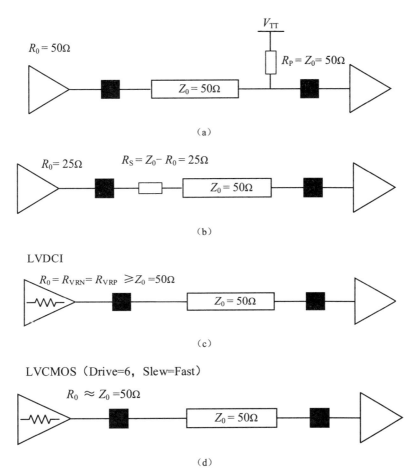

图 6.53　单向点对点拓扑结构的端接

LVTTL 和 LVCMOS 没有指定任何规范的端接方法。驱动器处的串行端接或接收器处的并行端接都合适。

LVDCI 隐式使用受控阻抗驱动器端接，在接收器处不需要任何形式的端接。

HSTL 具有特定端接要求。HSTL I 类是一种单向 I/O 接口标准，建议在接收器处进行并行端接；终端电压 V_{TT} 定义为电源电压 V_{CC} 的一半。设计者最终可以选择完全不使用终端，或者使用不同的终端，通过模拟和测量来验证接收器处的信号完整性是否足够。

SSTL 标准对终端拓扑结构没有严格要求，但 JEDEC 规范提供了通常使用的拓扑结构的端接技术。与 HSTL 类似，设计者通过模拟和测量来验证接收器处的信号完整性是否足够。

2）单向多点拓扑结构

在复杂拓扑结构中，一个驱动器可以驱动多个接收器，此时最佳拓扑结构是使用一条长传输线，驱动器在一端，平行终端在另一端，接收器通过中间的短线连接到主传输线，该拓扑结构通常称为飞越多点拓扑结构。表 6.5 列出了可用于单向多点拓扑结构的 I/O 接口类型。

表 6.5 可用于单向多点拓扑结构的 I/O 接口类型

I/O 接口类型	LVTTL
	LVCMOS
	HSTL
	SSTL

当使用单向多点拓扑结构时：第一，在传输线的远端存在一个并行端接，不得在驱动器或受控阻抗驱动器处使用串行终端；第二，每个接收器的连接短截线必须短，其长度不超过信号上升时间的一小部分。当典型信号上升时间为 600ps 时，应使用长度不超过 600ps/4=150ps 或 22.86mm 的短截线。

LVTTL 和 LVCMOS 没有指定明确的端接方法，在终端并行端接是一种合适的端接方法，不建议使用星形拓扑结构。

3）双向点对点拓扑结构

在简单的双向点对点拓扑结构中，两个收发器通过传输线连接，拓扑结构对称可以保证在两个方向上收发器都能良好工作。表 6.6 列出了可用于双向点对点拓扑结构的 I/O 接口类型。

表 6.6 可用于双向点对点拓扑结构的 I/O 接口类型

I/O 接口类型	LVTTL
	LVCMOS
	LVDCI
	HSLVDCI
	SSTL15
	SSTL15 DCI
	SSTL18 II 类
	SSTL18 II 类 DCI
	HSTL II 类
	HSTL II 类 DCI

链路一侧使用的任何端接也应被使用在链路的另一侧，而并行端接在两种情况下都能更好地接收信号电压。串行终端很少适用于双向接口，因为发送端和接收端的串行电阻会衰减输入信号。受控阻抗驱动器，无论是以弱 LVCMOS 驱动器的形式粗略地控制，还是以 LVDCI 或 HSLVDCI 的形式自适应地控制，都可以获得良好效果。通常通过仿真来确定最佳终端阻值、V_{TT} 和 R_{VRN}/R_{VRP}。

双向点对点拓扑结构的端接如图 6.54 所示。

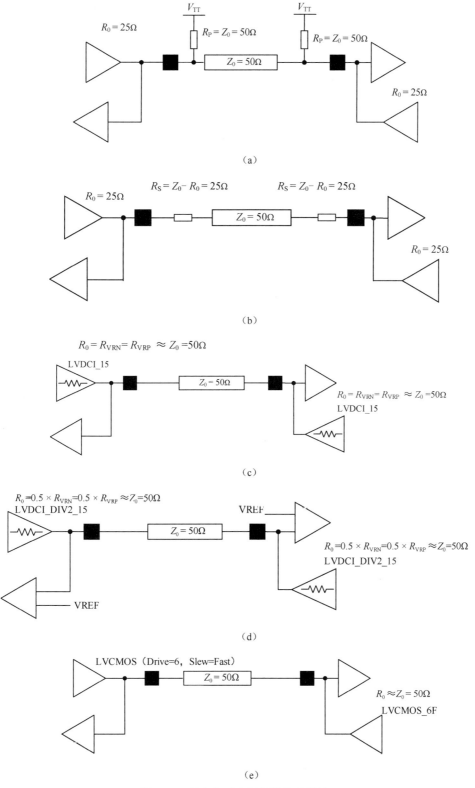

图 6.54　双向点对点拓扑结构的端接

LVTTL 和 LVCMOS 没有指定任何规范的端接方法。对于双向接口，不建议使用串行端接。不过，并行终止和弱驱动都合适。

LVDCI 和 HSLVDCI 都隐式地使用受控阻抗驱动器端接。

HSTL II 类规定了两个收发器的并行终端。终端电压 V_{TT} 定义为电源电压 V_{CCO} 的一半。可以选择完全不使用终端或使用不同的终端，通过仿真和测量来验证接收器处的信号完整性是否足够。

SSTL 的 JEDEC 规范提供了串行端接和并行端接的示例。终端电压 V_{TT} 定义为电源电压 V_{CCO} 的一半。虽然规范文件提供了描述驱动器串行端接的示例，但需要注意的是，这样做的目的是试图使驱动器的阻抗与传输线的特性阻抗相匹配。

4）双向多点拓扑结构

在复杂的拓扑结构中，多点总线中的任何收发器都可以发送数据到所有其他收发器。通常这些拓扑结构只能以非常慢的时钟速率运行，因为只支持非常短的信号上升时间（10～50ns）。

6.3 串行解串器

串行数据传输是指在同一时间内只传输一个数据流，具有功耗低、抗电磁干扰能力强和易封装的特点，过去常用于设备之间的远距离、低速率数据通信及设备内芯片之间的低速率通信，如 I2C、SPI、UART 等。高速串行接口是指物理层数据速率超过吉比特每秒的接口，可以传输大量数据。

1. 高速串行数据传输

并行数据传输是指通过多个通道在同一时间内传输多个数据流，如图 6.55 所示。

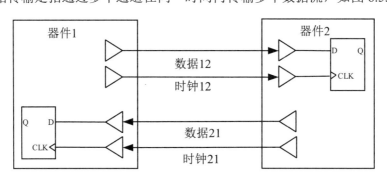

图 6.55　并行数据传输

发送端产生的数据与时钟保持一定的相位关系并同时传输到接收端，接收端使用发送端的时钟来采样数据，期间需要保证接收端时钟与数据满足一定时序关系。

在并行传输方式中，增加总线位宽或提高数据速率可以增加数据带宽。但随着数据速率提高，各信号之间的偏斜（Skew）更加明显，以至于时钟和数据选取脉冲信号与数据之间的时序关系难以保证，而且抖动影响愈加明显，导致多路信号间的串扰及地反弹增加。

此外，总线位宽的增加，致使引脚数量增加，封装和芯片尺寸也增大，从而增加了 PCB 上的布线难度和所需布线层数，引发功耗过大和成本攀升。

在传统的并行同步数字传输速率已达极限的情况下，串行数据传输便成为高速数字传输的理想选择。图 6.56 所示为一个典型的高速串行数据通道，通信双方由两个差分信号对构成双工信道，一对用于发送，另一对则用于接收。

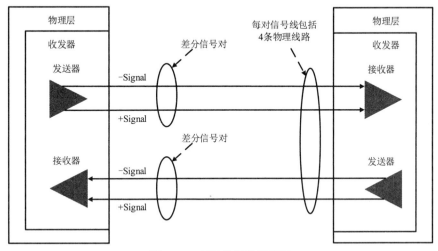

图 6.56　高速串行数据通道

2. 串行解串器概述

当使用串行数据传输方式时，需要在发送端将并行数据转换为串行数据，而在接收端将串行数据恢复为并行数据，其实现电路称为串行解串器（SerDes），如图 6.57 所示。SerDes 代表串行器（Serializer）和解串器（De-Serializer）。相比源同步接口，SerDes 的主要特点包括：采用差分方式传输数据；在数据线中内嵌时钟；通过均衡技术实现高速长距离传输；在原始数据中插入辅助编码等。

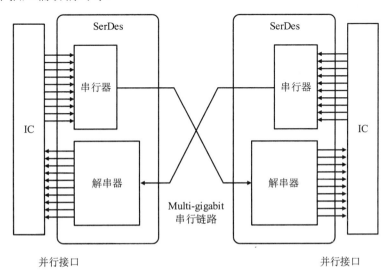

图 6.57　SerDes

3. 符号间干扰

由于存在趋肤效应（Skin Effect）和介质损耗，传输通道会导致信号衰减。该衰减随频率而变化，高、低频信号的衰减差最终会导致符号间干扰（Inter Symbol Interference，ISI），同时芯片的封装和 PCB 的通孔（Via）会引入阻抗的非连续性，引发信号反射和谐振，在通道中来回反射的信号将会叠加到接收端，也会形成符号间干扰。符号间干扰就是不同码元相互干扰。例如，A 时刻传输的"1"信号叠加到了 B 时刻传输的"0"信号上，使 B 时刻的信号幅度从 0 变为 0.2。

如果串行流中连续出现多个比特的相同数据，当其后跟随个别比特（1 或 2）的相反数据时，便会发生符号间干扰。长时间的恒定值将通道中的等效电容完全充电，但在紧接着的相反数据时间内无法反相补偿，以致相反数据的电压值有可能不会被检测到。符号间干扰如图 6.58 所示。

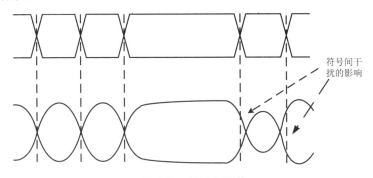

符号间干扰的影响

图 6.58　符号间干扰

6.3.1　SerDes 关键技术

SerDes 通常包含发送端（Transmitter，TX）、接收端（Receiver，RX）和传输通道（Channel）三个部分。其中，发送端负责将并行的多路信号串化为单路信号，并将信号送入传输通道。接收端则负责接收串行信号，并将其解串化为多路信号。数项 SerDes 关键技术促进了串行通信效率的大幅度提高。

1. 差分通信

SerDes 信号采用差分通信模式，对共模干扰有较强抑制效果，如图 6.59 所示。与传统的单端通信不同，差分通信用两条几乎完全相同的线路组成一对等值、反相信号，接收端通过比较两端电压差值来确定传输的是"0"还是"1"，如果正参考电压比负参考电压高，信号为高，反之信号为低。因为线路上受到的噪声干扰几乎完全相同，在计算差值时相减从而抵消，所以差分通信的抗干扰能力特别强，高速传输时不易出错。LVDS 和 CML 是常用的两种差分通信标准。当采用 LVDS 时，系统工作在 155Mbit/s～1.25Gbit/s 之间；当采用 CML 时，系统则工作在 600Mbit/s～10+Gbit/s 之间。

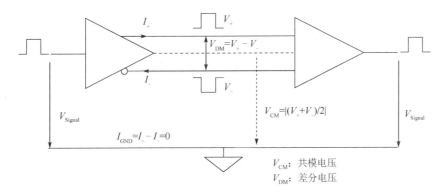

图 6.59　差分通信

2．均衡技术

现实的信号传输通道（芯片封装、PCB 走线和线缆）往往表现出低通特性，导致数据传输在高频传输时存在严重衰减，符号间干扰非常严重，高速 SerDes 需要进行均衡来消除其影响。从频域上理解，均衡是通过高通滤波器来补偿信道的低通特性；从时域上理解，均衡是对脉冲响应信号重新塑形，将其能量限制在一个时间间隔之内，从而避免符号间干扰。

SerDes 通常使用三种均衡技术：发送端的前馈均衡技术、接收端的连续时间线性均衡技术和接收端的判决反馈均衡技术，如图 6.60 所示。

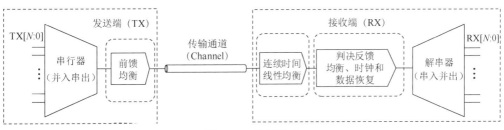

图 6.60　均衡技术

3．自同步技术

高速数据传输采用自同步技术来解决时钟同步问题。自同步技术将时钟和数据打包在同一信号中发送，在接收端解包，从信号中恢复时钟而不使用专门的时钟线，这样不但使用的接口较少，而且不论是高速还是低速，时钟延迟与数据延迟都保持一致，不存在时钟与数据的偏斜，可以保证采样的正确性，如图 6.61 所示。自同步技术也称为时钟和数据恢复（Clock and Data Recovery，CDR）技术。

图 6.61　自同步技术

4．编码技术

利用线路编码机制，在输入的原始数据中插入辅助编码，转换为接收端可以接收的格式，保证数据流中有足够的时钟信息提供给接收端的时钟恢复电路。主要使用数值查找机制和扰码机制。8b/10b 编码是一种数值查找类型的编码机制，由 IBM 开发并得到广泛应用，可将 8bit 数值转换为 10bit 符号，以保证拥有足够的跳变。图 6.62 所示为 8b/10b 编码示例。

8bit数值	10bit符号
00000000	1001110100
00000001	0111010100

图 6.62　8b/10b 编码示例

8b/10b 编码技术给线路提供了良好的信号稳定性，此外还有 4b/5b、64b/66b 和 128b/130b 等编码技术。

6.3.2　SerDes 结构

SerDes 结构主要由发送通道和接收通道组成，如图 6.63 所示。

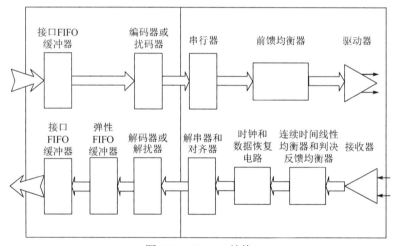

图 6.63　SerDes 结构

1．发送通道

发送通道由发送缓冲器、编码器、串行器、发送端均衡器和驱动器等模块组成。其中，串行器将并行信号转换为串行信号，前馈均衡器实现预加重或去减重以补偿信道对信号的衰减作用，驱动器具有调节输出信号摆幅、上升/下降沿等能力。

并行信号通过接口 FIFO 缓冲器送至编码器或扰码器，以避免数据含有过长连续"0"或连续"1"。之后送给串行器进行并串转换，串行信号经过前馈均衡器（Feed Forward Equalizer，FFE）调理后，由驱动器发送出去。

1）发送端均衡器

SerDes 信号从发送芯片到达接收芯片所经过的路径称为信道，包括芯片封装、PCB 走线、通孔、电缆和连接器等元器件。信道对信号的损伤包括插入损失（Insertion Loss）、反射和串扰等。信道可简化为一个低通滤波器，如果 SerDes 信号速率大于信道截止频率，就会在一定程度上损伤信号，均衡器的作用就是补偿信道对信号的损伤。

为了缓解接收端均衡器的压力，通常 SerDes 的发送端会使用 FFE 对信号进行预均衡。FFE 的实质是使用数字线性高通滤波器提高信号的高频分量，实现信道补偿，具体可由有限冲激响应滤波器实现，即将延迟信号按不同权重（W_{-1}, W_0, $\cdots$, W_n）相加，控制权重的大小即可调节均衡强度，如图 6.64 所示。FFE 也称为加重器（Emphasis），可分为去加重器（De-emphasis）和预加重器（Pre-emphasis），其中去加重器减小低频分量的摆幅，而预加重器增大高频分量的摆幅。

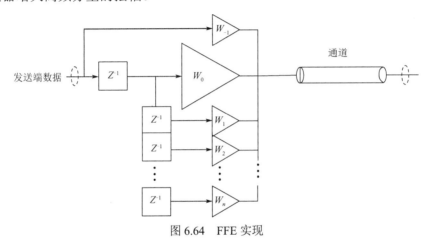

图 6.64　FFE 实现

2）编码方法

接收端的 CDR 电路的目标是寻找最佳采样时刻，而这需要数据具有丰富跳变。如果数据长时间没有跳变，那么 CDR 电路就无法得到精确训练，其采样时刻就会漂移，可能采到比真实数据更多的"1"或"0"；而且当数据重新恢复跳变时，有可能出现错误采样。例如，当 CDR 电路采用 PLL 实现时，如果数据长时间停止跳变，则 PLL 输出频率就会漂移。实际上，SerDes 传输数据要么利用加扰的方法，要么利用编码的方法来限制最长连续"0"或连续"1"的长度（Max Run Length）处于一定范围，如 8b/10b 编码技术可以保证不超过 5 个符号间隔（UI），64b/66b 编码技术可以保证不超过 66 个 UI，而 ONET/SDH 加扰技术可以保证不超过 80 个 UI（误码率<10^{-12}）。

2. 接收通道

接收通道由接收端均衡器、对齐器、解串器、解码器、接收缓冲器等模块构成。其中，对齐器修正发送时钟与接收时钟之间的偏差，同时可以修正多通道间的时钟偏斜；解串器将串行信号转换为并行信号；解码器将线路上的编码数据分解成原始数据；接收缓冲器在接收数据被提取之前，暂时保存数据。

串行信号由连续时间线性均衡器和判决反馈均衡器调理，去除一部分确定性抖动

（Deterministic Jitter，DJ）。CDR 电路从数据中恢复出采样时钟，经解串器和对齐器转换为对齐的并行信号。解码器或解扰器完成解码或解扰。随着 SerDes 数据速率提升，通常需要在接收端加入均衡器，以补偿信道导致的严重衰减。接收端均衡器一般由连续时间线性均衡器和判决反馈均衡器构成。

1）接收端均衡器

信道的低通特性致使通过信道的高频信号受到衰减，低频信号则不受影响。在时域上，损伤会分散信道所传输的符号，使接收端符号的脉冲宽度拖尾持续时间大于符号周期，导致该符号与相邻符号之间产生相互干扰，即符号间干扰，从而给时钟和数据恢复电路的设计带来困难，导致误码率上升。

响应频率的信道可以看作一个低通滤波器，因此将信道和一个高通滤波器串联就能得到一个全通滤波器。连续时间线性均衡器（Continuous Time Linear Equalizer，CTLE）的工作原理是直接通过线性模拟高通滤波器来拟合信道的衰减，以实现信道补偿。实际上，CTLE 并不放大高频信号，而是通过减小低频信号来补偿高低频的衰减差。通常 CTLE 与放大器配合使用，但会带来巨大的面积和功耗开销。

判决反馈均衡器（Decision Feedback Equalizer，DFE）是常用的 SerDes 接收端均衡器，通过数字高频滤波器来实现。与 FFE 不同，DFE 是一种非线性均衡器，即判决后的信号为数字信号，而非原输入信号经过延迟所得到。因此，DFE 可以只放大高频信号，而不放大高频噪声。

2）CDR 电路

为了正确地接收数据，需要一个数据选通信号和一个时钟来锁存（保持）数据。但是，在高速串行接口上发送时钟很难解决时钟与数据之间的偏斜问题，加上考虑到 EMI 和串扰，高频发送时钟并不可取。

为了解决这个问题，发送端数据按时钟时序串行化并传输，接收端则利用 PLL 从数据流中提取时钟，产生一个与接收数据流的数据速率（频率）同相的时钟，从而避免单独传输时钟信号。利用恢复的时钟来锁存数据的电路称为 CDR 电路，可用于消除传输过程中引入的抖动和失真，其性能决定了整个 SerDes 电路的性能。

3. SerDes PHY

SerDes 主要包括物理层和协议层，其中物理层是硬件设计、故障排除等的基础，协议层则是软件设计等的基础。在图 6.65 中，物理编码子层（Physical Coding Sublayer，PCS）内部集成了编解码电路、弹性缓冲电路、通道绑定电路和时钟修正电路，由标准的可综合 CMOS 数字逻辑实现；物理媒介适配层（Physical Media Attachment，PMA）内部集成了高速串并转换电路、预加重电路、接收均衡电路、时钟发生电路和时钟恢复电路，为数模混合 CML/CMOS 电路，也是区别于并行接口的关键。

目前，SerDes 技术已经广泛应用于芯片与光模块的互连、芯片与芯片的互连，以及以太网互连等。SerDes 技术带宽高、引脚数量少，支持目前多种主流的工业标准。各种高速接口［如 PCIe、USB 3.0、10G 以太网（XAUI）、SATA、RAPID IO、DP 等］的底层都基于 SerDes 技术。其中 Multi-Protocol PCS 会针对不同高速接口进行差异化编码，如图 6.66所示。

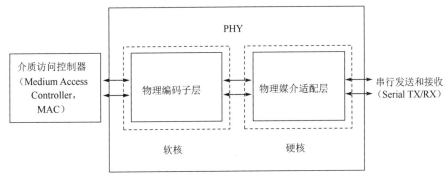

图 6.65　SerDes PHY

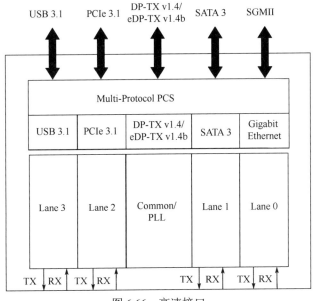

图 6.66　高速接口

　　串行接口受频率限制，可以使用多个通道来提高速度，即在相同频率下通过增加位宽来提高数据速率，需要指出，虽然多个通道可以同时传输，却仍是串行的。PCIe 标准中定义了 PCIe 1x、PCIe 2x、PCIe 4x 和 PCIe 16x，其中 PCIe 1x 是由 4 条物理线路构成的 1 个通道，而 PCIe 16x 是由 64 条物理线路构成的 16 个通道。PCIe 1x/2x/4x/16x 也常写为 PCIe x1/x2/x4/x16。

6.4　小芯片技术

　　现代芯片制造工艺的发展可以被视为一个无限追求摩尔定律极限的过程，但当芯片工艺制程突破至 28nm 以下时，传统的平面晶体管结构便完全不能支撑进一步的微缩，业界对此的应对措施是推出新结构，FinFET 技术、GAAFET 技术、MBCFET 技术相继问世。不断逼近物理极限的晶体管加工早已让现有的光刻技术不堪重负，一味追求极限微缩使得芯片生产中出现的工艺误差和加工缺陷越来越严重，导致芯片成品率下降和器件故障率升高。

现在普遍认为，以摩尔定律的预期速率进行器件缩放的时代将结束。后摩尔时代大致有三个发展方向：深度摩尔（More Moore），即继续沿着摩尔定律的道路前进；超越摩尔（More than Moore），即发展在先前摩尔定律演进过程中未开发的部分，致力于特色工艺，如先进封装、小芯片（Chiplet）技术等；新器件（Beyond CMOS），即探索在硅基 CMOS 遇到物理极限时所能倚重的新型器件，另辟蹊径寻找新材料。

6.4.1 异构集成

在半导体产业发展历程中，单片集成技术与混合集成技术长期并存。通常 SoC 芯片在同一硅片上用同一种工艺设计和制造，但在超越摩尔定律的技术路径上，利用异构集成技术可以满足高性能和低成本需求。多芯片模块、系统级封装和异构集成，都使用封装技术将来自不同芯片设计公司和代工厂的不同晶圆尺寸、不同特征尺寸、不同材料和功能的裸片、光学器件和封装好的芯片进行集成，组合成单一组件，如图 6.67 所示。

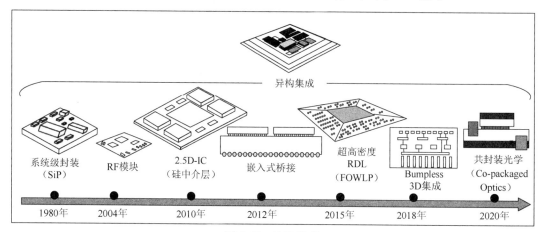

图 6.67 异构集成

1. 多芯片模块

多芯片模块（Multi Chip Module，MCM）是指将多个裸片高密度安装在同一个基板（Substrate）上以构成一个完整部件，而其使用时可被视为单一芯片。MCM 的主要特点如下。

（1）将多个未封装的裸片高密度地安装在同一基板上，省去了各个裸片的封装材料和工艺，节省了原料，减少了制造工艺，极大地缩小了体积；

（2）高密度组装产品的互连线长度极大缩短，减小了外引线寄生效应对电路高频、高速性能的影响，芯片间的延迟大大减小；

（3）将数字电路、模拟电路、功能器件、光电器件等合理地制作在同一部件内，构成多功能高性能子系统或系统；

（4）MCM 技术多选用陶瓷材料作为组装基板，与表面贴装技术（Surface Mounted Technology，SMT）选用 PCB 相比，热匹配性能和耐冷热冲击力要强得多，因而产品可靠性获得极大提高。

2．系统级封装

系统级封装（System in Package，SiP）起源于 MCM，通过高密度表面贴装、灵活多样的封装和电磁屏蔽，将应用处理器、存储器、FPGA、电源管理、无线传输、微电子机械系统（MEMS）、音频和光学传感器、生物识别模块等多个功能芯片、电子器件集成在一个基板上，构成一个满足客制化要求的高集成度的微小化系统，从而实现基本完整的功能。传统的 MCM 主要是 2D 集成，而 SiP 技术形成了多种不同的实现方式，大体分为平面式 2D 封装和 3D 封装。相对于 2D 封装，采用堆叠的 3D 封装在垂直方向上增加了可放置晶圆的层数，可以增加使用晶圆或模块的数量，从而进一步增强了 SiP 技术的功能整合能力，而在 SiP 的内部，可以单独或同时使用单纯的引线键合（Wire Bonding）和倒装接合（Flip Chip）技术。3D 集成 SiP 也被称为垂直 MCM 或 3D-MCM。

SiP 和 SoC 二者均是将一个包含逻辑组件、存储组件，甚至被动组件的系统，整合在同一单元中。SoC 将系统功能所需组件集成到单一裸片上，SiP 则通过并排或叠加封装，将性能不同的有源或无源器件集成在同一芯片上，从而形成一个功能完整的系统或子系统，如图 6.68 所示。不同的芯片排列方式与不同的内部接合技术相搭配，使 SiP 的封装形态产生多样化的组合，并可依照客户或产品需求加以定制化或弹性生产。

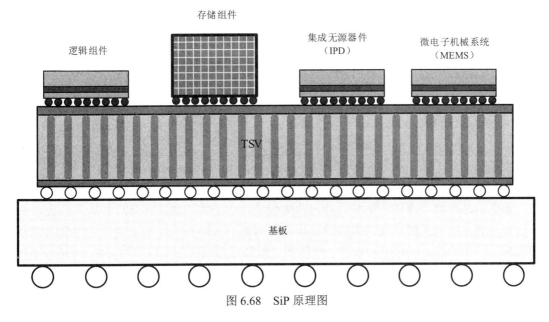

图 6.68　SiP 原理图

3．Chiplet 技术

Chiplet 技术是 SoC 集成发展到一定程度之后的芯片设计新方法，将一组具有单独功能的 Chiplet 裸片，通过芯片级先进封装技术封装在一起，形成一个异构集成的系统芯片。

Chiplet 技术可以大幅提高大型芯片良率。将大型芯片按照不同功能模块切割成独立的 Chiplet，进行分开制造，既能有效改善良率，又能降低因不良率而产生的成本。

Chiplet 技术可以降低设计复杂度和设计成本。在芯片设计阶段将大规模 SoC 按照不同功能模块分解成一个个裸片，部分裸片可以按类模块化设计，重复运用在不同的芯片产品中，既可以大幅降低芯片设计难度和成本，又有利于后续产品的迭代，加速产品的上市周期。

此外，Chiplet 技术还能降低芯片制造成本。不同裸片可以先根据需要选择合适的工艺制程，再通过先进封装技术进行组装，不需要全部都采用先进制程在同一个晶圆上进行单一工艺的一体化制造，这样可以极大降低芯片制造成本。例如，在一个异构集成芯片中，可以混合集成生产工艺完全不同（如 7nm、28nm、MEMS 等）、半导体材料完全不同（如硅、锗、GaAs 等）、生产厂家完全不同、晶圆尺寸和工作原理也完全不同（如硅光芯片）的各种芯片。例如，在一个 7nm 工艺制程的芯片中，一些次要的模块可以利用 22nm 甚至更早的工艺制程做成小芯片，再"拼装"至 7nm 芯片上，从而减少对 7nm 工艺制程的依赖。

作为摩尔定律趋缓下的半导体工艺发展方向之一，Chiplet 技术获得了广泛关注和快速发展。与传统 PCB 集成和单片 SoC 集成方式相比，Chiplet 技术具有技术、成本及商业方面的诸多优势。例如，对于高性能处理器和 AI 芯片，访存带宽通常是性能瓶颈，通过 Chiplet 技术将处理器内核和存储芯片通过 3D 堆叠技术等进行组合封装，可以有效提升信号传输质量和带宽，在一定程度上缓解"存储墙"问题。

表 6.7 给出了 Chiplet 技术与传统技术的对比，可以看到 Chiplet 技术在性能、功耗及集成度等方面接近单片 SoC 技术，而在成本及设计周期等方面与 PCB 技术差距较小。

表 6.7　Chiplet 技术与传统技术的对比

	Chiplet 技术	单片 SoC 技术	PCB 技术
性能	较高，按需选择	高	低
功耗	较低，按需选择	低	高
集成度	较高	高	低
成本	较低	高	低
设计周期	较短	长	短

4. 架构设计

多个小芯片裸片互连起来并最终异构集成成为一个大芯片，面临诸多技术挑战，其中互连和封装是两大关键，需要架构设计和先进封装两侧的共同作用。架构设计侧为"分"的关键，需要考虑访问频率、缓存一致性等，而先进封装侧为"合"的关键，功耗、散热、整体成本为主要影响因素。

目前主流架构设计方案可分为两类：一是基于功能划分多个 Chiplet，通过不同 Chiplet 组合封装，形成不同类型产品；二是单一 Chiplet 拥有独立完整功能，通过多个 Chiplet 组合实现性能线性增长。图 6.69 所示为常见架构设计方案。扩展 SoC 是指将多个 SoC 通过连接实现紧密耦合，从而提高计算能力；拆分 SoC 是指将大型单体 SoC 分成多个较小裸片，并组装在一起，以提高良率和降低成本；芯片聚合是指将实现多种不同功能的裸片组装在一起，每个裸片可以充分利用其功能的最佳工艺节点，有助于在 FPGA、汽车和 5G 基站等应用中降低功耗，并减小面积；芯片分解是指将中央数字芯片与 I/O 芯片分开，便于中央数字芯片向先进工艺迁移，而 I/O 芯片维持保守工艺，以降低产品演进的风险和成本，支持重复使用，并加快上市速度。

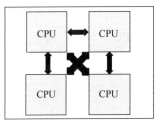

（a）扩展 SoC

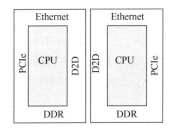

（b）拆分 SoC

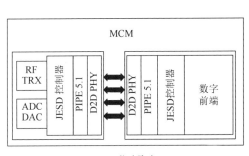

（c）芯片聚合

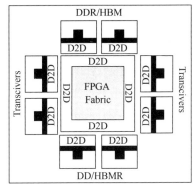

（d）芯片分解

图 6.69 常见架构设计方案

5．典型应用

1）高性能计算应用

在高性能计算（High-Performance Computing，HPC）应用中，SoC 面积越来越大，可达 550～800mm^2，从而降低了芯片良率并提高了单位芯片成本。优化良率的方法是将 SoC 分为两个或多个等效的同质裸片，每个裸片中的互连网格连接自身所有处理器簇和共享内存组；D2D 接口连接裸片，使得两个裸片中的网状互连成为同一互连的一部分，如图 6.70 所示。在此类应用中，主要的要求是极低的延迟和零误码率，并且希望多个芯片的行为和性能如同单一芯片，如一个裸片中的处理器能够以最低延迟访问另一个裸片中的内存，同时支持缓存一致性，通常利用 CCIX 或 CXL 来降低链路延迟。

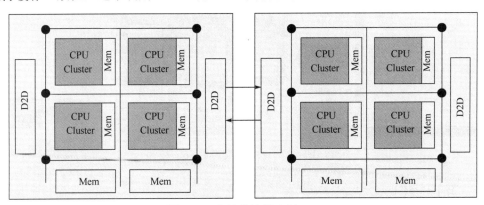

图 6.70 高性能计算应用 SoC

2）AI 应用

在 AI 应用中，每个芯片都包含智能处理单元（IPU）和位于每个 IPU 附近的分布式 SRAM。此时，一个裸片中的 IPU 可能需要依赖于极低延迟的短距离 D2D 链路来访问另一个裸片中 SRAM 中的数据，如图 6.71 所示。

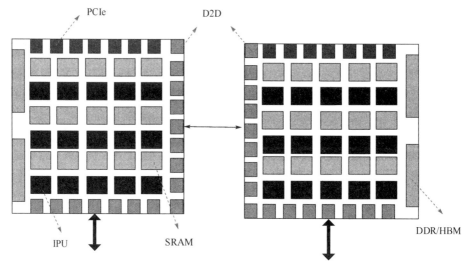

图 6.71　AI 应用 SoC

3）网络应用

在网络应用中，I/O 设备和互连内核被分为单独的裸片。为了提高灵活性和效率，I/O 设备可以是 SerDes、光学器件、传感器或其他，数字处理功能则存在于 I/O 设备之外的一个单独模块中；通常没有缓存一致性要求，对链路延迟更宽容，I/O 设备使用 AXI 等标准协议。图 6.72 所示的以太网交换机 SoC 是数据中心的核心，必须以 12～25Tbit/s 的速率传输数据，这需要 256 通道的 100Gbit/s SerDes 接口，因此无法将 SoC 置入面积为 800mm² 的光罩区域。为此，将 SoC 拆分成内核芯片和 I/O 芯片，使用 D2D 链路连接起来。

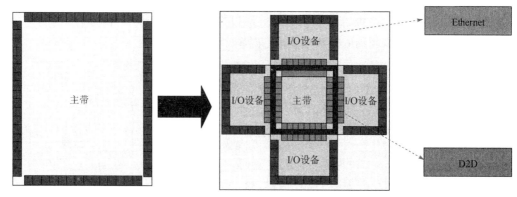

图 6.72　以太网交换机 SoC

6.4.2　互连接口

D2D（Die-to-Die，裸片间）接口是同一封装内的两个芯片裸片间的数据接口，通常由一个 PHY 和一个控制器模块组成。D2D 接口可以采用基于高速 SerDes 结构的串行接口或采用高密度并行接口。

1．串行接口

根据传输距离，基于高速 SerDes 结构的串行接口分为 LR SerDes 接口、MR SerDes 接口、VSR SerDes 接口、XSR SerDes 接口、USR SerDes 接口，如图 6.73 所示。不同类型串行接口的对比如表 6.8 所示。

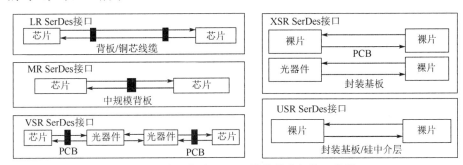

图 6.73　基于高速 SerDes 结构的串行接口分类

表 6.8　不同类型串行接口的对比

	LR/MR SerDes 接口	VSR SerDes 接口	XSR SerDes 接口	USR SerDes 接口
应用范畴	芯片间	芯片与模块间	裸片间及裸片与光器件间	裸片间
传输介质	PCB	PCB	封装基板	封装基板或硅中介层
编码方式	PAM4、ENRZ	PAM4	PAM4、NRZ	NRZ（CNRZ-5）
误码率 BER	1E-4～1E-6（1E-10～1E-15 with RS-FEC）	1E-6（1E-10～1E-15 with RS-FEC）	1E-10～1E-15	1E-10～1E-15
传输距离	500～1000mm	125mm/25mm	50mm	10mm
单位功耗	—	—	5pJ/bit	3pJ/bit

1）传统 SerDes 接口

传统 SerDes 接口，如 LR/MR/VSR（Long Reach/Medium Reach/Very Short Reach，长距离/中距离/短距离）SerDes 接口，通常用于芯片间连接，以及芯片与模块间连接，被广泛用作 PCIe、以太网和 Rapid I/O 等通信接口。其特点是可靠、传输距离长、易于集成，但在功耗、面积和延迟方面缺乏优势。

2）XSR SerDes 接口

XSR（Extra Short Reach，超短距离）SerDes 接口专门用于裸片间连接，以及裸片与光器件（Die-to-Optical Engine，D2OE）间连接，标准速率已可达 100Gbit/s，传输介质为基板；不需要复杂的均衡算法，不添加 FEC 而能达到较好的误码率，具有功耗低、面积小、通信协议灵活等特点，可以实现极高带宽的连接。

3）USR SerDes 接口

USR（Ultra Short Reach，极短距离）SerDes 接口在 2.5D/3D 封装技术中用于裸片间极短距离的连接，传输介质为基板或硅中介层。USR SerDes 接口可以利用高级编码、多比特传输等先进技术提供更高效的解决方案，实现更好的性能功耗比，并具有更好的可扩展性，但由于串行化开销，基于 SerDes 结构的通信通常具有更大延迟。图 6.74 所示为 XSR/USR SerDes 接口。

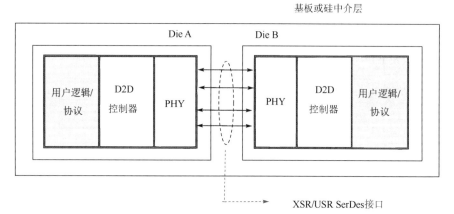

图 6.74　XSR/USR SerDes 接口

2．并行接口

实现裸片间接口的简单方案是使用一条位宽较大、由时钟驱动的并行总线，类似于 DDR SDRAM 接口。从系统和软件角度看，并行接口设计灵活、可扩展、易于实现和使用，几乎可以在任何硅工艺中实现，可以在支持低电压的先进工艺节点上实现极低功耗，但一旦超过一定带宽，封装成本将显著增加。

目前用于 Chiplet 裸片互连的通用并行接口主要有 Intel 的 AIB 接口和 MDIO（Multi-Die I/O）接口、TSMC（台积电）的 LIPINCON 接口及 OCP 的 BoW 接口等。HBM 接口也属于并行接口，但主要用于高带宽存储器互连。不同类型并行接口的对比如表 6.9 所示。

表 6.9　不同类型并行接口的对比

	AIB 接口	MDIO 接口	LIPINCON 接口	BoW 接口
单 Lane 数据速率（Gbit/s）	2	5.4	8	16
短线带宽密度（Bbps/mm）	504	1600	536	1280
单位功耗（pJ/bit）	0.85	0.5	0.5	0.5（7nm）
封装技术	EMIB	EMIB/ Foveros	CoWoS	MCP
单位面积带宽密度（GBps/mm²）	150	198	198	148
典型应用	Stratix 10 FPGA	—	VLSI 会议演示	GF 样片

1）AIB 接口和 MDIO 接口

AIB（Advanced Interface Bus，高级接口总线）是 Intel 提出的物理层并行互连标准。该总线是一种大规模并行的高速总线，利用了硅中介层提供的短传输距离和极其密集的互连路由，提供了低延迟和简单的逻辑操作。图 6.75 所示为基于 AIB 接口的芯片连接。

MDIO 接口拥有更高的传输效率，其响应速度和带宽密度达到 AIB 接口的两倍以上。AIB 接口及 MDIO 接口主要适用于通信距离短和损耗低的 2.5D 及 3D 封装技术，如 EMIB、Foveros 等。

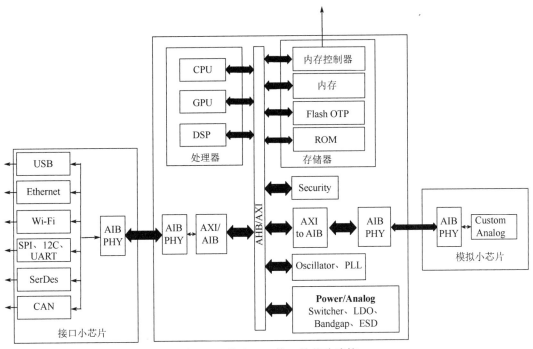

图 6.75　基于 AIB 接口的芯片连接

2）LIPINCON 接口

LIPINCON 接口是台积电针对 Chiplet 设计提出的一种高性能互连接口，如图 6.76 所示。利用 InFO 及 CoWoS 等先进硅基互连封装技术，并采用时序补偿技术，LIPINCON 接口可以不使用 PLL/DLL，降低功耗和面积。

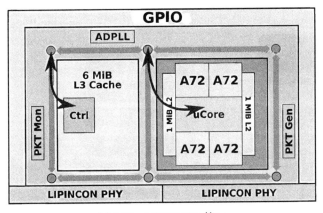

图 6.76　LIPINCON 接口

3）BoW 接口

BoW（Bundle of Wire，电线束）接口由 OCP ODSA 组织提出，如图 6.77 所示，其着重解决基于有机基板的并行互连问题。BoW 接口有三种类型，即 BoW-Base 接口、BoW-Fast 接口和 BoW-Turbo 接口。其中 BoW-Base 接口面向 10mm 以下传输距离，采用非端接的单向接口，每条线的数据速率可达 4Gbit/s；BoW-Fast 接口可以支持走线长度到 50mm，采用端接接口，支持每条线 16Gbit/s 数据速率；BoW-Turbo 接口则采用双线，支持双向 16Gbit/s 传输。

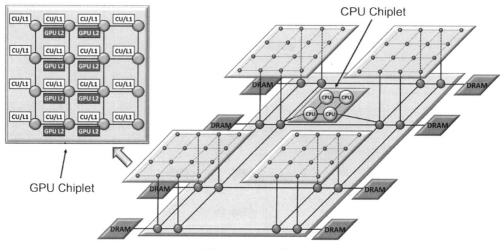

图 6.77　BoW 接口

BoW 接口结构简单灵活、可扩展性强、功耗低、通信机制简单，对芯片工艺制程和封装技术限制较少，不依赖先进硅基互连封装技术，但是会占用大量的互连空间，大大提升互连成本。

4）HBM 接口

HBM（High Bandwidth Memory，高带宽内存）接口是一种标准化的堆叠存储技术，可为堆栈内部，以及内存与逻辑组件之间的数据提供高带宽信道，在具体实现时，将内存裸片堆叠起来，通过中介层紧凑而快速地连接至处理器或 GPU，具备几乎与片上 RAM 一样的特性，如图 6.78 所示。

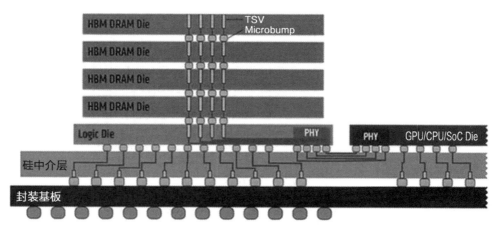

图 6.78　HBM 接口

每个解决方案都倾向于优化若干因素中的一部分或大部分，但在许多情况下，最佳解决方案高度依赖于应用。并行接口提供低功耗、低延迟和高带宽，但代价是需要在裸片之间连接许多线路，只有使用昂贵的高级封装技术才能满足布线要求。SerDes 接口提供类似带宽，但会增加延迟。图 6.79 所示为不同物理层接口技术的比较。

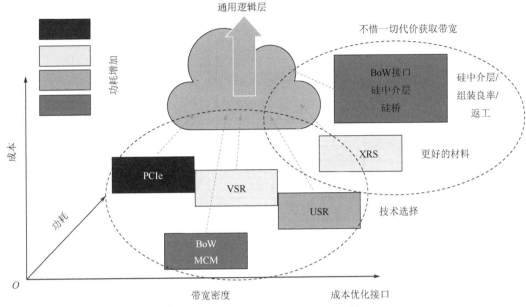

图 6.79 不同物理层接口技术的比较

6.4.3 互连协议

用于构建 Chiplet 系统的链路层及以上的互连协议主要有 CCIX 和 CXL。

1. CCIX

CCIX（Cache Coherent Interconnect for Accelerators，加速器缓存一致性互连）总线是一种片间互连总线，能够使两个或多个异构处理器或专用加速器通过缓存一致性的方式共享数据，从而提升系统带宽并降低延迟。

适用于加速器的缓存一致性互连标准采用两种机制来提高性能和降低延迟：一种是采用缓存一致性，自动保持处理器与加速器的缓存一致，提升易用性、降低延迟；另一种则是提高 CCIX 链路的原始带宽。

1）CCIX 分层架构

CCIX 架构是从 PCIe 基本架构扩展的分层架构，在标准 PCIe 数据链路层基础上通过扩展事务层、协议层等功能，实现了对缓存一致性的支持。CCIX 总线架构如图 6.80 所示，主要包含协议规范和传输规范，其中协议规范包含 CCIX 协议层和 CCIX 连接层，规定了缓存一致性协议及报文发送、流量控制和传输部分的协议；传输规范则包含 CCIX 事务层和 PCIe 事务层、PCIe 数据链路层，以及 CCIX/PCIe 物理层，负责器件间的物理连接，包括速率和带宽协商、传输包错误检测和重传部分的协议，以及初始包编码协议。

2）CCIX 系统拓扑

CCIX 总线支持多种灵活的拓扑结构，如图 6.81 所示，其中图 6.81（a）是最常见的拓扑结构，处理器与加速器或内存直接连接，图 6.81（b）中处理器与加速器或内存通过交换机相连，而图 6.81（c）所示为混合菊花链连接。

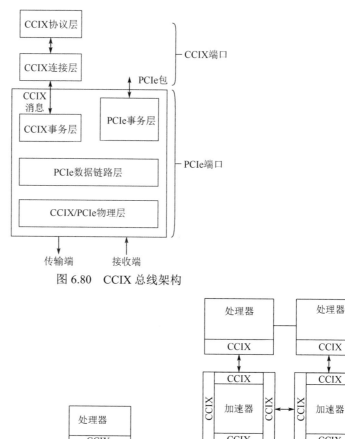

图 6.80 CCIX 总线架构

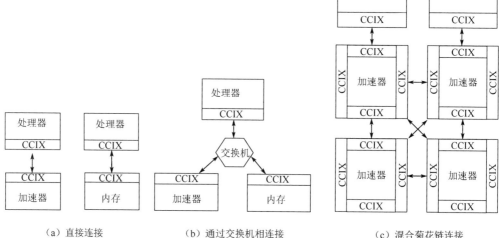

（a）直接连接　　　　　（b）通过交换机相连接　　　　（c）混合菊花链连接

图 6.81 拓扑结构

3）CCIX 一致性分层架构

多处理器系统已经具有确保不同处理器缓存一致性的技术。将现有缓存一致性互连的基本原理扩展到加速器，应用数据就可以在处理器缓存与加速器缓存间自主传输，不需要软件驱动参与。CCIX 数据共享模型基于用虚拟地址（VA）寻址的共享内存，处理器和加速器的缓存或内存通过 CCIX 协议自动更新，只需要传输数据指针而不需要依赖复杂的直接内存访问（DMA）驱动。自动同步能减小数据延迟，提升应用性能，同时减小软件开发者负担，可以聚焦于应用而不是加速器与处理器间数据传输的底层机制。

CCIX 协议定义了 CCIX 组成模块的内存访问协议。所有 CCIX 器件至少具有一个 CCIX 端口及关联引脚，用于与另一个 CCIX 端口相连接，在两个或多个不同裸片间交互信息。CCIX 一致性分层架构模型如图 6.82 所示。

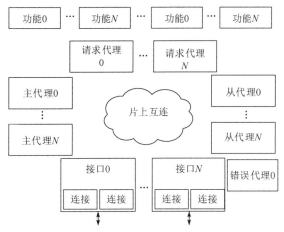

图 6.82 CCIX 一致性分层架构模型

CCIX 协议中定义了 4 类 CCIX 代理。请求代理（Request Agent，RA）可以对系统内的不同地址进行读写操作，对已访问地址的数据进行缓存；主代理（Home Agent，HA）负责管理给定地址范围内的一致性和内存访问，当一个缓存行的状态需要改变时，主代理通过向所需的请求代理发出侦听操作来保持数据一致性；当主代理在一个芯片上，而关联的一些或全部物理内存在另一个芯片上时，利用从代理（Slave Agent，SA）可以扩展系统内存，包括连接到外围设备的存储器，不过从代理不会被请求代理直接访问，也就是说请求代理总是先访问一个主代理，由主代理再访问从代理。错误代理（Error Agent，EA）负责接收和处理协议错误消息。

4）CCIX 数据流样例

CCIX 协议扩展了处理器-处理器、处理器-内存、处理器-加速器、加速器-加速器之间的数据共享。

最常见的用例是处理器和加速器共享内存。两个请求代理管理各自缓存，主代理在处理器上，管理连接到该处理器内存的访问，如图 6.83 所示。

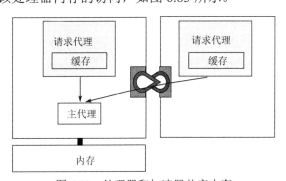

图 6.83 处理器和加速器共享内存

如图 6.84 所示，加速器和处理器的内存同在一个共享虚拟内存池中。处理器只需要简单地将待处理数据的地址指针传输给加速器，而不需要利用复杂的 PCIe DMA 和驱动程序在加速器与处理器内存之间传输数据。在此用例中，两个请求代理管理各自缓存，两个主代理管理内存，免去了软件驱动程序开发和额外开销，可以大幅提升系统性能和简化软件。

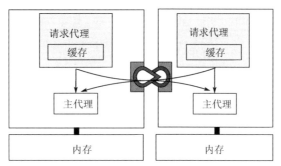

图 6.84　共享的加速器和处理器内存

CCIX 协议可以通过选择性地聚合多个 CCIX 端口，在两个 CCIX 设备之间实现更高带宽的连接。端口聚合（Port Aggregation）通常用于单个端口的可用吞吐量不足以满足两个芯片之间的通信需求的情况。在图 6.85 中，右侧芯片中请求代理的请求可以通过两个 CCIX 端口发给左侧芯片的主代理，从而增加两个芯片数据共享的带宽。

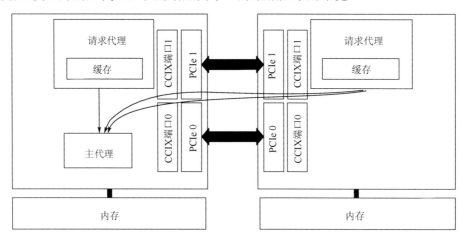

图 6.85　CCIX 端口聚合

传统的 PCIe 加速器需要驱动程序对加速器写入和读出数据，增加了延迟和计算开销。CCIX 协议支持主设备和加速器间的数据共享，采用无驱动程序的数据移动方式，可以将系统内存扩展至主设备内存之外。CCIX 协议还定义了服务器级 RAS 功能集。

2. CXL

越来越多不同类型的处理器和加速器（如 GPU、FPGA 和 AI 加速器等）需要有效地协同工作，并共享彼此内存。在基于 PCIe 的连接中，处理器和加速器的内存彼此独立，PCIe 设备一般使用 DMA 技术访问主机内存，且主机无法缓存 PCIe 设备的数据，因此大数据场景下二者之间频繁的数据搬运成为非常严重的系统性能瓶颈。PCIe 内存访问方式如图 6.86 所示。

CXL（Compute Express Link，计算快速链接）是一个开源的协议标准，提供了处理器与加速器（包括加速器、内存缓冲区和智能 I/O 设备）之间的缓存一致性互连，实现了由硬件支持的高速、低延迟的一致性互连，可以提升处理器与加速器之间的数据交互性能，并降低软件堆栈的复杂性。CXL 内存访问方式如图 6.87 所示。

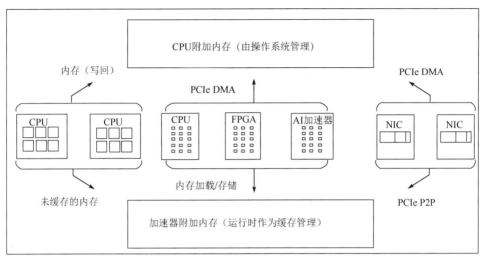

图 6.86　PCIe 内存访问方式

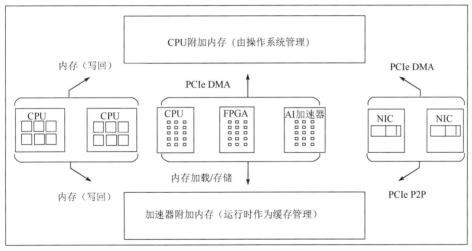

图 6.87　CXL 内存访问方式

1）CXL 协议

CXL 协议包括三个子协议：CXL. io、CXL.cache 和 CXL.memory，如图 6.88 所示。

CXL.io 基于 PCIe 5.0 协议，用于设备发现、寄存器访问、配置、初始化、中断、DMA 和 ATS。

CXL.cache 允许设备访问主机内存和缓存，使用一个简单的响应协议，允许连接的设备缓存从主机处理器内存中获得数据。主机处理器使用缓存侦听（Cache-snoop）消息来管理设备级缓存的数据一致性。

CXL.memory 允许处理器访问设备内存，允许主机处理器以缓存一致的方式直接访问附加到其他 CXL 设备的内存。CXL 内存事务由简单的加载/存储组成。

2）CXL 设备类型

CXL 联盟定义了三种设备类型，如图 6.89 所示。

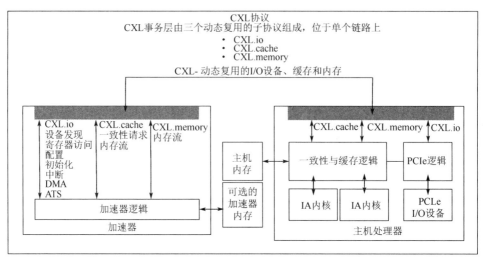

图 6.88　CXL 协议

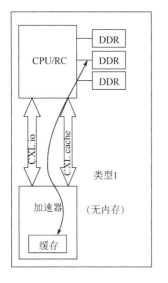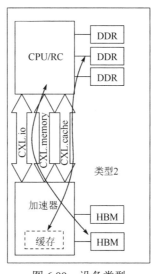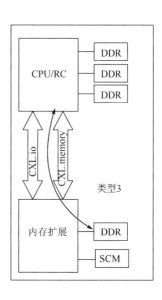

图 6.89　设备类型

类型 1 是指有缓存但缺少（本地）内存，可以利用 CXL.io 和 CXL.cache 协议高效访问主机内存的设备。

类型 2 是指具有缓存和附加内存，也可利用主机内存的设备。三个 CXL 子协议结合起来，使得设备可以一致性访问主机内存，主机也可以访问设备内存。

类型 3 是指用作主机内存缓冲区和扩展区的设备。主机利用 CXL.io 协议来发现和配置设备，利用 CXL.memory 协议来访问内存缓冲区。

PCIe 是一个对称协议，CXL 则是一个非对称协议，其中 CXL.io 是所有设备都需要的，因为存在一个枚举过程。剩下的两个子协议进行组合后就产生了三种设备类型。类型 1 常见的有智能网卡，特点是只有缓存没有内存，需要直接使用主机内存，优势在于主机处理数据非常快速，可以直接读取和处理自身内存数据；类型 3 则不同，只有内存没有缓存，如 DDR 颗粒，其实是主机的一个内存扩展。类型 2 集合了前两种设备的功能，适用于智能加速卡，如通用 GPU（GPGPU）等，支持三个子协议。图 6.90 给出了不同类型的内存利用方式。

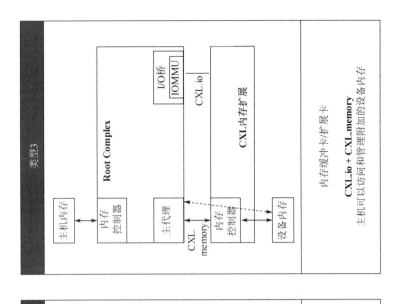

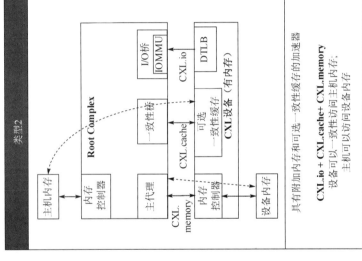

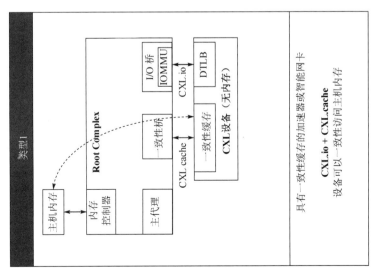

图 6.90 不同类型的内存利用方式

只有同质的 DIMM（双列直插式内存模块或称内存条）才能共享 DDR 总线，即使用同代 DDR 才可以持有相同的速度等级和时序，以及相同的器件几何形状，然而这造成了对内存扩展的重大限制。CXL 提供了内存扩展替代方案，不依赖于 DDR 总线而添加更多 DIMM，从而提供真正的异构内存连接解决方案。在图 6.91 中，配备多个处理器的 SoC 需要访问更多不同类型的内存，通过 CXL 链路可以升级使用传统 DDR 接口连接附加内存。由于每个 CXL 链路都可以连接到特定的内存控制器，因此可以优化其性能（如持久性、耐久性、带宽和延迟），并将其与每种特定内存类型相匹配。与添加 DDR 接口相比，使用 CXL 内存扩展还会减少使用的接口数量。

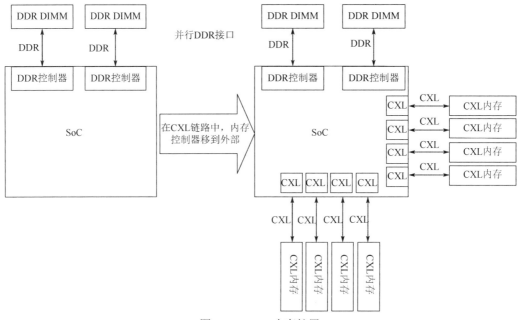

图 6.91 CXL 内存扩展

与其他外设互连相比，用于高性能计算工作负载的 CXL 可显著降低延迟。此外，CXL 通过使用资源共享技术来提高性能并降低复杂性，从而降低了总体系统成本。

CCIX 支持完整缓存一致性，但不会建立设备层次结构，可以用于跨封装芯片间互连，构造异构封装系统。CXL 默认使用主机（处理器）来实现高速缓存一致性，具有显著的速度和延迟优势，实现也相对简单。此外在完全对称的一致性下，如果加速器损坏，那系统就会崩溃，而面对不对称的一致性，即便加速器损坏，系统的其余部分也不一定会损坏。

6.4.4　封装技术

在 Chiplet 技术中，需要选择相应的封装技术才能确定用于特定用途的最佳 Chiplet 物理层接口。目前主要有台积电、日月光、Intel 主导 Chiplet 技术的主流底层封装技术。

1. 先进封装技术

先进封装技术的目的是提升功能密度，缩短互连长度，提升系统性能，降低整体功耗。

先进封装技术分为两类：基于 *XY* 平面延伸的先进封装技术和基于 *Z* 轴延伸的先进封装技术。

1）基于 *XY* 平面延伸的先进封装技术

XY 平面指的是晶圆（Wafer）或芯片的 *XY* 平面，此封装技术的特点是没有 TSV（硅通孔），信号延伸主要通过 RDL（重分布层）来实现，通常没有基板，其 RDL 布线依附于芯片硅体或附加模块。

2）基于 *Z* 轴延伸的先进封装技术

基于 *Z* 轴延伸的先进封装技术主要通过 TSV 来进行信号延伸和互连。TSV 可分为 2.5D TSV 和 3D TSV，通过 TSV 技术，可以将多个芯片进行垂直堆叠并互连。在 3D TSV 技术中，芯片相互靠得很近，所以延迟更小，而互连长度的缩短，能减少相关寄生效应，使器件以更高的频率运行，从而改进性能，并更大程度地降低成本。如果上下层芯片的 TSV 无法对齐，则需要通过 RDL 进行局部互连。

TSV 是 2.5D 和 3D 封装解决方案的关键技术，在晶圆中填充铜，提供贯通硅晶圆裸晶的垂直互连。TSV 封装贯穿整个芯片以提供电气连接，因此形成了从芯片一侧到另一侧的最短路径，如图 6.92 所示。

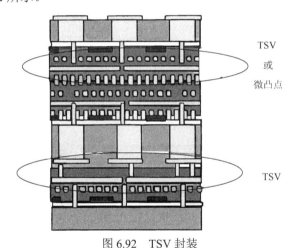

图 6.92　TSV 封装

2．Chiplet 封装技术

按照多个芯片是 2D 拼接还是 3D 堆叠，以及是否需要额外的中介层，可以将 Chiplet 封装结构分为 2D、2.5D、3D 三种类型；根据连接介质和工艺的不同，可以将 Chiplet 封装技术分为基于基板（Substrate）、基于硅中介层（Silicon Interposer）、基于硅桥（Silicon Bridge）和基于 RDL 的封装技术等。实现 Chiplet 连接的各种封装形式如图 6.93 所示。

1）2D 结构

2D 封装是一种广泛采用的封装技术，将多个裸片和其他元器件组装在同一块多层互连基板上，通过基板走线的方式实现裸片间互连后，进行封装，从而形成高密度和高可靠性的微电子组件。

由于成本等方面原因，有机基板使用较为广泛。多个裸片可以基于基板通过引线键合或倒装接合技术进行高密度连接，如图 6.94 所示。由于不依赖芯片代工厂工艺，封装材料和生产成本较低，因此基于基板的封装技术在大规模 Chiplet 系统中得到广泛使用。然而，引线键合及倒装接合互连 I/O 引脚密度较低，且芯片大量引脚被电源和地占据，导致可用于传输数据的引脚更加紧张，此外，串扰效应也会阻碍单引脚数据传输能力的提升。这些问题限制了 Chiplet 裸片间连接的传输带宽，从而影响到更高性能 Chiplet 的构建。

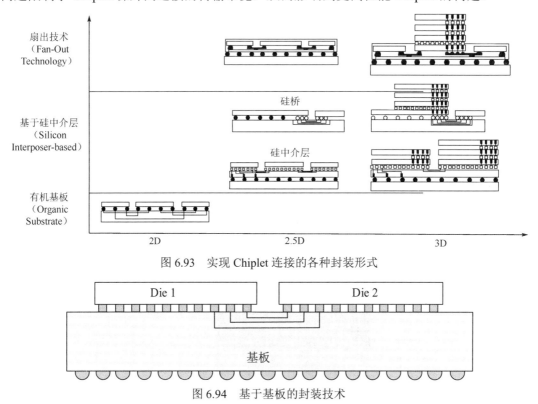

图 6.93　实现 Chiplet 连接的各种封装形式

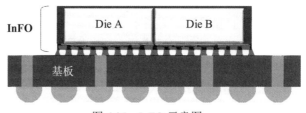

图 6.94　基于基板的封装技术

基于基板的封装技术采用高密度互连，其互连线较短，信号传输延迟明显缩短；采用多层布线基板和裸片，组装密度较高，产品体积小、质量小；集有源器件和无源器件于一体，避免了器件级的封装，减少了组装层次，从而有效地提高了可靠性；可以将数字电路、模拟电路、微波电路、功率电路及光电器件等合理有效地集成在一起，形成半导体技术所无法实现的多功能部件或系统，从而实现产品的高性能和多功能化；在要求高性能、小型化的应用领域，尤其在军事、航空航天应用领域，具有十分稳固的优势地位。

InFO 是台积电于 2017 年开发出来的 2D 封装技术，称为晶圆级封装，通过芯片间共享基板的形式，将多个裸片封装在一起，可应用于射频和无线芯片的封装、CPU 和基带芯片的封装、GPU 和网络芯片的封装。图 6.95 所示为 InFO 示意图。

图 6.95　InFO 示意图

2）2.5D 结构

2.5D 封装有利于将多个制造商不同工艺的芯片组合起来，比较有代表性的包括使用硅中介层连接芯片，如台积电 CoWoS 方案；使用硅桥连接芯片，如 Intel EMIB 方案；使用扇出型中介层进行重布线，如日月光 FOCoSB（Fan Out Chip on Substrate）方案。

（1）基于硅中介层的封装技术。

2.5D 封装在裸片与有机基板之间增加了一层硅中介层，将芯片堆积其上，由 TSV 连接芯片 I/O 引脚与有机基板，如图 6.96 所示。硅中介层可以由硅和有机材料制成，承接裸片间的互连通信，裸片与基板之间则通过 TSV 和微凸点（Micro Bump）连接，可以提供更高的 I/O 引脚密度及更低的传输延迟和功耗。

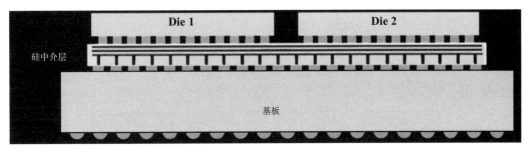

图 6.96　基于硅中介层的封装技术

CoWoS（芯片堆叠在基板上）是台积电推出的 2.5D 封装技术，先将芯片封装到硅中介层上，并使用硅中介层的高密度布线进行互连，再安装在基板上，如图 6.97 所示。

CoWoS 和 InFO 都是台积电开发的先进封装技术，其中 CoWoS 有硅中介层，InFO 则没有。CoWoS 针对高端市场，互连线数量比较多，封装尺寸比较大，而 InFO 针对性价比市场，封装尺寸较小，互连线数量较少。

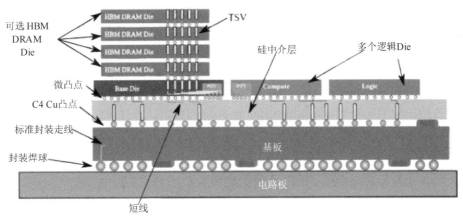

图 6.97　CoWoS 示意图

（2）基于硅桥的封装技术。

传统上，标准硅中介层仅限于光罩尺寸，更高级的解决方案包括缝合多个光罩场以形成更大的硅中介层，或者仅在需要它们的区域使用较小的硅中介层（硅桥）。基于硅中介层的封装技术与基于基板的封装技术相比，材料和工艺实现成本都大大增加。为此，基于硅桥的封装技术试图融合基于基板的封装技术和基于硅中介层的封装技术，通过在基板上集成较小的薄层进行裸片间互连（小于 75μm），以期在性能和成本之间取得良好平衡，如图 6.98 所示。

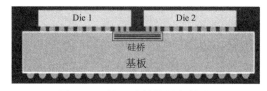

图 6.98　基于硅桥的封装技术

EMIB（Embedded Multi-die Interconnect Bridge，嵌入式多芯互连桥）技术是 Intel 推出的 2.5D 先进封装技术，在基板制作过程中嵌入具有多个布线层的桥，通过这些桥实现多裸片间的互连，如图 6.99 所示。由于不再使用硅中介层，因此可以去掉原有连接至硅中介层所需要的 TSV，以及由硅中介层尺寸带来的封装尺寸的限制，从而获得更好的灵活性、更高的速度和集成度。

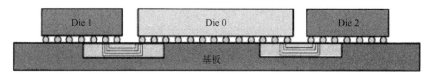

图 6.99　EMIB 示意图

硅中介层有两种形式，一种是只包含连接电路的被动中介层，另一种是不仅包含连接电路还集成了逻辑电路的主动中介层。带有 TSV 和高密度金属布线的硅衬底称为被动中介层，其只用作芯片之间的连接，造成了资源浪费。主动中介层可以提供比被动中介层更灵活、更易于扩展的解决方案，因而受到广泛关注，但实现成本较高。

（3）基于 RDL 的封装技术。

2.5D 封装的另外一种实现方式是在硅片上生成一种称为 RDL 的中介层，将裸片与有机基板连接起来。

基于 RDL 的封装技术在晶圆表面沉积金属和介质，形成由 RDL 构成的薄膜来代替基板以承载相应的金属布线图形，提供电气连接；对芯片的 I/O 接口进行重新布局，将其布置到超出裸片面积外的宽松区域，如图 6.100 所示。基于 RDL 的封装技术可以缩短电路长度，大幅提高信号质量，同时有效减少芯片面积，提高芯片集成度；此外，因垂直高度较低，能够提供额外的垂直空间向上堆叠更多元件。与基于硅中介层的封装技术相比，基于 RDL 的封装技术成本相对较低，但布线资源受限于 RDL。

图 6.100　基于 RDL 的封装技术

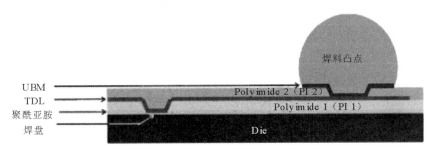

图 6.100　基于 RDL 的封装技术（续）

表 6.10 列出了有机基板、硅中介层和 RDL 的特性。

表 6.10　三种封装衬底的特性比较

类型	有机基板	硅中介层	RDL
I/O 引脚密度	低	高	高
信号延迟	高	低	低
3D 可扩展性	低	高	高
功耗	高	高	高
良率	高	低	低
成本	低	高	高
绕线层数	高	中等	低

3．3D 结构

3D 封装技术将芯片垂直堆叠起来，并利用 TSV 连接。

1）3D 堆叠封装技术

3D 堆叠封装技术通过 TSV 将两个晶圆黏合到一起。

（1）Foveros 技术。

Foveros 技术是 Intel 推出的 3D 先进封装技术，将多个裸片放在另外一个裸片之上，并且面对面放置，进一步缩短互连线，降低延迟。裸片之间的通信成本在硅片上比较小，在硅片下的衬底上因需要考虑布线和距离而比较高。图 6.101 所示为 Foveros 技术示意图。

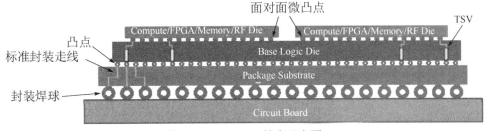

图 6.101　Foveros 技术示意图

EMIB 技术与 Foveros 技术在芯片性能、功能方面的差异不大，都将不同规格、不同功能的芯片集成在一起来发挥不同作用。但前者是 2.5D 封装技术，注重横向扩展，后者则是 3D 堆叠封装技术，注重向上扩展。Foveros 技术在体积、功耗等方面的优势更加明显，适用于小尺寸产品或对内存带宽要求更高的产品，但 Foveros 技术不是 EMIB 技术的替代，可以与 EMIB 技术共存。

（2）SoIC 技术。

SoIC（System-on-Integrated-Chip）技术是台积电发展的 3D 封装技术，包含晶圆对晶圆（Wafer-on-wafer，WoW）或芯片对晶圆（Chip-on-wafer，CoW）两种形态。其关键在于采用 TSV 技术，直接透过极微小的孔隙来沟通多层的芯片，属于前端 3D（FE 3D）技术，前面提到的 InFO 和 CoWoS 则属于后端 3D（BE 3D）技术。

2）基于有源中介层的 3D 封装

基于有源中介层的 3D 封装降低了功率密度，简化了输电网络，其散热可以与标准的 2D 封装相媲美。此外，有源中介层可以包含电源管理、模拟及系统 I/O 等功能。

在图 6.102 中，将先进工艺实现的计算芯片堆叠在普通工艺制造的衬底芯片上，计算芯片与衬底芯片通过 TSV 互连，计算芯片之间的通信通过衬底芯片中的互连来实现。

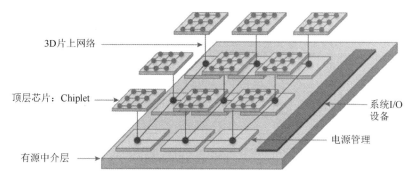

图 6.102　基于有源中介层的 3D 封装

3）3D 内存芯片

3D 内存芯片是指通过 3D 封装技术，将多层 DRAM 堆叠而成的新型内存，能够提供很高的内存容量和内存带宽，包括 HBM（High Bandwidth Memory，高带宽内存）和 HMC（Hybrid Memory Cube，混合内存立方体）两种新型 3D 内存技术。

（1）HBM。

HBM 使用了 3D TSV 技术和 2.5D TSV 技术，通过 3D TSV 技术将多块内存芯片堆叠在一起，并使用 2.5D TSV 技术将堆叠内存芯片和 GPU 在基板上实现互连，如图 6.103 所示。与 DDR5 相比，HBM 性能提升了 3 倍，但功耗降低了 50%。HBM 主要针对高端显卡市场。

（2）HMC。

HMC 由美光主推，主要针对高端服务器市场，尤其是针对多处理器架构。HMC 使用堆叠的 DRAM 芯片实现更大的内存带宽，另外通过 3D TSV 技术将内存控制器集成到 DRAM 堆叠封装中，如图 6.104 所示。以往内存控制器与内存颗粒分离，当使用大量内存模块时，其设计非常复杂，现在集成到内存模块内后，可以大大简化设计。

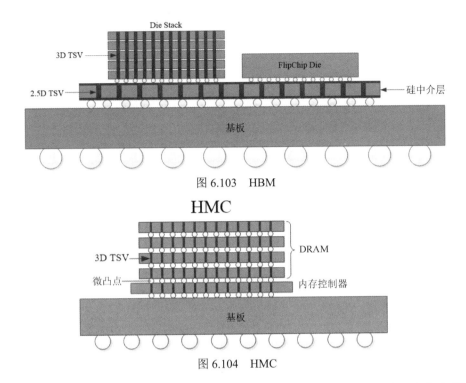

图 6.103　HBM

图 6.104　HMC

HBM 和 HMC 都将 DRAM 芯片堆叠并通过 3D TSV 互连，并且其下方都有逻辑控制芯片，二者差异在于 HBM 通过硅中介层与 GPU 互连，HMC 则直接安装在衬底上，中间省却了硅中介层和 2.5D TSV。

表 6.11 所示为主流先进封装技术的比较，其中主要包括 2D、2.5D、3D、3D+2D、3D+2.5D 几种类型，功能密度有低、中等、高、极高几种，应用领域则针对智能手机、苹果手机、高端智能手机、5G、AI、可穿戴设备、移动设备、高性能服务器、高性能计算、高性能显卡、高端市场等，主要应用厂商有台积电、Intel、三星等。

表 6.11　主流先进封装技术的比较

	先进封装技术	年份	2D/2.5D/3D	功能密度	应用领域	主要应用厂商
1	FOWLP	2009 年	2D	低	智能手机、5G、AI	英飞凌/恩智浦
2	InFO	2016 年	2D	中等	苹果手机、5G、AI	台积电
3	FOPLP	2017 年	2D	中等	移动设备、5G、AI	三星
4	EMIB	2018 年	2D	中等	高性能显卡、高性能计算	Intel
5	CoWoS	2012 年	2.5D	中等	高性能服务器、高性能计算、高端市场	台积电
6	HBM	2015 年	3D+2.5D	高	高性能显卡、高性能计算	AMD/英伟达/海力士/Intel/三星
7	HMC	2012 年	3D	高	高性能服务器、高性能计算、高端市场	美光/三星/IBM/ARM/微软
8	Wide-IO	2012 年	3D	中等	高端智能手机	三星
9	Foveros	2018 年	3D	中等	高性能服务器、高性能计算、高端市场	Intel
10	Co-EMIB	2019 年	3D+2D	高	高性能服务器、高性能计算、高端市场	Intel
11	TSMC-SoIC	2020 年	3D	极高	5G、AI、可穿戴设备、移动设备	台积电
12	X-Cube	2020 年	3D	高	5G、AI、可穿戴设备、移动设备	三星

6.4.5 UCIe 协议

不同架构、不同制造商的裸片之间的互连接口和协议不同，设计者必须考虑工艺制程、封装技术、系统集成、扩展等诸多复杂因素，同时要满足不同领域、不同场景对信息传输速度、功耗等方面的要求。Chiplet 面临的最大挑战是建立一个统一的互连标准协议，由 AMD、ARM、Intel、高通、三星、台积电、微软、谷歌、Meta、日月光组成的 UCIe（Universal Chiplet Interconnect express，通用小芯片高速互连）产业联盟推出了 UCIe 协议。

UCIe 1.0 协议定义了 Chiplet 之间的互连，以实现 Chiplet 在封装级别的普遍互连和开放的 Chiplet 生态系统。不过 UCIe 1.0 协议只是一个起始协议，只定义了 2D 和 2.5D 芯片封装，随着 3D 封装的出现，Chiplet 理念下不同裸片的堆叠同样面临可靠性、信号完整性、电源完整性、热分析等一系列仿真、分析和验证问题。随着时间推移，UCIe 协议有可能成为一个真正通用和全面的 D2D 接口标准。

1．UCIe 协议简介

UCIe 协议是一个三层协议，包括协议层（Protocol Layer）、适配层（Adapter Layer）和物理层（Physical Layer），层与层之间通过标准接口进行连接，其中协议层与适配层之间的接口称为 FDI（Flit-Aware Die-to-Die Interface），适配层与物理层之间的接口称为 RDI（Raw Die-to-Die Interface），如图 6.105 所示。

协议层将数据转换成微片（Flit）进行传输，支持 PCIe 6.0 协议、CXL 2.0 协议、CXL 3.0 协议，还支持用户自定义流（Streaming）协议来映射其他传输协议。适配层提供链路状态管理和参数协商功能，通过循环冗余校验（CRC）和重传机制保证数据的可靠传输。物理层负责电信号、时钟、链路协商、边带等，微片在 UCIe 数据线（Data Lane）上进行传输。

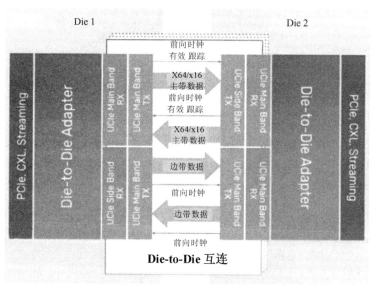

图 6.105　UCIe 协议

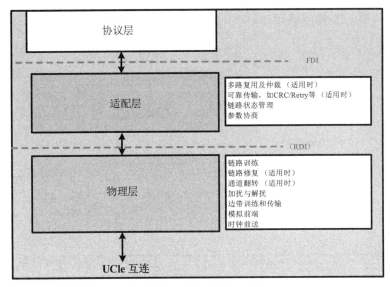

图 6.105　UCIe 协议（续）

1）协议层

UCIe 1.0 协议层支持三种协议：PCIe 6.0 Flit Mode、CXL 2.0 及以上版本、流协议。无论是哪种协议，协议层在主带上传给适配层的数据包都是微片模式的。

UCIe 协议在协议层本地端提供 PCIe 和 CXL 协议映射，可以将已部署成功的 SoC 架构、链路管理和安全解决方案直接迁移到 UCIe 协议。通过 PCIe/CXL.io 协议解决 DMA 的数据传输、软件发现、错误处理等问题，通过 CXL.memory 协议访问主机内存数据，通过 CXL.cache 协议对主机内存数据进行高效缓存。UCIe 协议还定义了一种流协议，可用于映射任何其他协议。

2）适配层

适配层位于协议层与物理层之间，向上通过 FDI 连接协议层，向下则通过 RDI 连接物理层，如图 6.106 所示。

适配层为 Chiplet 提供链路状态管理和参数协商功能，通过 CRC 和重传机制来保证数据的可靠传输，还配备了底层仲裁机制，以支持多种协议。

适配层必须遵循与协议层相同的规则以达成协议互操作性。协议层和适配层的配置示例如图 6.106 所示。为了权衡性能和面积，UCIe 允许在同一个物理链路上复用两个协议栈，通过适配层中的 Arb/MUX 实现多个协议层的分时复用。

3）物理层

物理层主要包括逻辑物理层、电气物理层和模拟前端（Analog Front End，FAE），其架构如图 6.107 所示。

逻辑物理层实现的功能包括链路初始化、训练和功耗管理、字节与 Lane 的映射、内部互连的冗余管理功能、发送与接收边带信号、扰码与训练序列的生成、Lane 反转、数据宽度削减。

电气物理层支持 4GT/s、8GT/s、12GT/s、16GT/s、24GT/s 与 32GT/s 的数据速率，支持先进与标准的封装互连、支持时钟门控与功耗管理机制、支持单端数据传输、支持直流耦合的点对点互连、支持能够跟踪抖动的前向时钟、支持模块内匹配长度的互连设计。

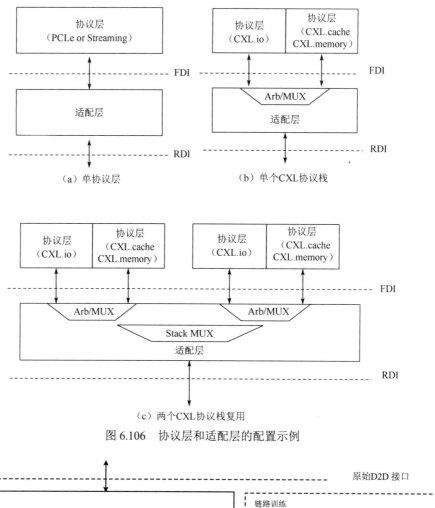

（a）单协议层　　　　　　　　　　（b）单个CXL协议栈

（c）两个CXL协议栈复用

图 6.106　协议层和适配层的配置示例

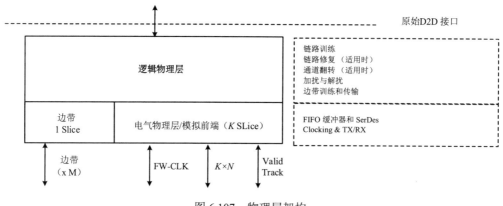

图 6.107　物理层架构

UCIe 的物理链路由边带（Sideband）和主带（Mainband）两个部分组成。边带处理一些链路管理、参数交换、寄存器访问等非业务相关事宜，必须使用备用电源和处于常开（Always ON，AON）电源域中，无论主带数据路径的传输速率如何，边带时钟信号频率都固定为 800MHz。主带组成了 UCIe 的主数据通道，按组别划分，每一组称为一个模组（Module），含有多个 Lane。单个协议层或适配层能够通过多个模组进行数据传输。

（1）接口。

单个标准封装模组的边带信号由两组不同方向的单端数据线和时钟线组成，主数据通道则包括 16 个单端 TX 数据线（16 TX Lane）、16 个单端 RX 数据线（16 RX Lane）、1 个前向差分时钟、1 个有效信号和 1 个跟踪信号，如图 6.108（a）所示。

单个先进封装模组的边带信号由两组不同方向的单端数据线和时钟线组成，主数据通道则包含 64 个单端 TX 数据线、64 个单端 RX 数据线、1 个前向差分时钟、1 个有效信号和 1 个跟踪信号，如图 6.108（b）所示。此外，先进封装模组还支持备用通道，以处理通道故障（包括时钟、有效和跟踪、边带等），当某一通道发生故障时，可以将对应的信号重新映射到备用通道上．标准封装模组则通过链路宽度降级来处理故障。

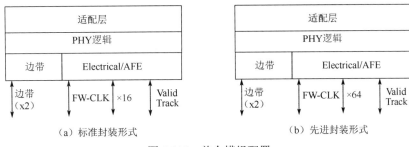

图 6.108　单个模组配置

UCIe 1.0 除支持单个模组配置外，还支持多个模组配置，但在多个模组配置中，每个模组不能单独运行。可以配置为标准封装模组或先进封装模组，图 6.109 所示为多个模组配置。

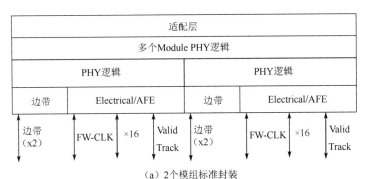

图 6.109　多个模组配置

基于 UCIe 的 Chiplet 裸片互连接口如图 6.110 所示。

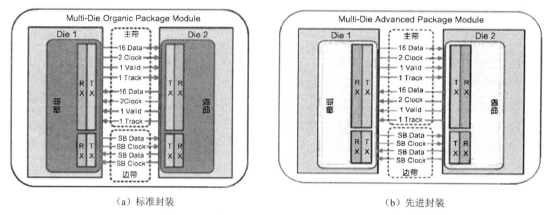

（a）标准封装　　　　　　　　　　　　　（b）先进封装

图 6.110　基于 UCIe 的 Chiplet 裸片互连接口

（2）封装。

UCIe 1.0 不涉及 3D 封装，只支持标准封装（2D）和先进封装（2.5D），如图 6.111 所示，在标准封装下命名为 UCIe-S，成本效益更高；在先进封装下命名为 UCIe-A，主要追求同功率下更高的性能。

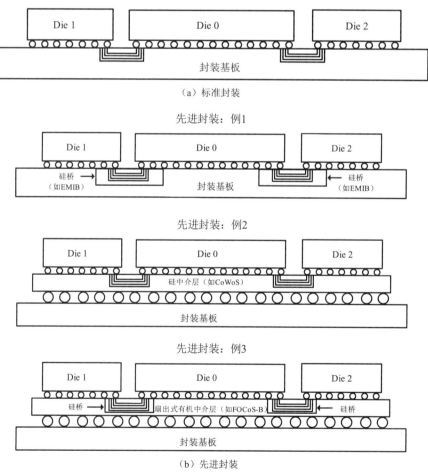

（a）标准封装

先进封装：例1

先进封装：例2

先进封装：例3

（b）先进封装

图 6.111　UCIe 1.0 封装

标准封装主要用于低成本、长距离（10～25mm）互连，凸点间距要求为 100～130μm，互连线在有机衬底上进行布局布线即可实现裸片间数据传输。先进封装主要用于高性能、短距离（小于 2mm）互连，以获得更大的传输带宽和更低的延迟。其凸点间距要求为 25～55μm，一般通过硅中介层或硅桥进行互连，封装成本比较高。

　　UCIe 1.0 封装特性指标参数如表 6.12 所示。

表 6.12　UCIe 1.0 封装特性指标参数

	标准封装	先进封装
每个 Lane 支持速度	4GT/s、8GT/s、12GT/s、16GT/s，	24GT/s、32GT/s
凸点间距（Bump Pitch）	100～130μm	25～55μm
通道距离（Channel Reach）	10mm（短距离），25mm（长距离）	2mm
原始比特误码率 （Raw Bit Error Rate）	1e-27（≤8GT/s） 1e-27（短距离，16GT/s） le-15（长距离，16GT/s） le-15（≥32GT/s）	1e-27（≤12GT/s） le-15（≥16GT/s）

2．Chiplet 约束

　　Chiplet 之间存在大量的连接。期望在 1mm 的单位距离内，容纳尽量多的凸点互连线，使累加传输数据带宽尽量大，因此需要从速率、功耗、延迟等方面对 Chiplet 进行约束，如表 6.13 所示。

表 6.13　对 Chiplet 的速率、功耗和延迟的约束

性能指标	参数（带宽或电压）	先进封装	标准封装
Chiplet 之间的带宽密度 （GBps/mm）	4GT/s	165	28
	8GT/s	329	56
	12GT/s	494	84
	16GT/s	658	112
	24GT/s	988	168
	32GT/s	1317	224
数据传输能量效率（pJ/bit）	0.7V	0.5（≤12GT/s）	0.5（4GT/s，短距离）
		0.6（≥16GT/s）	1.0（≤16GT/s，长距离）
			1.25（32GT/s，长距离）
	0.5V	0.25（≤12GT/s）	0.5（≤16GT/s，长距离）
		0.3（≥16GT/s）	0.75（32GT/s，长距离）
Chiplet 之间数据传输延迟		≤2ns	

　　1）带宽

　　假设标准封装凸点间距为 110μm，先进封装凸点间距为 45μm，Chiplet 之间的带宽密度如表 6.13 所示。对先进封装，UCIe 支持较宽范围的凸点间距（25～55μm），随着工艺进步，更小的凸点间距将会成为主流，有望进一步降低接口工作频率，减小面积，降低功耗。

2）延迟

UCIe 1.0 中要求延迟小于或等于 2ns，主要包括适配层和物理层延迟，即从发送端的 FDI 到 PHY 主带接口，以及从接收端的 PHY 主带接口到 FDI 的延迟，其中没有包括接口信号在有机衬底或硅中介层上的布线延迟，也没有包括协议层处理延迟，如果采用 PCIe 或 CXL，则延迟一般较高。在对延迟比较敏感的互连场景中，如 CPU 裸片与 CPU 裸片之间的连接，使用 UCIe 仍有困难。

3．Synopsys D2D IP

Synopsys 设计和开发了完整的 DesignWare D2D IP 解决方案，为高性能计算、AI 和网络等应用提供了 SoC 所需的高带宽和低延迟。该方案如下。

（1）DesignWare D2D 控制器 IP。

DesignWare D2D 控制器 IP 与 DesignWare USR/XSR PHY IP 集成，为端到端的 D2D 连接提供了业内最低的延迟，并通过错误恢复机制实现更高的数据完整性和连接可靠性。DesignWare D2D 控制器 IP 支持 AMBA CXS 和 AXI 协议，可实现相干及非相干的数据通信。

（2）DesignWare D2D PHY IP。

DesignWare D2D PHY IP 包括 USR/XSR PHY IP，采用每通道 112Gbit/s 的高速 SerDes PHY 技术，适用于极短和超短距离链路，并采用高带宽互连（HBI）PHY IP，用低延迟为高密度 2.5D 封装 SoC 提供每接口 8Gbit/s 的 D2D 连接。

小结

- 信号完整性是指信号通过物理电路传输后，保证信号波形的完整和信号时序的完整，以实现高速数字信号的可靠传输。
- 反射由传输系统阻抗不匹配引发，造成信号过冲、振铃和边沿迟缓。反射可通过端接技术减小和消除，通常采用负载端端接和源端端接技术。
- 串扰由相邻传输线的电磁耦合引发，可分为容性耦合和感性耦合。
- 接口可划分为单端接口与差分接口。单数据速率和双数据速率接口与数据信号和时钟信号有关。
- I/O 接口可使用在单向模式或双向模式下，具有驱动强度和转换速率控制属性，以及上拉或下拉功能等。
- Chiplet 异构集成技术是指将多个异构裸片分别使用合适工艺制造，通过芯片级先进封装技术组合起来。